토목 공사 기술 관리 요령

편집부 역

도서출판 건밀도서

머리말

우리나라 건설 기술은 '70년대 이후의 대규모 국토건설 사업 수행 과정에서 많은 발전을 이룩하였고 또한 중동을 비롯한 해외 건설 시장 진출로 비약적인 발전을 거듭하여 왔다.

이에 따라 이 책은 각 시방을 공종별로 좀더 정확히 파악하여 토목 공사 전 공정에 걸쳐 기초적인 사항과 실무를 대응시키며 편성하였다. 또한 내용면에서도 폭넓은 수준의 기술자에게 도움이 되도록 배려하였다.

이 책은 총칙과 토공에서 도장공, 주입공까지의 내용을 실었으며, 부록으로 토목 공사 감독 지침과 토목 공사 준공 검사 지침을 함께 실었다.

이 책이 많은 관계자에게 활용되어 토목 공사를 하는 데 조금이나마 도움이 되기를 바라는 바이다.

1995. 8.
편집부 역

목 차

1. 총칙(總則) ——————————————— 7
2. 토공(土工) ——————————————— 11
   - 2.1 성토(盛土) ································· 13
   - 2.2 절토(切土) ································· 19
   - 2.3 노반(路盤) ································· 20
   - 2.4 비탈면공 ·································· 26
   - 2.5 흙막이벽 ·································· 29
   - 2.6 보강토 ···································· 30
3. 굴착 흙막이공 ——————————————— 37
   - 3.1 임시 흙막이공 ······························ 39
   - 3.2 흙막이 동바리 ······························ 55
   - 3.3 터파기, 되메우기 ··························· 59
   - 3.4 점검 ······································· 61
4. 기초공(基礎工) ——————————————— 63
   - 4.1 케이슨공 ·································· 65
   - 4.2 타설말뚝공 ································ 70
   - 4.3 현장 타설말뚝공 ···························· 75
   - 4.4 심초말뚝공 ································ 80
5. 무근(無筋) 및 철근 콘크리트 ——————————— 83
   (슬래브 거더·T 거더·합성 거더·고가교·교대·교각·박스 라멘 등)
6. 무근(無筋) 및 철근 콘크리트 ——————————— 119
   (측구·수채통·옹벽·난간·격자틀공 등)
7. 프리스트레스트 콘크리트 ——————————— 125

8. 터널(산악 터널) ——— 161

9. 터널(실드) ——— 203

10. 강 구조물 제작 ——— 243
(열차 하중을 재하하는 것)

11. 강 구조물의 현장 조립·가설 ——— 261
(열차 하중을 재하하는 것)

12. 일반 강 구조물 제작 현장 조립 ——— 277
(열차 하중을 재하하지 않는 것)
  12.1 제작 ·················· 279
  12.2 설치 ·················· 283

13. 도장공(塗裝工) ——— 287
  13.1 일반 환경용 ·················· 289
  13.2 특수 환경용 ·················· 299

14. 주입공(지반 주입) ——— 309

15. 주입공(터널 뒤채움 주입) ——— 335

■ 부록 ——— 343
  토목 공사 감독 지침 ·················· 345
  토목 공사 준공 검사 지침 ·················· 371

I. 총칙(總則)

항 목	기 술 상 의 착 안 점
1. 총칙(總則)	이 기술 관리 요령은 토목 공사에 있어서 각 항목별 기술상의 착안점을 나타낸 것이다. 특히 굵은 선으로 둘러싼 사항은 기술적으로 중요하다고 생각되는 사항이다.

APPENDIX

2. 토공(土工)

항　　목	기 술 상 의 착 안 점

2.1 성토(盛土)
1. 시공 계획서
(1) 시공 체제

　토공(土工)의 경우는 성토(盛土)와 절토(切土)가 병행하여 시공되는 경우와 다른 관련 공사와 경합(競合)하여 시공되는 경우가 많으며, 또한 각종 시공 기계가 뒤섞이는 경우가 많으므로 각 지휘명령계통을 명확히 한다.

(2) 작업 공정

　전체의 공사 기간(工期)이 계약서와 적합하고 각 공종(工種)의 작업 일수, 작업 순서, 시공 시기와 각 공종간의 공정상의 관련성.

(3) 토공 계획

　성토와 절토 시공의 경우는 성토 재료의 원지반에서의 굴착, 운반 계획, 절토의 토사(土捨) 또는 배분 계획 등 적절한 토공 계획을 세운다.

(4) 기계기구류

　성토, 노반(路盤) 등의 사용 재료와 절토의 토질, 시공 규모, 지반 조건과 공사 기간 등을 감안하여 현장에 적합한 기계기구류를 선정한다. 또한 기계기구류의 제원(諸元), 대수(臺數) 등도 필요 항목이다.

(5) 성토 재료

　일반적으로 성토는 현장에서 발생하는 재료를 사용하는 것이 경제적이지만 사용할 성토 재료가 다음 사항을 만족해야만 한다.
① 다짐 시공이 쉬울 것
② 열차(列車) 하중, 지진, 강우(降雨) 등에 의해 안정성을 해치지 않을 것
③ 유해한 침하가 발생하지 않을 것

1) 상부 성토

　열차 하중의 영향이 크기 때문에 다짐 후 충분한 지지력을 얻을 수 있고 부동침하가 생기지 않는 것을 사용한다.
　바람직한 것은 표 2.1의 [A군], [B군]과 안정 처리를 실시한 [C군], [V군]이다.

2) 하부 성토

　발생토를 최대한 유효하게 활용하는 것을 기본으로 하는 것이 좋다. 다만,
① 벤토나이트, 산성 백토, 온천 여토 등의 팽창성 흙, 돌
② 사문암, 이암 등으로 흡수 팽창에 의해 풍화가 현저한 돌
③ 고유 기질토 등의 압축성이 큰 흙
등은 원칙적으로 사용해서는 안된다. 다만, 이암(泥岩)으로 불화 작용(slaking)률이 50% 이하인 것이라면 다짐 관리를 하는 것으로 사용할 수가 있다.
　또한 성토 재료는 시공에 앞서 토질 시험을 한다.
① 토질, 암석 재료 채취와 지질 단면도 작성을 위해 필요한 코어 보링을 한다. 코어

항 목	기 술 상 의 착 안 점
	표 2.1 성토 재료의 군(群) 분류

군 기호	토질과 암질
[A군]	(GW) (GP) (G-M) (G-C) (G-V) (G-M) (SW) (S-M) (S-C) 경암 버럭(박리성이 심한 것은 제외한다)
[B군]	(G-O) (GC) (S-V) (S-O) (SP) (SM) (SC) 경암 버럭(박리성이 심한 것, 연암 버럭, 취약암 버럭, 점토화되어 있는 것, 시공 후 풍화가 진행되고 또는 전압에 의해 이토화(泥土化)되어 있는 것은 제외한다)
[C군]	(GO) (GV) (SV) (ML) (CL)
[D군]	(SO) (MH) (CH) (OL) (OH) (OV)
[V군]	(VH_1) (VH_2)

주) 버럭과 암석질 재료의 최대 입경은 300 mm로 한다.
　　토질 분류명은 일본통일토질 분류에 의함.

표 2.2 토질 시험

시 험 항 목	시 험 법	비　　　고
함수율	KS F 2306	자연 상태(원지반)
입도	KS F 2302	
액성한계	KS F 2303	
소성한계	KS F 2315	
단위 체적 중량	KS F 2331	자연 상태(원지반)
다짐	KS F 2312	2·4법 또는 2·5법

　　보링의 개수는 토취장의 규모에 따라 다르지만 보통 2~3개 정도로 하며 심도(深度)에 관해서는 소요토량에 걸맞게 한다.
② 토질 재료에 관해서는 **표 2.2**의 토질 시험을 하여 토질 분류 판정 등을 한다.

3) 어프로치 블록

　　어프로치 블록의 재료로는 재료 자체의 압축성이 작은 것을 요구하지만, 한편 그 자체에 공극이 많으면 주위의 성토로부터 세립분을 끌어들인다든지 물의 통로로 된다든지 하여 바람직하지 않다. 이 점에서 호박돌이나 막자갈 등이 아닌 입도 분포가 좋고 충분한 다짐이 가능한 재료를 사용하는 것이 좋다.
　　경우에 따라서는 빈배합 콘크리트 등을 사용하는 것도 좋다.
　　· 어프로치 블록 재료
　　　입도 조정 쇄석(부순 돌)(KS F 2525)
　　　입도 조정 슬래그(KS F 2535)

4) 배수 블랭킷 (blanket)

　　배수 블랭킷에 사용하는 재료는 다음 조건에 적합한 것으로 한다.
① 배수 블랭킷 재료는 자갈, 굵은모래 등을 사용한다.
　　투수계수는 $\geq 1 cm/sec$ 를 만족하는 것이 바람직하다.

항 목	기 술 상 의 착 안 점
	② 필터재는 부직포로 **표 2.3**의 조건을 만족하는 것이 좋다. 표 2.3 필터재 | 항 목	조 건
두께	35 mm 이상
중량	400 g/m² 이상
투수계수	1×10^{-2} cm/sec 이상
외관	균열, 손상 등의 이상이 현저하지 않은 것	
5) 층두께 관리재	층두께 관리재로써 고밀도 폴리에틸렌을 사용할 경우는 **표 2.4**를 참고로 한다. 표 2.4 층두께 관리재 | 재 질	조 건
항복점 강도	200 kg/m 이상(20℃)
연신율	8% 이상
연화점	100℃ 이상
취화 온도	-20℃ 이하
내후성	5년 이상
그물눈	가로, 세로 모두 15~30 mm
개공률	70% 이상	
2. **시공** (1) 시공 순서	성토의 시공 순서를 아래에 나타낸다. 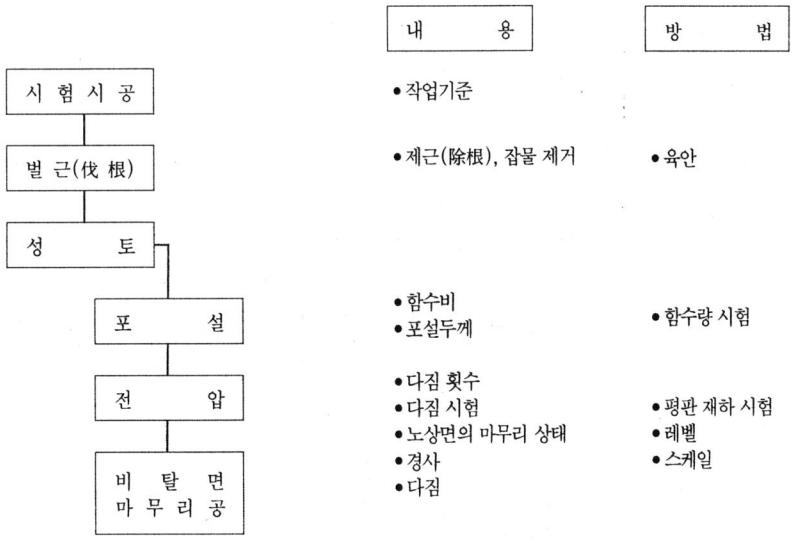
(2) 시험 시공	성토의 시공은 사전에 시험 시공을 하여 소요의 다짐도를 얻을 수 있는 작업기준을 작성하고 그 작업기준을 바탕으로 본시공을 검토한다. 　시험 시공은 현장에서 실제로 사용하는 성토 재료와 기계류를 사용하여 시험하며 작업기준의 내용은 다음과 같다.

항 목	기 술 상 의 착 안 점
	① 토취장의 굴착 방법 ② 시공 기계의 선정과 조합(組合) ③ 적정 함수비의 범위 ④ 포설 방법과 포설두께 ⑤ 다짐 횟수와 다짐 속도 ⑥ 기타
(3) 지지 지반의 처리	① 지반에 있는 초목, 잡물(雜物)과 설빙(雪氷) 등 성토로서 유해한 것은 제거해야만 한다. 초목과 그 뿌리 또는 각종 폐기물 등이 성토와 지지 지반 사이에 들어가면 부식하여 활동면을 형성한다든지 침하를 초래한다든지 하는 경우가 있다. 그리고 겨울철의 시공시 눈, 얼음 또는 동토(凍土) 위에 성토하면 지지 지반과 성토와의 접촉면의 전압이 불충분하게 되어 성토 시공 후 연약하게 되므로 이러한 것을 제거한 후 시공한다. ② 지반에 물이 고이는 등 배수가 나쁘든가 또는 용수(湧水)가 있는 경우에는 적당한 배수 처리를 한다. ③ 지지 지반이 경사져 있는 경우에는 채비(준비 작업) 등의 적절한 조치를 한다.
(4) 성토 1) 차량 통로	성토 재료의 운반에 있어서는 운반 차량을 일률적으로 통과시켜 성토 위의 통로를 고정시켜서는 안된다.
2) 강우 대책	① 매일 작업 종료시에는 성토 표면에 3% 정도의 횡단 경사를 주어 전압 기계로 평활하게 마무리한다. ② 횡단 경사의 오목한 변곡점 등 지형상 물이 집중하기 쉬운 장소에서는 비탈 어깨와 비탈면에 임시 배수공을 설치한다. ③ 강우(降雨)시에는 성토 재료의 포설과 전압 작업을 해서는 안된다. 그리고 강우 종료 후에 작업을 개시하는 시점에서 트래피커빌리티와 재료의 함수비 등이 작업에 적합한 상태인가를 확인하다.
3) 성토 후의 방치	성토의 침하에 의해 노반과 궤도가 받는 영향을 적게 하기 위해 성토의 시공을 완료한 후에 적당한 방치 기간을 둔다.
4) 포설두께	성토 재료의 포설에 있어서는 마무리의 두께가 약 30 cm로 되도록 필요한 포설두께(시험 시공에 의해 구한다)를 결정하여 평탄하게 부설한다.

항 목	기 술 상 의 착 안 점
5) 전압(轉壓)	다짐은 소정의 다짐도를 만족하도록 충분히 다지는 것은 물론 불균질하게 되지 않도록 균일하게 다짐한다. 특히 비탈면 부근의 다짐이 중요하다. 비탈면 부근의 다짐이 불충분하면 빗물의 침투에 의한 성토 재료의 강도 저하, 간극 수압의 발생, 성토 재료의 입자 간극의 수축에 의한 균열 발생을 초래하여 성토 붕괴의 원인이 되므로 주의하도록 한다.
6) 다짐도 시험	① 성토의 다짐도는 탬핑(tamping)에 의한 흙의 다짐 시험 방법(KS F 2312) 중 제2법에 의한 최대 건조 밀도에 대해서 90% 이상으로 다짐하는 것을 표준으로 한다. 그러나 방사성 동위 원소(radioisotope, RI)를 사용하여 흙의 밀도, 함수량을 현장에서 측정하는 것에 의해서 밀도 관리를 하는 방법도 있다. ② 상부 성토 윗면의 다짐도는 위의 ①을 만족하는 동시에 평판 재하 시험(KS F 2310)에 의한 K_{30} 값이 $7\,kg/cm^2$ 이상이어야만 한다. ③ 시험 위치 　ㄱ. 현장 밀도 시험은 다음에 나타내는 위치에서 하는 것을 표준으로 한다. 　　a. 측정 단면은 선로 연장(延長) 100 m 당 1장소의 비율로 설정한다. 　　b. 각 단면에서의 측정 위치는 성토 중앙과 비탈 어깨에서 1.0 m 안쪽의 3점으로 하고 상하 간격은 다음과 같다. 　　　· 상부 성토 : 0.9 m의 층별 및 성토 윗면 　　　· 하부 성토 : 1.5 m의 층별 및 상하부 성토 경계면 　ㄴ. K_{30} 값에 의한 평판 재하 시험(KS F 2310)은 상부 성토 윗면에서 선로 연장(延長) 100 m 당 1장소의 비율로 각 궤도 중심 위치에서 하는 것을 표준으로 한다.
7) 층두께 관리재의 부설	① 층두께 관리재의 부설은 성토 양쪽에 너비 2 m로 성토 전체 연장(延長)에 실시한다. 단, 성토의 재료가(SP) (SV)인 경우는 성토 저면에서 높이 1.5 m 간격으로 전면에 부설한다. ② 층두께 관리재의 바깥쪽 끝부분은 비탈면과 일치시키든가 간신히 끌어 넣어 비탈면 전압기 등을 사용하여 비탈면 전압에 지장이 없도록 한다. ③ 층두께 관리재의 이음매는 연장(延長) 방향으로는 20 cm 이상 겹칠 것. 　[V군] 등 성토 재료의 안정 처리를 층두께 관리재를 부설한 성토 위에서 직접 실시하여 파단된다든지 고열(高熱)로 변형시켜서는 안된다. ④ 성토 재료의 안정 처리는 토취장과 특정 장소에서 미리 실시한 후 현지에 반입하여 다짐한다. 어쩔 수 없이 직접 성토 위에서 안정 처리를 하는 경우는 시공 방법을 면밀히 검토하여 층두께 관리재에 지장이 없는 방법으로 실시한다.

항 목	기 술 상 의 착 안 점
8) 비탈면 부근의 시공	① 성토를 층마다 수평으로 다짐하는 데에는 비탈 어깨 부근까지 중기계를 사용하여 전압을 하는 것을 원칙으로 한다. 이것이 곤란한 경우에는 소형 진동기를 사용하여 다짐을 한다. ② 비탈면은 성토가 올라감에 따라서 즉시 다짐하는 것은 물론 성토가 소정의 높이까지 시공 종료된 시점에서 비탈면 전체를 충분히 다짐한다.
9) 어프로치 블록	성토가 교대(橋臺) 등의 구조물에 접속하는 위치에서는 성토와 구조물의 침하 차이에 따라 시공 기면(基面)에 단차가 생긴다든지 동적 특징에 따라 열차 주행시의 궤도 변형의 진행, 승차감의 저하 등이 생기기 쉽다. 이러한 장해를 감소시키기 위해 성토에서 구조물로 향해 압축성이 작은 재료를 사용하여 완화 구간을 설치한다. 시공에 있어서는 교대 등의 구조물을 완성한 후에 어프로치 블록과 일반부 성토의 시공을 동시에 하도록 계획한다(그림 2.1). 또한, 어프로치 블록 부분의 다짐도는 성토에 준하는데 평판 재하 시험에 의한 K_{30} 값은 $15\,kg/cm^2$ 이상이어야만 한다. 그림 2.1 어프로치 블록 시공도

항 목	기 술 상 의 착 안 점
5) 전압(轉壓)	다짐은 소정의 다짐도를 만족하도록 충분히 다지는 것은 물론 불균질하게 되지 않도록 균일하게 다짐한다. 특히 비탈면 부근의 다짐이 중요하다. 비탈면 부근의 다짐이 불충분하면 빗물의 침투에 의한 성토 재료의 강도 저하, 간극 수압의 발생, 성토 재료의 입자 간극의 수축에 의한 균열 발생을 초래하여 성토 붕괴의 원인이 되므로 주의하도록 한다.

6) 다짐도 시험	① 성토의 다짐도는 탬핑(tamping)에 의한 흙의 다짐 시험 방법(KS F 2312) 중 제2법에 의한 최대 건조 밀도에 대해서 90% 이상으로 다짐하는 것을 표준으로 한다. 그러나 방사성 동위 원소(radioisotope, RI)를 사용하여 흙의 밀도, 함수량을 현장에서 측정하는 것에 의해서 밀도 관리를 하는 방법도 있다.
	② 상부 성토 윗면의 다짐도는 위의 ①을 만족하는 동시에 평판 재하 시험(KS F 2310)에 의한 K_{30} 값이 $7\,kg/cm^2$ 이상이어야만 한다.
	③ 시험 위치
	  ㄱ. 현장 밀도 시험은 다음에 나타내는 위치에서 하는 것을 표준으로 한다.
	    a. 측정 단면은 선로 연장(延長) 100 m 당 1장소의 비율로 설정한다.
	    b. 각 단면에서의 측정 위치는 성토 중앙과 비탈 어깨에서 1.0 m 안쪽의 3점으로 하고 상하 간격은 다음과 같다.
	      ・상부 성토 : 0.9 m의 층별 및 성토 윗면
	      ・하부 성토 : 1.5 m의 층별 및 상하부 성토 경계면
	  ㄴ. K_{30} 값에 의한 평판 재하 시험(KS F 2310)은 상부 성토 윗면에서 선로 연장(延長) 100 m 당 1장소의 비율로 각 궤도 중심 위치에서 하는 것을 표준으로 한다.

7) 층두께 관리재의 부설	① 층두께 관리재의 부설은 성토 양쪽에 너비 2 m로 성토 전체 연장(延長)에 실시한다. 단, 성토의 재료가 (SP) (SV)인 경우는 성토 저면에서 높이 1.5 m 간격으로 전면에 부설한다. ② 층두께 관리재의 바깥쪽 끝부분은 비탈면과 일치시키든가 간신히 끌어 넣어 비탈면 전압기 등을 사용하여 비탈면 전압에 지장이 없도록 한다. ③ 층두께 관리재의 이음매는 연장(延長) 방향으로는 20 cm 이상 겹칠 것. [V군] 등 성토 재료의 안정 처리를 층두께 관리재를 부설한 성토 위에서 직접 실시하여 파단된다든지 고열(高熱)로 변형시켜서는 안된다. ④ 성토 재료의 안정 처리는 토취장과 특정 장소에서 미리 실시한 후 현지에 반입하여 다짐한다. 어쩔 수 없이 직접 성토 위에서 안정 처리를 하는 경우는 시공 방법을 면밀히 검토하여 층두께 관리재에 지장이 없는 방법으로 실시한다.

항 목	기 술 상 의 착 안 점
8) 비탈면 부근의 시공	① 성토를 층마다 수평으로 다짐하는 데에는 비탈 어깨 부근까지 중기계를 사용하여 전압을 하는 것을 원칙으로 한다. 이것이 곤란한 경우에는 소형 진동기를 사용하여 다짐을 한다. ② 비탈면은 성토가 올라감에 따라서 즉시 다짐하는 것은 물론 성토가 소정의 높이까지 시공 종료된 시점에서 비탈면 전체를 충분히 다짐한다.
9) 어프로치 블록	성토가 교대(橋臺) 등의 구조물에 접속하는 위치에서는 성토와 구조물의 침하 차이에 따라 시공 기면(基面)에 단차가 생긴다든지 동적 특징에 따라 열차 주행시의 궤도 변형의 진행, 승차감의 저하 등이 생기기 쉽다. 이러한 장해를 감소시키기 위해 성토에서 구조물로 향해 압축성이 작은 재료를 사용하여 완화 구간을 설치한다. 시공에 있어서는 교대 등의 구조물을 완성한 후에 어프로치 블록과 일반부 성토의 시공을 동시에 하도록 계획한다(그림 2.1). 또한, 어프로치 블록 부분의 다짐도는 성토에 준하는데 평판 재하 시험에 의한 K_{30} 값은 $15\,kg/cm^2$ 이상이어야만 한다. 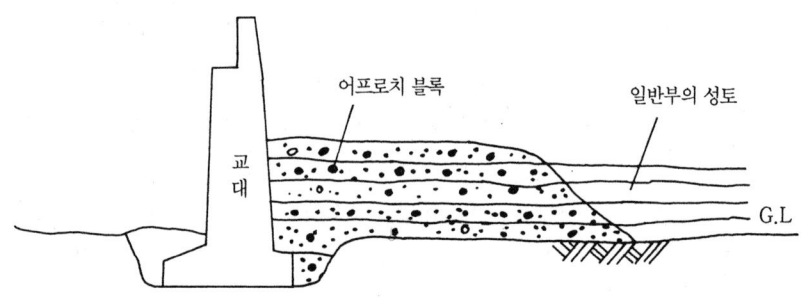 그림 2.1 어프로치 블록 시공도

항 목	기 술 상 의 착 안 점
2.2 절토(切土) **1. 시공 계획서** (1) 시공 체제	성토와 절토가 병행하여 시공되는 경우와 다른 관련 공사와 경합(競合)하여 시공되는 경우가 많으며, 또한 각종 시공 기계가 뒤섞이는 경우가 많으므로 각 지휘명령계통을 명확히 한다.
(2) 작업 공정	전체의 공사 기간이 계약서와 적합하고 각 공종의 작업 일수, 작업 순서, 시공 시기와 각 공종간의 공정상의 관련성.
(3) 기계기구류	절토의 토질, 시공 규모, 지반 조건과 공사 기간 등을 감안하여 현장에 적합한 기계기구류를 선정한다. 또한 기계기구류의 제원, 대수 등도 필요 항목이다.
2. 시공 (1) 비탈면에 용수가 있는 경우	비탈면에 용수(湧水)가 있는 경우는 용수량에 따른 적절한 배수 대책이 필요하다. 대책공으로는 비탈면에 배수 파이프 타설, 종하수(縱下水)의 설치 등이 있다.
(2) 노상부의 시공	① 노상 표면에는 배수공 설치 위치로 향해 3%의 횡단(橫斷) 배수 경사를 두어 평활하게 마무리한다. ② 노상 표면에서 50 cm 이내에 호박돌 등이 있는 경우에는 그것을 제거하여 균일한 지지 조건이 되도록 마무리한다. ③ 한랭지에 있어서 노상토가 동상(凍上)되기 쉬운 토질인 경우에는 동결 깊이까지 동결을 일으키기 어려운 재료로 치환한다.
(3) 노반면에 근접한 경우	절토의 경우는 노상면 부근의 토질, 강도, 지하 수위 등이 맨 처음 예상과 다른 경우가 있다. 따라서 절토가 노반면에 가까운 경우는 다음 사항에 주의한다. ① K_{30} 값이 7 kg/cm² 이상인지 ② 지하 배수층의 여부(與否) ③ 원지반을 그대로 노반으로 사용할 수 있는지의 가부(可否) ④ 동상 대책의 여부 이상의 사항을 판정하기 위해 표 2.5에 나타내는 토질 시험을 실시한다.

표 2.5 토질 시험

시험 항목	①	②	③	④	시험 항목	①	②	③	④
평판 재하 시험 (KS F 2310)	○				액성한계 시험 (KS F 2303)			○	○
입도 시험 (KS F 2302)		○	○	○	소성한계 시험 (KS F 2315)			○	○

주) 표 중 ○는 각 검토에 필요한 시험

항 목	기 술 상 의 착 안 점
2.3 노반(路盤) 1. 시공 계획서 (1) 시공 체제	노반(路盤)의 경우는 성토와 절토가 병행하여 시공되는 경우와 다른 관련 공사와 경합(競合)하여 시공되는 경우가 많으며, 또한 각종 시공 기계가 뒤섞이는 경우가 많으므로 각 지휘명령계통을 명확히 한다.
(2) 작업 공정	전체의 공사 기간이 계약서와 적합하고 각 공종의 작업 일수, 작업 순서, 시공 시기와 각 공종간의 공정상의 관련성.
(3) 기계기구류	시공 규모, 지반 조건과 공사 기간 등을 감안하여 현장에 적합한 기계기구류를 선정한다. 또한 제원, 대수 등도 필요 항목이다.
(4) 시공 방법 1) 노반의 종류	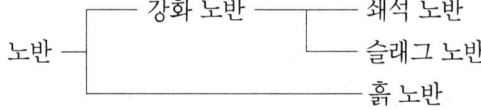 ① 노반이란 도상(道床)과 궤도 슬래브 밑에서 궤도를 직접 지지하는 층을 말한다. ② 쇄석 노반이란 아스팔트 콘크리트와 입도 조정 쇄석 등을 다짐하여 조성한 노반을 말한다. ③ 강화 노반이란 쇄석 노반과 슬래그 노반을 말한다. ④ 슬래그 노반이란 수경성(水硬性) 입도 조정 슬래그 등의 수경성 재료를 다짐하여 조성한 노반을 말한다. ⑤ 흙 노반이란 강화 노반 이외의 노반으로 입도 그 밖의 것을 규제한 흙 또는 크러셔 런(crusher run) 등을 다짐하여 조성한 노반을 말한다. 또 돌에 의한 노반도 여기에 포함된다.
2) 흙 노반 구성	흙 노반(**그림 2.2**)은 자연토 또는 크러셔 런 등의 단일층 30 cm로 구성된다. 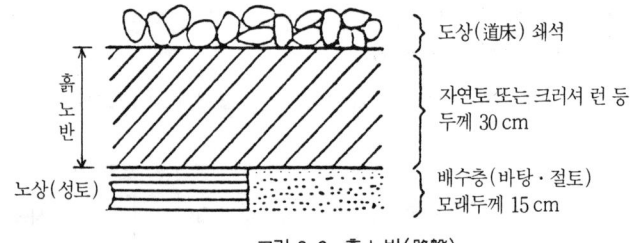 그림 2.2 흙 노반(路盤)
3) 강화 노반	강화 노반에는 쇄석 노반과 슬래그 노반이 있다(**그림 2.3**).

항 목	기 술 상 의 착 안 점
구성	쇄석 노반이란 상부 아스팔트 콘크리트와 하부 입도 조정 쇄석 또는 입도 조정 슬래그의 2층 합성 노반을 말한다. 슬래그 노반이란 수경성 입도 조정 슬래그의 단일층 노반을 말한다. 강화 노반을 바탕과 절토(切土)에 시공할 때에는 노반 밑에 필요에 따라 배수층을 설치한다. 쇄석 노반 　　　　　슬래그 노반 그림 2.3 강화 노반
(5) 재료 1) 흙 노반	흙 노반의 재료는 아래의 것을 만족하는 것으로 한다. ① 자연토 　· 최대 입경(粒徑)은 75 mm 이하일 것 　· 표준망 체 74 μ를 통과하는 입자를 2~20% 포함할 것 　· 표준망 체 420 μ를 통과하는 입자를 40% 포함하지 않을 것 　· 균등계수는 6 이상일 것 　· 액성한계는 35 이하일 것 　· 소성한계는 9 이하일 것 ② 크러셔 런 　ㄱ. 도로용 쇄석 　　입도배합과 품질은 KS F 2525의 규격에 적합한 것. 　ㄴ. 도로용 슬래그 　　입도배합과 품질은 KS F 2535의 규격에 적합한 것.
2) 강화 노반	아스팔트 콘크리트는 가열 혼합식 조립도(粗粒度) 아스팔트 콘크리트로 한다. 그

항 목	기 술 상 의 착 안 점
	재료의 배합과 품질, 아스팔트 혼합물의 마셜(Marshale) 시험에 대한 기준값은 표 2.6~2.8을 만족하는 것으로 한다.

표 2.6 재료의 배합

최대 입경		20 mm
통과 중량 백분율 (%)	25 mm	100
	20	95~100
	13	70~90
	5	35~55
	2.5	20~35
	0.6	11~23
	0.3	5~16
	0.15	4~12
	0.074	2~7
아스팔트량 범위(%)		4.5~6.0
아스팔트 침입도(針入度)	동북 북해도	80~100
	기타	60~80

표 2.7 재료와 혼합물의 품질 규정

시험 항목	시험법	규정값
흡수량	KS F 2503	3.5% 이하
마모 감량(1)	KS F 2508	40% 이하
안정성 시험(2)	KS F 2507	20% 이하
소성 지수(3)	KS F 2315	6 이하

주) (1) A입도에 규정하는 방법에 따른다.
 (2) 시험은 황산나트륨 포화액을 사용하여 5회 실시한다.
 (3) 시료는 처리 전의 합성 재료의 체 통과한 것.

표 2.8 마셜(Marshale) 시험에 대한 기준값

시험 항목	기준값
탬핑 횟수	상하 각 50
안정도(kg)	500 이상
흐름값(1/100 cm)	20~40
공극률(%)	3~7
포화도(%)	65~85

2. 시공
(1) 흙 노반
1) 시공

① 1층의 펴고르기두께는 마무리두께가 15 cm 이하로 되도록 한다.
② 구조물과의 연결부와 갓길 부분의 다짐은 소형 전압기를 사용하여 정성들여 다짐한다.
③ 노반 표면은 강우시에 빗물이 함유되지 않도록 평활하게 마무리한다.

2) 다짐도

흙 노반은 지반계수 K_{30} 값이 11 kg/cm² 이상이 되도록 다짐한다.

3) 마무리 상태

① 노상면의 마무리 정밀도는 설계 높이에 대해서 +30~-50 mm를 표준으로 한다.
② 흙 노반의 층두께는 측정값의 평균값이 설계층두께 이상이며 95% 이상의 측정

항 목	기 술 상 의 착 안 점
	장소에서 설계층두께에 대해 30 mm 이상 부족해서는 안된다. ③ 흙 노반 표면의 마무리 정밀도는 설계 높이에 대해서 ±25 mm 이내를 표준으로 한다. ④ 노상면과 강화 노반 표면의 횡단(橫斷) 배수 경사는 3%를 확보한다.
(2) 강화 노반 1) 아스팔트 콘크리트의 시공	① 혼합물의 펴고르기는 종횡단(縱橫斷) 형상을 정확하게 마무리하기 위해 펴고르기는 아스팔트 피니셔에 의한 것으로 한다. 단, 소규모인 포설(舗設)은 인력으로 할 수가 있다. ② 혼합물의 포설 온도는 110℃를 내려가지 않도록 한다. ③ 기온이 5℃ 이하인 경우 그리고 겨울철 기온이 5℃ 이상이라도 강풍이 불 때는 원칙적으로 시공하지 않는다. ④ 전압은 로드 롤러(road roller), 타이어 롤러(tire roller) 등을 사용하여 소정의 밀도로 다짐을 한다.
2) 입도 조정 쇄석의 시공	① 1층의 펴고르기두께는 마무리두께가 15 cm 이하로 되도록 한다. ② 재료의 함수량은 항상 최적 함수비 부근이 되도록 하다. ③ 펴고른 재료는 그날에 다짐을 완료한다. ④ 노반을 마무리한 후는 신속하게 프라임 코트(prime coat)를 시공한다.
3) 다짐도	① 아스팔트 콘크리트의 다짐 밀도는 기준 밀도에 대해서 95% 이상으로 한다. ② 입도 조정 쇄석, 입도 조정 슬래그와 수경성 입도 조정 슬래그의 다짐은 「흙의 다짐 시험 방법」(KS F 2312)에서 2·5·b법에 의한 최대 건조 밀도의 95% 이상으로 한다. ③ 다짐도의 검사에 대해서는 선로 연장(延長) 약 100 m 간격으로 검사 단면을 설정하고 각 궤도 중심에서 실시한다(그림 2.4).

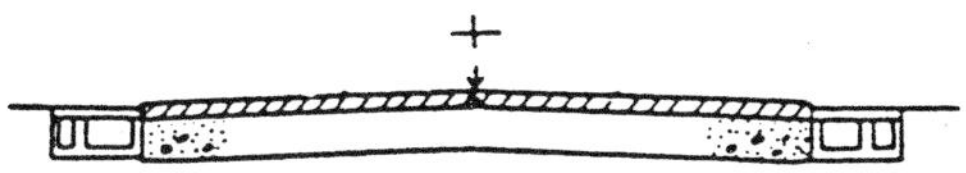

(a) 단선(單線)인 경우

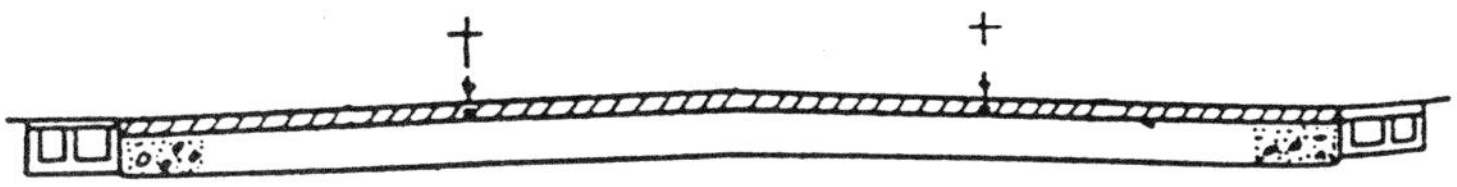

(b) 복선(複線)인 경우

그림 2.4 다짐도의 검사 위치

항 목	기 술 상 의 착 안 점
4) 마무리 상태	① 노상면의 마무리 정밀도는 설계 높이에 대해서 +25～-50 mm를 표준으로 한다. ② 강화 노반의 층두께는 측정값의 평균값이 설계층두께 이상이며 95% 이상의 측정 장소에서 설계층두께에 대해 25 mm 이상 부족해서는 안된다. 또한 아스팔트 콘크리트의 층두께는 45 mm 이상이어야 한다. ③ 강화 노반 표면의 마무리 정밀도는 설계 높이에 대해서 ±25 mm 이상을 표준으로 한다. ④ 노상면과 강화 노반 표면의 횡단(橫斷) 배수 경사는 3%를 확보한다. ⑤ 마무리 검사는 노반 연장(延長) 약 20 m 간격으로 검사 장소를 설정하여 단선(單線)인 경우는 궤도 중심과 궤도 중심의 양쪽 2.0 m 떨어진 위치에서 실시하고 복선(複線) 이상인 경우에는 궤도 중심의 바깥쪽 2.0 m의 위치에서 실시한다(그림 2.5). 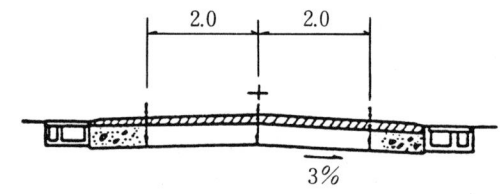 (a) 단선(單線)인 경우 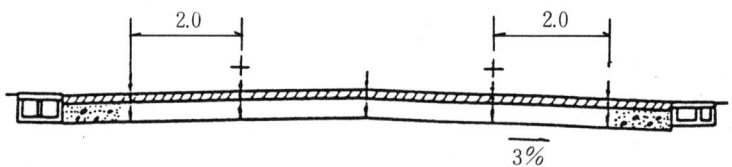 (b) 복선(複線)인 경우 그림 2.5 마무리 정밀도의 검사 위치
(3) 노반 배수층	노반 배수층은 투수성이 좋고 노상토에 대해서 필터 효과가 있는 모래를 사용한다. 노상토와 노반 배수층의 입도 시험에 의해 적부(適否)를 판정한다. 판정에 있어서는 표 2.9를 참고로 한다. 표 2.9 노반 배수재의 입경(粒徑) | 노상 배수층의 특성	R_{50}	R_{15}
---	---	---
균등한 입도 분포(U_C=3~4)	5~10	
입도 분포가 좋은 것부터 입도 분포가 나쁜 것까지(균등하지 않음) : 얼마간 둥근 것을 가진 입자	12~58	12~40
입도 분포가 좋은 것부터 입도 분포가 나쁜 것까지(균등하지 않음) : 모가난 입자	9~13	6~18	

항 목	기 술 상 의 착 안 점
	$R_{50} = \dfrac{\text{노반 배수층의 } D_{50}}{\text{노상토의 } D_{50}}$ 　　　$R_{15} = \dfrac{\text{노반 배수층의 } D_{15}}{\text{노상토의 } D_{15}}$ Uc : 균등계수 D_{50} : 50% 입경(mm) D_{15} : 15% 입경(mm)

항 목	기 술 상 의 착 안 점

2.4 비탈면공

1. 비탈면공의 종류

(1) 식생공(植生工)

성토 비탈면에 사용되는 식생공(그림 2.6)에는 종자 뿜칠(seed spray)공(펌프 사용), 식생 매트공, 떼붙임공, 식생대공 등이 있다. 이러한 것 중에서 성토 재료, 기상 특성, 시공 시기 등을 고려하여 선정한다.

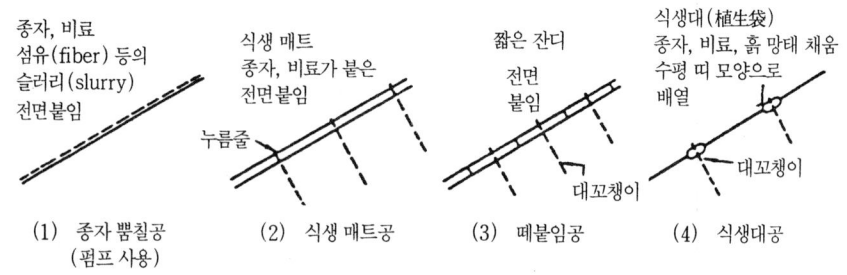

그림 2.6 비탈면용 식생공

식생공에 사용하는 비탈면 풀의 종류와 사용 시기의 관계를 표 2.10에 나타낸다.

표 2.10 풀(草)의 품종과 사용 시기의 적절·부적절

	적절한 시기	가능한 시기	부적절한 시기
	일평균 기온	일평균 기온	일평균 기온
켄터키 31 페스크 화이트 클로버	봄 10~20℃ 가을 15~25℃	봄 20~25℃ 겨울 5~15℃	여름 25℃ 이상 겨울 5℃ 이하
위핑 러브 그래스	봄 15~25℃	봄 10~15℃ 여름 25℃ 이상 가을 20~25℃	봄 10℃ 이하 가을 겨울 ⎤ 20℃ 이하
들잔디 고려잔디	봄 15~20℃	봄 10~15℃ 가을 15~25℃	봄 10℃ 이하 여름 25℃ 이상 가을·겨울 15℃ 이하

(2) 돌붙임

성토 재료가 경암 버력으로 구성되어 본체 내의 배수도 양호하게 되어 있는 성토에서는 비탈면에 돌붙임을 사용한다. 돌붙임에 사용하는 돌은 [A군]의 경암(硬岩)을 사용한다.

(3) 격자틀공

성토 비탈면에 사용하는 격자틀공은 일반적으로 프리캐스트 격자틀공으로 하고 유수(流水)와 간극 수압의 영향이 있는 경우 등에 사용하는 것으로 한다. 이 경우 비탈 표면의 침식 방지를 위해서는 식생공, 블록붙임공, 잡석공 등과의 조합(組合)을 충분히 하여 가장 유효한 공법을 사용한다.

항 목	기 술 상 의 착 안 점
	절토 비탈면에 사용하는 격자틀에는 위에 기술한 프리캐스트 격자틀공 외에 현장 타설 격자틀공이 있다.
(4) 블록붙임공	돌붙임과 식생공을 할 수 없는 경우는 블록붙임공 등을 사용한다. 이 경우 비탈 높이가 3 m 이상인 경우에는 프리캐스트 격자틀공과 블록붙임공의 조합 등의 공법을 사용한다. 블록붙임공에는 찰붙임과 메붙임이 있는데 찰붙임은 비탈 표면으로부터의 빗물 침투를 방지하고 메붙임은 침투수를 배수할 수 있다는 특징이 있다.
(5) 숏크리트공 (모르타르와 콘크리트)	숏크리트 공법에는 건식 숏크리트 공법과 습식 숏크리트 공법이 있으며 각각 장단점이 있으므로 시공 장소의 조건(운송 거리 등)을 감안하여 적절한 공법을 선택한다. 참고로 양 공법의 특징 비교를 표 2.11에 나타낸다.

표 2.11 건식 숏크리트 공법과 습식 숏크리트 공법의 특징

건식 숏크리트 공법	습식 숏크리트 공법
장점 · 물시멘트비가 낮다. · 콘크리트류 타설시의 뿜어내는 속도가 빠르고 충분한 다짐이 가능하다(50 m/sec). · 운송 거리가 길고(수평으로 500 m 정도) 부배합에서 빈배합까지 시공이 가능하다. 단점 · 단위 시간당 토출량이 적다. · 플랜트 설비가 커지게 된다. · 재료의 반발에 의한 손실량이 크다. · 골재를 건조시켜야만 한다.	장점 · 단위당 토출량이 많고 반발 손실이 적다. · 물시멘트비가 일정하게 되어 있기 때문에 품질의 살포가 적다. · 숏크리트 플랜트 설비가 간단하다. 단점 · 물시멘트비가 높아진다. · 건식 공법에 비해서 운송 거리가 짧다(수평으로 200 m 정도). · 호스 내에서의 재료 저항이 커지고 콘크리트 타설 속도가 저하한다. · 단위 시멘트 사용량에 한도가 있다.

항 목	기 술 상 의 착 안 점

2. 시공
(1) 식생공
 1) 종자 뿜칠
  (seed spray)
  공
	① 파종면에는 60일 이상 출입을 금지한다.
	② 파종면의 생존 개수는 파종 후 60일째에 있어서 1 m² 당 1,000개 정도 이상을 표준으로 한다.
	③ 토양 산도가 강산성(pH 4.0 이하)인 경우에는 식물의 생육이 매우 나빠지게 되므로 그 대책을 강구한다.

2) 식생 매트공	① 매트는 종자 등을 부착한 면을 밑면으로 하여 비탈면에 충분히 밀착하게끔 붙이고 대꼬챙이로 비탈면에 고정한다. ② 식생 매트 상호의 겹침은 포갬 겹침으로 하고 겹침 너비는 5 cm 이상으로 한다.

항 목	기 술 상 의 착 안 점
3) 떼붙임공	③ 매트 위에는 균등하게 2 mm 정도의 뗏밥을 덮는다. ④ 출입 제한은 종자 뿜칠공에 준한다. ① 잔디는 현장 반입 후 높게 쌓아 올린다든지 장기간 햇볕에 방치해서는 안된다. ② 잔디는 긴쪽을 수평 방향으로 전면붙임하고 줄눈은 두지 않는다. ③ 잔디의 탈락을 방지하기 위해 잔디 1자리당 2개 이상의 대꼬챙이로 고정한다. ④ 출입 제한은 종자 뿜칠공에 준한다.
4) 식생대공(植生袋工)	① 도랑과 대(袋) 사이에 틈새가 생기지 않도록 충분히 압착하여 대꼬챙이를 사용해 비탈면에 고정한다. ② 붙임부의 생존 개수는 시공 후 60일에서 120개/m 이상으로 한다. ③ 출입 제한은 종자 뿜칠공에 준한다.
(2) 돌붙임	① 돌의 모양은 깬돌(割石)에 준하는 것이 좋고 극단적으로 직사각형인 것은 바람직하지 않다. 일반적으로 30~50 cm 정도인 것이 좋다. ② 맞물림 끝부분을 잘 맞물리게 하고 뒤채움도 정성들여 충분하게 견고하게 조립한다.
(3) 격자틀공	① 불안정한 흙, 석괴(돌덩이)와 수목 등을 제거하고 요철(凹凸)을 조정한다. ② 격자틀 부분은 지나치게 파지 않는다. 또 되메우기 흙은 충분히 다진다. ③ 프리캐스트 격자틀은 블록에 묻힌 철선의 긴결(緊結) 등으로 견고하게 조립한다.
(4) 블록붙임공	블록붙임은 블록에 묻힌 철선의 긴결 등으로 견고하게 조립한다.
(5) 숏크리트공 (모르타르와 콘크리트)	① 비탈면에 용수(湧水)가 있는 경우는 숏크리트면 내에 수압이 생기지 않도록 용수량에 따라서 물빼기 파이프를 설치한다. ② 철망은 비탈면의 요철(凹凸)에 따라 잘펴서 원지반에서 15 mm 이상, 숏크리트면에서 20 mm 이상 떨어지도록 고정 앵커로 확실하게 유지한다. ③ 1층 숏크리트두께는 일반적으로 5 cm 정도. ④ 숏크리트 전에 5~10 m² 의 1장소에 검측(檢測) 핀을 설치하여 숏크리트두께가 설계값 이상이 되도록 관리한다. ⑤ 숏크리트 후 3일간 이상 표면 온도를 5℃ 이상으로 유지함과 동시에 습기를 잃지 않도록 양생한다. ⑥ 시공 후의 관리는 적절한 코어 보링을 해 숏크리트두께를 측정한다. 관리 기준은 최소 숏크리트두께가 설계값의 70% 이상, 평균 측정두께를 설계값 이상으로 한다.

항 목	기 술 상 의 착 안 점

2.5 흙막이벽
1. 시공 계획서
(1) 시공 체제
 	
(2) 작업 공정
 	
(3) 기계기구류
 	
2. 시공
	성토 항목 참조.
	
	① 절토부의 흙막이벽 배면에 용수가 있는 경우는 배수 대책의 검토가 필요하다. 항상 용수가 있는 등 용수량이 많은 경우에는 적합한 뒤채움 잡석을 두껍게 한다든지 배수공의 간격을 조밀히 하는 등의 대책을 강구한다.
	② 절토부에 있어서 원지반이 자립(自立)되지 않고 시공 중에 붕괴가 생긴 경우는 절토부의 흙막이벽 적용 조건에서는 벗어나므로 옹벽 등으로의 변경도 포함하여 다시 한번 검토할 필요가 있다.
	③ 지지 지반이 예상과 달리 연약한 경우는 콘(cone) 관입 시험 등 간단한 사운딩을 실시하고 필요한 경우에는 흙막이벽 바닥 부분의 확폭 또는 묻힘 깊이를 깊게 하는 등 설계를 검토할 필요가 있다.
	④ 위에 기술한 것 외에 시공시의 착안점을 아래에 나타낸다.
	   ㄱ. 지반의 절취면, 굴착에 의한 지지 지반면이 교란되어 있지는 않은지
	   ㄴ. 벽의 콘크리트 타설에 있어서 뒤거푸집을 사용하고 있지는 않은지(뒤거푸집을 사용하면 벽 배면과 뒤채움 잡석 사이의 마찰력을 잃어 변상(變狀)을 유발하기 때문에 뒤거푸집을 사용해서는 안된다)
	   ㄷ. 뒤채움 잡석의 맞물림이 견고하게 시공되어 있는지

항　　　목	기　술　상　의　착　안　점

2.6 보강토
1. 시공 계획서
(1) 시공 체제

(2) 작업 공정　　　⎫ 성토 항목 참조.

(3) 기계기구류

(4) 재료

① 시공에 필요한 부재(部材)는 설계도서를 바탕으로 규격, 형상, 치수, 수량 등을 파악한다.
② 성토 재료는 아래에 나타낸 것으로 한다(일본의 경우).
　ㄱ. 일본통일토질 분류의 (GW) (GP) (G-M) (G-C) (G-V) (GM) (SM) (S-M) (S-C)
　　단, (GM)에 있어서는 세립분(74μ 이하)의 함유율이 25% 이하 및 경암(硬岩) 버력으로 표 2.12의 조건을 만족하는 것.

표 2.12 암석 버력의 조건

입경(粒徑)	250 mm 이상	100 mm 이상	74μ 이하	세립분이 적당히 혼합된 입도로 다짐이 쉬운 것
중량비	0%	25% 이하	25% 이하	

③ 보강토의 중요도가 낮다고 생각되는 경우에는 위의 ①, ②에 추가해서 (GC) (SP) (SM) (SC)를 사용해도 좋다. 단, (SM)에 있어서는 세립분의 함유율이 25% 이하, (GC) (SC)에 있어서는 여기에 추가해서 점토분의 함유율이 7% 이하일 것.
④ 보강토에 사용하는 부재는 표 2.13에 나타낸 것을 표준으로 한다.
⑤ 보강토에 사용하는 부재의 형상과 치수는 다음에 나타내는 것을 표준으로 한다.
　ㄱ. 스트립(strip)
　　a. 평활 스트립
　　　ⅰ. 너비 100 mm, 120 mm
　　　ⅱ. 판두께 3.2 mm, 4.5 mm
　　b. 리브 달린 스트립
　　　ⅰ. 너비 60 mm
　　　ⅱ. 판두께 5.0 mm
　ㄴ. 스킨(skin)
　　a. 콘크리트 스킨
　　　ⅰ. 판(版)두께 18 cm

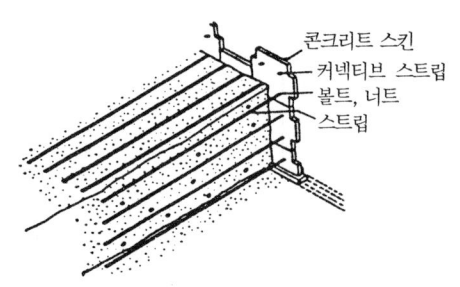

(a) 콘크리트 스킨의 경우

그림 2.7 보강토의 구조 (계속)

항 목	기 술 상 의 착 안 점

표 2.13 부재의 규격

부 재	규 격		강재 기호 또는 종별·품종 등
스트립 (strip)	KS D 3506	아연 철판	SPGS 아연 도금의 아연 부착량 Z 27 이상
	KS D 3503	일반 구조용 압연강재	SS 41에 아연 도금을 한 것. 아연 도금은 KS D 8308에 나타낸 HDZ 35를 표준으로 한다(1).
콘크리트 스킨 (concrete skin)	설계 기준 강도 $\sigma_{ck}=210\,kg/cm^2$의 콘크리트		
메탈 스킨(metal skin)	KS D 3506	아연 철판	SPGS 아연 도금의 아연 부착량 Z 27 이상
커버 조인트 (cover joint)	KS D 3503	일반 구조용 압연강재	SS 41에 아연 도금을 한 것. 아연 도금은 KS D 8308에 나타낸 HDZ 35를 표준으로 한다(2).
볼트(bolt)	KS B 1002	육각 볼트(3)	마무리 정도 중, 나사 등급 3급, 기계적 성질의 강도 구분 4T
너트(nut)	KS B 1012	육각 너트(1)	마무리 정도 중, 나사 등급 3급, 기계적 성질의 강도 구분 4T

주) (1), (2) KS D 8308에 나타내는 유효면(有效面)이란 이 경우 앞뒤 양면을 가리키는 것으로 한다.
    (3) 볼트, 너트의 나사는 KS B 0201(미터 보통 나사)에 규정하는 미터 보통 나사로 한다.
    (4) 볼트, 너트의 아연 도금은 KS D 8308(용융 아연 도금)에 규정하는 HZ 235를 표준으로 한다.

    ii. 형상 full size, half size
  b. 메탈 스킨
    i. 높이 33.3 cm
    ii. 길이 3 m 또는 6 m
    iii. 판두께 3.2 mm
    iv. 형상 어묵 모양
ㄷ. 커버 조인트(cover joint)
  a. 높이 32.8 cm
  b. 폭 18.0 cm
  c. 판두께 2.3 mm
  d. 형상 어묵 모양
ㄹ. 볼트, 너트(bolt, nut)
  a. 콘크리트 스킨   M-20(평활 스트립)
                            M-16(리브 달린 스트립)
  b. 메탈 스킨   M-14
ㅁ. 코르크 플레이트(cork plate)

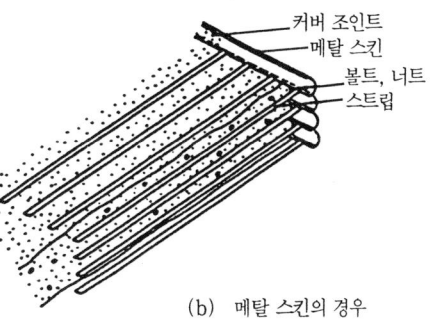

(b) 메탈 스킨의 경우

그림 2.7 보강토의 구조

항 목	기 술 상 의 착 안 점

	a. 두께 2 cm
	b. 너비 10 cm
	c. 길이 60 cm
	ㅂ. 투수 방사재(透水 防砂材)
	  a. 두께 4.0 mm 이상
	  b. 너비 42 cm
	⑥ 보강토를 가설 구조물로서 사용하는 경우는 사용년수, 하중 조건, 중요도 등을 감안하여 ④, ⑤에 따르지 않아도 된다.

2. 시공	시공 방법과 시공 순서를 바탕으로 공사를 원활하고 능률적으로 시공하기 위해 적절한 공정 계획을 세운다.
(1) 시공 방법	보강토의 시공을 원활하고 확실하게 실시하기 위해 보강토와 그것을 포함하는 성토공(盛土工) 전체의 시공 순서를 정한다. 보강토를 포함하는 성토공 전체의 시공 순서를 아래에 나타낸다.

	내 용	방 법
벌개(伐開)·제근(除根)		
굴착(屈削)·정지(整地)		
기 초 공	·마무리 정밀도 ·콘크리트의 품질	·스케일 ·각종 시험
스 킨 의 조 립	·스킨의 수직도	·다림추
스 트 립 의 조 립	·수평성	·육안
성 토 재 포 설	·포설두께	·스케일
성 토 재 다 짐	·층두께 ·다짐도	·스케일 ·다짐 시험(KS F 2312) ·현장 밀도 시험

항 목	기 술 상 의 착 안 점
(2) 기초공	① 기초공(基礎工)은 스킨을 직접 지지하는 것이며 보강토의 안정, 마무리 정밀도를 좌우하므로 그 시공은 정성들여 한다. ② 현지반에 종단(縱斷) 경사가 있는 경우는 계단 모양으로 기초공을 시공하는데 계단 모양으로 굴착하는 경우에 상단(上段) 보강토의 기초가 되는 지반을 교란하는

항 목	기 술 상 의 착 안 점
	것이 많다. 그리고 콘크리트 옹벽 등에 인접하여 보강토를 설치하는 경우에는 통상은 콘크리트 옹벽의 기초가 깊은 경우가 많고 그 기초를 시공할 때에는 보강토의 기초 저면까지 굴착이 미치게 된다. 이와 같은 경우에 있어서 보강토의 기초가 되는 지반을 교란한 채로 기초공을 시공하면 부동침하의 원인이 되므로 그 부분은 양질의 재료로 충분히 다짐해 둔다(**그림 2.8**). 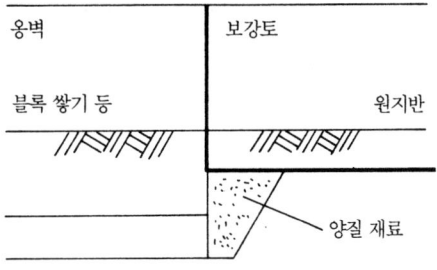 그림 2.8 타구조물과의 접속(接續)인 경우 ③ 기초공(콘크리트 스킨)의 관리기준을 표 2.14에 나타낸다. 표 2.14 기초 콘크리트의 관리기준 | 관리 항목		관 리 값	빈 도	비 고
---	---	---	---	---
설치 높이		+5cm −0cm	연장(延長) 30 m 마다	(+) 기준보다 높다. (−) 기준보다 낮다.
경사도 (h)	종단(縱斷) 방향	각 측점의 상대 오차 1 cm	연장 1.5 m 마다	
	횡단(橫斷) 방향	1 cm		
평탄도(h′)		0.5 cm	연장 1.5 m 마다		
(3) 스킨(skin)의 조립	① 스킨의 조립은 수직도와 시공 정밀도를 확보하기 위한 조치를 강구한다. ② 스킨의 조립은 성토 작업과 병행하여 실시하고 필요 이상으로 하지 않는다. 여기에 스킨의 변위 원인으로 생각되는 사항을 아래에 나타낸다. ㄱ. 기초 지반에 기인하는 것 　　a. 기초공의 마무리 정밀도가 불량 　　b. 기초 지반이 이상침하를 일으킨 경우 　　c. 배수 설비 불량 때문에 침투수가 비정상적으로 증가한 경우 ㄴ. 시공에 기인하는 것 　　a. 스킨 바로 근처의 인력에 의한 시공 부분의 다짐이 불량인 경우 　　b. 포설과 다짐시에 시공 기계가 규정대로 주행되지 않은 경우

항 목	기 술 상 의 착 안 점
	c. 성토 작업에 선행하여 스킨을 많이 먼저 조립해 둔 경우 d. 지주(支柱), 쐐기, 클램프 등의 조립 지그가 적절하게 사용되지 않았을 때
(4) 스트립(strip)의 설치	① 스트립은 수평으로 그리고 극단적인 요철(凹凸)이 생기지 않도록 부설(敷設)한다. ② 연결 볼트는 확실하게 체결한다. ③ 스트립은 원칙적으로 벽면에 직각으로 연결하여 부설한다. 단, 다른 구조물과의 접속 장소 부근과 코너부 부근에 대해서는 직각 이외의 각도로 연결하는 경우가 있으므로 이와 같은 경우는 거싯 플레이트를 사용하여 처리한다(그림 2.9). 그림 2.9 거싯 플레이트를 사용하는 방법
(5) 성토 재료의 포설, 펴고르기	① 포설두께는 소정의 다짐도를 얻을 수 있고 또한 다짐 완료시의 전압면이 스트립 부설면이 되도록 정한다. ② 포설, 펴고르기 작업은 항상 스킨의 변위에 주의하고 아래에 나타내는 사항을 엄수한다(그림 2.10). ㄱ. 벽면에 평행으로 주행. ㄴ. 벽면 쪽에서부터 차례대로 실시한다. 그림 2.10 포설, 펴고르기 방법

항 목	기 술 상 의 착 안 점
	ㄷ. 벽면에서 1.5m 정도 이내의 시공은 인력으로 한다. ㄹ. 스트립 위를 직접 주행하지 않는다.
(6) 성토 재료의 다짐	성토 항목[2-(4)-6] 참조.

3. 굴착 흙막이공

항　　　　목	기　술　상　의　착　안　점
3.1 임시 흙막이 공 1. 시공 계획서 (1) 시공 체제	① 각종 작업의 작업지휘계통, 안전, 위생 등의 관리 조직 ② 특히 전문업자가 들어있는 경우 그리고 영업선 근접 시공인 경우 궤도업자(궤도 감시를 포함한다)와의 지휘명령계통이 명확하게 되어 있는지 ③ 관련 법규 등에 의해 의무가 부여된 관리 · 기능자격자
(2) 작업 공정	① 각 공종별 작업 일수, 시공 순서, 시공 시기 ② 각 공종별 공정상의 관련 ③ 타공구(隣接)과의 공정 조정
(3) 기계기구류	시공 기계는 굴착 규모, 지반 조건, 작업 환경 조건(소음, 진동, 지하수), 시공 조건 (작업 공간, 공두(空頭) 제한) 등을 고려하여 현장에 적합한 것을 선정한다.
(4) 비상시 대책	① 지진, 호우(豪雨), 정전 등의 비상시를 예상하여 비상시 대책 매뉴얼 작성 ② 긴급 연락망과 업무 분담
(5) 사용 재료	설계도와의 대조.
(6) 지하 매설물 의 조사	① 매설물 관리자와의 현지 입회(立會) ──── 시굴(試掘)에 의한 매설물의 위치 · 생사 등의 확인 ② 보안상의 조치 ──┬── 매설물의 방호(防護) · 이설(移設) 　　　　　　　　　├── 시공의 각 단계에서의 입회의 유무 　　　　　　　　　├── 긴급시의 연락처 　　　　　　　　　└── 기타 ③ 매설물 근접 장소에서의 화기 사용 제한
2. 시공 (1) 엄지말뚝 가 로널말뚝	엄지말뚝 가로널말뚝 공법은 H형강(I형강 · 레일 등)을 엄지말뚝으로써 땅 속에 타설하고, 굴착에 따라 가로널말뚝을 엄지말뚝 사이에 삽입하고 뒤채움 흙을 충전하여 흙막이벽을 조성하는 공법이다. 가로널말뚝에는 통상 목제가 사용되는데 강제와 콘크리트제가 사용되는 경우도 있다(그림 3.1). 　타설 공법에는 타격, 진동, 압입 등이 있다. ① 이 공법은 차수성(遮水性)이 없으므로 배수 공법 등을 고려한다.

항　　목	기　술　상　의　착　안　점
	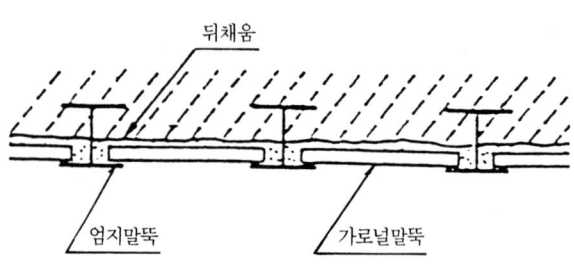

그림 3.1 엄지말뚝 가로널말뚝 공법

② 엄지말뚝 타설시는 트랜싯 등으로 수직성을 확인하여 정밀도 높게 타설한다.
③ 이음이 있는 경우는 먼지·기름·진흙 등의 부착물을 제거한다.
④ 굴착을 선행하면 토사(土砂)의 박락 붕괴를 초래하여 위험할 뿐이며, 가로널말뚝 삽입에 비계가 필요하게 됨과 동시에 뒤채움 흙의 충전이 조잡하게 된다. 이런 점에서 굴착·가로널말뚝의 삽입·뒤채움 흙 충전의 각 작업은 타이밍을 맞춰 실시한다.
⑤ 가로널말뚝은 삽입할 때마다 쐐기를 타설하여 위치를 유지함과 동시에 살대를 박아 넣어서 가로널말뚝 상호를 긴결한다(그림 3.2).
⑥ 용수(湧水) 등에 의한 흙막이 배면의 토사 유출은 주변 지반침하와 건물의 지지층을 느슨하게 한다. 이런 점 때문에 흙막이벽 존치 기간 중은 늘 관찰을 하여 널말뚝 뒷면에 틈새가 없도록 주의한다.

〈엄지말뚝 가로널말뚝 공법 시공 순서〉

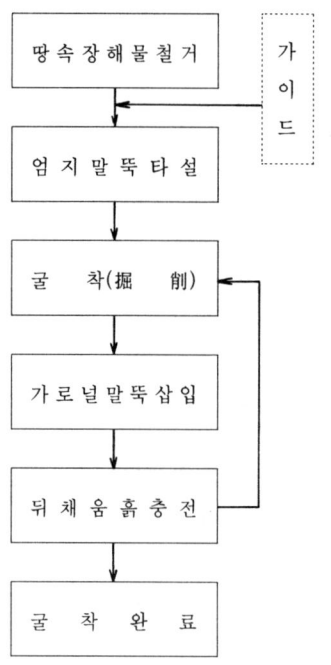

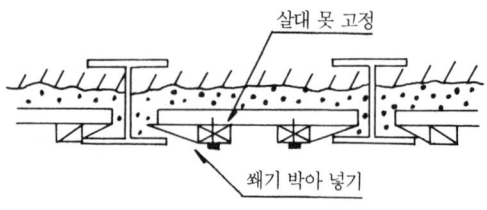

그림 3.2 가로널말뚝의 세로 연결 |
| (2) 강널말뚝 | 강널말뚝 공법은 강제의 널말뚝을 연속적으로 땅 속에 타설하여 흙막이벽을 조성하 |

항 목	기 술 상 의 착 안 점
	는 공법이다. 타설 공법에는 충격, 진동, 압입 등이 있다(**그림 3.3**). ① 강널말뚝의 타설은 원칙적으로 병풍 모양으로 한다. ② 소정의 정밀도 확보(경사, 이음의 어긋남, 비틀림 등의 방지)를 위해 타설용 가이드(규준대)를 설치한다(**그림 3.4**). ③ 강널말뚝의 타설에 있어서는 땅 속 장해물의 철거, 공중 가선(架線)의 보양 또는 이설 및 기름 유출 방지를 위해 비산 방지 시트 등을 한다. ④ 강널말뚝의 타설시에는 지표면에 가까운 지반이 따라 들어가서 표층침하를 일으키는 경우가 있으므로 근접 매설관에는 주의한다. ⑤ 강널말뚝의 차수성은 이음의 맞물림 양부(良否)에 따라서 좌우된다. 시공에 있어서는 충분히 주의를 함과 동시에 분명하게 이음의 어긋남이 생겼다고 생각될 때는 기록을 남기고 겹쳐서 추가 타설하거나 또는 그라우트 등의 보강 대책을 강구한다. ⑥ 워터 제트(water jet) 병용 공법으로 하는 경우는 이완 방지·파이핑 방지 대책을 강구한다. 그림 3.3 강널말뚝 타설 방법 그림 3.4 강널말뚝 타설용 가이드

항 목	기 술 상 의 착 안 점
(3) 오거 굴착 모르타르 주열벽(PIP 등)	이 공법은 어스 오거에 의해 굴착하고 그 속에 모르타르를 타설, 철근망 또는 H형강 등을 삽입한 모르타르말뚝을 연속적으로 축조하여 흙막이벽을 조성하는 공법(**그림 3.5**)이다.

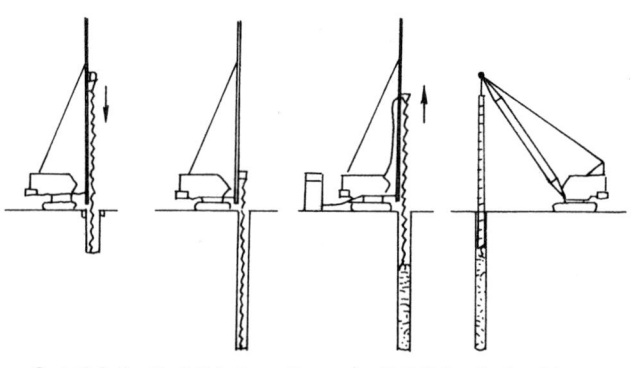

① 오거에 의 ② 소정의 심도 ③ 모르타르를 주입하 ④ 철근망을
한 굴착   까지 굴착   면서 오거를 인발   세운다

그림 3.5 PIP 공법

① 지장이 되는 장해물은 사전에 철거한다.
② 굴착 위치 잡기를 정확히 하고 이것을 기준으로 가이드(guide)를 올바른 위치에 설치한다.
③ 오거의 인상 속도가 모르타르의 구멍 안 충전 속도보다 빠른 경우 구멍벽이 붕락해 모르타르로 섞여 들어가는 것이 생긴다.
　특히 지하수가 많은 느슨한 모래지반에서 일어나기 쉽다. 이 때문에 오거의 인상 속도와 모르타르 주입량의 밸런스에 주의하고 구멍 바닥(孔底)에서 중단하는 일 없이 연속하여 모르타르를 주입한다.
④ 심재에 부착된 진흙 등은 떼어내고 변형과 손상을 주지 않는 동시에 구멍벽이 손상되지 않도록 소정의 위치에 세운다.
⑤ 심재의 세우기는 모르타르 주입 후

〈모르타르 주열벽 공법 시공 순서〉

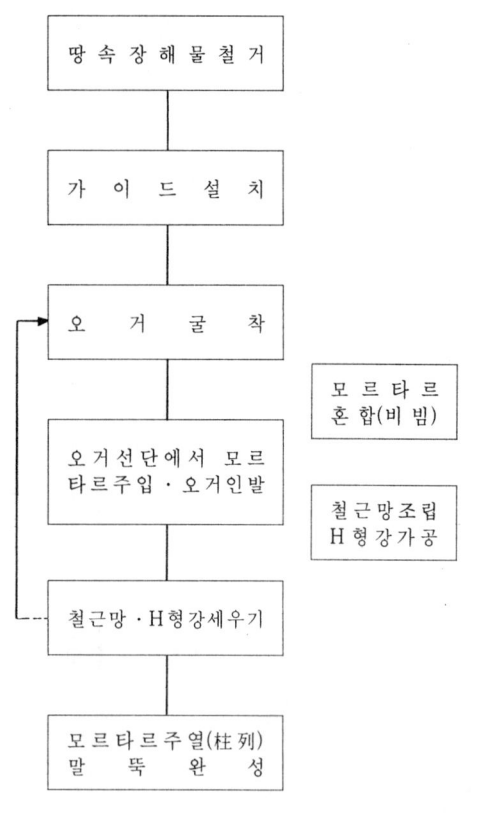

항 목	기 술 상 의 착 안 점
	신속하게 실시하여 모르타르의 응결이 시작되기 전에 완료한다. 그리고 모르타르가 굳을 때까지 심재가 움직이지 않도록 지그로 고정시키는 동시에 진동 등을 주지 않도록 양생한다. ⑥ 말뚝의 시공 순서는 시공이 끝난 말뚝에 인접하여 다음의 오거 굴착을 하면 모르타르가 일산(逸散)할 우려가 있다. 그리고 시간이 지나 경화된 말뚝에 인접하여 시공하면 오거의 밀림 등으로 연속성을 확보할 수 없어 차수(遮水) 성능이 떨어지기 때문에 말뚝의 시공 순서에 대해서는 충분한 주의를 요한다.  지그재그 배치 (철근망) 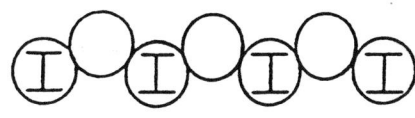 지그재그 배치 (H형강) 그림 3.6 모르타르말뚝의 배치 예 ⑦ 심재에 이음이 있는 경우는 이음 위치가 동일한 높이로 되지 않도록 한다.
(4) 지하 연속벽	지하 연속벽 공법은 특수 굴착기를 사용하여 땅 속에 트렌치를 굴착하고 여기에 철근망을 세우고 콘크리트를 타설하여 벽체(壁體)를 조성하는 공법이다. 이 공법은 다른 흙막이벽에 비해 지수 효과가 높은 공법으로 최근 대규모 굴착 공사에 채용되고 있다. 그러나 시공 기술이 진전된 현재에도 패널 조인트부 등의 결함에 의한 누수를 막을 수 없어 누수에 의한 구조물의 철근 부식, 누수된 물을 하수도에 방류(放流)하는 것에 따른 코스트 상승 그리고 미관상과 다종 다양한 영향을 미치고 있다. 따라서 조인트부의 확실성과 지수성을 높이는 것을 목적으로 각 방면에서 여러 가지의 연구, 개량이 이루어지고 있다. 아래에 시공 방법(그림 3.7), 지수 성능 저하의 요인(표 3.1), 작업 순서와 체크 포인트(그림 3.8)를 나타낸다. 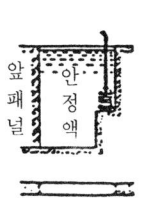  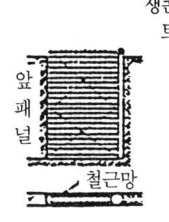 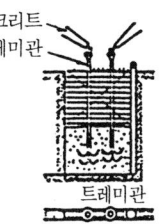 ① 굴착　② 조인트 장치 세트　③ 철근망 세우기　④ 트레미관 삽입과 생콘크리트 타설 그림 3.7 지하 연속벽의 시공 방법

항　　목	기　술　상　의　착　안　점
	표 3.1 지수(止水) 성능 저하의 요인

항 목	요 인
1. 패널 조인트 (panel joint)	· 콘크리트의 다짐은 자중(自重)으로 하기 때문에 조인트 사이의 부착도가 떨어진다. · 조인트 사이에 이수 내의 불순물과 슬라임이 부착한다. · 굴착 정밀도가 떨어지면 패널 사이에 불연속 부분이 생긴다.
2. 슬라임	· 굴착 구멍 바닥에 퇴적된 슬라임의 제거가 불충분한 경우. · 콘크리트 타설시 슬라임이 콘크리트 속에 말려들어가 콘크리트의 품질을 현저하게 저하시킨다. · 타설 중의 콘크리트 유동에 의해 슬라임은 엘리먼트 이음부에 집중하는 경향이 있으며 이음 부분의 지수성을 현저하게 저해한다.
3. 이수(泥水)	· 이수 성능의 열화에 의해 구멍벽의 붕락이 생기고 그러한 것이 콘크리트에 부착하여 머드 케이크를 두껍게 한다.
4. 콘크리트 타설	· 트레미관 콘크리트로의 관입 부족에 의한 슬라임의 말려들어감. · 부적당한 워커빌리티에 의한 콘크리트의 에워싸임 부족.
5. 철근망	· 부적당한 철근 간격, 피복에 의한 콘크리트의 에워싸임 부족.

1) 안내벽

　안내벽(guide wall)의 역할
① 지하 연속벽의 시공 위치와 정밀도의 확보
② 표층 지반의 붕락 방지
③ 안정액의 일시 저유조(貯留槽)
④ 철근망의 지지(支持)
⑤ 굴착기, 트레미관 등의 지지
등의 역할이 있으며 충분한 강성을 가진 정밀도가 높은 것으로 한다.

　그리고 지하 수위가 높고 지하 수위와 안정액면과의 수두차(통상 1.5m 정도)를 가질 수 없는 경우는 지하 수위 저하 공법을 채용하든가 안내벽의 높이를 충분히 취할 필요가 있다.

2) 작업 바닥

　작업 바닥은 굴착기, 크롤러 크레인, 생콘크리트차 등이 주행·이동하므로 그 시공 정밀도가 작업 효율의 저하, 굴착시 구멍벽의 안정과 정밀도에 중대한 영향을 준다. 이러한 점에서
① 콘크리트 타설시에 레벨 측정을 하여 수평으로 마무리한다.
② 안정액의 비산, 세정수 등에 의한 주변 오염 대책으로 배수구를 설치한다.

3) 굴착

① 굴착 정밀도의 관리
　지하 연속벽 공법은 굴착된 트렌치벽이 콘크리트 거푸집으로 된다. 결국 굴착의 정밀도·굴착벽면의 상태가 지하벽의 정밀도와 벽면의 평활도를 결정함과 동시에 엘리먼트간의 어긋남에 의한 누수를 방지하는 것이 된다.

항 목	기 술 상 의 착 안 점
	그림 3.8 작업 순서와 체크 포인트 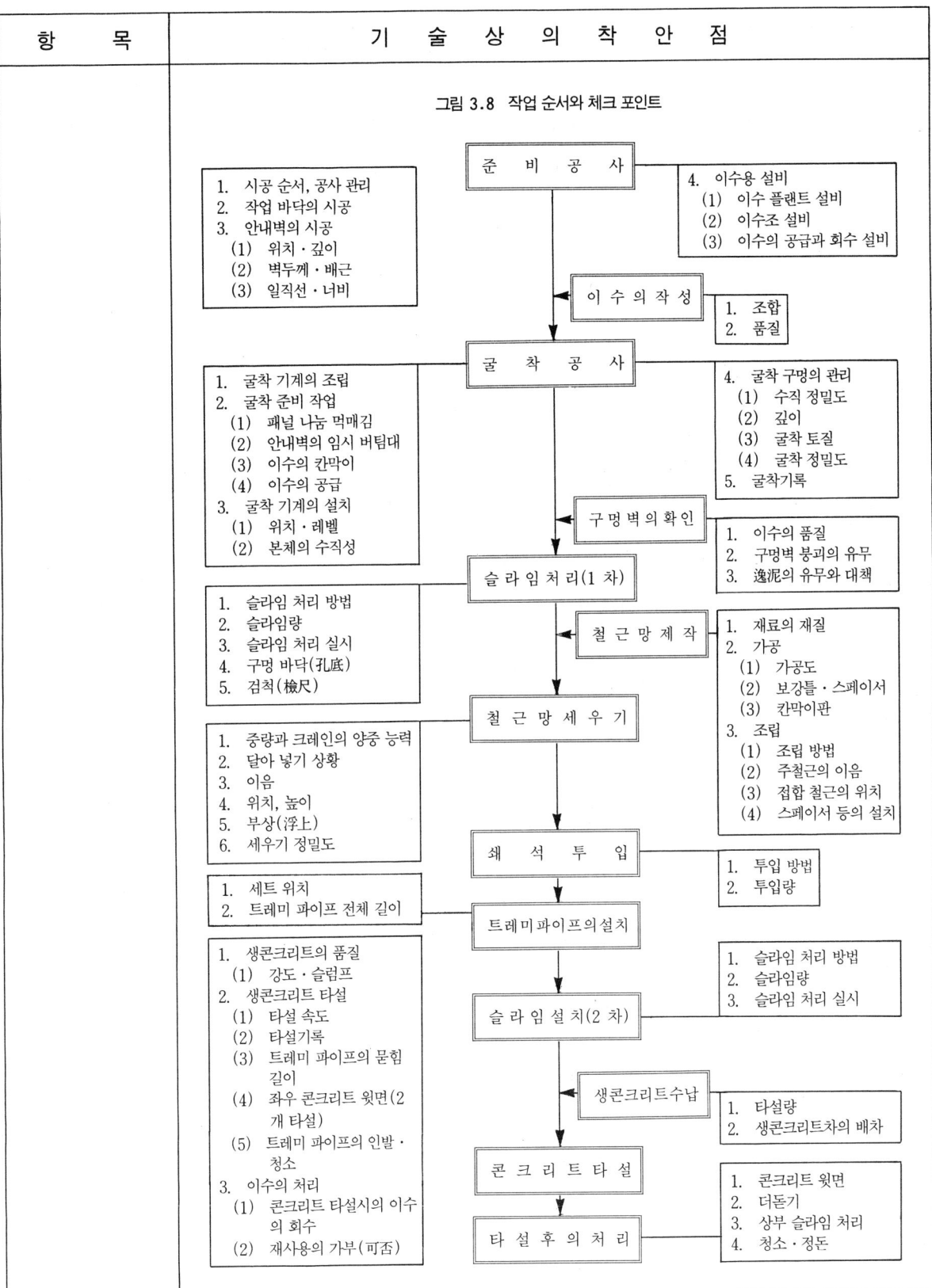

항 목	기 술 상 의 착 안 점
	이런 이유로 굴착시 시공 관리에서는 정밀도 관리가 가장 중요한 관리 항목이다. · 굴착 정밀도 불량 요인 ─┬─ 굴착기의 특성 ───── 자체의 특성·지반 반력·정밀도 관리 장치 등 ├─ 지반의 입도(粒度)·흙의 성질 ───── 큰 호박돌·극단적으로 강도가 낮은 토층 등 └─ 안정액의 성질 ───── 트렌치벽의 붕락·머드 케이크의 두께 · 관리 방법 ─┬─ 관리 기준값의 설정(일반적으로 1/300~1/500이 목표값이다) ├─ 굴착시 ─┬─ 굴착기에 장착된 경사계 등에 의한 측정 │ └─ 초음파 트렌치벽 측정기에 의한 측정 └─ 굴착 완료시 ── 초음파 트렌치벽 측정기에 의한 측정 ② 지지층의 확인 · 지지층의 확인은 굴착 심도(深度)·굴착 속도 및 배토와 지질 조사 자료와의 대조 ③ 굴착에 따른 문제와 대책(예)

종 별	원 인	대 책 예
트렌치벽의 붕괴	일니(逸泥)·안정액의 수위 저하	逸泥 대책(逸泥 방지제 등) 안정액의 보급
	되메움된 지반	배수 공법, 지반 개량, 수위 변경
	연약 지반(느슨한 모래층·피트층 등), 지하수(被壓水·伏流水)·지하 수위	배수 공법 지반 개량 안정액의 배합 변경
	안정액 열화(염분·시멘트 이온·강우 등)	안정액의 배합 변경
	진동(열차 등 근접 시공)	시공 시기, 진동 방지 대책 안정액의 배합 변경
	편토압(지형·근접 구조물)	엘리먼트 규모의 변경 지반 개량 안정액의 배합 변경
굴착 불능·곤란(困難)	장해물(轉石·埋木·오래된 기초 등)	공법 변경 철거 공법
	경질 지반, 호박돌, 콘크리트로 에워싸임	굴착기의 변경 정(chisel)의 병용

항　　목	기　술　상　의　착　안　점

종 별	원　인	대 책 예
트렌치벽의 왜곡, 정밀도 불량(수직성·너비)	굴착기의 성능·버릇 지반의 토층 변화·요철(凹凸)	굴착기의 변경 수정 굴착
	선행 보링의 정밀도 불량	보링 지름·공법의 변경
	연약 지반(구멍벽의 배나옴) 머드 케이크	안정액의 배합 변경

4) 안정액

　　안정액의 기능으로 ① 굴착벽면의 붕괴 방지, ② 안정액 속에 있는 토사의 유지, ③ 굴착 토사의 운반·분리매체 등이 있으며 이러한 것 중에서도 ① 이 가장 중요한 성질이다. 이를 위해서는 지반에 액압(液壓)을 주기 위한 비중과 벽면에 신속하게 머드 케이크(mud cake)를 형성하는 성질이 필요하게 된다.

① 안정액의 성질과 시험 항목

기능	시험 항목		시 험 항 목				
			점성(粘性)	여과 수량	비중(比重)	사분(砂分)	pH
굴착벽면의 안정	액압(液壓)의 발생	비중이 크다			○	○	
	머드 케이크의 생성	잘 분산되어 있다	○	○			○
굴착 토사의 운반 배출	토사의 운반	점도가 크다	○				○
	토사의 분리	점도가 적다	○				○
펌프 등에 의한 안정액의 수송법		점도가 적다	○				○
		비중이 적다	○		○	○	

② 안정액의 종류와 표준배합

　　크게 나누면 벤토나이트계 안정액과 폴리머계 안정액으로 나눌 수 있다.

• 표준배합 예

안정액의 종류 재료	벤토나이트계 안 정 액	폴 리 머 계 안 정 액	비　　고
벤 토 나 이 트 (%)	4~12	0~4	逸泥 방지제는 逸泥의 상황에 따라 적절한 형상의 입경(粒徑)인 것을 선택한다.
C　M　C (%)	0.05~0.3	0.1~0.6	
분　산　제 (%)	0.05~0.3	0~0.3	
방　부　제 (%)	──	0~0.2	

주) 벤토나이트계와 폴리머계 안정액의 선택은 각각의 안정액의 특성을 이해하여 적재적소(適材適所)에 채용한다.

③ 안정액의 관리

항 목	기 술 상 의 착 안 점
	• 안정액의 관리 항목과 시험 방법

성 상	시험 항목	시 험 방 법	비 고
비 중	비 중	머드 밸런스(API 규격)	※ 시험 빈도 : 공사의 규모·조건 등에 따라 다르지만 적어도 2회/일 이상으로 한다. 그리고 안정액의 열화 경향을 신속히 파악하여 안정액의 배합과 보급의 조정에 의해 안정액의 성상(性狀)을 유지한다.
유동 특성	점 성	깔대기 점도계 (500 ml/500 ml) (API 규격)	
조 벽 성 (造壁性)	탈수량(脫水量)	여과 시험기 ($3\,kg/cm^2$·30분간) (API 규격)	
	진흙막두께		
pH	pH	pH 또는 리트머스 시험지	
사분(砂分)	사분율(砂分率)	사분 측정기(API 규격)	

• 안정액 관리기준값(예)

관리 항목	굴 착 시	슬라임 처리시	비 고
비 중	1.04~1.20	1.04~1.10	상단(上段) : 벤토나이트계 안정액 하단(下段) : 폴리머계 안정액
	1.01~1.15	1.01~1.10	
깔대기 점도 (sec)	22~35	22~30	
	22~35	22~30	
탈 수 량 (cc)	30 이하	30 이하	
	30 이하	30 이하	
진흙막두께 (mm)	3 이하	1 이하	
	3 이하	1 이하	
pH	11 이하	11 이하	
	11 이하	11 이하	
사 분 율 (%)	5 이하	1.0 이하	
	5 이하	0.5 이하	

안정액 관리의 목적은 안정액 재료의 절감, 폐액(廢液) 안정액의 저감을 도모함과 동시에 양질의 안정액을 사용함으로써 굴착벽면의 안정과 좋은 품질의 벽체를 구축하는 것으로 지하 연속벽 공법에 있어서 중요한 관리 항목 중 하나이다.

5) 슬라임 처리

슬라임 처리도 좋은 품질의 지하 연속벽을 시공하는 중요한 요인 중 하나이다.

슬라임이란 굴착시에 안정액으로 혼입된 굴착토 입자와 트렌치벽면에서 붕락한 토괴(土塊)와 철근을 세울 때에 굴착벽면으로부터 떨어진 흙·머드 케이크 등이 트렌치 바닥에 침적된 것을 말한다.

① 슬라임 처리의 필요성

항　목	기　술　상　의　착　안　점
	・콘크리트 타설시의 슬라임 혼입에 따른 콘크리트의 품질 저하. ・철근과 콘크리트의 부착 강도 저하. ・타설 중의 콘크리트의 유동에 의해 슬라임은 엘리먼트 이음부에 집중하는 경향이 있으며 이에 따라 이음 부분의 지수성・강도 저하. ・벽체의 지지력 저하. 등 여러 가지 영향이 있으며 확실하게 제거할 필요가 있다. ② 슬라임 처리 　　슬라임 처리는 굴착 완료 후 슬라임의 침강을 기다렸다 실시하는 1차 슬라임 처리와 철근망을 세운 후에 실시하는 2차 슬라임 처리로 나눌 수 있다. 그리고 1차 슬라임 처리 후에 양수관(揚水管)을 1m 정도 인상하여 트렌치 내의 높은 비중의 안정액과 사분율(砂分率)이 낮은 양액(良液)으로 치환하는 양액 치환 방식을 실시하면 2차 슬라임의 발생을 적게 억제할 수 있다. 〈슬라임 처리의 기본 순서〉 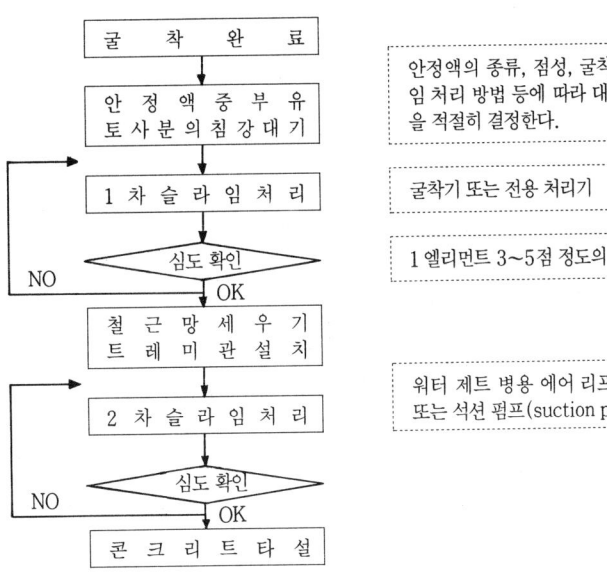 ③ 조인트부의 청소 　　선행 엘리먼트벽면(조인트부)에 생성되는 머드 케이크는 벽체의 지수성・구조적 연속성에 악영향을 준다. 이 때문에 슬라임 처리에 앞서 확실하게 제거할 필요가 있다. 　　이 머드 케이크의 두께는 안정액의 종류와 방치 시간에 따라 다르지만 통상 폴리머계에서 1~5mm, 벤토나이트계에서 5~20mm 정도이다. 제거 방법은 굴착기에

항　　목	기　술　상　의　착　안　점
	설치된 제거용 주걱·브러시와 전용 스크레이퍼 등이 있다.
6) 철근공	지하 연속벽은 가설 흙막이벽·지수벽으로 사용하는 경우와 지하 구조물의 일부로 본체를 이용하는 경우가 있으며, 특히 본체를 이용하는 경우는 지하 연속벽의 엘리먼트 상호나 지하 연속벽과 후에 타설되는 구조물(측벽·보·슬래브 등)을 결합할 필요가 있으며 따라서 보다 엄격한 시공 정밀도·품질 관리가 요구된다. ① 철근망의 가공·조립 　·신기, 하역, 운반, 세우기할 때의 취급에 따라 휨 그 밖의 변형이 생기기 때문에 철근망에는 견고한 조립 철근틀 또는 철골틀을 사용한다. 　·특히 본체를 이용하는 경우는 임시 조립을 하여 이음 장소의 마킹(marking)을 정확히 한다. 특히 슬래브 결합 철근은 정확한 위치에 조립한다. ② 철근망 세우기 　·철근망을 패널 중심에 맞춰서 수직으로 세운다. 　·철근망을 잇는 경우는 안내벽에 거더를 걸쳐서 임시받침을 하여 상부 철근망의 수직성을 전후·좌우에서 확인하여 올바른 위치에서 이어맞춘다.
7) 콘크리트공	지하 연속벽에서의 콘크리트 타설은 수중 콘크리트로 되기 때문에 트레미관을 사용하여 굴착 트렌치 하부에서 차례대로 안정액으로 치환하면서 연속적으로 타설하여 올라가는 방식이다. 이와 같이 큰 단면에서의 수중 콘크리트로 되기 때문에 콘크리트의 설계 강도를 확보하고 강도의 살포를 적게 하기 위해서는 콘크리트의 품질과 타설 관리가 중요한 포인트이다. ① 콘크리트의 품질 관리 　　콘크리트는 트레미관을 사용하여 이수(泥水) 속에 타설하기 때문에 유동성이 풍부하고 분리되기 어려운 콘크리트인 것이 필요하다. 유동성이 부족한 경우는 트레미관을 중심으로 뾰족한 산 모양으로 콘크리트가 타설되어 조인트부에 슬라임이 남는다든지 산 모양의 중턱에서 콘크리트의 일시 무너짐이 생겨 슬라임과 이수(泥水)를 혼입하여 콘크리트의 국부적 열화 현상과 공동(空洞)이 생기는 등의 현상이 일어난다. 　　이 때문에 콘크리트의 타설은 콘크리트 혼합 후 1.5시간 이내에 타설을 완료하는 것을 원칙으로 한다. 특히 여름에는 응결 시간이 빨라지므로 주의를 요한다. 　　또한 콘크리트의 타설은 타설 완료까지 연속적으로 하는 것이 원칙이다. 이를 위해서는 사전에 생콘크리트 공장의 출하 능력·교통 사정과 운반 소요 시간 등을 조사하여 중단 없이 양질의 콘크리트를 반입할 필요가 있다. ② 타설 관리 　　콘크리트 타설에서 중요한 것은 타설 콘크리트 속에 안정액 등의 불순물을 혼입

항 목	기 술 상 의 착 안 점
	시키지 않는 것이며 이를 위해서는 콘크리트를 엘리먼트 내에 거의 수평으로 타설해 올라가는 것이 필수 조건이다(그림 3.9).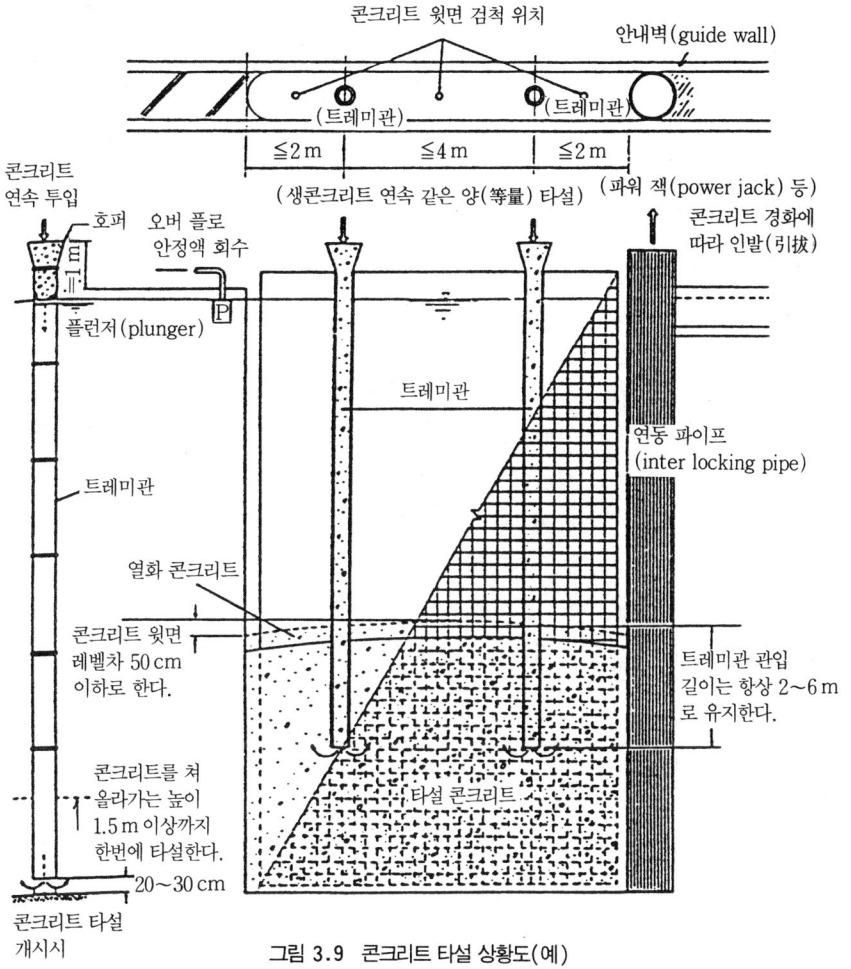

그림 3.9 콘크리트 타설 상황도(예)

ㄱ. 트레미관의 관리

    콘크리트 타설 중에서 트레미관 선단(先端)은 항상 콘크리트 내에 2m 이상 들어있도록 콘크리트의 타설 높이를 수시로 측정하여 묻힘 길이를 확보한다. 이것은 트레미관 선단에서 콘크리트가 유출할 때의 콘크리트가 올라가는 면에 있는 슬라임 등의 불순물을 혼입하는 것을 방지하기 위해서이다. 또한 트레미관은 사용 전에 충분한 점검·청소를 한다. 특히 이음부 수밀성의 불비(不備)는 관 내로의 안정액의 유입 등에 의해 불량 콘크리트의 원인이 된다. 사용 후는 신속하게 부착된 콘크리트를 제거한다. |

항 목	기 술 상 의 착 안 점
(5) 소일 시멘트 주열벽(SM-W·TSP 공법 등)	ㄴ. 콘크리트 윗면의 관리 　　콘크리트 타설 중에는 각 믹서차의 타설 종료시마다 검척하여 트레미관의 묻힘 길이를 확보한다. 검척 장소는 패널의 크기에 따라 1~3군데 측정한다. 그리고 2개 이상의 트레미관을 사용해 콘크리트를 타설하는 경우는 콘크리트 타설면을 거의 평탄하게 하기 위해 트레미관의 타설량, 타설 속도를 동일하게 한다. 　　타설 콘크리트 정부(頂部)는 레이턴스·안정액의 혼입에 의해 열화된 콘크리트로 되기 때문에 더돋기를 할 필요가 있다. 　이 공법은 특수 다축 오거기로 지중(地中) 천공하고 그 선단(오거)에서 시멘트계 현탁액을 토출시켜 굴착 토사와 혼합시키면서 천공 교반을 함과 동시에 엘리먼트의 끝부분을 겹치게 함으로써 지수성이 높은 일체의 소일 시멘트벽을 조성하는 공법(그림 3.10)이다. ① 시공은 오거 굴착 모르타르 주열벽에 준하는 것 외에 아래에 따른다. ② 시멘트계 현탁액의 배합(물시멘트비)은 소일 시멘트의 강도와 지수성 외에 점성토 지반인 경우 혼합의 균일성 등에 영향을 미친다. 　　이 때문에 지반 조건, 시공 조건을 검토하고 시공에 앞서 실내 시험 혼합을 하여 배합을 결정한다. ③ 소일 시멘트의 품질 관리 가운데 소일 시멘트의 강도에 대해서는 원위치의 시료를 채취하여 강도 시험을 한다. 그리고 시험은 대략 500 m² 마다 실시한다. 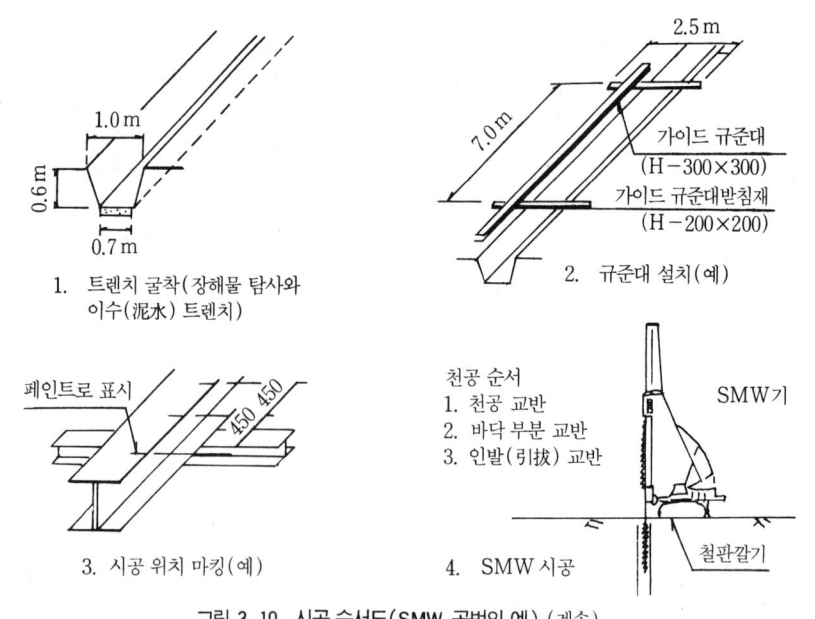 그림 3.10 시공 순서도(SMW 공법의 예) (계속)

항 목	기 술 상 의 착 안 점
	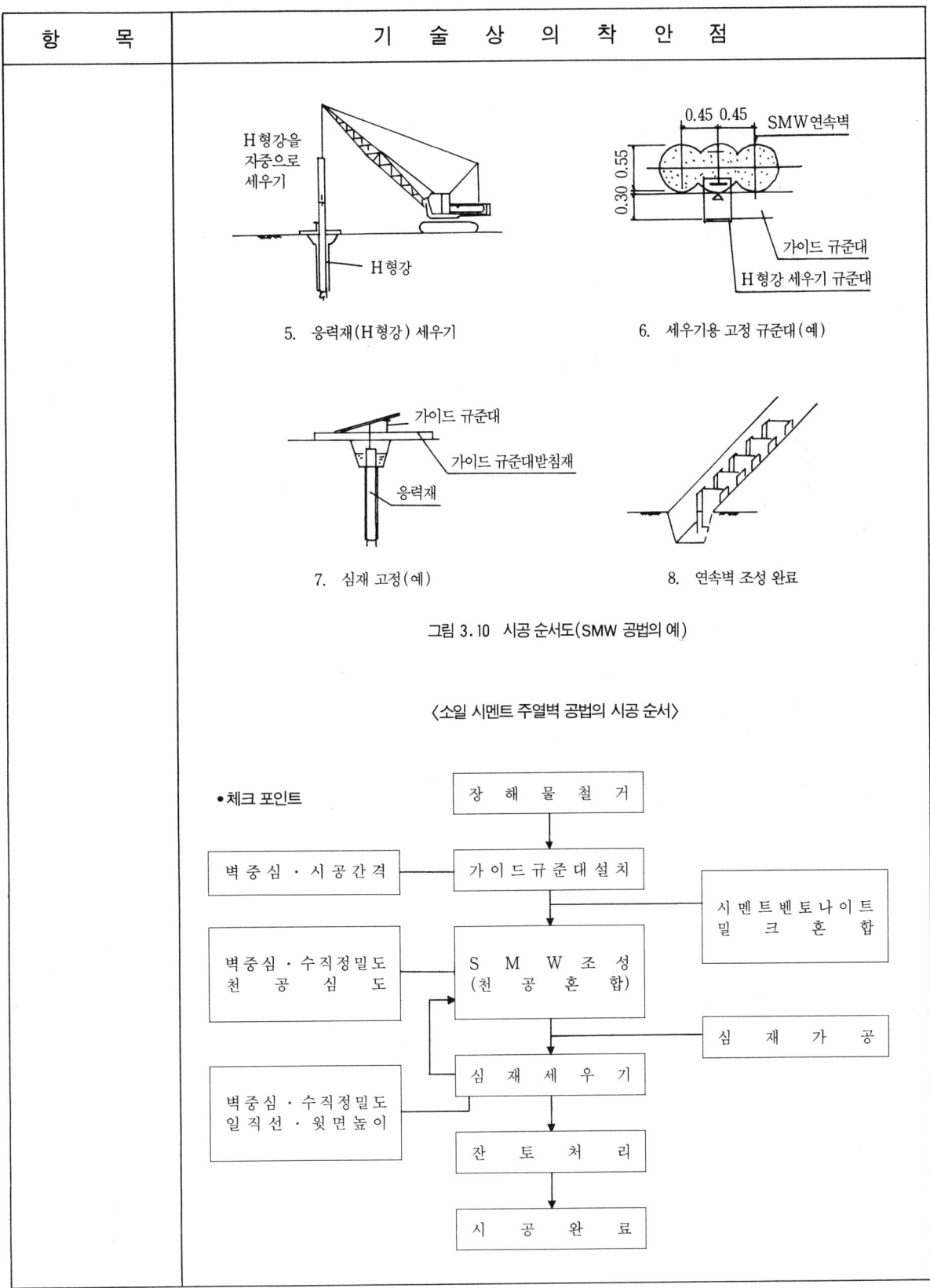

항 목	기 술 상 의 착 안 점
(6) 현장 타설 말뚝식 주열벽(BH 공법 등)	이 공법은 BH기 등을 사용해 굴착하고 그 속에 모르타르 또는 콘크리트를 타설하여 심재(철근망·H형강 등)를 삽입한 말뚝을 연속적으로 조성하는 공법이다. 〈현장 타설말뚝식 주열벽의 작업 순서〉 • 체크 포인트 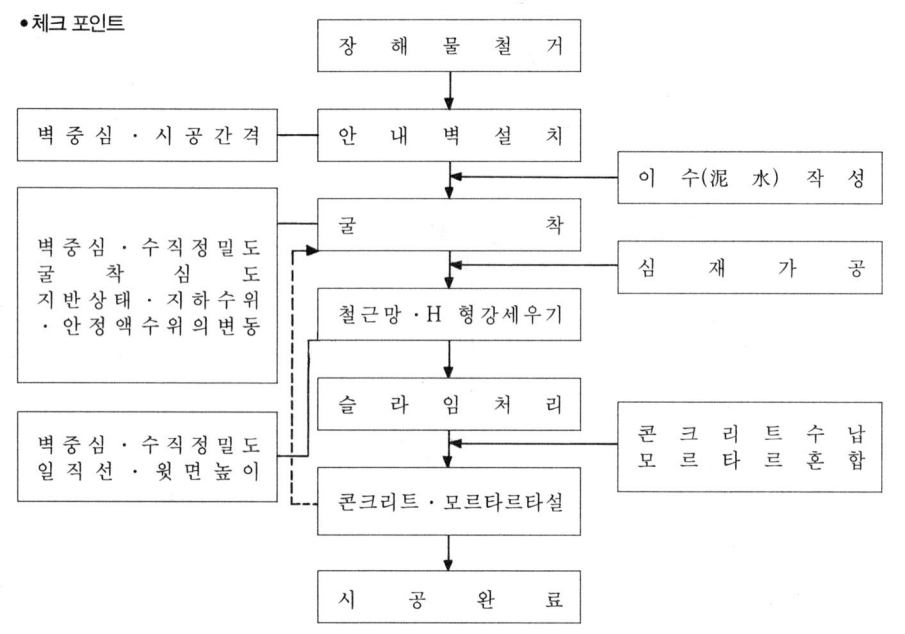 시공은 기초공(현장 타설말뚝 공법)과 오거 굴착 모르타르 주열벽에 준한다.

항　　　목	기　술　상　의　착　안　점
3.2 흙막이 동바리 1. 시공 계획서 2. 시공 (1) 버팀대·띠장 등	임시 흙막이벽 참조. ① 버팀대·띠장의 설치는 굴착 완료 후의 방치 기간을 최대한 짧게 한다. 그리고 굴착의 과잉 파기는 최소한으로 한다. ② 띠장은 원칙적으로 연속해서 설치하고 임시 흙막이벽과 띠장 간극은 임시 흙막이벽으로부터의 하중이 균등하게 띠장에 가해지도록 쐐기, 콘크리트 등으로 충전한다. ③ 띠장과 버팀대·귀잡이와의 접합부는 국부 좌굴 등을 일으키지 않도록 스티프너, 콘크리트 등으로 보강한다. ④ 띠장의 이음 위치는 가능한 한 응력이 큰 위치를 피한다. 그리고 볼트 이음인 경우 임시 흙막이벽 쪽을 조일 수 없는 경우가 있으므로 용접 등에 의한 보강을 고려한다. ⑤ 버팀대는 맞춤의 정밀도가 높은 것을 채용함과 동시에 띠장과의 접합부는 틈새 등이 없도록 설치하여 응력의 전달이 원활하게 되는 구조로 한다. ⑥ 버팀대의 축력 측정용 반압계(盤壓計)와 프리로드용 잭을 설치하는 장소에 대해서는 핀 상태로 되어 큰 축력이 작용하면 위험하기 때문에 충분한 보강을 한다. ⑦ 버팀대와 버팀대, 버팀대와 받침재와의 교차부는 U볼트 등으로 충분히 체결한다. ⑧ 시공 중에 버팀대·띠장 위에 자재 등을 두는 경우는 계획 이상의 하중을 적재하지 않는다.
(2) 어스 앵커 1) 천공(穿孔)	① 천공기(穿孔機)를 설계도서에 표시되어 있는 방향으로 올바르게 설치하고 구멍이 구부러지지 않도록 또 지반이 교란되지 않도록 신중하게 천공한다. ② 정착층의 확인은 관입(貫入) 저항과 폐니수(廢泥水)의 관찰로 하는데 실제로는 판단이 어려운 경우가 많으므로 사전의 지반 조사에 의해 정착층 심도 분포를 구해 둔다. ③ 천공수(穿孔水)는 청수(淸水)를 사용하는 것을 원칙으로 하고 정착 그라우트에 악영향을 미치는 물질을 포함해서는 안된다. ④ 천공이 종료되면 원칙적으로 구멍 안을 청수(淸水)를 사용해 충분히 세정하고 슬라임 등을 제거해야 한다. 통상의 세정에서는 자갈과 돌 부스러기는 완전히 제거할 수 없는 경우가 있다. 에어 리프트를 사용하면 제거할 수 있지만 흡인력이 지나

항 목	기 술 상 의 착 안 점
	<어스 앵커의 작업 순서(케이싱 드릴 파이프 패커 방식의 예)> 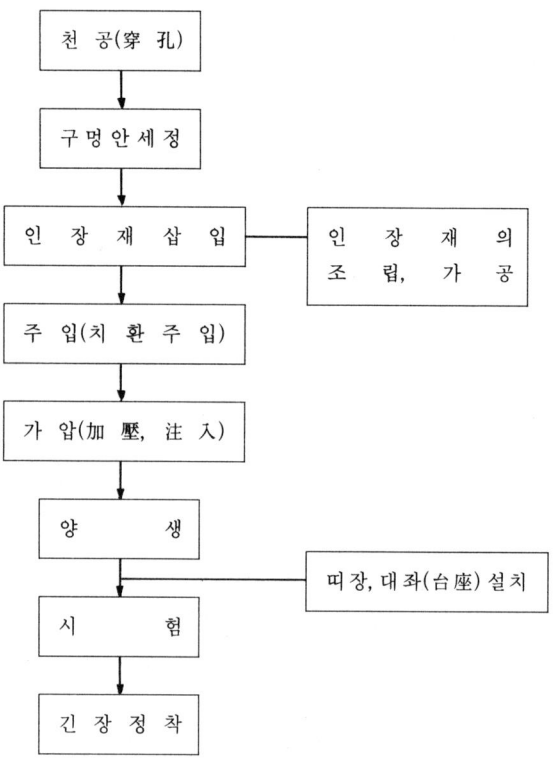 주) 인장재 삽입과 주입재 주입 중 어느 것을 먼저 하는가에 대해서는 지반 앵커의 시방, 지반 조건 등을 고려하여 결정한다. 지반의 이완(헐거움), 지하수의 역류(逆流), 일수(逸水) 등을 방지하기 위해서는 구명 안을 세정한 후 즉시 비중이 높은 주입재를 주입하는 것이 좋다. 한편 인장재가 잘 들어가지 않거나 케이싱회수시 공상(共上) 현상이 생긴 경우에 인장재 삽입을 먼저 함으로써 해소할 수 있다. 또한 가압 방법에 대해서는 작업의 채비(준비 관계)상 인장재 삽입을 먼저 하는 것이 바람직한 경우도 있다. 치게 크면 보일링을 일으키는 경우가 있으므로 무리하게 올리지 말고 어느 정도의 여장(余長)으로 대처한다. ⑤ 지하수와 피압수 등 구명 안으로부터 용수(湧水)가 있는 경우와 주변 지반으로의 일수(逸水)가 있는 경우에는 그라우트 주입과 지수 박스(box)의 사용 등에 의한 지수를 검토할 필요가 있다.
2) 인장재의 조립, 가공과 삽입	① 인장재는 설계도서를 바탕으로 조립 가공한다. ② 인장재는 구명 안에 삽입되기 전에 자유 길이부와 정착 길이부로 나누어 가공한다. 자유 길이부는 긴장력을 자유 길이의 연신으로 관리하는 데 중요한 부분이므로

항 목	기 술 상 의 착 안 점

	1차 주입된 주입재가 자유 길이부에 유입(流入)되지 않도록 자유 길이부와 정착 길이부를 완전하게 절연(絶緣)할 필요가 있다. 그리고 삽입까지의 사이에 진흙 등에 의한 오손, 부식, 과대한 변형이 없도록 주의한다.
	③ 인장재는 소정의 깊이까지 삽입한다. 도중에서 멈추는 경우는 다음과 같은 원인을 생각할 수 있으므로 원인을 검토하여 대책을 강구한다.
	  ㄱ. 구멍이 구부러짐
	  ㄴ. 인장재의 휨, 파손
	  ㄷ. 구멍의 붕괴, 슬라임
	  ㄹ. 일수(逸水) 등에 의한 주입재의 경화
	  ㅁ. 앵커 경사각이 작기 때문에 인장재의 자중이 마찰 저항을 크게 하는 방향으로 움직인다.
	④ 삽입된 인장재는 편심(偏心)되지 않도록 구멍 안의 중심으로 오도록 centralizer, spacer 등을 사용해서 위치를 유지하고 그라우트가 경화될 때까지 인장재가 움직이지 않도록 한다.
	⑤ 인장재의 절단은 원칙적으로 디스크 커터(disk cutter)를 사용한다.

3) 주입	① 주입은 가압(加壓)하는 것을 원칙으로 한다. ② 주입은 주입관을 구멍 바닥까지 삽입하고 입구에서 다시 흘러나오는 액이 주입액과 거의 동등한 컨시스턴시로 될 때까지 연속하여 실시한다. 혼합수의 온도가 높아진다든지 혼합 장치와 주입 호스가 직사일광으로 가열되면 주입재의 유동성이 현저하게 저하하므로 혼합수의 온도에 충분히 주의한다. ③ 주입재의 품질은 흐름값, 비중, 블리딩률, 압축 강도로 관리한다. 그리고 주입량, 가압력(加壓力)도 관리한다.
4) 긴장·정착	① 앵커는 그라우트가 소정 강도에 이르면 시험에 의해 변위 특성을 확인하여 소정의 유효 긴장력을 얻을 수 있는 긴장력을 주어야 한다. ② 초기 긴장력은 세트량을 고려하여 결정한다. 단, 인장재 항복 하중의 0.9배를 초과해서는 안된다. ③ 긴장(緊張)은 관리한계 내에 들어가 있는지 어떤지 검토하여 들어가 있지 않은 경우에는 그 원인을 검토하여 적절한 조치를 강구한다.
5) 시험	① 기본 시험 기본 시험은 실시하는 것이 바람직하지만 시공 수량이 적은 경우와 암반, 단단한 점성토, 다져진 모래 지반에 정착하는 경우에는 생략할 수 있다. 단, 정착 지반이 점성토인 경우와 N값<15인 모래 지반인 경우는 반드시 실시하고 그 이외의 경우는

항 목	기 술 상 의 착 안 점
	적성 시험으로 대용할 수 있다. ② 적성 시험 　　설계(정착 지반, 천공 지름, 천공 방법, 앵커 길이)가 다른 경우에는 각각의 조건에 대해서 3개 이상은 실시하는 것으로 한다. 설계의 신뢰성과 함께 확인 시험의 결과를 평가하기 위한 데이터가 되기 때문에 생략할 수 없다. ③ 확인 시험 　　적정 시험을 제외한 나머지 전체수에 대해서 실시하는 것으로 한다. 　　앵커는 확인 시험에 의해 안전성을 확인하는 것이 설계상의 전제로 되어 있기 때문에 생략할 수 없다.

항 목	기 술 상 의 착 안 점
3.3 터파기, 되메우기 1. 시공 계획서	임시 흙막이벽 참조.
2. 시공 (1) 터파기	① 지질 등의 확인 　　터파기의 진척에 따라 지질 상태(심도, 층두께 등)를 확인하고 시공 계획·설계와의 대비를 하여 공사의 안전을 기함과 동시에 이후의 공사 계획에 반영한다. 특히 굴착면의 안정(히빙·보일링·지반 부풀음 등)에 대해서는 현장 상황을 파악·검토하여 충분히 안전을 확인한다. ② 토질의 변화 부분에 대해서는 비탈면 각도·보호 등에 대해서 특히 배려한다. ③ 굴착 작업 등에서 중기를 사용할 때에는 중간말뚝, 동바리, 흙막이벽 등에 손상을 주지 않도록 주의하여 시공한다. ④ 굴착에 따른 용수(湧水)·누수가 있는 경우는 토사의 유출 등에 의해 원지반에 이완이 생길 우려가 있으므로 충분히 주의할 것. ⑤ 굴착 잔토의 처리는 불법 투기(投棄) 등 사회문제로 되어 있으며 토사장 등에 대해서는 충분히 주의할 것.
(2) 터잡기	터잡기(bedding, groundsel, groundsill)란 건설할 구조물의 저면과 그 아래쪽에 있는 지반 또는 암반과의 부착을 잘 하기 위해서 실시하는 조치를 말한다. 또 터잡기란 구조물의 저면 아래쪽에 있는 지반면을 말한다. ① 터잡기면은 지반이 교란되지 않도록 조심스럽게 깎아내고 마무리한다. 또 터잡기면이 암반인 경우는 암석의 파쇄 부스러기, 부석(浮石) 등을 제거하고 필요에 따라 모르타르깔기 등으로 표면을 평활하게 마무리한다. ② 터잡기면을 지나치게 파낸 경우는 모래, 자갈, 잡석, 콘크리트 등으로 정성들여 되메운다. ③ 터잡기면 부근에서 용수(湧水)와 빗물의 유입 등이 있는 경우는 적절한 배수 조치를 강구한다. 특히 경질 점성토인 경우는 물이 침투되면 취약해지기 때문에 배수에는 충분히 주의한다. ④ 보일링·히빙 등에 의해 터잡기면이 느슨해지거나 교란된 경우는 지반 개량·웰포인트 등의 대책을 실시한 후 전압 또는 필요에 따라 기초 잡석·잡콘크리트 등의 치환 등의 조치를 강구한다. ⑤ 직접 기초의 터잡기면의 토질 성상이 설계도서와 현저히 다른 경우에는 필요에 따라 토질 조사 등을 하여 지지력을 확인한다. ⑥ 쇄석과 잡석 기초공의 시공은 터잡기 굴착 완료 후(잡석 기초는 막자갈 등으로

항 목	기 술 상 의 착 안 점
	잡석 사이의 간극 충전 후) 래머 등으로 충분히 탬핑하여 소정의 두께 높이로 마무리한다. ⑦ 자갈깔기는 지름 5 cm 이하를 표준으로 한 자갈 또는 채움 쇄석으로 하고 편평한 돌·세장석(細長石) 및 풍화 등의 결함이 없는 것으로 한다. ⑧ 잡석은 천연석 또는 파쇄석으로 지름 8~15 cm인 것이 적당하게 혼합된 것이며 극단적으로 편평한 돌·세장석 및 균열·풍화 그 밖의 영향을 받지 않는 양질인 것으로 한다. 그리고 잡석 사이의 간극 충전재는 자갈깔기와 동등한 것으로 한다.
(3) 철거	① 스트럿, 띠장 등의 철거 ㄱ. 버팀대·띠장의 철거는 되메움이 완료되고 그 안정성을 확인한 후에 실시한다. 그리고 흙막이벽·버팀대 등의 계측 관리를 하는 경우는 이러한 데이터에 의해 맨 처음 철거 계획과 대조를 한다. ㄴ. 버팀대에는 높은 축력(軸力)이 걸려 있기 때문에 해체 작업은 충분히 주의할 필요가 있다. ㄷ. 해체용 잭 등으로 축력을 개방하는 경우는 서서히 같은 단계의 각 버팀대를 동시에 실시한다. ② 엄지말뚝, 강널말뚝 등의 철거 ㄱ. 엄지말뚝, 강널말뚝 등의 인발(引拔)은 지반침하, 주변 구조물에는 영향을 주지 않도록 실시한다. ㄴ. 엄지말뚝, 강널말뚝 등의 인발에 의해 인발부에 공동(空洞)이 생기므로 모래를 되메움한 후 충분히 물다짐하든가 또는 모르타르 그라우트를 실시한다.
(4) 되메우기	① 되메우기 재료는 양질토(사질토 등)를 사용한다. 그리고 도로 등에서 각 관리자에 의해 지시된 경우는 지정된 재료에 의한다. ② 되메우기 장소가 좁아서 다짐기에 의한 전압이 곤란한 경우는 양질의 모래를 사용해서 물다짐을 함과 동시에 빈배합 모르타르 주입 등을 실시한다. 또 물다짐을 하는 경우는 배수로의 설치 또는 펌프 업(pumping up) 등에 의한 배수를 실시한다. ③ 되메우기 장소는 목재 조각, 그 밖의 잡물을 제거하고 각 층마다 충분히 다짐한다. 또 통상의 다짐을 실시하는 경우의 층두께는 30 cm 정도이다. ④ 되메우기와 다짐 작업은 근접 구조물 등(매설물, 방수공 등)에 손상을 주지 않도록 그리고 장래에 침하와 함몰 등이 생기지 않도록 정성들여 시공을 한다. ⑤ 설계도면에 의해 되메우기 흙의 강도가 지시(설계상 푸팅 등의 앞면에 수평 저항을 기대한다)된 경우에는 포설두께, 함수비 등에 유의하면서 정성들여 다짐한다. ⑥ 상자 암거(box culvert) 등에서 설계도서에 의해 되메우기 재료가 지시되어 있는 경우에는 그것에 따른다.

항 목	기 술 상 의 착 안 점
3.4 점검 **1. 계측 관리**	굴착 흙막이공 공사에 있어서는 때때로 사전에 예측할 수 없는 사태가 발생한다. 이 때문에 시공 도중에서의 안전 관리는 엄중하게 실시되지 않으면 안된다. 각 공사 현장 별로 현장 상황을 고려한 점검(측정) 항목을 미리 정해 두고 정기적으로 점검·측정을 하여 이상의 조기 발견에 힘쓰고 만일 이상이 확인된 경우는 신속하게 대책을 세울 수 있는 관리 체제를 정비해 둘 필요가 있다. 　또 점검·측정에 의해 얻어진 데이터를 현장의 설계·시공에 끊임 없이 반영하여 합리적으로 작업이 진행될 수 있도록 한다. 　아래에 점검·측정의 주요 항목을 나타낸다. ① 육안 관리

대 상 물	항 목	비 고
1. 흙막이벽	변형·누수·지하 수위	
2. 동바리	변상(變狀)·부재 사이와 이음부의 이완(헐거움)	
3. 굴착 저면(底面)	용수(湧水)·솟아오름·지하 수위	
4. 주변 지반	흙막이 배면 지반의 변상(공동, 침하 등)	
5. 주변 구조물	구조물의 변상(침하, 경사, 균열 등)	
6. 매설물 　(埋設物)	1) 흙막이벽 내 　(1) 매설물 각 부의 상황 　　　누설의 유무·이음부와 관체(管體)의 손상 유무 　(2) 달기 방호·임시받침 방호의 상황 　　　·달기 지지 철물의 이완·변형·부식·받침 거더의 변형 　(3) 본받침 방호의 상황 　　　·본받침 지지재의 경사·손상 유무 　　　·받침대와 관(管)의 유간(遊間) 2) 흙막이벽 외 　(1) 노면 표면의 변상 　(2) 중요한 매설물의 침하 상황 　(3) 흙막이벽 배면의 상황	
7. 노면 복공 　(路面 覆工)	1) 복공판 - 덜컹거림·변형·손상, 미끄러짐(활동) 방지의 마모 2) 설치부 - 설치부 부근의 노면의 침하 단차 3) 복공 거더와 거더받침 부재의 관계 　　　- 연결 볼트의 이완(헐거움)·결락(缺落), 거더받침 부재와 복공판의 변형·손상 4) 중간말뚝 - 변상·손상	

항 목	기 술 상 의 착 안 점
	② 측정 관리

목 적	항 목	측 정 사 항
1. 흙막이벽의 관리	흙막이벽의 계측(計測)	1) 흙막이벽에 작용하는 토압(土壓) 2) 흙막이벽에 작용하는 수압(水壓) 3) 흙막이벽의 휨 변형 4) 흙막이벽의 변형
	버팀대, 띠장의 계측	5) 버팀대에 작용하는 축력(軸力)과 변형(앵커를 포함) 6) 띠장의 변형, 비틀림 7) 접합부의 이완, 국부 변위 8) 버팀대의 온도 변화
2. 굴착 저면의 관리	히빙(heaving)	9) 저면의 융기(隆起)
	피압 지하수에 따른 지반 부풀음	10) 저면의 융기와 모래층의 수압
	보일링(boiling)	11) 유사(流砂) 감소
3. 주변 지반의 관리	주변 지반의 변위 계측	12) 배면 지반의 변형
	주변 구조물의 변위 계측	13) 구조물의 침하, 경사
4. 배수・누수의 관리	지하 수위의 관측	14) 배수량과 지하 수위의 변동
	누수 장소의 점검	15) 누수 장소의 발견
5. 유해가스의 관리	유해가스 등의 검지	16) 유해가스, 산소 결핍공기의 검지

※ 측정 관리는 공사의 내용・규모・그 밖의 중요도에 따라 측정 항목을 선정한다.

4. 기초공(基礎工)

항 목	기 술 상 의 착 안 점

4.1 케이슨공
1. 시공 계획서
(1) 시공 체제

각종 작업과 관련된 인원과 감독, 지도를 하는 자의 조직표에서 관련 법규 등에 따라 의무가 부여된 관리, 기능자격자와 안전위생계원 등 그리고 비상시의 연락 체제, 처리 방법.

(2) 작업 공정

가설물을 포함한 각 공정의 작업 일수, 작업 순서, 시공 시기와 각 공종간의 관련 또 복수의 케이슨(caisson)을 시공하는 경우에는 그 시공 순서와의 관련성.

(3) 기계기구류

기계기구류는 기종, 용량(능력), 대수와 배치 등이 케이슨 기초의 제원, 시공 기수(基數)와 설치 위치, 지반 상황, 공사 기간(工期)과 주변 환경 등의 시공 조건을 감안하여 작업을 안전하고 원활하게 실시할 수 있는 계획으로 한다.

표 4.1, 표 4.2에 뉴매틱 케이슨(pneumatic caisson)에 사용되는 시공 기계류를 나타낸다.

표 4.1 케이슨 1기당 기계 설비의 예   (계속)

용도	기계명	규격	단위	수량	적요
배토(排土)	크롤러 크레인 (crawler crane)	기계식 35~37 t 달기	臺	1 2	1, 2 의장의 경우 3 의장의 경우
	버킷 (bucket)	0.5 m³	式	1	1머테리얼 로크당 2개
	토사 호퍼 (土砂 hopper)	10 m³급	基	1	
의장설비	머테이얼 로크 (material lock)	ϕ1.8~1.9 m급 4 m급 4 kg/cm³	式	1	인력 굴착 1개 기계 굴착 1~2개
	맨 로크 (man lock)	立型 10~12인용	基	1	
	샤프트(shaft)	ϕ1.2 m급 3 m급 4 kg/cm³	式	1	필요 수량
	스페셜 샤프트 (special shaft)	ϕ1.4 m급 0.5 m급 4 kg/cm³	式	1	
	보텀 도어 (bottom door) 압력 조정 장치	ϕ1.4 m급 4 kg/cm³ ϕ100 mm급	式 個	1	
	고압 호스	ϕ100 mm×10 m	個	7	
	조명 설비		式	1	

항 목	기 술 상 의 착 안 점
	표 4.1 케이슨 1기당 기계 설비의 예

용도	기계명	규격	단위	수량	적요
함내(函內) 굴착	잠함용 셔블 (潛函用 shovel)	백호(backhoe) 0.1 m³	臺	1 2 3	굴착 면적 40 m² 이상 100 m² 미만 굴착 면적 100 m² 이상 200 m² 미만 굴착 면적 100 m² 이상 200 m² 미만
안전관리·연락설비	공기 호흡기	8ℓ급	式	1	굴착 면적 100 m² 당 1개
	자기 기압계		個	1	
	가스 검지기	휴대용(산소용)	個	1	
	전화 또는 인터폰		式	1	
	버저(buzzer)		式	1	

표 4.2 1공사당 기계 설비의 예

용도	기계명	규격	공기 압축기 동력 합계		
			375 kW 까지	525 kW 까지	750 kW 까지
송기설비	공기 압축기	정압 정치식(定壓 定置式) reciprocate 형 4 kg/cm²	20 m²/min 또는 41 m²/min를 필요 대수		
	공기 압축 청정기	처리량 1 100 m³/h	1,100 m³/h를 필요 대수		
	냉각탑(cooling tower)	둥근 원형 냉각탑식	40 t/h 1대	60 t/h 1대	80 t/h 1대
	송기관(送氣管)	φ 150 mm	공기 압축기에서 게이지(gauge) 설비까지		
		φ 100 mm	게이지 설비에서 게이지까지		
구급설비	hospital lock	5 kg/cm²	φ 1.9 m급 길이 4 m급 4~6인용 1대	φ 2.9 m급 길이 6 m급 8~10인용 1대	
예비설비	엔진식 공기 압축기	가반식(可搬式), 스크루 엔진 구조	7.5 m³/분 1대	14.3 m³/분 1대	17 m³/분 1대
	발동 발전기	디젤 엔진 구동	75 kVA 1대	200 kVA 1대	250 kVA 1대
	전력 설비		1식		

(4) 사용 재료   케이슨공에 사용되는 콘크리트의 품질과 배합 및 철근, 강재의 품질에 대해 설계도서와 대조.

(5) 환경 대책   케이슨공의 시공에 따른 소음 진동, 지반침하, 교통 등 시공 장소 주변 구조물, 시

항 목	기 술 상 의 착 안 점
	설과 환경에 미치는 영향에 대해 검토하여 관련 법령 등을 준수하는 동시에 환경 보전을 위한 충분한 대책이 있어야 한다.
(6) 시공 방법	케이슨공의 시공 방법은 알기 쉬운 시공 순서로 한다. 참고로 뉴매틱 케이슨의 시공 순서를 아래에 나타낸다.

순서	내 용	방 법
설치지반조성	・표면의 요철(凹凸) 정정(整正)	・레벨 측정
칼날입구설치	・지내력 확인 ・말뚝 중심 확인	・(평판 재하 시험) ・트랜싯(transit)
센 터 공	・형상 측정	・육안, 스케일(scale)
작업실구축		
의장(艤裝)설비조립		
구 축 - 침하굴착	・기압, 가스 ・슬럼프, 공기량 등 ・침하기록 등	・압력계 ・침하 계획도
최종침하, 속채움 콘크리트타설	・지지층 확인 ・슬럼프, 공기량 등 ・편심, 경사	・평판 재하 시험 ・트랜싯
의장설비해체	・용수(湧水) 확인	・육안

침하, 굴착 방법에 관해서 검토할 사항은
① 침하 속도의 관리
② 경사, 이동의 계측 관리와 대책
③ 히빙, 보일링의 방지책
④ 주변 지반의 침하, 근접 구조물의 변상(變狀) 감시와 방지 대책
⑤ 작업실의 압기(壓氣) 관리
⑥ 산소 결핍공기 또는 유해가스 발생에 대한 대책

2. 시공
(1) 설치 지반 조성과 칼날 입 ① 설치 지반 표면의 요철(凹凸) 정정(整正)을 실시하고 부등침하나 경사가 생기지 않도록 칼날 입구는 수평으로 설치한다.

항 목	기 술 상 의 착 안 점
구 설치	② 설치 지반의 지내력이 부족한 경우에는 지반 개량을 하는데 지반 개량에는 모래, 자갈 등에 의한 치환, 모래깔기, 자갈깔기, 소일 시멘트 공법 등의 조치를 한다. ③ 케이슨 설치를 육지 위에서 하는 경우 지반면은 지하수의 영향을 받지 않는 높이에 설치한다.
(2) 센터공	① 센터의 구조는 칼날 입구와 작업실 천장 슬래브의 전하중을 지지할 수 있는 견고한 것으로 한다. ② 작업실의 부등침하나 경사 발생시에 센터 전체가 비틀림의 영향을 받게 되므로 적당한 장소에 가새를 넣어서 편심 하중이 일어나지 않도록 한다.
(3) 작업실 구축	① 지반 조건에 따라서는 콘크리트 타설에 따른 편심 하중이 원인이 되어 케이슨이 경사지는 경우가 있으므로 시공 방법, 시공 순서 등에 대해서 주의한다. ② 작업실 내는 압기(壓氣) 상태로 되기 때문에 기밀한 구조로 할 필요가 있으며 콘크리트는 연속적으로 타설하여 일체 구조로 하는 것이 원칙이다.
(4) 의장 설비 조립	의장(艤裝)은 시공 도중에서 증가나 위치 변경을 할 수 없으므로 모든 것을 면밀히 검토하여 로크(lock), 샤프트, 송배기관, 배선관 등의 설비를 확실히 설치한다.
(5) 굴착, 침하, 구축	① 시공 상황, 시공 상태 등에 따라 침하 관계도를 적합하게 수정하고 굴착 방법과 적재 하중을 결정할 필요가 있다. ② 케이슨 이동, 경사 및 급속한 침하는 주로 칼날 끝부분과 주위면의 지지력 부족, 지층의 경사, 편토압 등이 원인이 되어 생기거나 굴착 방법, 굴착 순서 등 인위적으로 생기는 경우가 있으며 침하 초기 단계에서 적절한 조치를 하는 것이 효과적이다. 따라서 빠른 시기에 이러한 경향을 적절히 파악하여 대책을 세우는 것이 필요하다. ③ 굴착한 토사를 케이슨 근방에 놓으면 케이슨에 편토압이 작용하여 케이슨의 이동, 경사의 원인이 될 수 있으므로 주의를 한다. ④ 뉴매틱 케이슨의 과잉 파기와 감압(減壓)침하, 오픈 케이슨(open caisson)의 과대한 선굴(先掘)은 주변 지반을 느슨하게 하는 원인이 되어 케이슨의 지지력 부족과 주변 지반의 침하, 인접 구조물의 변상(變狀) 등을 발생시킬 수 있다. ⑤ 케이슨의 침하 완료시의 위치가 설치 위치와 어긋날 경우에는 필요에 따라 완성시의 안정 계산과 응력 검토를 실시한다. 일반적으로 설계에 있어서는 윗면 위치에서의 어긋남이 뉴매틱 케이슨의 경우에 5 cm, 오픈 케이슨의 경우에 15 cm를 고려하고 있다. ⑥ 케이슨 본체의 콘크리트를 타설할 때는 이 부분의 수밀성, 기밀성에 유의하여 시공하는 동시에 케이슨의 침하를 저해하는 콘크리트의 턱짐이 없도록 한다.

항 목	기 술 상 의 착 안 점
(6) 최종침하	① 케이슨의 침하 속도를 참고로 해 뉴매틱 케이슨의 경우는 토질 주상도(柱狀圖)와 굴착면의 토질과의 대조 대비를 하고, 오픈 케이슨의 경우는 토질 주상도와 배출 토사와의 대조 대비를 한다. ② 저면(底面) 지반을 교란시킨다든지 지지층이 예상한 지반과 달라 강도가 부족하다고 생각되는 경우는 지지층의 강도 시험을 실시한다. ③ 강도 시험은 뉴매틱 케이슨의 경우는 평판 재하 시험으로, 오픈 케이슨의 경우는 표준 관입 시험 등의 사운딩(sounding)에 의해 실시한다. (주) 일반적으로 케이슨 시공 후의 사운딩 결과는 저면 지반의 응력 해방 등에 따라 맨 처음보다도 낮은 값으로 나타나는 경향이 있다.
(7) 속채움 콘크리트	① 속채움 콘크리트 시공 중에 있어서 과도한 기압의 증대는 케이슨을 부상시키고 반대로 기압의 감소는 콘크리트 속에 물길을 만드는 원인이 되므로 작업실 내의 기압 조정에 대해서는 특히 주의를 요한다. 그리고 콘크리트 타설 완료 후는 24시간 이상의 기압 양생이 필요하다. ② 수중 콘크리트 타설 중 또는 고화(固化) 전에 지하 수위의 변동이 있으면 콘크리트의 품질에 영향을 미치게 되므로 주의를 요한다. ③ 수중 콘크리트 타설 작업은 반드시 연속적으로 하고 항상 콘크리트량과 타설 높이를 계측하면서 트레미관의 선단 위치에 주의하여 시공한다.
(8) 의장 설비 해체	의장(艤裝) 설비의 철거는 속채움 콘크리트가 충분히 경화한 후에 실시한다. 철거 시에는 물 하중을 배제한 경우의 구체의 부상 혹은 측벽의 안전성에 대해 주의한다.

항 목	기 술 상 의 착 안 점
4.2 타설말뚝공 **1. 시공 계획서** (1) 시공 체제	각종 작업의 작업 체제, 안전, 위생 등의 관리 조직과 비상시의 연락 체제.
(2) 작업 공정	공사 기간, 현장 조건, 계절 등의 조건을 고려한 각 공종의 작업 일수, 작업 순서, 시공 시기와 각 공종간의 공정상의 관련.

(3) 기계기구류	① 해머(드롭 해머, 디젤 해머, 유압 파일 해머)는 말뚝 종류, 말뚝 길이, 지반 강도 등에 적합한 것을 선정한다.
	ㄱ. 드롭 해머(drop hammer)
	   드롭 해머의 중량은 말뚝 자중 이상 또는 말뚝 1m당 중량의 10배 이상이 바람직하다.
	ㄴ. 디젤 해머(diesel hammer)
	   디젤 해머의 경우 리더(leader)의 바깥쪽과 유도판 안쪽의 틈은 7mm 이하로 안전하게 작동하도록 제작되어 있으므로 시공 중에도 이 점을 충분히 고려한다.
	ㄷ. 유압 파일 해머(油壓 pile hammer)
	   유압 파일 해머는 유압에 의해 램을 상승시켜 램의 낙하에 의해 말뚝을 타설하는 해머로써 타격에 따른 소음을 크게 저감시킬 수 있으며 유연(油煙)의 비산이 없다는 점 등의 특징을 갖고 있다.
	② 캡(cap)의 구조는 타격력에 충분히 견디고 강성이 있는 것을 선정한다.
	③ 캡 안지름과 말뚝 바깥지름과의 여유가 지나치게 크면 캡이 불안정하게 되어 편심 하중의 원인이 되고, 지나치게 작으면 착탈(着脫)의 조작이 곤란하게 되며 말뚝 머리 부분에 균열을 발생시키기도 한다.
	④ 임시 이어박기말뚝은 통상 강제(鋼製)이지만 때로는 타설말뚝과 같은 말뚝을 사용하는 경우도 있다. 임시 이어박기말뚝의 길이는 소정의 타설 깊이보다 50cm 정도 긴 것을 사용한다.

(4) 사용 재료	설계도와의 대조.
(5) 시험말뚝 타설 계획	① 시험말뚝에는 원칙적으로 사용 예정인 것을 사용하며 또 시공 기계와 장치도 사용 예정인 것을 사용한다. ② 시험말뚝의 시공은 설계 지지력, 토질 상태, 말뚝 길이, 시공 시간과 계획한 시공 기계의 적부(適否) 등의 확인이 목적이다.

항 목	기 술 상 의 착 안 점
(6) 시공 방법	타설 순서, 말뚝의 운반과 저장 방법, 타설 정밀도의 확보 방법, 타격 중지 관리 방법, 현장 이음의 용접 방법, 말뚝머리 처리 방법 등. 아래에 디젤 해머 공법에 의한 시공 순서를 나타낸다. 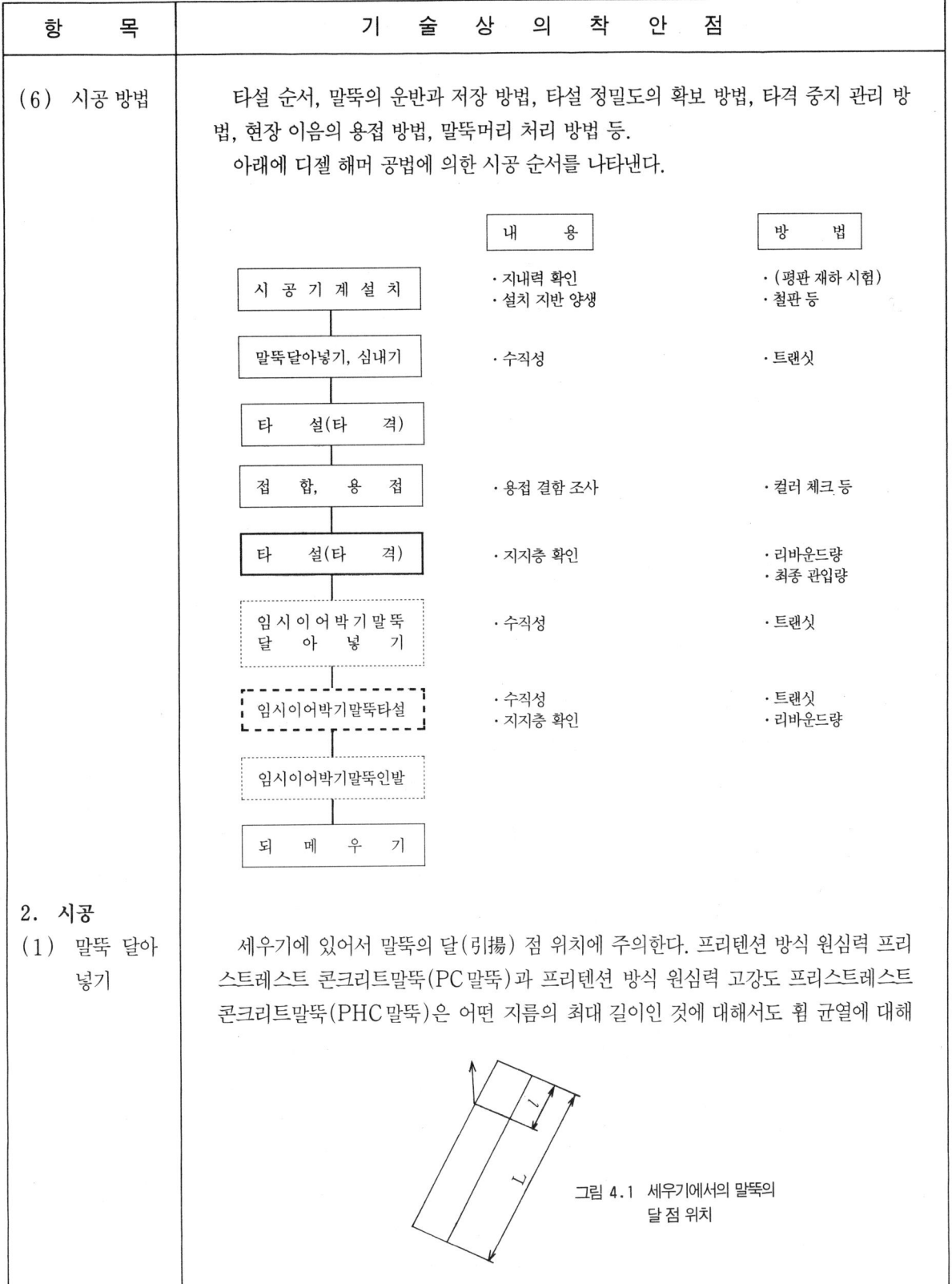
2. 시공 (1) 말뚝 달아 넣기	세우기에 있어서 말뚝의 달(引揚) 점 위치에 주의한다. 프리텐션 방식 원심력 프리스트레스트 콘크리트말뚝(PC말뚝)과 프리텐션 방식 원심력 고강도 프리스트레스트 콘크리트말뚝(PHC말뚝)은 어떤 지름의 최대 길이인 것에 대해서도 휨 균열에 대해

그림 4.1 세우기에서의 말뚝의 달 점 위치

항 목	기 술 상 의 착 안 점
	서 충분한 강도를 가지므로 $l≒2\,m$로 해도 좋다(그림 4.1).
	원심력 철근 콘크리트말뚝(RC 말뚝)은 말뚝 길이에 따른 안전한 달 점 위치가 다르기 때문에 사전에 계산하여 구해 둔다.
(2) 타설	① 1개의 말뚝을 타설하기 시작하면 연속해서 그 1개를 끝까지 타설하는 것을 원칙으로 한다. 지반에 따라서는 말뚝 타설을 도중에 중지하면 시간의 경과에 따라서 주변 마찰이 증대하여 타설이 곤란하게 될 수가 있으므로 주의한다.
	② 타설 중에 말뚝이 부상하거나 이동하는 경우에는 적절한 조치를 강구한다.
	ㄱ. 타설 중 말뚝이 부상하는 경우에는 해머를 될 수 있는 한 장시간 말뚝머리에 두든지 말뚝의 선단부에 구멍을 뚫어 흙을 중공부(中空部)에 들어가도록 하여 성공한 예가 있다.
	ㄴ. 부근의 말뚝이 가로로 이동하는 경우에는 프리보링 겸용 타격과 묻힘 공법 등의 공법 변경을 포함한 검토를 한다.
	③ 연약 지반에 타설하는 경우에는 말뚝에 인장력이 작용하는 경우가 있다. 특히 장척말뚝이나 중간에 있는 비교적 견고한 지층을 파들어가며 시공하는 경우 등에서 말뚝에 균열이 생길 수가 있으므로 해머의 낙하 높이를 가능한 적게 하여 타격하는 등의 조치를 강구한다.
(3) 이음·용접	① 용접은 원칙적으로 아크 용접으로 하며 용접봉과 와이어는 표 4.3에 적합한 것 또는 그 이상의 성능을 가진 것으로 한다.

표 4.3 용접봉과 와이어의 종류와 지름

손 용 접			반 자 동 용 접	
종 류	층	봉 지름(mm)	종 류	와이어 지름(mm)
KS D 7004(연강용 피복 아크 용접봉)의 D 4301 일루미나이트계 또는 D 4316 저수소계	1층	4 이하	KS D 7104(연강 및 50K 고장력강 아크 용접용 플럭스 혼입 와이어)의 일종	2.4, 3.2
	2층 이후	4~6		

	② 벌림끝의 어긋남량의 허용 가능한 루트 간격(그림 4.2)
	ㄱ. 벌림끝의 어긋남량은 이음부 전반에 대해 2 mm 이하로 되도록 조합시킨다.
	ㄴ. 허용 가능한 루트 간격의 최대값은 4 mm 이하로 한다.
(4) 타격 중지	① 타설에 의해 지지력을 발현시키는 말뚝에 있어서는 타격 에너지, 관입량과 리바운드량을 참고로 하여 타격 중지 위치를 확인한다.
	건축기준법 시행령식을 나타낸다.

항 목	기 술 상 의 착 안 점
	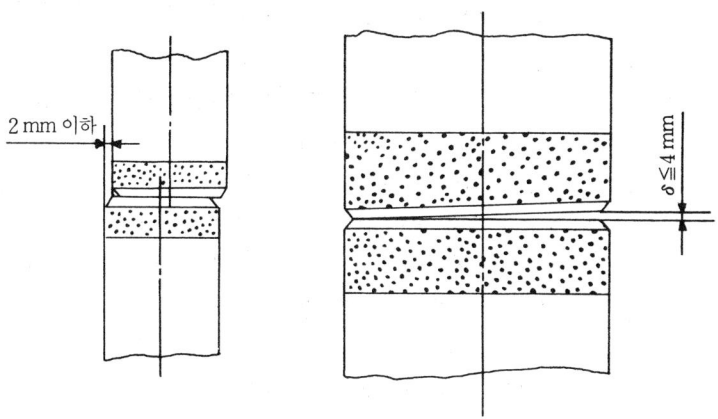

그림 4.2 벌림끝의 어긋남량

$$Ra = \frac{F}{5S+0.1}$$

여기서 Ra : 말뚝의 장기 허용 지지력(t)
F : 해머의 타격 에너지(t·m)
S : 말뚝의 최종 관입량(m)

② 타격 중지 조건을 만족할 수 없는 경우의 조치
ㄱ. 토질 주상도, 설계계산서와 시험말뚝 타설기록 등으로 지지력의 재시험을 실시하여 설계를 만족하는 경우는 그대로 사용한다.
ㄴ. 말뚝머리 접합부의 설계 변경이 가능한 범위에서 타설 길이를 증가시킨다.
ㄷ. 말뚝 개수를 늘린다.
③ 말뚝 1개를 타설하는 데에 적당한 타격 횟수와 타격 중지는 말뚝의 종류, 길이, 형상, 지반 상황 등에 따라 일률적으로 결정하는 것은 어렵지만 일반적으로 **표 4.4**의 값을 초과하지 않도록 한다.

표 4.4 제한 타격 횟수

말뚝의 종류	RC 말뚝	PC 말뚝	PHC 말뚝, 강말뚝
제한 총 타격 횟수	1,000 이하	2,000 이하	3,000 이하
맨 마지막 10 m 부분의 제한 타격 횟수	500 이하	800 이하	1,500 이하
(5) 말뚝머리 처리	① 타설된 말뚝의 말뚝머리 높이와 편심량을 타설기록과 대조하여 부상된 말뚝은 원칙적으로 타설기록시의 말뚝머리 높이까지 재타설한다.
② 말뚝머리는 다는(引揚) 데 있어서 유압 커터로 붕괴되는 범위에 주의한다. 마무

항　　　목	기　술　상　의　착　안　점
(6) 중굴식 추진 공법	리의 깎아내기는 손 작업으로 조심스럽게 하도록 주의한다. 달아 넣기 등에 대해서는 타설말뚝공에 따르지만 말뚝 중공부 내의 굴착과 침설(沈設)에 있어서는 다음 사항에 유의한다. ① 굴착 작업 중은 원칙적으로 말뚝 선단에서 선굴(先掘)을 해서는 안된다. 이를 위해서는 말뚝 선단 위치와 스파이럴 오거 선단 위치의 관계를 항상 관측해 둔다. ② 굴착시와 스파이럴 오거 인상(引上)시에 부압을 발생시켜 보일링을 일으킬 가능성이 있는 경우는 말뚝 중공부의 구멍 안 수위를 항상 지하 수위보다 저하시키지 않도록 충분히 주의하여 굴착한다. ③ 작업 중은 굴착시에 배출되는 흙의 성상(性狀)과 말뚝 침설(沈設)의 상황을 늘 관찰하여 충분한 시공 관리를 했는데도 굴착과 침설 작업이 곤란하게 된 경우는 쓸데 없이 장시간에 걸친 굴착기의 운전과 과도한 타격 또는 무리한 압입을 피하고 기계의 변경 등을 검토한다. ④ 말뚝 선단이 소정의 깊이에 도달한 경우에는 과도한 굴착과 장시간의 교반 등에 의해 주위의 지반이 교란되지 않도록 주의한다. ⑤ 선단 처리 방법이 시멘트밀크 분출 교반 방식인 경우에는 말뚝 선단이 소정의 깊이 부근까지 침설된 시점에서 지지층의 확인을 한다. ⑥ 지지층의 확인은 굴착 속도를 일정하게 유지하여 스파이럴 오거의 구동 전류값의 변화를 전류계로 판독하여 사전에 지반 조사 결과와 굴착 심도의 관계를 확인한다.

항 목	기 술 상 의 착 안 점

4.3 현장 타설 말뚝공

1. 시공 계획서

(1) 시공 체제   각종 작업의 작업 체제, 안전, 위생 등의 관리 조직과 비상시의 연락 체제.

(2) 작업 공정   공사 기간, 현장 조건, 계절 등의 조건을 고려한 각 공종의 작업 일수, 작업 순서, 시공 시기와 각 공종간의 공정상의 관련 등.

(3) 기계기구류   굴착 기계는 구멍 지름, 말뚝 길이, 토질에 적합한 성능으로 한다.

(4) 사용 재료   수중 콘크리트의 배합에 주의한다(단위 시멘트량).

(5) 시험 굴착 계획   시험 굴착의 위치는 기설(既設) 토질 조사를 한 바로 그 지점으로 한다.

(6) 시공 방법   시공 방법은 알기 쉬운 시공 순서로 한다.
참고로 리버스 공법의 시공 순서를 아래에 나타낸다.

순서	내 용	방 법
잭 설 치	· 본체와 수평 · 말뚝 중심과의 합치(合致)	· 육안, 수평기 · 수평실, 다림추
스탠드 파이프 세우기	· 말뚝 중심과의 합치 · 수직성	· 트랜싯
굴착(3 날개 비트)	· 구멍 안 수위 · 비중 등 관리	· 지하 수위+2m 이상 · 비중계
1차 슬라임 처리	· 지층(地層) · 구멍 바닥 굴착 부스러기 제거	· 주상도(柱狀圖)와의 비교
검 척(檢 尺)	· 굴착 심도 측정 · 구멍벽 형상	· 검척 테이프에 의한 비교 · (구멍벽 측정)
철근망 세우기	· 철근망 형상 확인 · 위치, 수직성 확인	· 육안, 스케일 · 스케일에 의한 검측 · 트랜싯
트레미관 세우기	· 트레미 묻힘 길이	
2차 슬라임 처리	· 처리 전후의 심도	· 검척 테이프에 의한 검척
콘크리트 타설	· 슬럼프, 공기량 · 그 밖의 시험	
케이싱 파이프 인발		

항 목	기 술 상 의 착 안 점
2. 시공 (1) 시험 굴착	시험 굴착은 특별히 지정하지 않는 한 맨 처음의 말뚝으로 한다. 시험 굴착은 본공사의 시공 방침을 구체적으로 결정할 목적으로 하는 것이므로 시험 굴착에서는 다음 사항에 대해서 검토한다. ① 피압수(被壓水), 복류수(伏流水)의 유무 ② 히빙과 보일링 발생의 유무 ③ 케이싱 파이프 길이의 재확인 ④ 침전(沈澱) 대기 시간 ⑤ 전체 공정의 재확인 ⑥ 그 밖의 본공사 실시에 관계되는 필요한 사항 ⑦ 안정액의 배합과 취급(리버스 공법, 어스 드릴 공법) ⑧ 콘크리트 품셈량의 추정
(2) 스탠드 파이프 등 세우기	① 리버스 공법 ㄱ. 스탠드 파이프의 지름은 말뚝 지름보다 20 cm 정도 큰 것이 바람직하다. ㄴ. 스탠드 파이프의 길이는 토질·지하 수위 등을 검토하여 묻힘 깊이와 돌출 높이를 결정한다(그림 4.3). 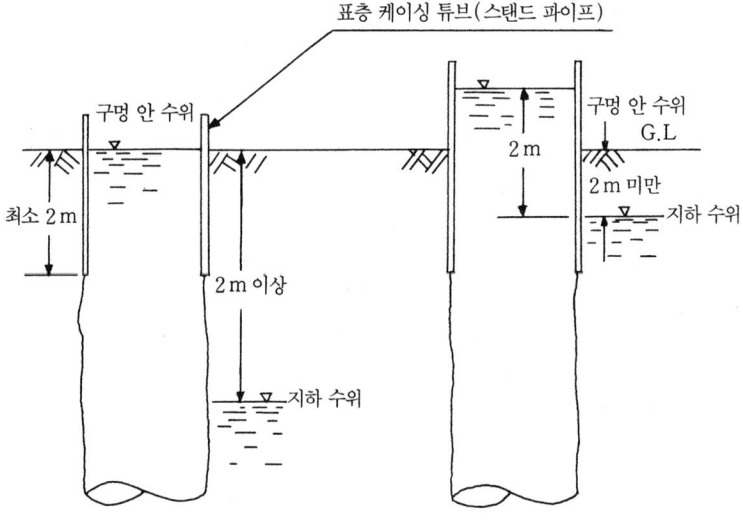 그림 4.3 리버스 공법의 구멍 안 수위

항 목	기 술 상 의 착 안 점
(3) 굴착	② 어스 드릴(earth drill) 공법 ㄱ. 표층 케이싱 길이는 통상 2~4 m 정도가 사용되고 있다. 그러나 표층부가 붕괴성이 큰 토질인 경우는 그 층의 아래쪽 끝부분면에서 50 cm 이상 삽입할 수 있는 길이로 한다. ㄴ. 표층 케이싱의 안지름은 말뚝 지름보다 10 cm 정도 큰 것을 사용하면 된다. ③ 올 케이싱(all casing) 공법 ㄱ. 케이싱 튜브의 필요 길이는 굴착 길이+1 m에서 2 m(굴착 기종에 따라 다르다)인데 지지층 깊이의 변화를 고려하여 단척(短尺)인 것을 포함하는 예비 케이싱 튜브를 준비해 둘 필요가 있다. ① 리버스 공법 ㄱ. 구멍 안 수위 　구멍 안 수위는 지하 수위보다 2 m 이상 높게 유지되고 있는지. ㄴ. 비중 　리버스 공법의 이수(泥水) 성질 가운데 비중이 가장 중요하다고 한다. 이것을 관리함으로써 조벽성(造壁性)과 굴착 능률을 체크할 수 있다. 조벽성과 굴착 능률의 양면에서 이상적인 비중은 1.02~1.06 정도이다. ② 어스 드릴 공법 　어스 드릴 공법의 시공 정밀도는 안정액의 적합, 부적합에 따라 좌우된다. 그러므로 토질, 입도, 지하 수위 등을 고려하여 검토한다. 　참고로 안정액의 관리 기준을 표 4.5, 표 4.6에 나타낸다.

표 4.5 안정액의 관리기준 예

항 목	허 용 범 위	
	하한값	상한값
점성(초)	필요 점성	작액(作液) 점성의 130%
비 중	표준 비중 ±0.005	1.25
사분(%)	−	20.0
여과 수량 cc 30분 3 kg/cm²	−	20.0
케이크(mm)	0.6	3.0
pH	8.0	12.0

표 4.6 표준 비중

벤토나이트 혼합량(%)	비중
4	1.025
6	1.035
8	1.045
10	1.055

항 목	기 술 상 의 착 안 점
(4) 슬라임 처리 (구멍 바닥 처리)	구멍 바닥 처리의 목적은 굴착 완료 후 구멍 바닥의 침전물을 제거하여 타설하는 콘크리트를 지지층에 밀착시키기 위해서 실시하는 것이다. 이것이 충분하지 않으면 하중에 의해 침전물이 압축되어 상부 구조물에 피해를 주는 원인이 되므로 적절한 방법을 사용하여 침전물 처리를 할 필요가 있다. ① 리버스 공법 　굴착 비트를 공회전시켜 약 1구멍분의 구멍 안 물을 순환한다. 이때 진흙물의 비중, 사분(砂分) 함유량이 충분히 저하되어 있는 것에 유의한다. ② 어스 드릴 공법 　ㄱ. 구멍 바닥 처리는 말뚝별로 바닥 청소 버킷으로 확실히 하고 있는지 　ㄴ. 필요에 따라서 특수한 바닥 청소를 하고 있는지 　　일반적으로 구멍 바닥 처리(바닥 청소)는 침전물을 말뚝 지름에 맞는 바닥 청소 버킷을 사용하여 처리하고 있다. 이 바닥 청소는 수밀성이며 또한 지지 지반이 교란되지 않는 구조의 바닥 청소 버킷을 사용하여 그 승강을 신속하게 할 필요가 있다. 　　특수한 바닥 청소란 에어 리프트 공법 외에 여러 종류가 있지만 지반의 상태·말뚝 지름·말뚝 길이와 현장의 조건에 맞춰 적절하게 선택한다. ③ 올 케이싱 공법 　올 케이싱 공법의 경우는 일반적으로 구멍 바닥 침전물은 적지만 침전물이 있는 경우는 그 상황에 따라서 적절한 조치를 한다. 　ㄱ. 침전물이 적은 경우 　　드라이 굴착과 구멍 안 수위가 낮은 경우는 굴착 부스러기와 침전물이 적다. 이 경우는 굴착 완료 후에 해머 그래브로 조심스럽게 구멍 바닥 처리를 한다. 　ㄴ. 침전물이 많은 경우 　　구멍 안 수위가 높고 침전물이 많은 경우는 해머 그래브(hammer grab)로 구멍 바닥 처리를 한 후 다시 슬라임 버킷으로 제거한다.
(5) 철근 세우기	① 철근망 조립 　철근 조립에 전기 용접을 사용하는 경우는 용접 장소의 단면 결손에 주의한다. ② 철근망 세우기 　ㄱ. 세우기한 후 윗면 높이를 측정하여 소정의 높이에 있는 것을 확인한다. 높을 때에는 슬라임량이 특히 많다든지 세우기시의 철근망 상호의 겹침 이음이 어긋난 것이라고 생각된다. 　ㄴ. 철근을 세울 때에는 수직성과 위치를 정확히 유지하고 구멍벽에 접촉하여 토사 붕괴를 일으키지 않도록 할 것. 그리고 비틀림, 휨, 좌굴, 탈락 등을 방지한다.

항 목	기 술 상 의 착 안 점
(6) 콘크리트 타설	① 콘크리트는 원칙적으로 연속 타설로 한다. 이때 트레미의 선단은 항상 2m 이상 콘크리트 속에 삽입한다. ② 말뚝이 공칭 지름에 대해 어떻게 만들어질 수 있는지를 확인하기 위해서 트레미의 인발 높이를 파악하여 콘크리트 타설량과 타설 높이를 계측한다. ③ 콘크리트 타설 중에 케이싱 인발을 하는 경우는 케이싱 아래쪽 끝부분을 콘크리트 윗면보다 2m 이상 낮춤과 동시에 철근이 같이 올라가는 것을 방지한다. ④ 콘크리트의 더돋기는 쳐 올라간 면의 열화분(劣化分)을 고려하여 레이턴스를 제거하고 80cm 이상(올 케이싱 공법에서는 50cm 이상) 예상하여 경화한 후 설계 높이까지 부순다. ⑤ 콘크리트의 타설 방법은 트레미 선단에 밑마개를 설치하여 타설함과 동시에 구멍 바닥에 밑마개를 남겨 두는 방법과 타설 개시시에는 트레미 내에 물이 들어간 그대로의 상태에서 플런저를 통해 생콘크리트를 물로 눌러 내려서 타설하는 방법이 있다. 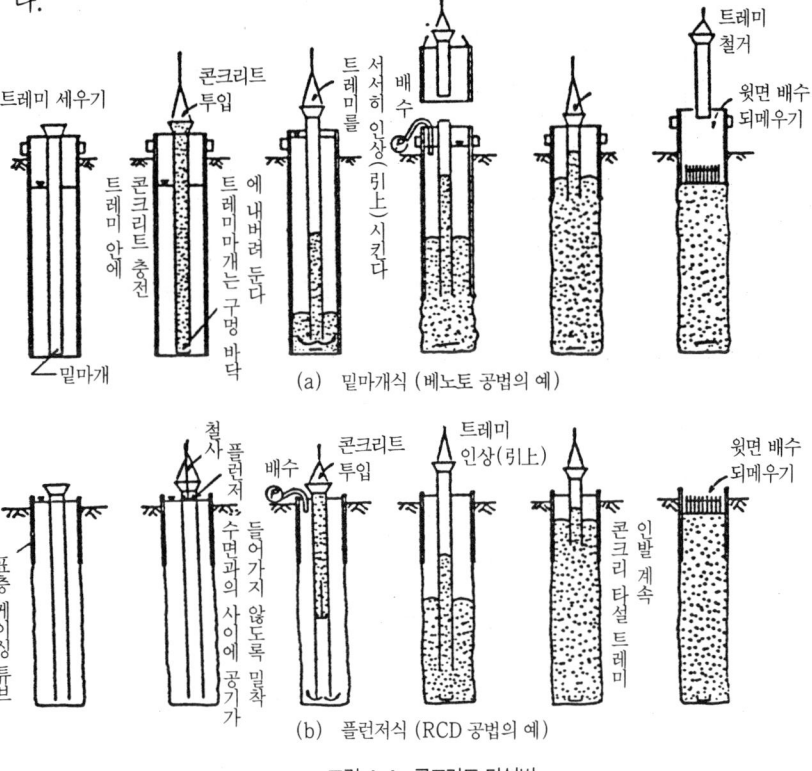 그림 4.4 콘크리트 타설법
(7) 케이싱 파이프 인발(되메우기)	말뚝머리 부분은 구조물의 메커니즘상 지표면보다 낮게 되어 있는 것이 보통이다. 이 부분을 방치해 두면 추락 사고와 붕괴에 의한 작업 지장이 생길 우려가 있으므로 되메우기 등 적절한 조치를 강구하는 것이 필요하다.

항 목	기 술 상 의 착 안 점
4.4 심초말뚝공 **1. 시공 계획서** (1) 시공 체제	각종 작업의 작업 체제, 안전, 위생 등의 관리 조직과 비상시의 연락 체제.
(2) 작업 공정	공정, 현장 조건 등을 고려한 각 공종의 작업 일수, 작업 순서, 시공 시기와 각 공종 간의 공정상의 관련.
(3) 기계기구류	① 토사 반출기, 굴착 기구는 말뚝 지름, 심도(深度), 토질에 적합한 성능을 가진 것 ② 배출 펌프 등은 예비 기계를 준비 ③ 송풍기 등은 말뚝 지름, 토질 등을 고려하고 충분한 성능을 가진 것일 것
(4) 사용 재료	① 흙막이재의 종류와 조립 방법 ② 뒤채움 주입 재료의 현장배합
(5) 안전 대책	① 환기 설비와 산소 결핍공기, 유독가스의 검지 방법 ② 낙하물 방호공
(6) 시공 방법	말뚝 중심, 수직도, 진원도(眞円度)의 측정 방법, 구멍 바닥 처리 방법, 콘크리트 타설 방법, 철근 조립 방법, 뒤채움 주입 방법 등의 검토. 아래에 심초공(深礎工)의 시공 순서를 나타낸다.

	내 용	방 법
맨 상단(上段) 부분틀 설치	· 말뚝 중심과의 합치(合致) · 수평성 확인	
타 위(tower) 세 트		
굴 착		
흙 막 이 재 삽 입		
구 멍 바 닥 처 리	· 바닥 청소 상황 · 지지층 확인	· 육안
철 근 조 립	· 형상, 치수	· 스케일, 육안
콘 크 리 트 타 설	· 슬럼프, 공기량 그 밖의 시험	

항　　목	기　술　상　의　착　안　점
2. 시공 (1) 굴착	① 굴착에 있어서는 항상 수직을 확보하고 설계 말뚝 지름을 확보. ② 과잉 파기는 최소한으로 한다. 　과잉 파기가 크면 개방면이 크게 되어 구멍벽이 붕괴되거나 심초 자체가 휘어져 중심 어긋남이 생기므로 주의를 요한다. 특히 선로에 근접하여 시공하는 경우 과잉 파기가 크면 열차의 진동 등에 의해 지반이 이완, 붕괴를 조장시켜 선로에 변형을 일으키게 된다. ③ 히빙, 보일링과 지반 부풀음의 우려가 있는 지질에 있어서는 지하수를 저하하든가 주입에 의해 지반 강화를 도모한다. 　히빙에 관련하여 인접한 심초의 동시 시공 가부(可否)의 문제가 있다. 히빙에 있어서 붕괴 범위는 심초에 대해 고려하면 구멍벽에서 지름의 범위에 있다고 예상된다(**그림 4.5**). 　인접하는 심초가 지름의 3배 이하인 위치에 있으며 두개의 심초가 동시에 같은 깊이의 진행 상태에 있을 경우 한쪽의 심초에서 히빙이 생기면 다른 한쪽의 심초에도 구멍벽 바깥쪽 흙의 점착력, 마찰력이 없어져 히빙을 일으킬 가능성이 있다. 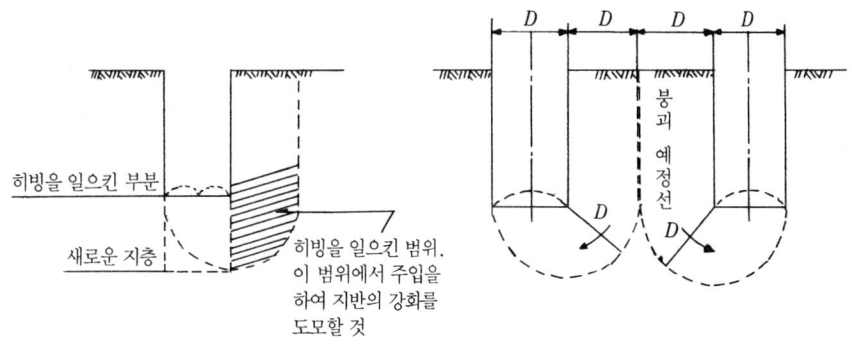 　　　　　　　　　그림 4.5 히빙 붕괴 범위 ④ 지하수를 배수하면서 굴착을 하는 경우에는 굴착을 중지할 때에도 배수를 중지해서는 안된다. ⑤ 수중 펌프 등에 의해 배수를 하는 경우는 경험적으로 $0.2\,m^3$/분이 한계이며 이것 이상의 용수(湧水)에서는 지반의 붕괴를 일으킨 예가 있다.
(2) 구멍 바닥 　　 처리	① 굴착이 설계 심도에 가까워지면 구멍 바닥이 흐트러지지 않도록 정성들여 굴착한다. 또 콘크리트 타설 직전에 다시 한번 구멍 바닥을 점검하여 느슨해진 흙은 도려낸다. ② 소정의 심도에 도달하기 전에 지지층이 나타날 경우는 설계계산서와 대조하여 가

항 목	기 술 상 의 착 안 점
	능한 범위에서 말뚝 길이를 짧게 한다. ③ 지지층의 강도가 부족하다고 생각되는 경우는 일반적으로는 말뚝 길이를 길게 하여 지지력이 있는 강도가 큰 토층에 묻는다. ④ 설계 심도에 있어서 지층의 상황이 관찰에 의해 지지 조건을 만족하는지 아닌지 판단할 수 없는 경우에는 구멍 바닥에서 관입 시험, 토질 시험 또는 평판 재하 시험 등의 조사를 한다.
(3) 철근 조립	① 주철근과 띠철근은 올바른 위치에 충분히 견고하게 조립한다. ② 주철근 맨 아래쪽은 구멍 바닥에 직접 닿지 않도록 심초(深礎) 바닥 부분의 피복에 상당하는 콘크리트 블록을(그림 4.6) 사용한다. ③ 철근의 이음은 응력상 약점이 되지 않는 구조로 한다. 10# 담금질 철선으로 고정 콘크리트 블록 그림 4.6 콘크리트 블록의 배치
(4) 콘크리트 타설	① 세로 슈트의 경우 자유 낙하 높이는 분리를 막기 위해서 콘크리트면에서 1m 전후로 한다. ② 트레미를 사용하는 경우는 그 선단은 적어도 타설 또는 콘크리트 내에 원칙적으로 2m 이상 들어가 있을 것. ③ 콘크리트의 품질 관리(슬럼프, 공기량 등).
(5) 선로 근접 작업	선로(線路)에 근접하여 심초공을 시공하는 경우는 선로 근접의 정도, 지층에 따라 다르지만 시공 기면(基面)에서 깊이 3m 정도까지는 열차 하중의 영향이 있으므로 주의를 요한다.

5. 무근(無筋) 및 철근 콘크리트
(슬래브 거더 · T 거더 · 합성 거더 · 고가교 · 교대 · 교각 · 박스 라멘 등)

항 목	기 술 상 의 착 안 점
1. 시공 계획서 (1) 시공 체제	작업을 실시하는 데 있어서의 체제, 안전, 위생 등의 관리 조직과 비상시의 연락 체제 등 적절한 배치가 되어 있는 것이 중요하다.
(2) 작업 공정	공사 기간, 현장 조건, 계절 등의 조건을 고려한 작업 공정에 대한 작업 일수, 작업 순서, 시공 시기와 타공종간의 공정상의 관련이 중요하다.
(3) 재료	콘크리트의 재료는 구조물의 종류와 계절에 따른 타설 등에 의해 사용 용도가 다르므로 그것에 따른 최적의 배합 계획이 결정되어야 한다. 그러기 위해서는 재료의 품질, 종류에 충분히 배려할 필요가 있다. ① 시멘트 ㄱ. 포틀랜드 시멘트 – KS L 5201 ㄴ. 혼합 시멘트 – KS L 5210, 5211 ② 철근 ㄱ. 철근 콘크리트용 봉강 – KS D 3504 ㄴ. 철근 콘크리트용 재생 봉강 – KS D 3527 ③ 혼화재(混和材)와 혼화제(混和劑)

표 5.1 혼화 재료의 분류(KS F 2560)

혼화 재료의 분류		성상(性狀)
혼화제 (混和劑)	AE제	미세한 기포의 발생, 워커빌리티, 내구성의 개선
	감수제	시멘트 입자의 분산성 향상, 감수 효과 4~6%
	AE 감수제	미세한 기포의 발생, 워커빌리티의 개선. 시멘트 입자의 분산, 감수(減水) 효과 12~16% 촉진형, 표준형, 지연형이 있다.
	고성능 AE 감수제	고강도용, 공장제품용, 감수 효과 20~30%
	응결 지연제	여름철 공사에 사용
	유동화제	콘크리트의 유동화, 워커빌리티의 개선
	기포제	기포 콘크리트·모르타르, 제거식 어스 앵커 후 뒤채움재 등에 사용
	수중 불분리제	수중에서의 분리 저항성이 크고 충전성, self leveling성이 큼
	기타	녹막이제(防錆劑), 방수제, 곰팡이 방지제, 착색제, 급결제, 응결 촉진제, 방동(내한)제
혼화재 (混和材)	포졸란	플라이애시, 천연 포졸란 등
	팽창재	수축 균열의 방지, 케미컬 프리스트레스에 의한 강도 증대
	무수축재	교량의 베어링부 등에 사용

항 목	기 술 상 의 착 안 점

	혼화 재료는 규격을 만족하는 것. 그 이외의 것을 사용하는 경우는 용도별로 종류, 사용량이 다르기 때문에 기술 자료, 시험 혼합의 결과로부터 그 성상(性狀)을 충분히 배려할 필요가 있다(혼화재란 사용량이 비교적 많아서 그 자체의 용적이 콘크리트의 배합 계산에 관계되는 것이고, 혼화제란 사용량이 비교적 적어서 그 자체의 용적이 콘크리트의 배합 계산에서 무시되는 것이다).
	④ 골재
	  골재(骨材)는 청정, 견경(堅硬), 내구적으로 적절한 입도를 가지며 먼지, 진흙, 유기 불순물, 염화물 등의 유해량 등을 함유하지 않는 것을 시험성적표로 확인할 것. 또한 알칼리 골재 반응에 대해서 무해한 골재인 것이 중요하다. 알칼리 골재 반응이란 골재 중에 함유되어 있는 실리카질 광물과 콘크리트 속의 알칼리분과의 반응이며 알칼리 실리카겔의 생성과 흡수에 따른 팽창에 의해 균열, 겔의 스며나옴, 부재의 어긋남과 이동 등의 열화가 생긴다.
	  반응성 골재로서는 트리지마이트, 크리스트버라이트, 오팔, 옥수(玉髓), 화산성 유리, 액정질 석영, 비뚤어진 결정격자 구조를 가진 석영 등이 있다.
	  아래에 방지 대책을 서술한다.
	 ㄱ. 저알칼리 시멘트 : 전체 알칼리량 0.6% 이하(KS L 5201)를 사용한다.
	 ㄴ. 고로 시멘트 : 슬래그 혼합률 50% 이상(KS L 5210)을 사용한다.
	 ㄷ. 콘크리트 중의 알칼리 총량을 Na_2O 환산으로 $3.0\,kg/m^3$ 이하로 한다.
	⑤ 배합 계획
	  일반적으로 현장에서의 콘크리트의 품질은 골재, 시멘트 등의 품질의 변동, 계량의 오차, 혼합 작업의 변동 등에 따라 공사 기간 동안에 상당히 변동한다. 구조물 콘크리트의 압축 강도는 설계 기준 강도를 기본으로 하고 현장에서의 콘크리트 품질의 살포에 따라서 배합 강도를 결정할 필요가 있다. 가능한 한 단위 수량과 단위 시멘트량을 적게 하는 것이 좋다.

(4) 시공 방법	시공 방법은 시공 순서가 알기 쉽게 기술되어 있는 것이 중요하다. 참고로 고가교(高架橋)의 시공 순서를 아래에 나타낸다.

	내 용	방 법
고름 콘크리트 타설	· 높이, 수평 마무리	· 육안
기 초 R C		
철 근 조 립	· 피복 확보 · 철근의 지름, 개수 · 상호 위치와 간격 · 결속선의 긴결 확인	· 육안, 스케일 · 육안, 스케일 · 육안, 스케일 · 육안
거 푸 집 조 립	· 박리제의 도포(塗布) · 형상, 치수 확보	· 육안 · 육안, 스케일

항 목	기 술 상 의 착 안 점
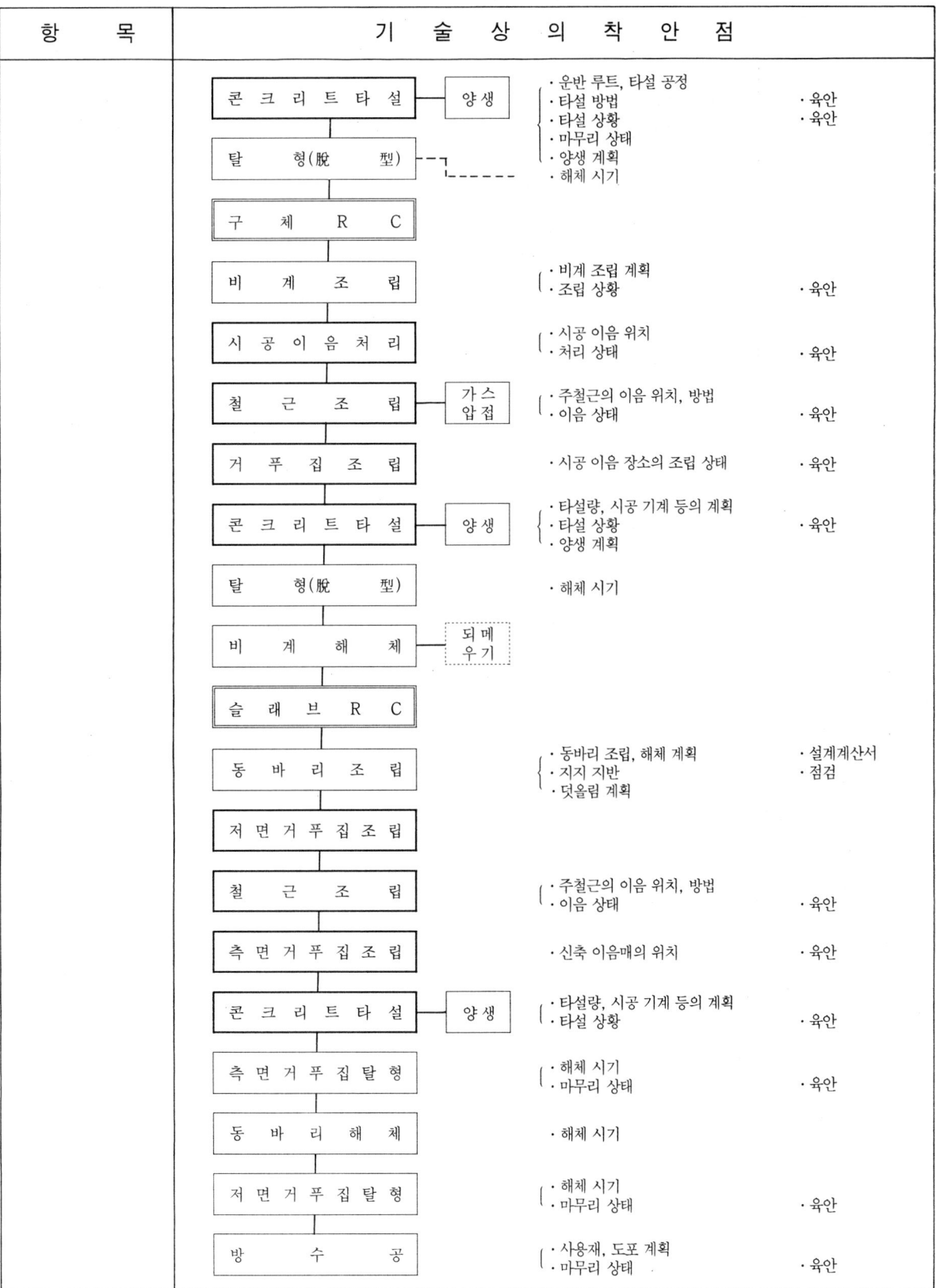

항 목	기 술 상 의 착 안 점
1) 거푸집·동바리	① 거푸집 조립 　거푸집 재료의 선택은 강성, 내구성, 마무리 정밀도, 수밀성, 조립·해체의 용이함 등을 충분히 배려할 필요가 있다. 　ㄱ. 거푸집 재료의 종류 　　a. 강제 거푸집 　　b. 목제 거푸집(합판도 포함) 　　c. 그 밖의 거푸집(재료가 종이, 천, 플라스틱인 것과 투수성을 가진 것) 　ㄴ. 탈형 시기 　　동바리의 항을 참조할 것. ② 동바리 조립 　산업안전보건법에서는 거푸집과 동바리 재료에 대해서 허용응력의 값을 정하고 있다. 이것에 의해 콘크리트 부재의 위치, 형상과 치수를 정확하게 파악함과 동시에 동바리는 소요의 강도, 강성을 갖는 것이 중요하다. 　ㄱ. 덧올림 　　a. 바닥슬래브 설계 높이의 허용 오차에 대응시킨다. 　　b. 미관상의 휨을 준다. 　ㄴ. 덧올림량의 예상은 아래에 착안해 둘 필요가 있다. 　　a. 동바리의 탄성 변위량 — 동바리가 연속보라도 통상 처짐은 단순보로 구한다. 　　b. 부재 접합점의 변위량 — 접합면의 정밀도와 재질에 따라 다르다. 　　c. 기초의 침하량 — 기초 형식에 따라서도 다르지만 5~20 mm 정도를 기준으로 한다. 　　d. 미관상의 휨 — 완성형 규격값(바닥슬래브 설계 높이)과의 관계에 유의하여 0~20 mm 정도의 범위 내로 설정하면 된다. 　ㄷ. 해체 시기 　　해체는 콘크리트가 자중과 시공 중에 가해지는 하중을 받는 데에 필요한 강도 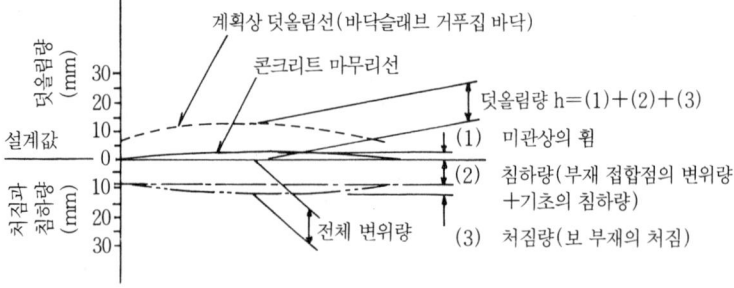 그림 5.1 계획 덧올림량

항　　　　목	기　술　상　의　착　안　점
	표 5.2 해체해도 좋은 시기의 콘크리트 압축 강도의 참고값

부재면의 종류	예(例)	콘크리트 압축 강도의 참고값 (kg/cm^2)
두꺼운 부재의 수직 또는 수직에 가까운 면, 경사진 윗면 작은 아치의 바깥면	푸팅의 측면	35
얇은 부재의 수직 또는 수직에 가까운 면, 45° 보다 급한 경사의 밑면, 작은 아치의 안쪽면	기둥, 벽, 보의 측면	50
교량, 건물 등의 슬래브와 보, 45° 보다 완만한 경사의 아랫면	슬래브, 보의 저면(底面) 아치의 안쪽면	140

　　　에 도달한 것을 확인하여 떼어내는 것이 필요하며 다음은 거푸집과 동바리를 해체하기 위한 참고사항을 나타낸다.
　　　　a. 압축 강도는 현장과 동일 조건으로 양생한 공시체를 사용하는가
　　　　b. 해체 시기는 시멘트의 종류, 배합, 혼화제, 부재의 크기, 받는 하중, 구조물의 종류, 중요도, 기후(날씨)에 따라 결정한다.
　　　　c. 전부 한번에 떼어내지 말고 수직 부재, 수평 부재의 측면, 수평 부재의 저면 순으로 탈형한다.

2) 철근공

　① 철근의 가공
　　ㄱ. 철근은 설계도에 나타낸 형상과 치수에 올바르게 일치하도록 재질을 손상하지 않는 방법으로 가공하는 것이 좋다.
　　ㄴ. 철근은 상온에서 가공하는 것을 원칙으로 한다.
　② 철근의 조립
　　ㄱ. 철근의 피복을 올바르게 유지하기 위해 적절한 간격으로 스페이서(간격재)를 배치해야만 한다. 거푸집에 접하는 스페이서는 모르타르제 또는 콘크리트제를 사용하는 것을 원칙으로 한다.
　③ 철근의 이음
　　철근의 이음 공법을 그림 5.2에 나타낸다.
　　설계도에 표시되어 있지 않은 철근의 이음을 설치할 때에는 이음의 위치와 방법

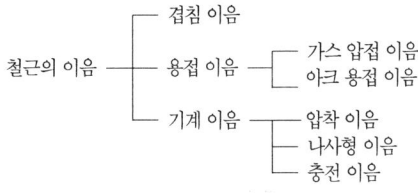

그림 5.2 철근의 이음 방법

항 목	기 술 상 의 착 안 점
	이 중요하다. 　유의해야 할 사항으로써 ㄱ. 가스 압접 이음(열간 압발(熱間 押拔)을 원칙으로 하고 일반적으로 지름 25 mm를 초과하는 철근을 사용한다). 　　a. 압접 위치, 압접면의 처리, 사용기구, 공사 공정, 압접공과 그 자격 종별이 적절한가 　　b. 지름이 다른 철근을 압접하는 경우는 굵은 지름 쪽의 압접기를 사용하고 전단날에 의한 압발은 가는 지름 쪽에서 압발하는 것이 중요하다. 　　c. 열간 압발의 경우는 이음의 충분한 품질 관리가 가능하며 한 단면에 집중되어도 좋다. ㄴ. 겹침 이음 　　a. 겹침 이음의 길이는 RC 표준 50을 참조한다. 　　b. 이음은 서로 어긋나게 배치하고 응력이 큰 부분에는 이음을 두지 않도록 한다. 　　c. 철근의 지름이 커지면 겹침 길이가 크게 되어 비경제적으로 됨과 동시에 콘크리트 타설의 시공성이 나빠진다. 　　d. 지진력이 지배적인 단면의 철근과 띠철근 등에는 겹침 이음은 설치해서는 안된다(주철근은 압접, 띠철근은 플레어 용접 등을 채용한다). (주) ㄱ. 이음은 가능한 한 철근의 응력이 작은 구간에 설치한다. 특히 열차 하중을 직접 받는 부재는 피로(疲勞)의 영향을 고려하여 철근의 응력이 작은 구간에 설치해야 한다. ㄴ. 겹침 이음은 격점(格点)에서 부재의 유효 높이 2배의 범위 내에 설치해서는 안된다. ㄷ. 보, 슬래브와 인장을 받는 부재 단면에서의 인장 철근의 이음수는 2개의 철근에 대해 1개 이하를 원칙으로 한다. 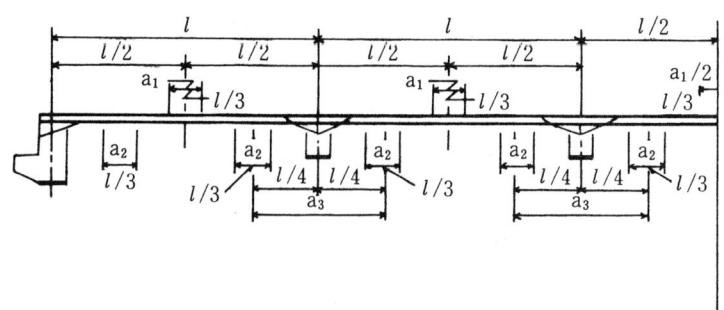 d : 보의 유효 높이 a : 주철근에 이음을 두어도 좋은 구간 a_1 : 위쪽 직근(直筋)에 이음을 두어도 좋은 구간 a_2 : 벤드근(bend筋)에 이음을 두어도 좋은 구간 a_3 : 아래쪽 직근에 이음을 두어도 좋은 구간

항 목	기 술 상 의 착 안 점
	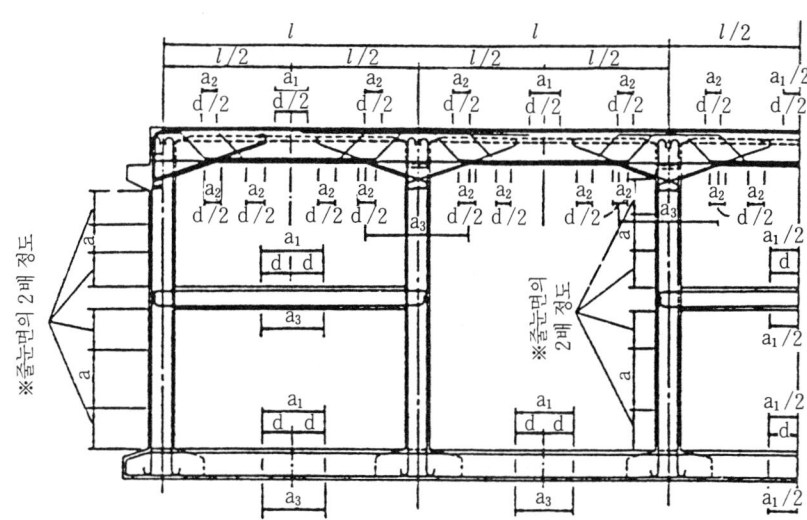 ※ 는 겹침 이음을 사용하는 경우의 제한(압접 이음 등을 사용한 경우는 특별히 제한하지 않는다) 을 나타낸다. 그림 5.3 이음을 설치해도 좋은 범위의 예 ㄹ. 동일 단면에서의 이음의 이음 중심간 거리는 이음의 길이에 정착 길이를 더한 길이 이상으로 한다.
3) 타설	① 운반 　운반 중에 생기는 콘크리트의 품질 변화에 주로 재료의 분리, 워커빌리티의 저하 등을 들 수 있다. 워커빌리티의 저하는 슬럼프의 저하, 공기량의 감소, 시멘트의 응결 등의 변화를 통해 생기는데 여기에서는 운반 방법, 시간, 온도 등이 요인으로서 작용한다. 이런 점에서 공사의 조건, 공정, 콘크리트량, 경제성, 콘크리트의 품질에 주는 영향 등을 고려하여 통상 운반 시간과 교통 지체 시간을 확실하게 파악한 계획 인가에 착안할 필요가 있다. 그리고 혼합된 콘크리트는 일반적으로 시간과 함께 슬럼프와 공기량이 감소하므로 KS, 토목학회, 건축학회에서는 운반 시간을 표 5.3과 같이 정하고 있다. ② 타설 계획 　ㄱ. 시공 기계 　　현장 조건에 따라 시공 기계의 적용 범위가 다르므로 적절한 사용 기종을 선택하고 있는지 착안할 필요가 있다. 　ㄴ. 타설 　　타설 순서는 구조물의 형상, 콘크리트의 공급 상태, 동바리의 상태 등을 고려하여 계획되어 있는지 체크한다. 타설 순서의 불량에 기인하여 발생하는 문제점

항 목	기 술 상 의 착 안 점

표 5.3 운반 시간의 한도

구분	KS F 4009	RC 시방서 (토목학회)		KASS 5 (건축학회)		
한도	혼합에서 하역까지	혼합에서 타설 종료까지		左同		
한 도 (分)	90※	온난하고 건조할 경우	60	바깥기온	고 내 구 (高耐久)	일 반 (一般)
				20℃ 이상	60	90
		저온이며 습윤할 경우	120	25℃ 미만	90	120

※는 구입자와 협의한 후 운반 시간을 변경(단축 또는 연장)할 수 있는 것으로 되어 있다. 일반적으로 더운 계절에는 그 한도를 짧게 하는 것이 좋다.

으로서는 균열, 콘크리트의 분리, 콜드 조인트, 거푸집, 동바리의 이상 등이 있다.

콘크리트 타설에서 유의해야 할 사항을 아래에 나타낸다.
a. 동바리의 침하가 큰 장소부터 타설한다(바닥슬래브 등은 중앙부터).
b. 경사부는 낮은 쪽에서 높은 쪽으로 타설한다.
c. 웨브와 바닥슬래브와 같은 단면 급변 장소를 단면이 변화하기 바로 전에 일단 타설을 중지한다.
d. 좌우 대상으로 타설한다.

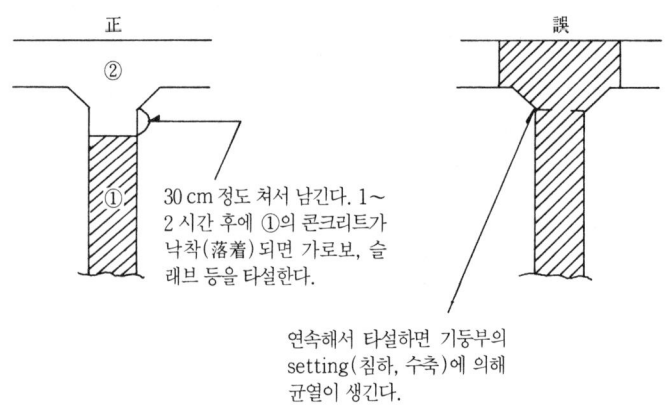

그림 5.4 기둥의 타설 순서

항 목	기 술 상 의 착 안 점
	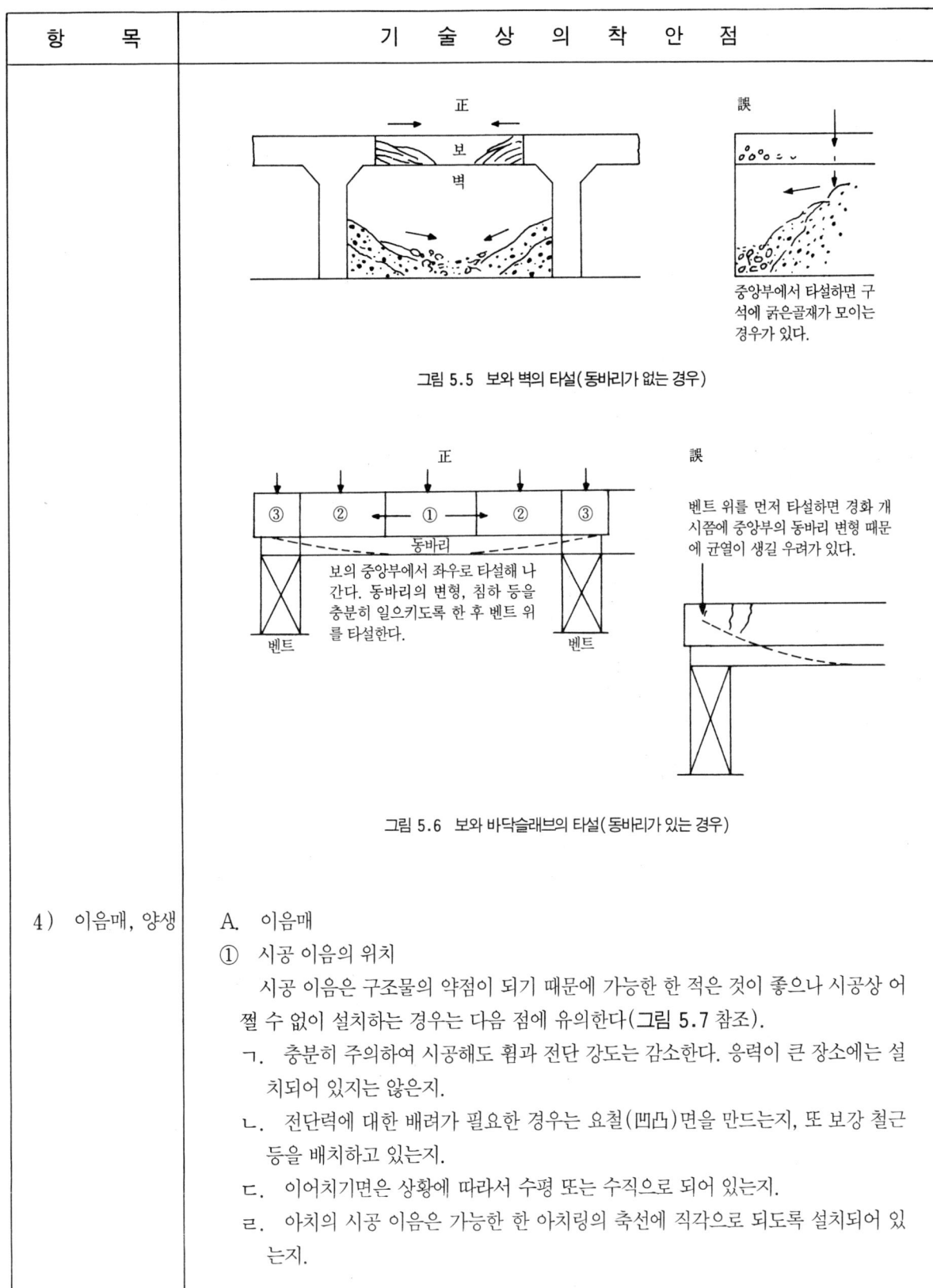 그림 5.5 보와 벽의 타설(동바리가 없는 경우) 그림 5.6 보와 바닥슬래브의 타설(동바리가 있는 경우)
4) 이음매, 양생	A. 이음매 ① 시공 이음의 위치 　시공 이음은 구조물의 약점이 되기 때문에 가능한 한 적은 것이 좋으나 시공상 어쩔 수 없이 설치하는 경우는 다음 점에 유의한다(그림 5.7 참조). 　ㄱ. 충분히 주의하여 시공해도 휨과 전단 강도는 감소한다. 응력이 큰 장소에는 설치되어 있지는 않은지. 　ㄴ. 전단력에 대한 배려가 필요한 경우는 요철(凹凸)면을 만드는지, 또 보강 철근 등을 배치하고 있는지. 　ㄷ. 이어치기면은 상황에 따라서 수평 또는 수직으로 되어 있는지. 　ㄹ. 아치의 시공 이음은 가능한 한 아치링의 축선에 직각으로 되도록 설치되어 있는지.

항　　목	기　술　상　의　착　안　점
	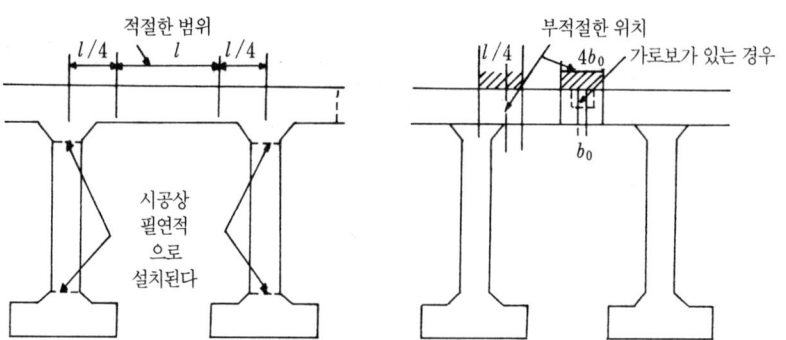 시공 이음의 위치에 대한 배려 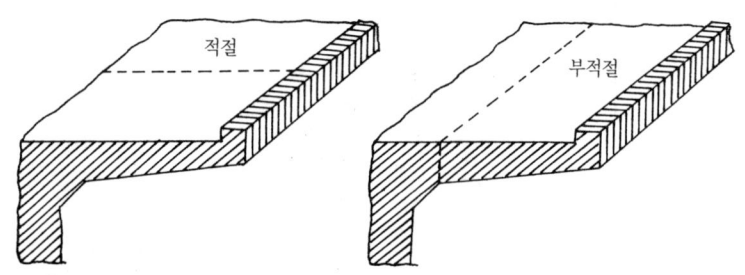 그림 5.7 시공 이음의 위치 ② 시공 이음의 거푸집 　ㄱ. 수직인 벽의 경우 　　　수회로 나누어 콘크리트를 타설할 경우 콘크리트 윗면을 거푸집 줄눈보다 30 cm 정도 낮게 한다. 그리고 콘크리트 모르타르의 유출을 최소한으로 막고 시공 이음의 거칠기를 두드러지게 되도록 배려할 것(그림 5.8 참조). 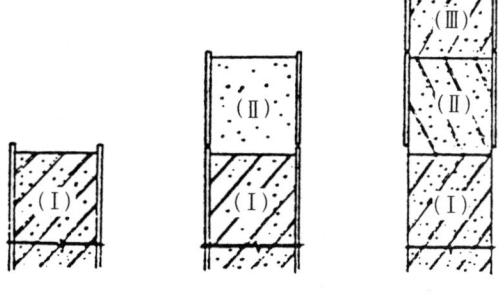 그림 5.8 측벽 거푸집 시공 　ㄴ. 경사진 벽의 경우 　　　경사진 벽의 시공 이음은 콘크리트 윗면에 줄눈재(목제·강제)를 넣어서 다

항 목	기 술 상 의 착 안 점
	음 콘크리트 타설 전에 제거하면 시공 이음의 거칠기가 두드러지게 된다(**그림 5.9** 참조). 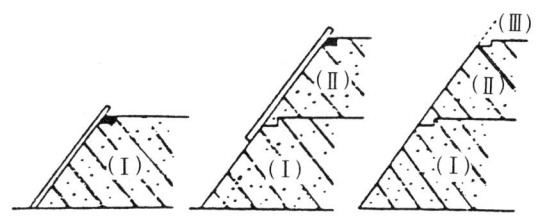 그림 5.9 시공 이음의 치장 구속용 가는 삼각재 시공 ㄷ. 옹벽 윗면의 경우 　호안(護岸)과 옹벽 윗면에 약 3~4 cm의 3각형의 구석용 가는 삼각재(목제・강제)를 넣어서 타설하면 긴 직선의 구체의 외양이 좋게 된다(**그림 5.10** 참조). 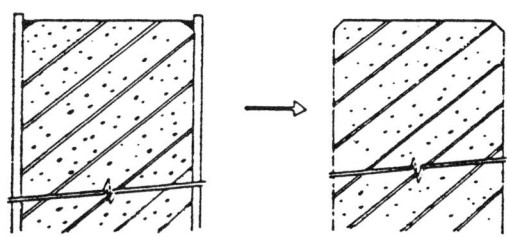 그림 5.10 구체 손상 보호의 구석용 가는 삼각재 시공 ③ 시공 이음의 철근이 관통하는 경우의 거푸집 계획 　ㄱ. 낱장판 시공 　　「낱장판」이라고 일컬어지는 거친면의 판을 사용하는 것이 일반적이다. 이것은 관통하는 철근의 위치를 각각 측정하면서 그 나름대로 현장에 적합하게 가공하여 시공하는 것이다. 지름을 조금 크게 만들기 때문에 콘크리트 속 모르타르분의 유출이 있으며 간힐(間詰)에 웨이스트를 사용하여 철근에 감아서 그 간극에 가볍게 밀어 넣는 정도면 된다. 콘크리트면이 거칠기 때문에 시공 이음의 효과가 좋다. 또 발포 스티롤과의 병용에 의한 시공이 있다(**그림 5.11** 참조). 　ㄴ. 합판 시공 　　1장의 합판을 절단하여 가공하도록 되어 있어 대형화로 되는 경향이 있다. 맨 처음의 조립은 간단히 빠르게 시공할 수 있지만 1장의 합판이 큰 만큼 타설 중의 측압에 의해 그 비틀림도 크다. 낱장판과 같이 웨이스트로 간힐하여도 모르

항　목	기　술　상　의　착　안　점
	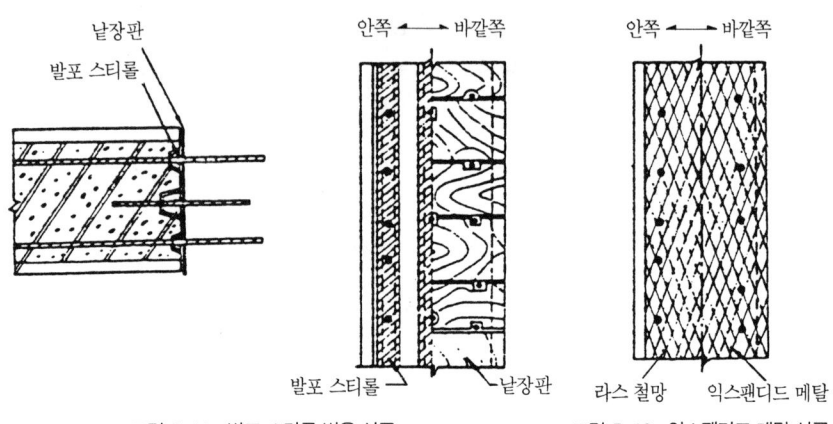
그림 5.11 발포 스티롤 병용 시공　　그림 5.12 익스팬디드 메탈 시공

　타르의 유출은 완전히 막을 수 없다. 또한 해체는 어려워진다.
　ㄷ.　익스팬디드 메탈(expanded metal) 시공
　　　철근의 수와 거푸집널 면적의 수량에 따라서 라스 철망과 병용하는 경우가 많은데 그것은 거푸집재가 강제이고 시공 이음의 면을 그대로 하여 다음 콘크리트를 타설하기 때문이다. 익스팬디드 메탈의 특성은 돌출된 철근을 간단히 조립할 수 있고 견고하며 시공 속도가 빠르다. 그러나 앞 항의 거푸집에 비해서 가격이 비싸 비경제적이다(**그림 5.12 참조**).
　ㄹ.　고무 튜브 시공
　　　배근의 간격이 좋고 매우 다량의 철근이 촘촘히 되어 있어 익스팬디드 메탈로 시공하기 어려운 경우는 고무 튜브에 공기를 넣어서 팽창시켜 이것을 거푸집널 대용으로 하는 거푸집도 사용되고 있다. 탈형은 튜브의 공기를 빼는 것이므로 매우 간단하다. 시공 이음이 요철(凹凸)로 되어 있으며 게다가 시공 이음의 면적이 커져 이어치기 효과를 크게 한다(**그림 5.13 참조**).
＊　위의 4항목에 대해서 방법을 서술하였는데 이러한 거푸집을 요하는 장소는 적절한 시공 이음이 요구되는 곳이며 콘크리트의 전단력이 작은 위치에 타설하는 것이 좋다.

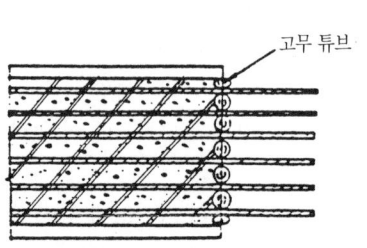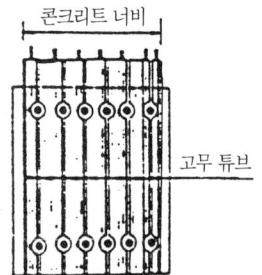
그림 5.13 고무 튜브 시공 |

항 목	기 술 상 의 착 안 점
	B. 양생(養生) 　양생(養生)이란 콘크리트 타설 후 시멘트의 수화 작용이 정상적으로 진행되도록 콘크리트를 일정 기간, 적절한 온도하에서 충분한 습윤 상태로 유지하는 것이다. 그리고 수화 작용의 진행 중 콘크리트가 아직 취약한 동안에는 충격, 과대한 하중, 진동, 급격한 온도 변화에 의한 온도응력의 발생, 일조, 바람, 비 등으로부터 콘크리트를 보호해야 한다. 양생을 소홀히 하면 구조물의 결함으로 연결되므로 양생에 있어서는 충분한 배려가 필요하다. 　양생의 방법, 기간 등은 양생 조건이 콘크리트의 강도, 수밀성, 내구성에 미치는 영향의 정도를 고려하여 계획할 필요가 있으며 다음과 같은 점에 유의한다. ① 압축 강도는 양생 온도에 따라 변화한다. 즉 단기(短期) 강도는 양생 온도가 높을수록 빨리 출현한다. ② 일반적으로 습윤 양생의 기간이 길수록 콘크리트 강도의 발현이 양호하다. 내구성을 필요로 하는 수밀 콘크리트에서는 초기 양생이 종료한 후에도 습윤 상태를 가능한 한 장시간 유지하는 것이 필요하다. ③ 급격한 건조는 균열 등의 결함을 일으킨다. ④ 급격한 온도 변화(예를 들면 급격한 냉각을 할 경우)는 온도차의 응력에 의해 콘크리트 표면에 균열을 일으킨다. ⑤ 콘크리트 응결이 완료할 때까지의 기간에 계속적인 진동을 줄 경우 콘크리트 자체의 강도는 증가하지만 시공 이음의 강도와 철근과의 부착 강도가 저하하는 것이 있다.

표 5.4 양생 방법　　　　　　　　　　　　　　　　　　(계속)

분 류	양 생 방 법	비 고
무근·철근 콘크리트	· 콘크리트 타설 후 경화를 시작할 때까지 직사일광, 바람, 비 등을 막는다(일광막이와 바람막이를 설치한다). · 멍석, 마포, 모래 등을 적셔서 덮든가 또는 살수한다. · 거푸집널이 건조할 우려가 있을 때는 살수한다.	보통 포틀랜드 시멘트 5일간 조강 포틀랜드 시멘트 3일간 이상 습윤 양생
매스 콘크리트	· 콘크리트 표면에 급격한 온도 변화, 건조 수축이 일어나지 않도록 보호한다. · 겨울철은 필요에 따라서 거푸집의 보온 조치를 취한다.	살수, 담수 등의 방법에 의해 소요의 양생 기간 습윤 상태로 유지. 단, 표면부를 급랭하는 살수는 주의를 요한다.
한중 콘크리트	· 타설 후 동결하지 않도록 충분히 보호한다. · 급열(給熱)하는 경우 콘크리트가 건조 또는 국부적으로 가열되지 않도록 주의한다. 그리고 급열 바닥면이 젖을 정도로 살수하여 건조를 막는다. 　급열 양생(제트 히터 등) · 초기 동결 방지의 관점에서 초기 양생 온도의 최저값을 5℃로 하고 있으나 추위가 심한 경우 또는 부재두께가 얇은 경우에는 이것을 10℃ 정도로 하는 것이 바람직	

항　　　목	기　술　상　의　착　안　점
	표 5.4 양생 방법

분　류	양　생　방　법	비　　고
한중 콘크리트	하다. 특히 초기 양생 종료 후 2일간은 콘크리트 온도를 0℃ 이상으로 유지할 필요가 있다. · 콘크리트 표면을 단열재와 단열 거푸집을 사용해서 덮고 시멘트의 수화열을 이용한다(단열 보온 양생).	
서중 콘크리트	· 콘크리트를 타설 완료했거나 시공을 중지한 경우 콘크리트 표면을 습윤 상태로 유지한다. · 콘크리트 타설 후 24시간은 노출면을 끊임 없이 습윤 상태로 유지한다. 그리고 양생은 적어도 5일간 이상하는 것이 바람직하다.	
숏크리트	· 저온, 건조와 급격한 온도 변화 등에 의한 유해한 영향을 받지 않도록 충분히 양생한다.	

(5) 방수공

① 재료

　방수 재료에 대해서는 여러 가지가 있으며 방수 효과, 내구성, 경제성 등을 고려하여 선택할 필요가 있다. 그리고 방수공에는 도포·시트 방수공이 있다.

　적용 구분 － 도포(밸러스트가 없는 궤도), 시트(밸러스트가 있는 궤도)

② 콘크리트면의 앞처리, 적층법, 이음매와 연단(緣端) 처리법

　방수공의 계획에 있어서는 아래의 사항에 유의한다.

　ㄱ. 슬래브 또는 배수 경사 콘크리트 윗면의 곰보나 심한 요철(凹凸)은 보수를 하여 평탄하게 하고 철근 등의 돌기물과 레이턴스는 제거한다.

　ㄴ. 치올린 부분과 드레인 부분의 구석 부분은 모접기를 해 둔다.

　ㄷ. 방수 시공면으로서 특히 콘크리트 표면은 건조되어 있는 것 같아도 내부는 습윤 포화 상태인 경우가 있으므로 콘크리트는 충분히 건조시킨다.

　ㄹ. 방수 시공면의 청소는 강우 또는 강풍 후에도 필요에 따라서 실시하고 먼지와 티끌 등을 완전히 제거할 것.

　ㅁ. 프라이머 처리는 핀 홀이 생기지 않도록 전면에 걸쳐 정성들여 시공하고 도포 후 5℃ 이상의 기온에서 1시간 이상 방치하여 건조시킨다.

　ㅂ. 프라이머는 각각의 재료에 적합한 혼합 비율로 계량하고 품질은 KS F 3211에 의한 것으로 한다.

　ㅅ. 각 층의 도포 작업은 강우, 강설, 강풍 또는 그러한 우려가 있는 경우는 실시해서는 안된다.

　ㅇ. 균열의 발생이 예상되는 구조물에서는 도포 방수공을 사용하지 않는 것이 좋다.

(6) 한중·서중 및 매스 콘

① 한중(寒中) 콘크리트

　한중(寒中) 콘크리트란 타설 후 4주까지의 예상 평균 기온이 토목학회에서는 4

항 목	기 술 상 의 착 안 점
크리트	℃ 이하(건축학회에서는 3℃)인 경우에 시공하는 콘크리트를 말한다. 주요 주의사항은 다음과 같다. ㄱ. 콘크리트의 재료는 동결되어 있거나 또는 빙설이 혼입되어 있는 골재는 그대로 사용하지 않는다. 재료의 온도를 높일 때 시멘트는 어떠한 경우에도 가열해서는 안된다. 골재의 가열은 65℃ 이하로 한다. 물의 가열은 용이한 것으로 열 용량이 크다는 점에서 유리하다고 할 수 있다. 일반적으로 물과 골재의 온도가 40℃를 초과하지 않는 범위가 기준이다. ㄴ. 타설시의 콘크리트 온도는 원칙적으로 5~20℃로 한다. ㄷ. 콘크리트 타설에 있어서는 철근, 거푸집 등에 부착된 빙설을 제거한다. ㄹ. 타설 종료 후는 콘크리트가 빙결하지 않도록 충분히 보호하고 특히 바람을 막는다. 그리고 양생 중은 콘크리트 표면의 온도를 약 10℃ 이상으로 유지하는 것이 바람직하다. ㅁ. 단위 수량의 감소와 공기 연행(連行)에 의한 초기 동결 방지에 효과가 있는 AE 콘크리트를 사용한다. ② 서중(署中) 콘크리트 　서중(署中) 콘크리트란 기온이 높아 슬럼프 저하와 수분의 급격한 증발 등의 우려가 있는 시기에 시공되는 콘크리트를 말한다. 서중 콘크리트로서 시공해야 할 기간을 일률적으로 정하는 것은 곤란하지만 일평균 기온이 25℃를 넘는 시기에 시공하는 경우에는 서중 콘크리트로서의 시공이 가능하도록 준비해 두는 것이 바람직하다. 주요 주의사항은 다음과 같다. ㄱ. 시멘트의 수화 반응이 촉진되어 콘크리트의 응결이 빨라진다. 콘크리트 운반 중 수분의 증발과 함께 슬럼프의 저하가 크기(혼합 온도 30℃, 슬럼프 18 cm 정도의 콘크리트로 1~1.5시간 운반하면 6 cm 정도 저하한다) 때문에 같은 슬럼프를 얻기 위한 단위 수량이 많아진다든지 콜드 조인트가 생기기 쉽게 된다. 이러한 것을 개선하기 위해 AE 감수제 지연형, 감수제 지연형과 유동화제의 사용이 유효하지만 이것의 사용에 있어서는 혼화제의 사용 주의사항을 엄수할 필요가 있다. ㄴ. 콘크리트의 타설 온도는 35℃ 이하로 한다. 콘크리트의 온도를 1℃ 낮추기 위해서는 대략 물의 온도 4℃, 골재의 온도 2℃ 중 한쪽의 온도를 낮추면 된다. ③ 매스 콘크리트 　단면 치수가 비교적 큰 콘크리트 구조물의 시공에 있어서는 시멘트의 수화열에 의한 온도 상승이 크기 때문에 균열이 발생할 우려가 있으며 외부 구속이 있는 경우 등은 온도응력 해석을 하여 콘크리트의 각 재령이 갖는 인장 강도, 영률(Young 계수)로부터 균열 발생의 메커니즘 빈도를 알 필요가 있다. 　매스 콘크리트로서 다루어야 할 구조물의 부재 치수는 구조 형식, 사용 재료, 시

항 목	기 술 상 의 착 안 점
	공 조건에 따라 각각 다르기 때문에 일률적으로 정하기 어렵지만 대략 그 기준으로서 넓은 면적이 있는 슬래브에 대해서는 두께 80~100 cm 이상, 아래쪽 끝부분이 구속된 벽에 대해서는 두께 50 cm 이상으로 생각하면 된다. 계획상에 있어서는 다음 사항에 착안할 필요가 있다. ㄱ. 단위 시멘트량은 소요의 워커빌리티와 강도를 얻을 수 있는 범위 내에서 가능한 한 적게 할 것(배합 설계). ㄴ. 콘크리트의 온도 상승은 시멘트 수화열의 대소에 비례해서 증가하기 때문에 저발열형인 중용열 시멘트와 혼합 시멘트를 사용할 것. ㄷ. 혼화재·혼화제의 사용에 있어서 시멘트의 일부를 치환하는 포졸란(플라이애시, 슬래그)재의 사용과 감수제로서 응결 지연형인 것을 사용하는 경우에는 그 특성을 확인해 둘 것. ㄹ. 균열 제어 대책 표 5.5에 균열 제어의 대책을 나타낸다.

표 5.5 매스 콘크리트에 있어서 온도 균열 제어 대책

대책 단계	콘크리트 온도의 상승량을 적게 한다	콘크리트에 발생하는 온도응력을 완화한다	콘크리트의 온도응력에 대한 저항력을 부여한다
설계·계획	·온도와 온도응력의 예측 ·여름철과 낮동안에 타설하지 않는 등의 타설 공정 검토 ·쿨링(cooling) 계획 ·배합 강도의 장기 재령기준의 채용 ·배합 강도의 할증률(割增率) 저감 ·리프트 높이의 저감 ·운반, 타설 방법의 검토	·구조 방식 변경에 의한 부재두께의 저감 ·구속체와 절연(絶緣)시키는 등의 구속 완화 방법의 검토 ·시공 단위 블록 면적을 작게 한다 ·균열이 생기기 쉬운 부분에 수축 줄눈을 둔다	·프리스트레스를 도입한다 ·보강 철근을 넣는다
재료·배합	·시멘트량을 줄인다(유동화제 등의 사용) ·수화열이 낮은 시멘트를 사용한다 ·슬럼프를 작게 한다 ·굵은골재의 최대 치수를 크게 한다 ·양질의 혼화 재료를 사용한다 ·설계기준 강도를 적게 한다 ·관리 재령을 장기간(長期間) 취한다 ·골재, 물 등을 직사광선으로부터 보호(署中)	·감수제, 응결 지연제 등을 사용한다 ·팽창 혼화재를 사용한다	·섬유 보강재를 사용한다
시공	·프리 쿨링을 한다 ·파이프 쿨링을 한다 ·포스트 쿨링을 한다 ·낮동안 타설을 피한다(署中) ·여름철에는 타설을 피한다(署中) ·리프트 높이를 작게 한다 ·장시간 운반을 피한다	·블록 분할을 작게 한다 ·이어치기 시간 간격을 짧게 한다 ·구 콘크리트, 암반 등을 따뜻하게 한다(寒中) ·보온성이 좋은 거푸집을 사용한다(寒中) ·온상선(溫床線), 온수 양생 등의 보온 양생을 한다(寒中) ·풍설(風雪), 일사, 건조 수축, 동결 융해로부터 보호한다 ·이어치기 부분을 충분히 청소하고 양생 기간을 길게 한다	·수지 보강을 한다

항 목	기 술 상 의 착 안 점
(7) 기계기구	콘크리트 펌프차 등의 시공 기계는 현장의 시공 조건에 적합한 기종으로 되어 있는지.
(8) 품질 관리 계획	① 생콘크리트 공장 　콘크리트의 품질 관리는 사용 목적에 맞는 콘크리트 구조물을 경제적으로 만들기 위해서는 공사의 모든 단계에서 실시하는 것이 효과적이며 조직적인 기술 활동이다. 이 목적을 달성하기 위해서는 공장의 설비, 혼합, 운반 방법 등의 능력, 기계류의 정비 점검 상황, 골재의 관리와 콘크리트의 품질 관리 상태, 각 시험에 대해 KS의 조건을 만족하고 있는 공장일 것. 　따라서 KS 표시 공장일 것은 물론 생콘크리트 공장배합의 품질 검사를 받아 검사 종료증을 가지고 있는 공장일 것. 또 콘크리트 주임기사 또는 콘크리트기사가 상주(常駐)하고 있는 것이 중요하다. ② 품질 관리 시험 　콘크리트의 종별마다 다음 시험을 하는 것이 필요하다.

표 5.6 품질 관리 시험

시험의 종류	시험 횟수와 규제값	시험 방법
ㄱ. 슬럼프 시험	150 m³마다 1회 또는 적어도 1일 1회 실시한다. 통상 ±2.5 cm	KS F 2312
ㄴ. 공기량 시험	150 m³마다 1회 또는 적어도 1일 1회 실시한다. 통상 ±1.0% 이내	KS F 2409 KS F 2419 KS F 2421
ㄷ. 압축 강도 시험	60 m³마다 1회 또는 적어도 1일 1회 실시한다 (3회의 평균값이 호칭 강도값 이상일 것).	KS F 2403 KS F 2405 KS F 4009
ㄹ. 염분 함유량 측정	오전, 오후에 1회씩 실시한다. 염화물량의 규제값은 표 5.7에 나타낸다.	

표 5.7 염화물량의 규제값

부 재	허용 염화물량
· 철근 콘크리트 부재 · 포스트텐션 방식(시스(sheath) 내의 그라우트를 제외한다) 프리스트레스 콘크리트 부재 · 용심(用心) 철근을 갖는 무근 콘크리트 부재	0.6 kg/m³ 염소이온 중량
· 프리텐션 방식 프리스트레스 콘크리트 부재 · 시스 내의 그라우트 · 오토클레이브(autoclave) 양생을 하는 제품	0.3 kg/m³ 염소이온 중량

항 목	기 술 상 의 착 안 점
2. 시공 (1) 거푸집·동바리	① 거푸집 조립 ㄱ. 박리제는 거푸집 재료에 따라 다르므로 그것에 맞는 것을 사용하고 도포 전에는 거푸집을 충분히 청소할 필요가 있다. ㄴ. 목제형 거푸집은 콘크리트 타설 중의 응력에도 견딜 수 있도록 살대, 서까래, 소각재와 강제의 단관 파이프 등을 조합하여 충분히 보강하고 변형을 적게 하는 것이 필요하다. 콘크리트의 측압에 대해서 **그림 5.14**에 나타낸다. 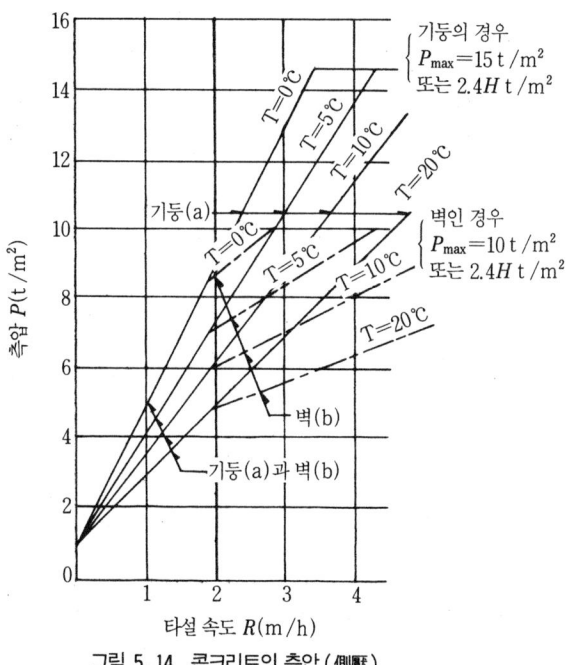 그림 5.14 콘크리트의 측압(側壓) (해설) 측압 산정식 (a) 기둥의 경우 $$P=0.8+\frac{80R}{(T+20)} \leq 15(t/m^2) \text{ 또는 } 2.4H \ (t/m^2)$$ (b) 벽의 경우에서 $R \leq 2m/h$인 경우 $$P=0.8+\frac{80R}{(T+20)} \leq 10(t/m^2) \text{ 또는 } 2.4H \ (t/m^2)$$ (c) 벽의 경우에서 $R>2m/h$인 경우 $$P=0.8+\frac{120+25R}{(T+20)} \leq 10(t/m^2) \text{ 또는 } 2.4H \ (t/m^2)$$ 여기서 P : 측압 (t/m^2) R : 타설 속도 (m/h) T : 거푸집 내의 콘크리트 온도 (℃) H : 생각하고 있는 점보다 위에 있는 굳지 않은 콘크리트의 높이 (m)

항 목	기 술 상 의 착 안 점
	② 동바리 　ㄱ. 틀 비계, 단관 비계 　ㄴ. 거더식 동바리(브래킷) 　ㄷ. 파이프 서포트 　　등이 있으며 사용 목적에 따라 나누어 사용한다.
(2) 철근공	조립 상태에 대해서 다음 사항에 유의한다. ① 철근은 조립 전에 와이어 브러시 등으로 청소하고 들뜬 녹 그 밖의 철근과 콘크리트의 부착을 저해할 우려가 있는 것을 제거할 것. ② 철근은 올바른 위치에 배치하고 콘크리트 타설시에 움직이지 않도록 철근 상호를 충분히 견고하게 조립하는 동시에 스페이서(간격재)로써 거푸집에 접하는 상태로 되어 있을 것. ③ 철근과 거푸집과의 간격은 스페이서를 사용하여 올바른 위치에 유지시킨다. 거푸집에 접하는 스페이서는 원칙적으로 콘크리트 본체와 동등 또는 그것 이상의 품질을 가진 모르타르, 콘크리트제로 한다. 스페이서의 사용 개수는 저면의 경우 3~4개/m^2, 측면의 경우 1~2개/m^2 정도를 기준으로 하는 것이 좋다. ④ 철근 교점의 요소는 지름 0.9 mm 이하의 담금질 철선 또는 클립으로 긴결한다. ⑤ 철근 간격은 다음 점에 유의한다. 　ㄱ. 보에 있어서 축 방향 철근의 수평 간격은 2 cm 이상, 굵은골재 최대 치수의 4/3배 이상, 철근 지름 이상으로 하고, 또 내부 진동기를 사용하기 위한 간격을 확보한다. 2단 이상으로 축 방향 철근을 배치하는 경우에는 일반적으로 그 수직 간격은 2 cm 이상, 철근 지름 이상으로 한다. 　ㄴ. 기둥에 있어서 축 방향 철근의 간격은 4 cm 이상, 굵은골재 최대 치수의 4/3배 이상, 철근 지름의 1.5배 이상으로 한다. ⑥ 철근의 재질, 지름, 개수는 설계도와 합치되어 있을 것. ⑦ 피복이란 철근의 표면과 콘크리트 표면과의 최단거리이며 철근이 충분한 부착 강도를 발휘하고 녹스는 것을 방지하기 위해 일정한 두께 이상을 필요로 하게 되는 것이다. 피복은 철근의 지름 이상으로 하고 **표 5.8**의 값을 표준으로 한다. 　또한 구조물의 노출 조건, 시공 조건에 따라 다음과 같은 최소한도가 정해져 있다. 　ㄱ. 푸팅(footing)과 구조물의 중요한 부재로 콘크리트가 땅 속에 직접 타설되는 경우는 7.5 cm 이상으로 한다. 　ㄴ. 물 속에 시공하는 구조물의 경우는 10 cm 이상으로 한다. 　ㄷ. 유수(流水) 기타에 의한 마모 작용을 받는 경우 또는 해안 근처에서 시공하는 경우에는 통상의 피복보다도 1 cm 이상 두껍게 한다.

항 목	기 술 상 의 착 안 점
	표 5.8 표준 피복 (단위 : cm) | 구조물	부 위		한랭지, 산지(山地)	온난지, 평지(平地)
---	---	---	---	---
거 더	슬래브	윗 면	4.0	2.5
		아랫면	3.0	2.5
	보		5.0	3.0
라 멘	슬래브, 보		거더와 같음	거더와 같음
	기 둥		5.0	3.5
옹 벽	앞 면		4.0	3.0
	배 면		5.0	5.0
교 각			7.5	5.0
난 간			3.0	2.5	 ㄹ. 산성 하천 중의 경우와 강한 화학 작용을 받는 경우는 특히 주의할 것. ⑧ 주철근의 가스 압접 공법에 따른 보안상의 주의점으로서 다음 사항이 중요하다. 철근을 절단하기 위한 불똥과 빨갛게 달구어진 철근의 절단 조각이 외부로 낙하해 인가의 화재 사고로 된다든지 사람에게 화상을 입히는 경우도 있다. 이와 같은 화기(火氣)를 사용하는 작업은 화기 사용의 허가제를 도입하는 등 화재 사고 방지에 힘쓸 것. ㄱ. 압접과 철근 절단 장소에서는 상황에 따라서 불똥받침 시트(석면제)를 사용하여 비산, 낙하의 방지를 할 것. ㄴ. 불똥은 작은 틈새라도 들어 박히기 때문에 하부의 틈새를 밀폐하고 또한 충분한 살수를 할 수 있는 체제로 한다. ㄷ. 화기 사용 후의 순시 점검을 지도한다.
(3) 타설	① 타설 순서 콘크리트 교량 등의 타설 순서의 예를 **그림 5.15**, **그림 5.16**에 나타낸다. ② 콘크리트 펌프 ㄱ. 콘크리트 펌프는 수송관의 배관이 가능한 곳이라면 콘크리트의 운반이 가능하므로 일반적으로 넓게 사용되고 있다. 사용하는 콘크리트 펌프의 기종은 콘크리트의 배합 조건, 타설 장소까지의 운반 경로, 1회의 타설량 등 수송관의 지름과 배관의 수평 환산 거리(**표 5.9** 참조), 압송 부하, 토출량, 폐색(閉塞)에 대해 안전성과 시공 장소의 환경 조건 등을 고려하여 선정할 필요가 있다. ㄴ. 최근 콘크리트 펌프의 성능이 향상됨으로써 슬럼프가 작은 콘크리트의 펌프 압송이 용이하게 되었다. 그리고 슬럼프가 작아 펌프 압송이 곤란하다고 생각되는

항 목	기 술 상 의 착 안 점
	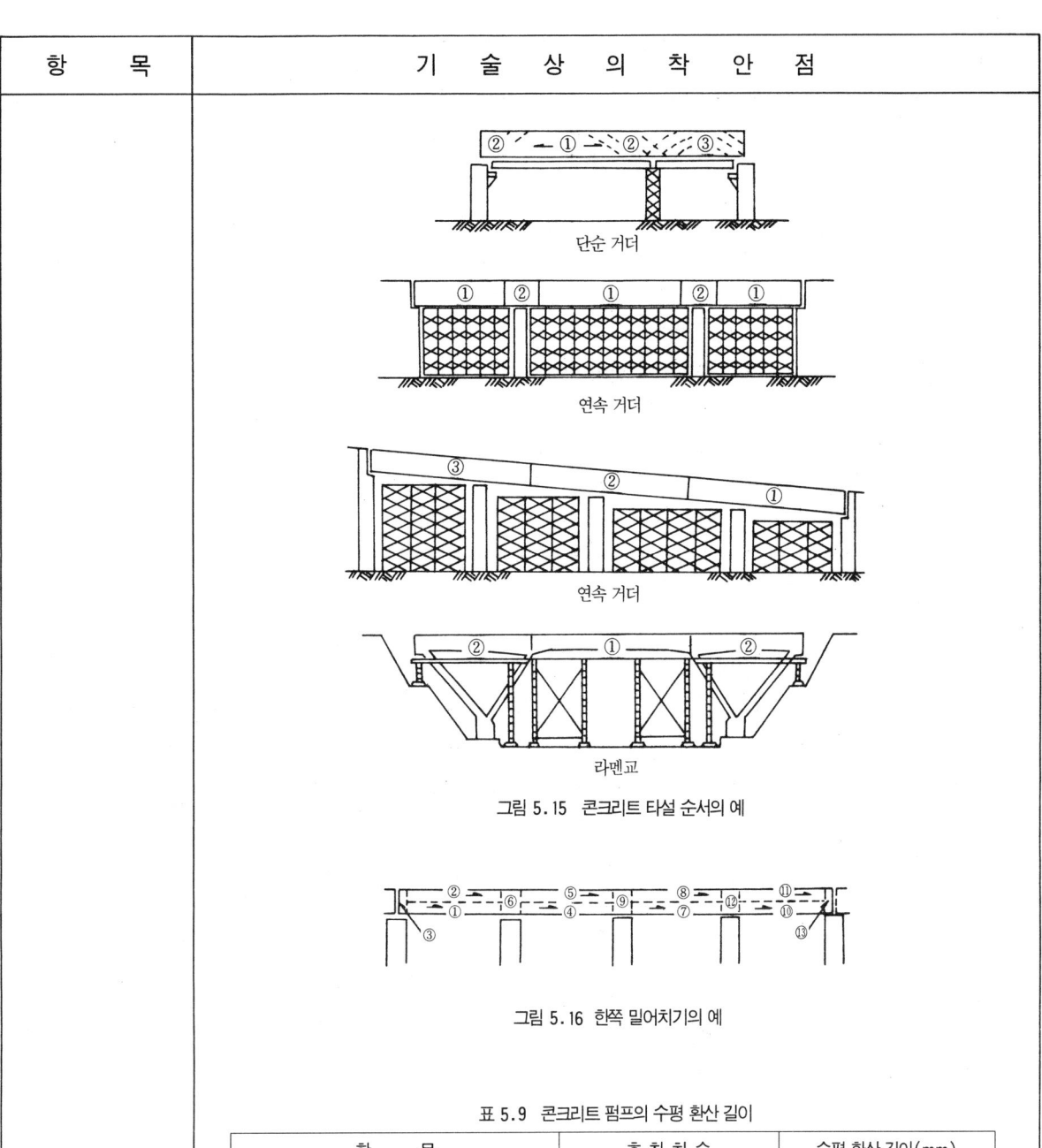 그림 5.15 콘크리트 타설 순서의 예 그림 5.16 한쪽 밀어치기의 예 표 5.9 콘크리트 펌프의 수평 환산 길이 | 항 목 | | 호 칭 치 수 | 수평 환산 길이(mm) | |---|---|---|---| | 상향 수직관 (1 m당) | | 100A(4B) 125A(5B) 150A(6B) | 3 4 5 | | 테이퍼관 (1개당) | | 150~175A 125~150A 100~125A | 4 8 16 | | 굽은관 | 반지름 0.5 m 반지름 1.0 m | 90° | 6 | | 선단 호스 | | 5~8 m인 것 1개 | 20 |

항 목	기 술 상 의 착 안 점
	경우에도 유동화제를 첨가함으로써 펌프 압송이 가능하게 된다. ③ 타설 방법 　　콘크리트는 좋은 재료를 사용하고 좋은 배합, 좋은 제조, 좋은 운반, 그리고 최종 단계로서의 좋은 타설을 함으로써 구조물의 콘크리트가 양질, 균질하게 타설되는데 타설 방법으로써 다음 사항에 유의한다. 　ㄱ. 타설 방법 　　a. 수직으로 떨어뜨린다. 　　b. 낮은 위치에서 떨어뜨린다(일반적으로 1.5 m 이내). 　　c. 타설되어 낙착(落着) 위치에 가깝게 떨어뜨린다. 　　d. 옆으로의 이동을 피하고 콘크리트는 흐트리지 않는다. 　　e. 균일한 두께로 수평으로 타설한다. 　　f. 각 층 표면을 평탄하게 고르고 충분히 진동 다짐하고 난 후 다음 층을 타설한다. 　ㄴ. 콘크리트 타설의 1층 높이는 다짐 능력을 고려하여 정하고 40~50 cm 이하를 원칙으로 한다. 　ㄷ. 동일 타설일 내의 이어치기 시간 간격의 한도는 바깥기온이 25℃ 미만인 경우는 2.5시간, 25℃ 이상인 경우는 2시간으로 한다. 　ㄹ. 기둥과 보의 접합부 등에서는 보붙임 부분에서 기둥의 콘크리트를 타설 중지하고 충분히 다짐한 후 뜬 물이 있으면 제거하여 1~2시간 침하를 기다려 충분히 콘크리트가 낙착되고 난 후 보·슬래브 콘크리트를 타설하는 것이 좋다. 　ㅁ. 높이가 높은 벽 등은 위에서 콘크리트를 떨어뜨리면 콘크리트가 거푸집과 철근에 충돌하여 재료 분리를 일으키기 쉬우므로 분리를 가능한 한 적게 하도록 슈트를 사용할 것. 타설 중에 현저한 재료 분리가 확인된 경우에는 다시 혼합하여 균질한 콘크리트로 한 후 타설하도록 한다. ④ 콘크리트의 다짐 　ㄱ. 다짐 　　콘크리트의 다짐에 있어서는 다음 사항을 참고로 하면 좋다. 　　a. 콘크리트는 타설 중과 그 직후 충분히 콘크리트를 다짐하지 않으면 안된다. 　　b. 다짐에는 내부 진동기를 사용하는 것을 원칙으로 한다. 표 5.10 콘크리트 슬럼프, 진동 시간, 진동 유효 반지름의 관계 (공칭 지름 27 mm의 진동기를 사용한 경우) | 슬럼프(cm)	0~3	4~7	8~12	13~17	18~20	20 이상
---	---	---	---	---	---	---
진동 시간(초)	22~28	17~22	13~17	10~13	7~10	5~7
진동 유효 반지름(cm)	25	25~30		30~35	35~40		

항 목	기 술 상 의 착 안 점

	c. 내부 진동기를 사용하는 경우에는 내부 진동기의 지름, 다지는 1층의 높이, 진동 시간, 삽입 간격 등에 주의한다. 내부 진동기의 효과를 **표 5.10**에 나타낸다.
	ㄴ. 진동기의 성능과 종류
	  a. 진동기의 성능에 대해서는 콘크리트용 봉형(棒形) 진동기(KS F 8004), 콘크리트 거푸집 진동기(KS F 8005)에 규정되어 있다.
	  b. 진동의 효과는 가속도에 비례하고 고진동수인 것이 유리하다.
	  c. KS에서는 진동수를 봉형 진동기에서 8,000 vpm 이상, 거푸집 진동기에서 300 vpm 이상으로 되어 있는 것이 보통이고 봉형 진동기에서는 1,000~12,000 vpm이 사용되고 있다.
	  d. 일반적으로 다짐 시간은 1군데당 5~15초이다.
	ㄷ. 진동기 사용상의 주의사항
	  a. 진동기는 가능한 한 내부 진동기를 사용하는 것이 좋으나 얇은 벽, 복잡한 배근 등으로 내부 진동기가 삽입 곤란한 경우는 거푸집 진동기를 사용한다.
	  b. 내부 진동기의 사용 방법을 **그림 5.17**에 나타낸다.
	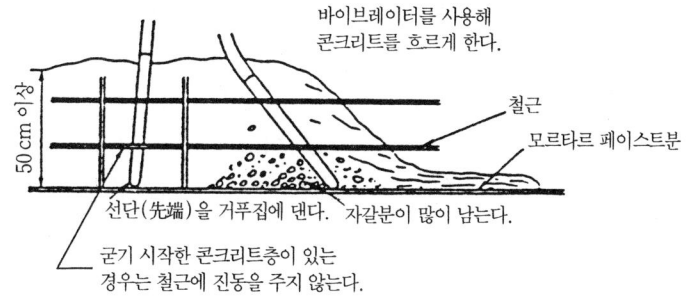
	(a) 잘못된 사용 방법
	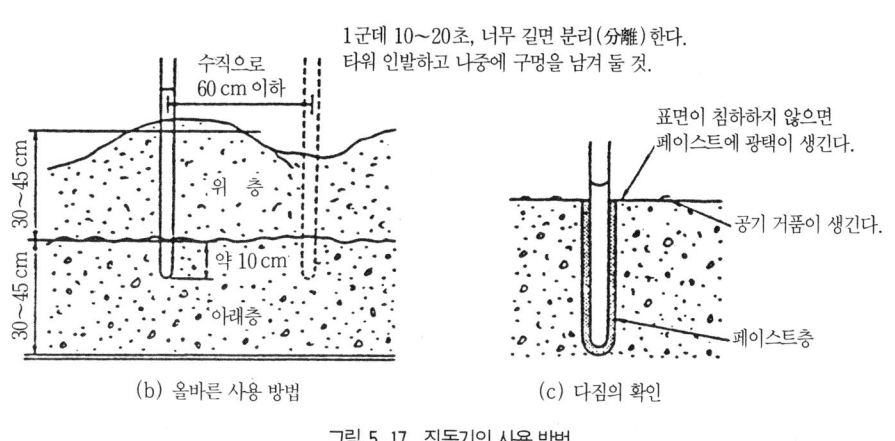
	(b) 올바른 사용 방법 (c) 다짐의 확인
	그림 5.17 진동기의 사용 방법

항 목	기 술 상 의 착 안 점

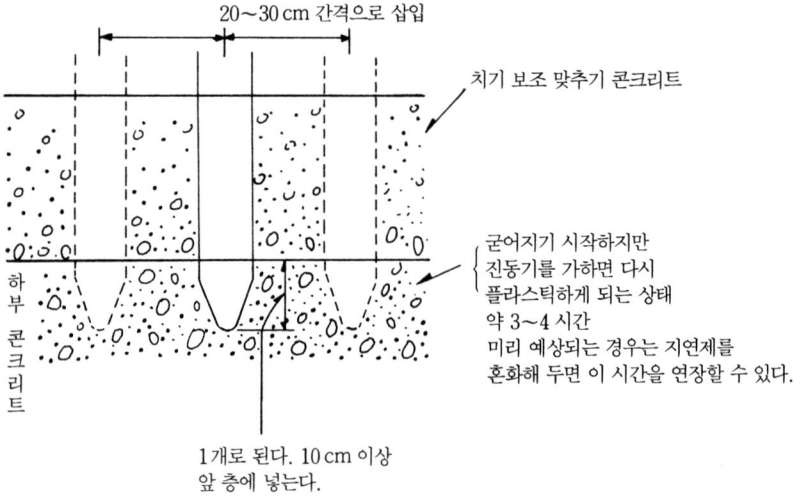

그림 5.18 치기 보조 맞추기 콘크리트의 다짐

ㄹ. 치기 보조 맞추기 콘크리트가 진동에 의해 아직 플라스틱한 상태의 범위에서는 재진동을 주는 것이 유효한 경우가 있다.
치기 보조 맞추기 콘크리트 다짐의 예를 그림 5.18에 나타낸다.
 a. 하부 콘크리트가 어느 정도 굳어지기 시작할 때 상부 콘크리트를 쳐서 보조 맞추는 경우 진동기의 삽입 간격을 좁게 하고 20~30 cm 간격으로 한다.
 b. 상부와 하부가 일체로 되도록 10 cm 이상 앞 층에 넣어서 다짐한다.
 c. 달아 낸 부분이 있는 구조물에서는 약 2시간 경과하여 하부 콘크리트가 침하 수축되어 낙착(落着)된 후 상부의 달아 낸 부분을 타설한다.
 d. 타설 후 3~4시간 후에 재진동을 주면 침하 균열의 발생 방지, 강도에 좋은 영향을 준다.
⑤ 시공 이음
콘크리트를 이어치는 경우에는 다음 사항을 참고로 하는 것이 좋다.
 ㄱ. 시공 이음의 위치
충분히 주의해서 시공해도 휨과 전단 강도는 감소하므로 강도와 내구성의 문제가 적은 위치에 설치한다.
 ㄴ. 수평 시공 이음의 시공
  a. 수평 시공 이음은 레이턴스가 쌓이지 않도록 적절한 방법으로 표면에 올라온 물을 배제한다.
  b. 시공 이음는 사전에 이어칠 면의 레이턴스를 제거하고 또 그 면을 거칠게 하

항 목	기 술 상 의 착 안 점
	여 수세(水洗) 등을 하여 깨끗이 해 둔다. 　c. 콘크리트와 같은 정도의 배합 모르타르를 먼저 깔고 나서 즉시 새로운 콘크리트를 타설한다. 　　수평 이어치기면 처리의 예를 **그림 5.19**에 나타낸다. 　(a) 그린 컷(green cut) 　　· 재령(材令) 1~3일에서 건전한 층이 제트의 영향을 받지 않는 강도가 된 후에 실시한다. 　　· 2~10 kg/cm² 압력의 공기와 물 제트를 내뿜어서 약한 층을 깎아낸다. 　　· 살수 양생 　(b) 샌드 블라스트(sand blast) 　　· 치기 보조 맞추기 콘크리트 시공 전에 실시한다. 　　· 모래를 고압공기로 내뿜는다 　　· 수세(水洗) 　(c) 와이어 브러시(wire brush)로 깎는다 　　· 타설 종료 후 12~24시간 후에 시공의 시기가 좋고 약간 경화가 진행된 시점에서 실시한다. 　　· 굵은골재층의 머리가 나올 때까지 깎아낸다. 　　· 수세(水洗), 살수 양생 　　　　　　그림 5.19 수평 이어치기면의 처리 ㄷ. 수직 시공 이음의 시공 　a. 수직 시공 이음에서는 수평 시공 이음에서 문제가 된 레이턴스 등의 영향은 없어진다. 　b. 수직 시공 이음에서는 경화 수축 등에 의해 이음매에 공극이 생기기 쉽다. 대책으로 수직 시공 이음의 처리 방법과 재진동에 의한 예를 **그림 5.20**과 **그림 5.21**에 나타낸다. 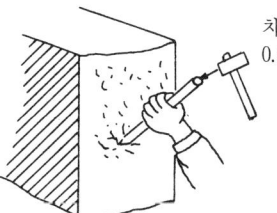 치핑 : 면거칠기 0.5~1.0 cm 정도 깎아낸다. 　　　　　　그림 5.20 수직 시공 이음 처리(a)

항 목	기 술 상 의 착 안 점
	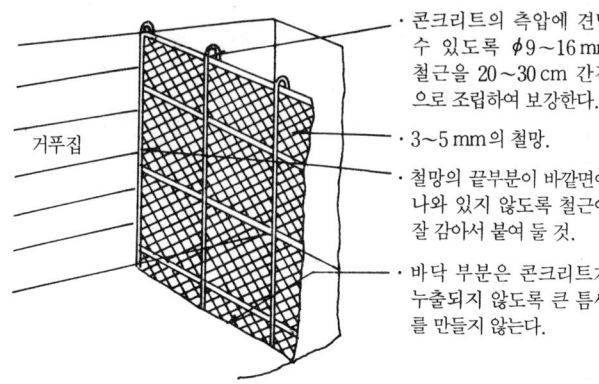

그림 5.20 수직 시공 이음 처리(b)

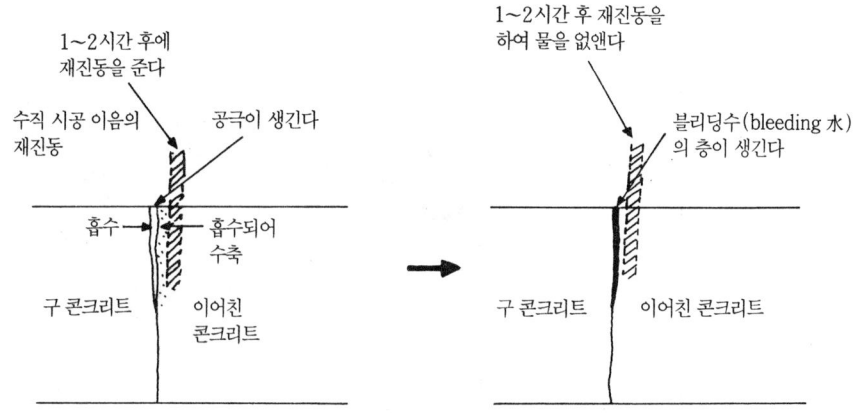

그림 5.21 수직 시공 이음의 재진동

  구 콘크리트를 치핑(면거칠기)하여 0.5~1.0 cm 정도 깎아내든가 또는 숏블라스트를 하여 표면을 거칠게 한다.
  수직 시공 이음 부근에 타설 후 1~2시간 후에 재진동을 주는 것은 시공 이음의 공극을 폐쇄시키는 데 유효하다.
  시공 이음의 처리 방법과 인장 강도의 관계를 참고값으로써 표 5.11에 나타낸다.
  ㄹ. 지연제 또는 비경화제를 이용한 시공
    철근이 조밀하게 배근되어 있는 단면 등을 치핑하는 것은 곤란하며 작업 시간이 걸린다. 그 대책으로써 지연제 또는 비경화제를 거푸집에 도포한다든지 시공 이음 부근의 콘크리트에 혼입시켜 그 후 워터 제트로 수세하는 방법이 있다. |

항 목	기 술 상 의 착 안 점
	표 5.11 시공 이음의 처리 방법과 인장 강도의 관계

위치	처 리 방 법	인장 강도 백분율(%)
수평 이어치기면	· 레이턴스를 제거하지 못한 경우 · 이어치기면을 약 1 mm 깎아낸 경우 · 이어치기면을 약 1 mm 깎아내고 시멘트 페이스트를 바른 경우 · 이어치기면을 약 1 mm 깎아내고 시멘트 모르타르를 바른 경우 · 이어치기면을 약 1 mm 깎아내고 시멘트 페이스트를 바른 후 이어치기 약 3시간 후에 재진동한 경우	45 77 93 96 100
수직 이어치기면	· 이어치기면을 물로 씻어낸 경우 · 이어치기면에 모르타르 또는 페이스트를 바른 경우 · 이어치기면을 약 1 mm 깎아내고 시멘트 페이스트 또는 모르타르를 바른 경우 · 이어치기면을 凹凸로 깎아내고 시멘트 페이스트를 바른 후 이어친 경우 · 콘크리트가 플라스틱하게 될 수 있는 가장 늦은 시기에 재진동한 경우	60 80 85 90 100

⑥ 표면 마무리

 콘크리트 표면을 마무리하는 것은 외관을 아름답게 하는 것 외에 구조물의 내구성, 수밀성을 높이기 위해서이다. 거푸집널에 접하지 않는 면에 대한 표면 마무리는 다음 사항을 참고로 하는 것이 좋다.

ㄱ. 블리딩수(bleeding 水)가 없어지고 나서 마무리한다.

ㄴ. 마무리에 나무흙손을 사용한다.

ㄷ. 매끄럽고 밀실한 표면을 얻고 싶을 때에는 가능한 한 늦은 시기에 쇠흙손으로 강한 힘을 가하여 마무리한다. 쇠흙손 마무리를 하는 시기는 손으로 눌러도 움푹 들어가지 않을 정도로 굳었을 때가 좋다.

ㄹ. 블리딩수가 있을 때 마무리하면 레이턴스가 생긴다든지 미세한 균열이 생긴다든지의 경화 불량을 일으키기 쉽다.

ㅁ. 과도한 흙손 마무리는 표면에 시멘트 페이스트가 모인다든지 수축 균열이 생긴다든지 레이턴스가 생겨 마모에 대한 저항성이 감소한다.

ㅂ. 마무리 작업 후 콘크리트가 굳어지기 시작할 때까지의 사이에 발생한 균열은 재마무리 또는 탬핑에 의해 이것을 제거하는 것으로 한다.

⑦ 타설 중에 있어서 강우 대책

 강우시에 있어서 콘크리트 타설의 문제점으로 빗물에 의한 물시멘트비의 증대, 시공 이음의 품질 저하, 콜드 조인트를 생각할 수 있다. 공정에 큰 영향이 없는 한 중지하는 것을 원칙으로 한다. 부득이하게 타설을 하는 경우에는 대책으로써 다음 사항을 고려하는 것이 중요하다.

ㄱ. 타설 장소 전체를 시트류로 덮어 노출 부분을 적게 한다.

ㄴ. 콘크리트를 타설하는 장소의 시트를 벗겨서 타설하며 완료 후 즉시 시트를 덮는다.

항 목	기 술 상 의 착 안 점

	ㄷ. 콜드 조인트로 된 경우는 다음과 같은 조치를 한다.
	    a. 완전히 경화하기 전에 픽 해머(pick hammer) 등으로 다짐하여 불충분한 곳을 쪼아낸다.
	    b. 모르타르를 깔고 시공 이음면을 충분히 브러싱하여 모르타르를 구 콘크리트에 바르고 콘크리트를 타설한다.

(4) 양생	일반적인 양생 방법을 아래에 나타낸다. 양생 ├─ 습윤 양생 │ ├─ 수중(水中) │ ├─ 담수(湛水) │ ├─ 살수(撒水) │ ├─ 습포(濕布) (양생 매트, 멍석 등) │ ├─ 습사(濕砂) │ └─ 도막(塗膜) ─┬─ 유지계(용제형, 유제형) │ └─ 수지계(용제형, 유제형) ├─ 온도 제어 양생 ─┬─ 매스 콘크리트 - 파이프 쿨링 등 │ ├─ 한중 콘크리트 - 단열, 가열, 증기, 전열 등 │ ├─ 서중 콘크리트 - 살수, 차양 등 │ └─ 현장 프리캐스트 콘크리트의 촉진 양생 - 증기, 급열 등 └─ 유해한 작용에 대한 보호

3. 새로운 소재
   · 기술 소개
	① 프리캐스트 공법
	   현재 콘크리트 구조물의 현장 시공에서는 기능노동자(철근공, 거푸집공)의 확보가 어렵다. 특히 고가교(高架橋)에서는 재료를 최소로 하기 위해 복잡한 구조로 되어 있어 배근 정밀도와 콘크리트 충전성 등 여러 가지 문제를 안고 있다.
	   그래서 기둥부터 상부의 보, 슬래브를 프리패브화한 프리캐스트 공법이 현재 제안되고 있다.
	   공장에서 제작된 것을 현장에서 조립하여 가설하는 공법은 건축과 PC 거더에서는 실용화되고 있지만 고가교에서는 라멘 구조로 하기 위한 접합 방식, 가설 방법, 시공 정밀도 등의 과제가 남아 있어 실용화를 향해 연구·개발 중이다.
	② 신소재
	   초조강 시멘트 : 초속경 시멘트(jet cement)와 조강 시멘트의 강도 발현, 가격면에서도 중간적 존재. 1일에 $300\,kg/cm^2$ 이상의 압축 강도를 확보할 수 있기 때문에 1 Day 콘크리트라고도 불리운다.

항 목	기 술 상 의 착 안 점
	초저발열 시멘트 : 조강 시멘트와 고로 슬래그 미분말을 2 : 8의 비율로 혼합한 것. 초기의 강도 발현을 보통 콘크리트와 같이 조정하고 수화열을 제거함으로써 매시브(massive)한 콘크리트의 온도 균열 제어에 효과가 있다. 실리카 시멘트 : 실리카흄은 금속 실리콘과 페로 실리콘을 제조할 때에 집진기(集塵機)로 회수되며 이산화규소를 주성분으로 하는 비표면적 200,000 cm²/g의 초미립자이다. 이것을 시멘트에 혼합하여 고성능 감수제와 배합시켜 사용하면 1,000 kg/cm² 이상을 초과하는 압축 강도를 용이하게 얻을 수 있다. ③ 다짐이 필요 없는 콘크리트 　과밀한 배근이나 복잡한 형상을 갖는 구조물에의 콘크리트 타설에서는 다짐이 어려워 수회로 나누어 타설하는 것이 보통이다. 그래서 충전성이 뛰어나고 골재의 분리 저항성을 가진 다짐이 필요 없는 콘크리트가 최근 주목을 받고 있다. 　다짐이 필요 없는 콘크리트는 복잡한 구조체에도 동시 타설이 가능하게 되어 최근 노동자 부족이라는 추세에 맞추어 실용화를 향해 각 방면에서 연구·개발이 진행되고 있다. 　(예) (일본의 경우) 　HPC(Hiperfomance Concrete)　東京대학 岡村연구실 　비오크리트 21　　　　　　　　　大成건설 木場公園大橋에 사용 ④ 도장된 콘크리트의 예 　최근 토목 구조물(콘크리트조)에도 경관(景觀)에 대한 배려가 요구되게 되어 콘크리트 구조물에도 도장을 하는 예가 증가하고 있다. 　아래에 콘크리트에 도장할 때의 유의점을 서술한다. ㄱ. 콘크리트 표면은 기포, 곰보, 레이턴스 등이 있으므로 바탕 처리에는 주의를 요한다. ㄴ. 콘크리트 교량은 일반적으로 균열의 발생을 전제로 하고 있기 때문에 균열에 추종할 수 있는 도료를 선택하는 것이 바람직하다. ㄷ. 콘크리트는 수분을 통과시키므로 팽창을 일으키는 경우가 있다. 그러므로 거더 윗면에는 방수공을 시공하는 것이 바람직하다. ㄹ. 콘크리트는 일반적으로 재도장하는 것이 곤란하기 때문에 장기적으로 내구성이 있는 재료를 선택하는 것이 좋다. 　경관상 본격적으로 콘크리트 교량에 도장을 한 예로써는 일본의 아오모리만(青森灣) 다리(3徑間 연속 PC 사장교)가 있다. 　그리고 도로에서의 염해 대책으로써 도장을 한 사례는 수없이 많이 있다.

항 목	기 술 상 의 착 안 점
	아래에 한랭지에서의 대표적인 도장 사례를 나타낸다(일본의 경우). 　ㅁ. 大森大橋(3 및 2경간 PC연속 합성 거더, 3경간 PC 라멘 박스 거더 　　　　: 北海道개발국, 小樽개발건설부) 　ㅂ. 국도 7호선(山形縣 溫海町~鶴岡市 : 建設省 酒田공사사무소) 　　　　早田陸橋, 小岩川陸橋, 岩川大橋, 港橋, 大鳥陸橋 　　　　溫福陸橋, 米子陸橋, 暮坪陸橋, 堅苔澤 3號線, 三瀨陸橋 　또 도장의 색(色) 선정에 대해서는 일본의 경우로「교량 도장 컬러 디자인의 길잡이(JR 동일본, 1991. 3.)」등을 참고로 하는 동시에 컴퓨터 그래픽 등을 이용해서 경관에 대한 검토를 하는 것이 바람직하다. 　아래에 참고가 되는 주요 자료를 나타낸다(일본의 경우). 　・철 거더 도장 공사 설계 시공지침(案) : 일본 국유철도(1981년 3월) 　・도로교의 염해 대책지침(案) : (社)일본 도로협회 　・콘크리트 구조물의 표면 보호공 편람(案)・同해설 ; 阪神고속도로공단, 일본 재료학회(1989. 3.) 　・콘크리트 바닥슬래브 방수공 설계 시공지침(案)・同해설 ; 阪神고속도로공단, 일본 재료학회(1989. 3.) 　・大森大橋의 도장 재질에 관한 조사보고서 ; (社)토목학회 北海道支部, 大森大橋 도장 재질 조사위원회(1985. 10.) 　・도막의 평가기준(1970) : (財)일본 도료 검사협회 　⑤ 경관에의 배려 　　현재 토목 분야에 있어서도 경관의 비중이 높아지고 있으며 기능성, 경제성 외에 경관에 대한 배려는 필요 불가결하게 되었다. 　　그것에 따라 최근에는 철도 그 밖의 토목 구조에 대해서 경관 설계를 한 사례가 증가하고 있으며 그 수법도 확립되어 가고 있다. 그리고 컴퓨터 그래픽 등의 발달에 따라서 경관 시뮬레이션을 비교적 간단하게 할 수 있는 도구도 개발되고 있다. 　　경관 설계의 수법으로는 계획 맨 처음부터 시종 일관된 순서를 밝혀야 하는 것은 당연하지만, 도중 단계에 있어서도 적절한 연구를 가미함으로써 보는 방법이 매우 달라지게 되는 것이다. 이것으로 설계를 시작하는 것은 물론이며, 설계가 끝난 것에 대해서도 더 나아가서는 시공 도중에 있어서도 경관에 대한 배려를 유념해야만 한다.
4. 시공 중의 실패 사례	참고로 시공 중의 사고 사례를 나타낸다. ① 2경간 연속 RC 라멘 암거에서 흙을 쌓아서 임시로 사용하고 있던 중앙의 기둥이 부러져 정판(頂版)이 낙하하여 아래를 통행하고 있던 믹서차의 뒷부분 차체를 찌그러뜨렸다.

항　　목	기　술　상　의　착　안　점
	[원인] 　　중앙의 기둥 상부에 작용하는 수평력을 1/2로 산출한 설계상의 실수와 타설된 콘크리트의 강도가 설계 기준 강도의 1/2 밖에 되지 않았던 시공상의 실수가 겹쳤다. ② 가동 베어링이 고정되어 교각 정부(頂部)와 거더에 균열이 발생하였다. 　　[원인] 　　거푸집 불량에 의해 모르타르가 침입했기 때문에 가동부가 고정되었다. ③ 한중(寒中)에 시공한 CA 모르타르 표면에서 중심부에 걸쳐서 강도의 부족이 발생하였다. 　　[원인] 　　ㄱ. 교량 위에서 한풍에 방치되었다. 　　ㄴ. 충분한 양생을 소홀히 하였다. ④ 생콘크리트 타설 후 현장 양생 조건과 동일하게 하기 위해 시험편을 현장에 방치하여 강도 시험을 하였을 때 소정의 강도를 얻을 수 없었다(본체 구조물은 매시브(massive)한 기초 콘크리트였기 때문에 영향에서 벗어났다). 　　[원인] 　　한중에서 시험편이 빙결하였다. ⑤ 고가교 슬래브의 균열 발생 　　고가교의 슬래브에 다수의 균열이 발생하였다. 　　[원인] 　　슬래브의 콘크리트를 펌프로 타설 중 비가 내려 신문지 등을 덮어씌워 일단 중지하고 비가 그친 후 작업을 계속하는데, 신문지 등과 빗물 처리가 불충분하였기 때문에 일체화되어 있지 않았다고 생각된다. ⑥ 기둥의 시공 이음에 모래층이 발생한 사례를 다음에 기술한다. 　　[예] 　　이 시공은 기둥 콘크리트를 펌프차 타설에 의해 실시하였다. 펌프차 타설에 의한 경우 콘크리트의 막힘 방지와 압송을 좋게 하기 위해 타설 전에 $0.3\,m^3$ 정도의 모르타르를 압송하고 있다. 통상 그 모르타르는 구조물 본체 이외로 버리는데 그대로 구조물 속에 타설해 버려 시멘트 밀크가 유출하여 모래층이 발생하였다. 　　[대책] 　　모르타르의 조치를 지시할 것. 　　보수 방법은 무수축 모르타르 충전, 프리팩트 공법의 두 방법을 생각할 수 있으나 주입압에 의해 기둥의 구석구석까지 미치는 프리팩트 공법으로 보수를 하였다. ⑦ 화재에 의한 무장야선(武藏野線) 라멘 고가교의 손상 　　고가 밑을 창고로서 이용하고 있던 중 중고타이어 약 400,000개의 연소에 의해

항 목	기 술 상 의 착 안 점
	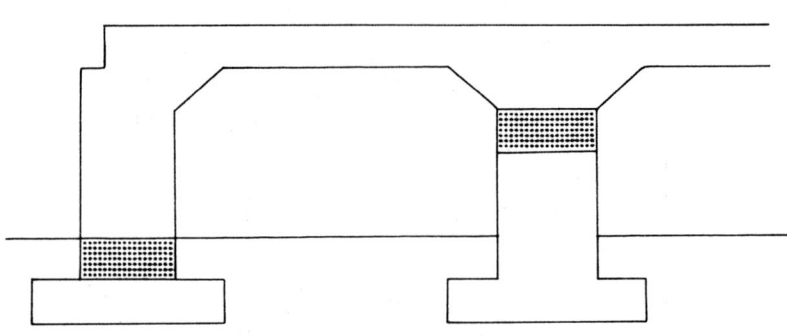 그림 5.22 시공 이음에서 모래층 발생 공용 중인 고가교가 화재 발생부터 침하까지 43시간에 이르는 다른 사상 유례를 찾아 볼 수 없는 긴 시간의 연선(沿線) 화재를 일으켰다. 　피해 상황은 다음과 같았다. 　　슬래브 : 슬래브는 직접 화세(火勢)를 받아 열을 받기 쉬우므로 가장 심한 피해를 받았다. 피해 상황은 슬래브 아래쪽의 콘크리트가 80 mm 정도 박락하고 슬래브 아래쪽의 겹이음 철근이 아래로 드리워져 있는 것도 상당히 볼 수 있었다. 콘크리트 피복부는 박락되어 있는 부분과 박락되지 않은 부분에도 콘크리트가 갈색으로 변색되고 해머에 의한 타격음은 둔탁음(퍽퍽)을 발생하여 불건전한 콘크리트라고 판단되었다. 　　보 : 보의 아래 가장자리 콘크리트는 거의 박락되었고 코너 부분은 둥글게 박락되어 스터럽이 노출되어 있었다. 보의 측면 콘크리트도 갈색으로 변색되고 균열이 가로 세로로 나 있었으며 해머에 의한 타격음도 슬래브와 같았다. 　　기 둥 : 기둥 표면의 콘크리트는 갈색으로 변색되어 1면에 균열 또는 박리되어 있었다. 특히 기둥의 코너 부분은 거의 박락되어 철근이 노출되어 있었다. 노출되어 있는 철근에는 일부 불거져 나온 것도 볼 수 있었다. ⑧ 지진에 의한 라멘 고가교의 손상 (일본의 경우) 　건설 중인 동북 신간선의 RC 2층 라멘 고가교가 宮城縣 앞바다 지진에 의해 피해를 입었다. 　ㄱ. 중층보의 손상 　　중층보의 균열은 그림 5.23에 나타낸 바와 같은 형상의 경사 전단 균열이다. 　　이러한 것을 교훈으로 삼아 다음과 같은 구조 세부 항목을 정하였다. 　　a. 중층보의 스터럽 간격을 종래의 1/2로 하였다. 　　b. 축 방향 철근에 인발이 생기지 않도록 기둥에 충분히 정착한다. 　　c. 복부 철근에 用心 철근(正 철근의 8%)을 배치한다.

항 목	기 술 상 의 착 안 점
	그림 5.23 중층보 균열의 일례 그림 5.24 기둥 균열의 일례 ㄴ. 기둥의 손상 　　그림 5.24에 나타낸 바와 같은 기둥머리 부분 또는 전체에 미치는 휨 전단 균열이 발생하였다. 이러한 것을 교훈으로 삼아 다음과 같은 구조 세부 항목을 정하였다. 　　　a. 기둥의 띠철근을 콘크리트 단면적의 0.2% 이상으로 하고 또한 헌치 아래쪽 끝부분과 푸팅 윗면으로부터 2D(D : 기둥 너비) 구간은 띠철근 간격을 100 mm 이하로 한다.

6. 무근(無筋) 및 철근 콘크리트
(측구 · 수채통 · 옹벽 · 난간 · 격자틀공 등)

항 목	기 술 상 의 착 안 점
1. 시공 계획서 (1) 시공 체제	작업을 실시하는 데 있어서의 체제, 안전, 위생 등의 관리 조직과 비상시의 연락 체제 등 적절한 배치가 되어 있는 것이 중요하다.
(2) 작업 공정	공사 기간, 현장 조건, 계절 등의 조건을 고려한 작업 공정에 대한 작업 일수, 작업 순서, 시공 시기와 타공종간의 공정상의 관련이 중요하다.
(3) 재료	콘크리트의 재료는 구조물의 종류와 계절에 따른 타설 등에 의해 사용 용도가 다르므로 그것에 따른 최적의 배합 계획이 결정되어야 한다. 그러기 위해서는 재료의 품질, 종류에 충분히 배려할 필요가 있다. ① 시멘트 　ㄱ. 포틀랜드 시멘트 – KS L 5201 　ㄴ. 혼합 시멘트 – KS L 5210, 5211 ② 철근 　ㄱ. 철근 콘크리트용 봉강 – KS D 3504 　ㄴ. 철근 콘크리트용 재생 봉강 – KS D 3527 ③ 혼화재와 혼화제

표 6.1 혼화 재료의 분류 (KS F 2560)

혼화 재료의 분류		성상(性狀)
혼화제 (混和劑)	AE제	미세한 기포의 발생, 워커빌리티, 내구성의 개선
	감수제	시멘트 입자의 분산성 향상, 감수 효과 4~6%
	AE감수제	미세한 기포의 발생, 워커빌리티의 개선. 시멘트 입자의 분산, 감수(減水) 효과 12~16% 촉진형, 표준형, 지연형이 있다.
	고성능 AE 감수제	고강도용, 공장제품용, 감수 효과 20~30%
	응결 지연제	여름철 공사에 사용
	유동화제	콘크리트의 유동화, 워커빌리티의 개선
	기포제	기포 콘크리트・모르타르, 제거식 어스 앵커 후 뒤채움재 등에 사용
	수중 불분리제	수중에서의 분리 저항성이 크고 충전성, self leveling성이 큼
	기타	녹막이제(防錆劑), 방수제, 곰팡이 방지제, 착색제, 급결제, 응결 촉진제, 방동(내한)제
혼화재 (混和材)	포졸란	플라이애시, 천연 포졸란 등
	팽창재	수축 균열의 방지, 케미컬 프리스트레스에 의한 강도 증대
	무수축재	교량의 베어링부 등에 사용

항 목	기 술 상 의 착 안 점

	혼화 재료는 규격을 만족하는 것. 그 이외의 것을 사용하는 경우는 용도별로 종류, 사용량이 다르기 때문에 기술 자료, 시험 혼합의 결과로부터 그 성상을 충분히 배려할 필요가 있다(혼화재란 사용량이 비교적 많아서 그 자체의 용적이 콘크리트의 배합 계산에 관계되는 것이고, 혼화제란 사용량이 비교적 적어서 그 자체의 용적이 콘크리트의 배합 계산에서 무시되는 것이다).
	④ 골재
	   골재는 청정, 견경, 내구적으로 적절한 입도를 가지며 먼지, 진흙, 유기 불순물, 염화물 등의 유해량 등을 함유하지 않는 것을 시험성적표로 확인할 것. 또한 알칼리 골재 반응에 대해서 무해(無害)한 골재인 것이 중요하다. 알칼리 골재 반응이란 골재 중에 함유되어 있는 실리카질 광물과 콘크리트 속의 알칼리분과의 반응이며 알칼리 실리카겔의 생성과 흡수에 따른 팽창에 의해 균열, 겔의 스며나옴, 부재의 어긋남과 이동 등의 열화가 생긴다.
	   반응성 골재로는 트리지마이트, 크리스트버라이트, 오팔, 옥수(玉髓), 화산성 유리, 액정질 석영, 삐뚤어진 결정격자 구조를 가진 석영 등이 있다.
	   아래에 방지 대책을 서술한다.
	  ㄱ. 저알칼리 시멘트 : 전체 알칼리량 0.6% 이하를 사용한다.
	  ㄴ. 고로 시멘트 : 슬래그 혼합률 50% 이상을 사용한다.
	  ㄷ. 콘크리트 중의 알칼리 총량을 Na_2O 환산으로 $3.0 kg/m^3$ 이하로 한다.
	⑤ 배합 설계
	   일반적으로 현장에서의 콘크리트의 품질은 골재, 시멘트 등의 품질의 변동, 계량의 오차, 혼합 작업의 변동 등에 따라 공사 기간 동안에 상당히 변동한다. 구조물 콘크리트의 압축 강도는 설계 기준 강도를 기본으로 하고 현장에서의 콘크리트 품질의 살포에 따라 배합 강도를 결정할 필요가 있다. 가능한 한 단위 수량과 단위 시멘트량을 적게 하는 것이 좋다.

(4) 품질 관리 계획	① 생콘크리트 공장
	   콘크리트의 품질 관리는 사용 목적에 맞는 콘크리트 구조물을 경제적으로 만들기 위해서는 공사의 모든 단계에서 실시하는 것이 효과적이며 조직적인 기술 활동이다. 이 목적을 달성하기 위해서는 공장의 설비, 혼합, 운반 방법 등의 능력, 기계류의 정비 점검 상황, 골재의 관리와 콘크리트의 품질 관리 상태, 각 시험에 대해 KS 조건을 만족하고 있는 공장일 것.
	   따라서 KS 표시 공장일 것은 물론 생콘크리트 공업배합의 품질 검사를 받아 검사 종료증을 가지고 있는 공장일 것. 또 콘크리트주임기사 또는 콘크리트기사가 상주(常駐)하고 있는 것이 중요하다.
	   (관련기준 KS F 4009 레디믹스트 콘크리트)

항 목	기 술 상 의 착 안 점
(5) 시공 방법	시공 방법은 알기 쉬운 시공 순서로 한다. 참고로 옹벽의 시공 순서를 아래에 나타낸다. 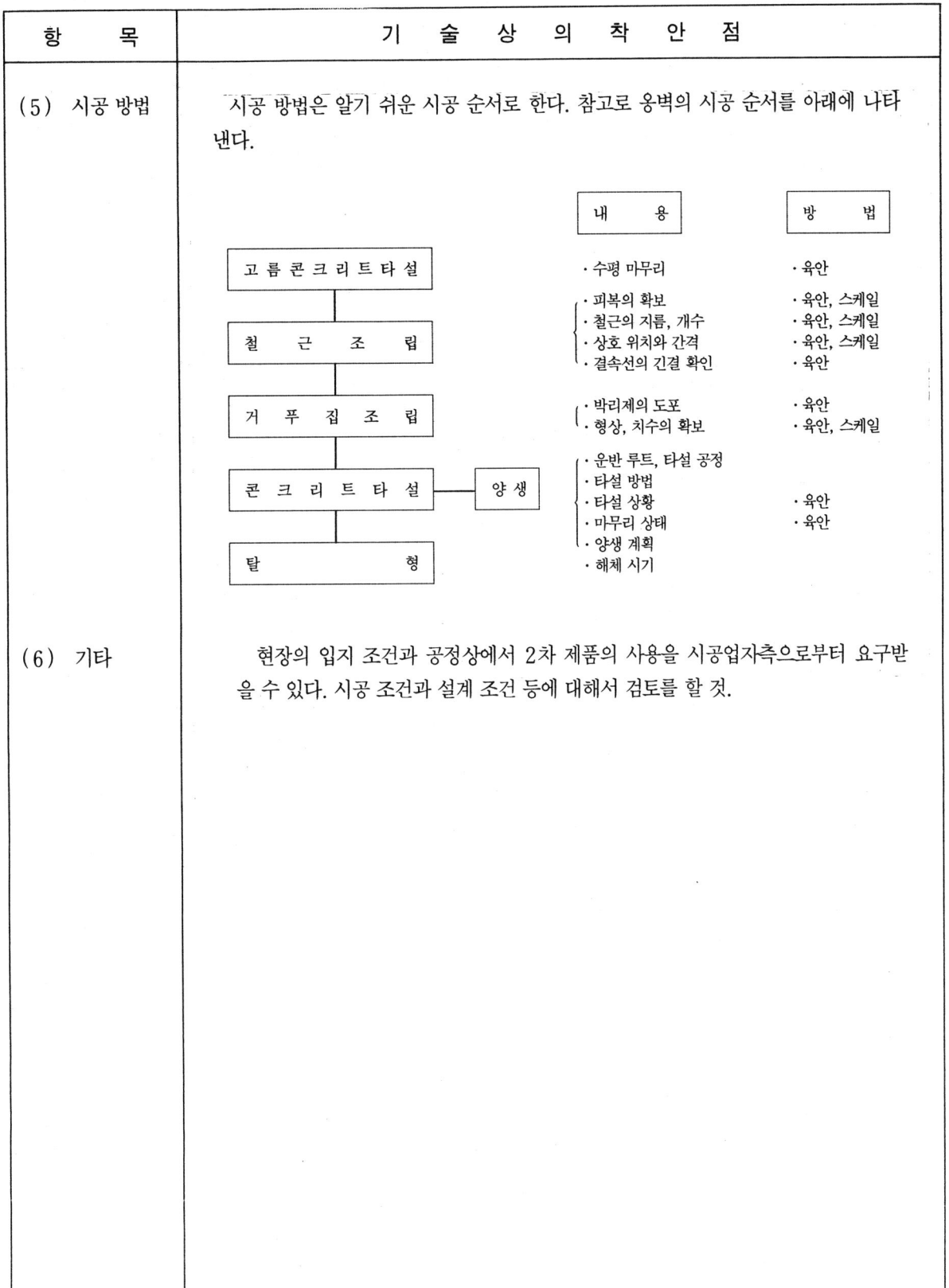
(6) 기타	현장의 입지 조건과 공정상에서 2차 제품의 사용을 시공업자측으로부터 요구받을 수 있다. 시공 조건과 설계 조건 등에 대해서 검토를 할 것.

7. 프리스트레스트 콘크리트

항 목	기 술 상 의 착 안 점
1. 시공 계획서 (1) 시공 체제	시공 관리자로서 1급 토목 시공 관리기사의 자격을 보유함과 동시에 긴장(緊張) 관리, 가설(架設) 등 PC공사 전반에 걸친 전문지식과 2년 이상 PC공사의 실무 경험을 가진 자를 현장에 상주시키는 것이 중요하다.
(2) 작업 공정	공사 기간, 현장 조건, 계절 등의 조건을 고려한 각 작업 공정에 대한 작업 일수, 작업 순서, 시공 시기와 타공종의 공정상의 관련 등에 대해 검토되어 있는 것이 필요하다.
(3) 재료	① PC강재 　재료는 KS규정에 적합한 것이 필요하다. 　ㄱ. PC강선, PC강연선, 이형 PC강선—KS D 7002 　ㄴ. PC강봉, 이형 PC강봉————KS D 3505 ② 시스(sheath) 　사용 구분에 있어서 충분히 유의하고 있는지가 중요하다. 　ㄱ. 보통 시스 　　재질은 얇은 강판(KS D 3512, SPCC, t=0.25~0.32 mm)을 일반적으로 사용한다. 　　시스 형상의 예를 그림 7.1에 나타낸다. 이 시스 시리즈의 사용 구분은 FKK 프레시네 공법의 시공기준을 참고로 한다. (1 000 시리즈)　　　　　　　(2 000 시리즈) 그림 7.1 시스(sheath)의 형상 　ㄴ. 저마찰 시스 　　저마찰 시스는 마찰계수가 낮아 필요한 긴장력의 도입에 유리하기 때문에 연속 거더의 장척(長尺) 케이블에 사용한다. 단순 거더의 경우에도 케이블 길이가 길며 장기간 긴장(緊張)하지 않는 경우는 저마찰 시스의 사용에 대해 검토하는 것이

항 목	기 술 상 의 착 안 점
	좋다. 　저마찰 시스는 실적이 있는 제품(**그림 7.1**의 안쪽면에 도포한 윤활제의 품질과 도포두께 등에 대해 규정한 제조자의 제작수령서가 정비되어 있고 이것을 바탕으로 도포한 것으로 과거에 사용 실적이 있는 것)을 사용하는 것이 좋다. 실적이 없는 경우는 성능(마찰계수, PC 그라우트의 저마찰 시스에서의 부착성)과 PC 강재의 내구성에 미치는 영향에 대해 검토하여 사용한다. 　ㄷ. 바깥 케이블용 시스 　　바깥 케이블용 시스는 정착부를 포함한 PC강재 전길이에 걸쳐 방수성이 있으며 또 연속적으로 균일하지 않으면 안된다. 또한 직접 바깥공기에 접촉하는 시스로서 PE관, 강관 등의 내구성과 강도에 충분히 만족하는 재질의 것을 선정할 것. ③　혼화제 　콘크리트와 PC 그라우트에 사용하는 혼화제는 무염화 타입의 제품을 사용할 것. ④　저장 　보관 상태에 대해서 충분히 유의할 것. 　ㄱ. PC 강재 　　PC 강재는 빗물 등으로부터 보호하기 위해서 지면에서 충분한 높이에 있는 받침대 위에 놓고 방수 시트로 덮어서 보관하지만 장기간의 저장은 창고 내에서 하는 것이 바람직하다. 환경에 따라서는 PC강재의 방치 중에 성능 저하가 상당히 발생하는 것이 있기 때문에 보관에 있어서 특별한 주의가 필요하다.
(4) 정착구, 접속구	정착구, 접속구는 다음에 따른 것으로 한다. 　ㄱ. 사용 실적이 있는 것 　　a. 검사증(재질, 치수 등)은 PC 정착 공법의 규격값과 대조하는 것이 필요하다. 또 정착구에 있어서의 세트량 또는 접속구에 있어서의 여유량은 종류에 따라 다른 것이 있으므로 그러한 것을 공급하는 자에게 이 자료를 요구할 것. 　ㄴ. 사용 실적이 없는 것 　　a. 성능은 정착 하중·PC강재의 세트량·피로 강도·정착부의 마찰 손실 등의 실험 결과 등을 충분히 검토하여 사용할 것. 　　b. 강제품은 저장 중에 녹슬지 않도록 주의하고 또한 진흙, 기름, 기타 오염물이 부착되지 않도록 할 것.
(5) 거더 제작 　　(거푸집, 동바리 등)	제작 장소, 환경 조건을 충분히 고려할 것.

항 목	기 술 상 의 착 안 점
(6) 기계기구류	인장 장치의 압력계는 이것을 사용하기 전에 교정(calibration)을 한 것을 사용할 것. 또 사용 중에 충격을 받았다고 생각될 때는 재차 교정을 실시하는 것이 필요하다. 또 케이블이 많은 경우에는 케이블 60개에 1회 정도 교정을 하는 것이 바람직하다.
(7) 품질 관리 계획	① 배합 —— 무근 및 철근 콘크리트의 항 참조. ② 생콘크리트 공장 —— 무근 및 철근 콘크리트의 항 참조. ③ 프리스트레싱 프리스트레싱에 있어서는 사전에 긴장 방법, 긴장 계산의 가정, 마찰계수와 겉보기 영계수의 측정값, 긴장 계산 등에 대해 검토해 둘 것.
(8) 시공 방법	시공 방법은 시공 순서가 알기 쉽게 기술되어 있는 것이 중요하다. 참고로 **그림 7.2**에 나타낸 박스 거더 교량(현장 타설)의 시공 순서를 아래에 나타내며 기본적으로 콘크리트 타설은 전단면, 1경간을 일체로 타설하는 것이 바람직하다. 그러나 시공성 때문에 무리라고 판단된 경우는 둥근 모양으로 자른 상태의 전단면에서 타설하는 것이 바람직하다. 위의 조건을 취하기 어렵다고 판단된 경우에는 2회로 나누어 타설할 것. 이 경우는 균열 대책을 세울 필요가 있다. 여기에서의 시공 순서는 2회로 나누어 타설하는 경우를 나타내고 있다.

	내 용	방 법
하 부 공 인 도		
동 바 리 (현지의 조건에 따른다)		
동 바 리 기 초	·지지 지반(말뚝 또는 임시 기초)	·점검
동 바 리 조 립	·조립 시기	·계산서, 점검
주 거 더 공 (하부 슬래브·웨브)		
베 어 링 세 트	·슈(shoe) 자리 등의 마무리 ·슈의 위치, 치수	·육안 ·스케일
바 닥 거 푸 집 조 립	·덧올림 계획 ·형상, 치수의 확보	·육안, 스케일

항 목	기 술 상 의 착 안 점
	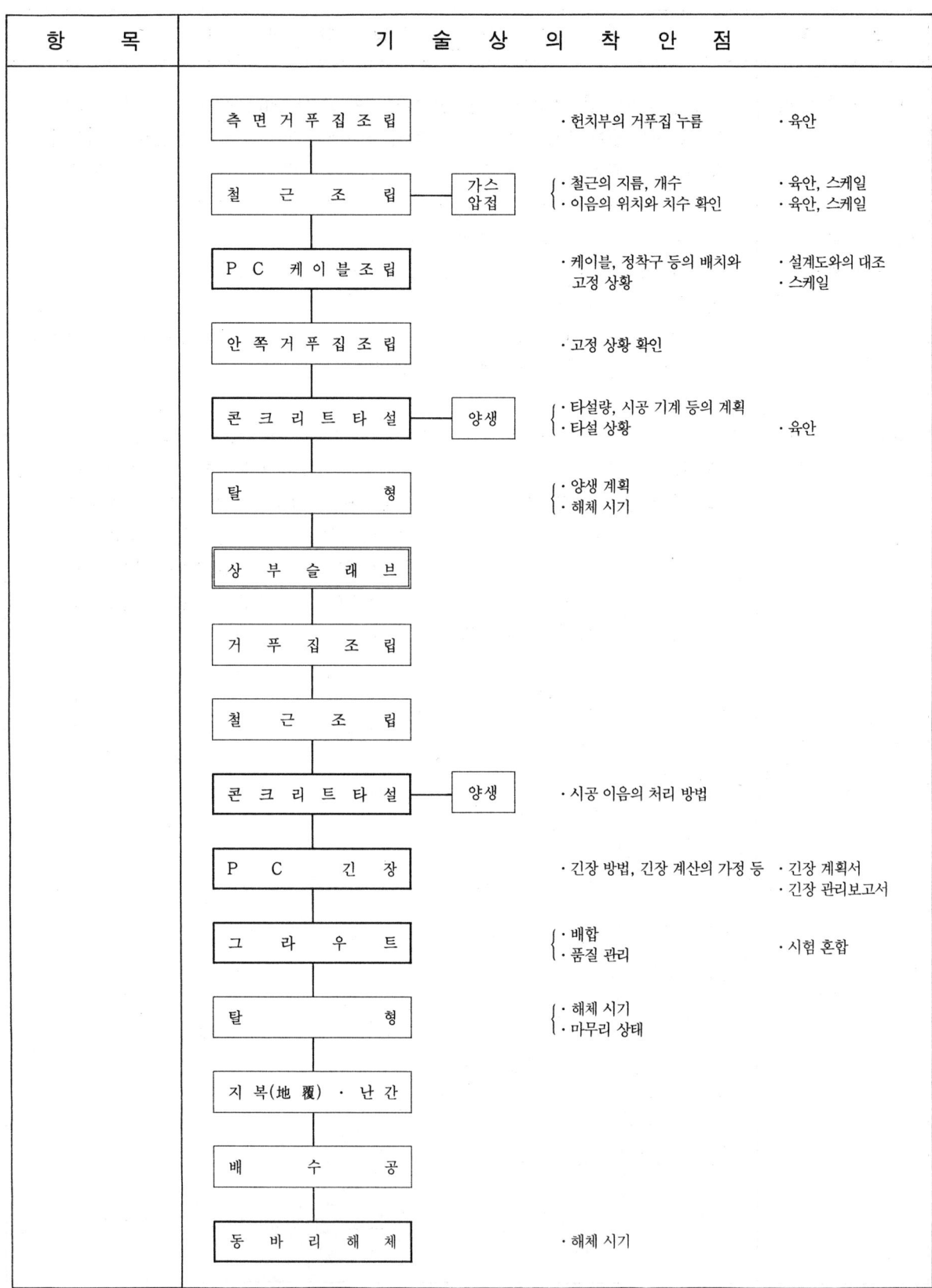

항 목	기 술 상 의 착 안 점
	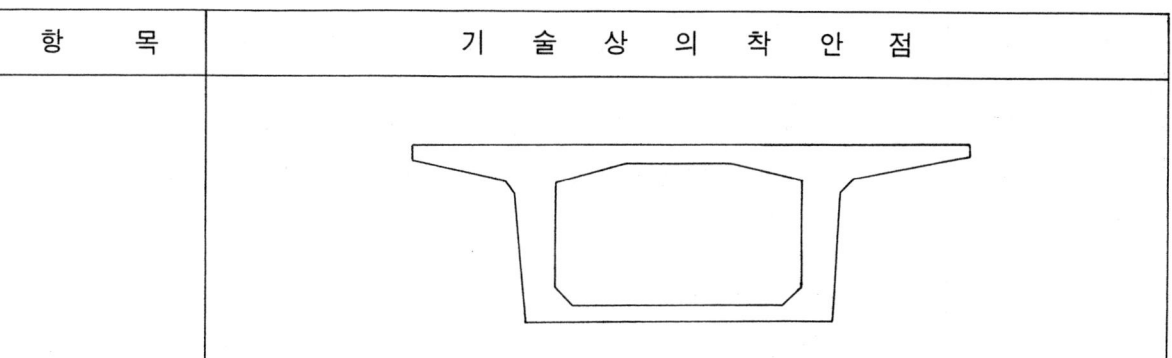 그림 7.2 박스 거더
1) 동바리	동바리를 계획하는 경우에는 현재의 지형 상태, 지반 상황과 지반 조사를 충분히 해야만 상부 구조를 안전하게 지지할 수 있으며 또한 지반의 변형이 동바리에 어떤 불리한 영향을 주는지의 여부를 검토하는 것이 중요하다(성토 등의 경우는 평판 재하 시험으로 판단). ① 기초의 종류 ㄱ. 지상 기초 　지반이 양호하여 침하량이 적으며 재하 하중이 작은 동바리인 경우에 채용되어서 지반 위에 직접 침목(枕木), 척각(尺角) 등을 나열한 기초로 한다. 또 빗물과 양생수 등의 배수 처리가 필요하게 되면 배수구를 설치한다. ㄴ. 가설 콘크리트 기초 　표층이 연약하더라도 바로 밑에 양질의 지지층이 있는 경우는 지지층에 가설 콘크리트를 타설하여 기초로 한다. 이 공법은 주로 보식 동바리 등 비교적 재하 하중이 큰 경우에 채용된다. 또 조립한 틀 동바리에 있어서 통행차량 때문에 개구부를 설치할 필요가 있을 경우에도 가설 콘크리트를 타설하여 기초로 한다. 이런 종류의 기초를 채용하는 경우 다음과 같은 점에 주의한다. 　a. 비가 올 때의 세굴(洗掘)과 사면(斜面)에 설치된 경우 물의 통로는 묻힘 길이를 깊게 한다든지 소나무말뚝 등을 병용하여 처리한다. 　b. 춤이 높은 동바리인 경우 풍압 등에 따른 상향력과 하천 내에 설치된 경우의 출수(出水)에 의한 지주(支柱)의 유출에 대처하기 위해 동바리와 가설 콘크리트와의 긴결 방법을 고려한다. 　c. 기초 지반 밑에 점토층이 있을 때는 압밀침하에 주의한다. ㄷ. 말뚝 기초 　기초에 작용하는 재하중이 비교적 큰 경우는 그 지지력과 출수에 의한 세굴에 대하여 안전한 지층까지 전달시키기 위해 말뚝을 시공하여 기초로 한다. ㄹ. 기설(既設) 구조물의 이용 　교대, 교각의 일부 또는 푸팅을 이용하는 것으로 기초로서는 확실하다. 또한 다른 기초 형식과 병용되는 경우도 많다.

항 목	기 술 상 의 착 안 점

	ㅁ. 브래킷으로 지지하는 경우의 주의점을 아래에 나타낸다.
	   a. 브래킷 고정용 앵커 볼트는 구체 시공시에 묻고 나중에 시공하는 것은 원칙적으로 피한다.
	   b. 2개 이상의 볼트로 하중을 받는 구조의 브래킷은 볼트에 작용하는 하중이 불균일하게 되는 것을 피하기 곤란하기 때문에 필요한 볼트 개수는 충분히 여유가 있을 것.
	   c. 볼트의 인발력 검토시에는 볼트가 상호 근접하고 있는 영향을 고려하여 실시할 것.
	
	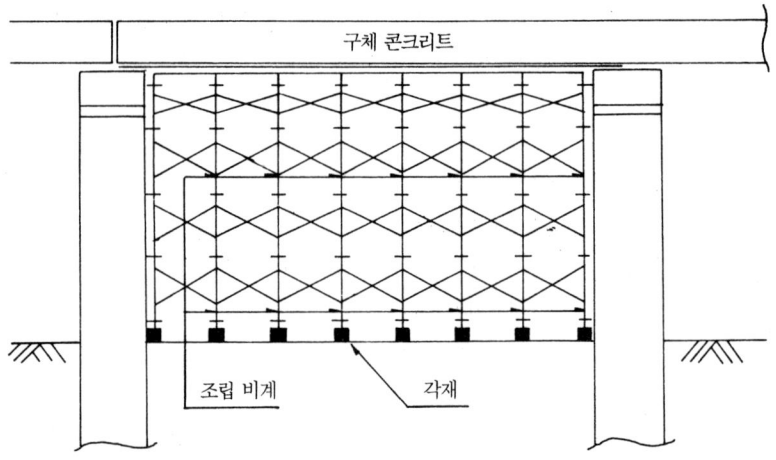
	그림 7.3.1 지상(地上) 기초
	
	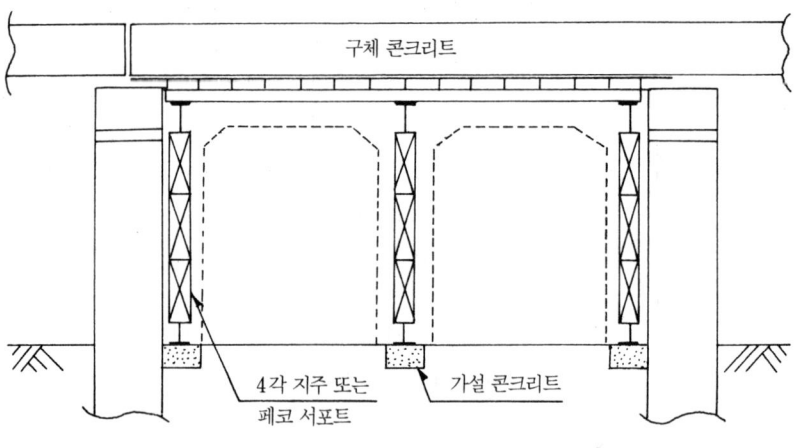
	그림 7.3.2 가설 콘크리트 기초

항 목	기 술 상 의 착 안 점
	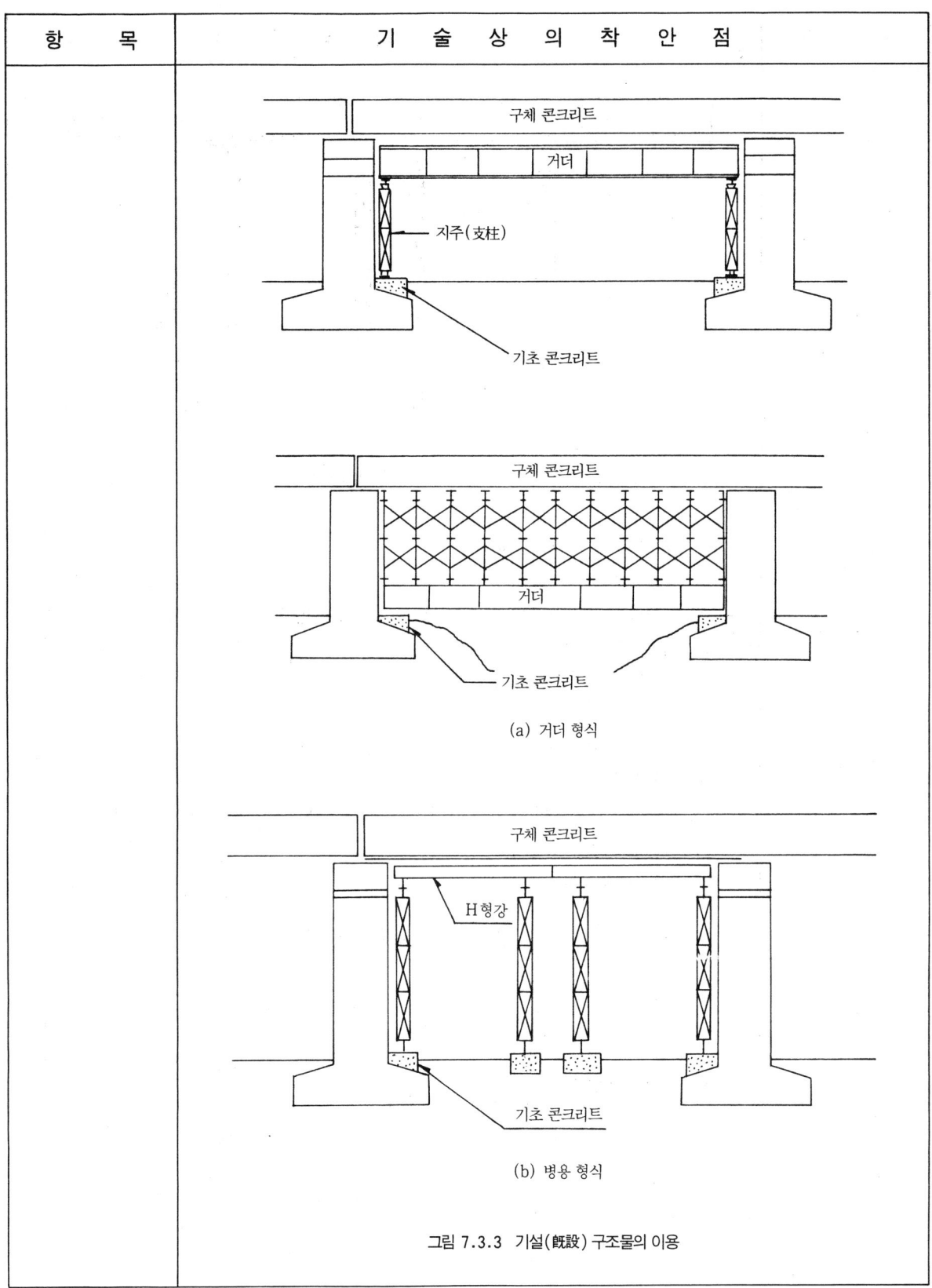 (a) 거더 형식 (b) 병용 형식 그림 7.3.3 기설(旣設) 구조물의 이용

항 목	기 술 상 의 착 안 점

그림 7.3.4 말뚝 기초

② 동바리의 주요 설계 조건
ㄱ. 수직 하중
콘크리트 중량 : $2.5 t/m^3$ +(거푸집, 동바리 중량 및 작업 하중)
( )안의 합계값은 특별한 중기 등을 상재(上載)하지 않는 경우 $250 kg/m^2$ 정도를 생각하는 것이 좋다.
ㄴ. 수평 하중
수직 하중×0.02 또는 동바리 투영 면적×$70 kg/m^2$
ㄷ. 수평보의 처짐
콘크리트 중량에 따른 수평보의 처짐은 일반적으로 (스팬)/500 정도를 기준으로 하는 것이 좋다.
③ 동바리재의 허용응력

표 7.1 강재의 허용응력

축방향	인장응력(純斷面)	항복점의 2/3
	압축응력(總斷面)	항복점의 2/3
	좌굴응력 L : 좌굴 길이 i : 강재의 최소 단면 2차 반지름	$0 \leq L/i \leq 100$ $\sigma_c = \sigma - (\sigma - 1,000) \times (L/100i)^2$ $L/i > 100$ $\sigma_c = 1,000/(L/100i)^2$
휨	인장연(引張緣)	항복점의 2/3
	압축연(壓縮緣)	$0 \leq L/b \leq 30$ $\sigma_c = \sigma - (\sigma - 1,000) \times (L^2/100 b^2)$
전 단		항복점의 8/15

항 목	기 술 상 의 착 안 점
	표 7.2 목재의 허용응력 (단위 : kg/cm²)

<table>
<tr><th rowspan="2">목재의
종류</th><th rowspan="2">명 칭</th><th colspan="3">허용응력값</th></tr>
<tr><th>휨</th><th>압축</th><th>전단</th></tr>
<tr><td rowspan="2">침엽수</td><td>적송, 해송, 낙엽송, 노송나무, 솔송나무, 미송, 미국산 노송나무</td><td>135</td><td>120</td><td>10.5</td></tr>
<tr><td>삼목, 전나무, 가문비나무, 분비나무</td><td>105</td><td>90</td><td>7.5</td></tr>
<tr><td rowspan="2">활엽수</td><td>떡갈나무</td><td>195</td><td>135</td><td>21</td></tr>
<tr><td>밤나무, 졸참나무, 너도밤나무, 느티나무</td><td>150</td><td>105</td><td>15</td></tr>
</table>

목재의 섬유 방향의 허용 좌굴응력값은 다음 식에 의한다.

$\lambda \leq 100$인 경우 $\sigma_k = \sigma_c (1 - 0.007\lambda)$

$\lambda > 100$인 경우 $\sigma_k = \sigma_c \, 0.3/(\lambda/100)^2$

여기서 σ_k, σ_c 및 λ는 각각 다음 값이다.

    σ_k : 허용 좌굴응력(kg/cm²)
    σ_c : 허용 압축응력(kg/cm²)
    λ : 유효 세장비(細長比)
    $\lambda = L/i$
    L : 지주(支柱)의 길이(cm)
    i : 지주의 최소 단면 2차 반지름(cm)

④ 동바리의 변위

동바리의 설계 및 조립 계획에 있어서는 시공 중에 발생하는 변위를 예측하여 이것에 대해 덧올림 등의 조치를 해 둘 것.

동바리의 변위를 발생시키는 요소로서는 부재의 탄성 변형, 부재 이음 위치의 이완과 잭의 수축 등을 생각할 수 있다.

참고로 각 재질의 탄성계수와 이음 변위의 수치를 표 7.3에 나타낸다.

표 7.3 각 재질의 탄성계수

재 질	탄성계수(kg/cm²)
강 재	2.1×10^4
목재(섬유 방향)	9×10^4
목재(섬유 직각 방향)	3×10^3

표 7.4 이음의 변위량

부 재	변위량(mm)
강 지 주 —— 강 기둥	0.5 ~ 1.0
강 지 주 —— 목 재	1.0 ~ 2.0
강 지 주 —— 강 면	0.5 ~ 1.0
목 재 —— 목 재 (섬유 방향) (섬유 방향)	1.0 ~ 2.0
목 재 —— 목 재 (섬유 방향) (직각 방향)	0.5 ~ 1.0
목 재 —— 목 재 (직각 방향) (직각 방향)	1.0 ~ 2.0
모 래 함	3.0 ~ 6.0

항　　목	기　술　상　의　착　안　점
2) 거푸집 조립	이상의 변위 외에 프리스트레스에 따른 휨, 콘크리트의 건조 수축, 크리프 등에 따른 휨도 고려한 덧올림일 것. ⑤ 해체 시기 　　동바리의 해체 시기는 특히 프리스트레싱 시기를 고려하여 결정할 것. 가로 조임 PC 강재가 있는 박스 거더의 상부 슬래브의 동바리는 가로 조임 후 이것을 해체한다. 단, 상부 슬래브의 철근량이 충분히 배치되어 있는 경우는 검토에 따라 가로 조임 전에 동바리를 해체해도 좋다. 　　거푸집은 소정의 강도와 강성을 가지는 동시에 완성된 구조물의 위치, 형상 치수가 정확히 확보되도록 계획을 세울 것. 　　프리스트레싱 중 부재의 변형을 막는 거푸집은 콘크리트 부재에 악영향을 끼치지 않는 범위에서 프리스트레싱 작업 전에 떼어내는 것이 좋다. 이것은 프리스트레싱 작업의 진행에 따라 부재가 변형되기 때문에 거푸집에 작용하는 힘은 장소에 따라 크게 변화한다. 　　따라서 프리스트레싱 종료 후 처음에 자중(自重)과 그 밖의 하중을 받는 부분은 적어도 이러한 하중에 견딜 수 있는 만큼의 프리스트레스를 준 후가 아니면 탈형을 해서는 안된다. ① 구조 　　바닥 거푸집은 프리스트레싱에 의한 콘크리트 부재의 변형을 구속하지 않도록 그 일부를 빼내는 구조로 한다. 거더 단축(短縮) 방향 이 바닥 거푸집은 긴장(緊張) 전에 떼어낸다 그림 7.4 바닥 거푸집의 구조

항 목	기 술 상 의 착 안 점
	② 바닥 거푸집의 덧올림량 　　바닥 거푸집의 덧올림량은 다음 사항에 대해 고려하여 그때마다 계산해서 결정해 둘 것. 　　ㄱ. 거더 자중 　　ㄴ. 위 슬래브 사하중(死荷重) 　　ㄷ. 열차 하중 　　ㄹ. 프리스트레스 　　ㅁ. 크리프(creep) 　　ㅂ. 동바리 수직 조립부의 여유량(표 7.5) 　표 7.5 동바리 수직 조립부의 여유량　　(참고값) |	
목재와 목재	1.5 mm
모르타르를 깐 경우	0 mm
목재와 강재	1.0 mm
목재와 콘크리트 또는 모르타르	0 mm
철과 철 또는 콘크리트	0.5 mm
모래함	실적에 따름 | 　　ㅅ. 동바리 기초 지반(또는 지지말뚝)의 침하 　　ㅇ. 동바리용 수평보의 처짐 　　ㅈ. 미관 　　　　미관상 거더 콘크리트의 크리프와 건조 수축 종료시에 약간 위로 휘는 것이 바람직함. ③ 헌치부의 거푸집 　　헌치부의 거푸집 수직 지지는 바닥 거푸집으로부터 지지재로 받는다. 헌치용 거푸집 끝은 수평으로 늘림으로써 타설시 콘크리트의 솟아오름을 억제할 수 있다. 거푸집 구조의 참고 예를 **그림 7.5**에 나타냈다. 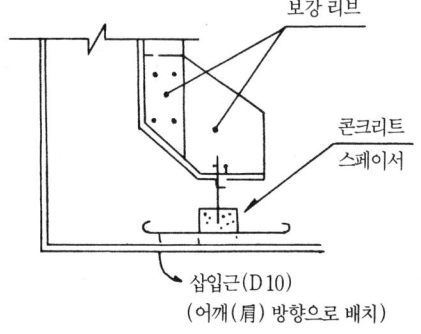 그림 7.5 헌치부의 거푸집 구조

항 목	기 술 상 의 착 안 점
3) 철근 조립과 정착구 설치	① 시스의 배치에 관해서는 다음 사항에 유의한다. 　ㄱ. 정착구 끝에서부터 40 cm 이상의 길이를 직선으로 배치한다. 　ㄴ. 1 m 정도의 간격으로 설치된 지지 철근에 결속하여 꺾음각 없이 매끄러운 형상으로 배치한다. 　ㄷ. 상하 방향으로 상호 근접하는 시스는 아래쪽 케이블의 수직 분력에 의해 시스가 찌그러지지 않도록 상향 휨 개시점 부근에 시스 지름 이상의 수직 간격을 확보한다. ② 정착구의 배치에 관해서는 다음 사항에 유의한다. 　ㄱ. 정착구의 거푸집 설치는 PC 정착 공법에 따라 다르기 때문에 각 공법의 시공요령에 따른다. 　ㄴ. 정착구와 시스 축선의 불일치는 긴장시 케이블 절단의 원인이 되는 경우가 있기 때문에 주의를 요한다. ③ 철근의 조립에 관해서는 무근 및 철근 콘크리트의 항을 참조할 것.
4) 콘크리트공	① 타설 순서 　콘크리트 중량에 따라 동바리는 상당한 침하를 일으킨다. 따라서 동바리의 침하에 따른 콘크리트 균열이 생기지 않도록 콘크리트 타설 순서를 결정할 것(박스 거더의 예를 그림 7.6에 나타낸다). 　ㄱ. 동바리에 편심 하중이 걸리면 위험하게 되는 경우가 있으므로 편심 하중을 가능한 한 피하는 타설 순서를 계획한다. 　ㄴ. 동바리의 침하량이 큰 곳을 먼저 타설하고 피할 수 없는 침하를 빨리 일으키도록 할 것. 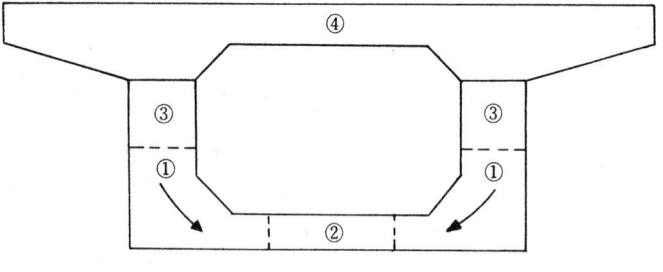 그림 7.6 콘크리트 타설 순서(박스 거더) ② 품질 관리

항 목	기 술 상 의 착 안 점
	표 7.6 압축 강도 시험용 공시체의 채취 빈도

시험값의 사용 목적	시험 횟수	시험 1회 공시체의 개수	공시체의 양생 조건
탈형시의 강도 확인용	거더마다 1회*	3개	현 장
프리스트레스 도입시의 강도 확인용	거더마다 1회*	6개(이 중 3개 예비)	현 장
품질 관리용	60 m³ 마다 또는 1일 1회, 단, 1교량당 3회 이상	60 m³ 마다 또는 1일 3개, 단, 1교량당 9회 이상	표 준

주) (1) 거더의 제작 조건(배합, 타설일, 양생 일수(日數), 긴장일)이 일정한 경우는 주거더수에 관계 없이 1회로 해도 좋다.
   (2) 품질 관리용은 토목 공사 표준시방서에서는 60 m³ 마다 시험 1회로 하고 있으나 PC 교에서는 이것보다 소량으로 되는 경우가 있기 때문에 1교량당 3회 이상으로 했다.

5) PC 긴장공

프리스트레스를 콘크리트에 도입해도 좋을 때의 강도와 재령 등을 잘 파악하고 있을 것.

① 긴장(緊張)

긴장 계획은 아래의 사항에 대해 사전에 작성할 것.

ㄱ. 콘크리트 강도의 확인
ㄴ. 긴장 방법
ㄷ. 긴장 계산의 가정
ㄹ. 마찰계수와 겉보기 영계수의 측정값
ㅁ. 긴장 계산

② 프리스트레스를 도입해도 좋을 때의 콘크리트 강도와 재령

프리스트레스를 도입해도 좋을 때의 콘크리트 강도는 설계계산서에 따른다. 단, 조기에 긴장하는 경우는 거더 콘크리트의 크리프와 건조 수축의 영향에 대해서 검토하여 문제가 없는 것을 확인할 것. 그리고 도입시 재령은 이런 것을 종합적으로 고려하여 시멘트 종별, 시공 주기 등에 따라 4~7일로 하는 것이 일반적이다. 증기 양생의 경우는 도입시 재령을 좀더 단축하는 경우도 있으나 **표 7.7**의 강도를 어떠한 경우라도 만족할 것.

표 7.7 프리스트레스를 도입해도 좋을 때의 콘크리트 강도

단면	정착부 부근	기타 단면
포스트텐션 프리텐션	공법의 결정에 따름 300 kg/cm² 이상	1.7 ($\sigma_{cdo}+\sigma_{ct}$) 이상 ── 〃 ──

σ_{cdo} : 자중(自重)에 따른 콘크리트의 휨응력 (kg/cm²)
σ_{ct} : 도입 직후의 프리스트레스에 따른 콘크리트의 휨응력(kg/cm²)

6) PC 그라우트공

① 배합

그라우트의 배합은 시공 시기, 사용 재료, 시공기구, PC 강재와 정착 공법을 고

항 목	기 술 상 의 착 안 점
	표 7.8 PC 그라우트의 배합 (31.1 *l* 당) **표 준 배 합** 	물시멘트비	혼화제	단 위 량		
W/C(%)	C×(%)	시멘트(kg)	물(kg)	혼화제와 동등품 이상(g)
45	1.2	40	18	480 | 표 7.9 PC 그라우트의 품질 | 컨시스턴시 J 14 로트 사용	블리딩률	팽창률	압축 강도	혼합 그라우트량
---	---	---	---	---
유하(流下) 시간 (초)	(%)	20시간 (%)	28일 (kg/cm²)	31.1 *l* /배치(batch) 그라우트 비중
5~12	0	3~7	200 이상	1.88	 려하여 정한다(일반적으로 **표 7.8**에 따를 것). ② PC 그라우트의 품질 　　PC 그라우트의 품질은 소요의 강도를 가지고 PC 강재에 유해한 영향을 주지 않는 것으로 양호한 유동성을 가지며 블리딩률이 가능한 적고 적당한 팽창을 하여 공극 없이 시공 가능한 것으로 한다(일반적으로 **표 7.9**에 따를 것). ③ 서중(暑中) 및 한중(寒中)에서의 유의점 　ㄱ. 서중에서의 유의점 　　a. 이른 아침 등 비교적 기온이 낮은 시간을 택해서 한다. 　　b. 그라우트 주입로를 사전에 물을 통과시켜 주변 온도를 낮춰서 그라우트 속의 수분이 손실되는 것을 방지한다. 　ㄴ. 한중에서의 유의점 　　a. 시공 전은 수분의 제거, 시공 후는 보온에 유의한다. 　　b. 시스 주변 온도를 5℃ 이상으로 해 둔다. 　　c. 주입시의 그라우트 온도는 10~15℃를 표준으로 한다. 　　d. 그라우트 온도는 주입 후 적어도 5일간, 5℃ 이상으로 유지한다.
7) 베어링공	베어링(bearing, 支承)은 교량 하부 구조물의 접점으로 상부 구조에서의 하중을 원활하고 안전하게 하부 구조에 전달하며 구조계의 안정을 유지하는 중요한 역할을 담당하는 것이므로 기능이 충분히 발휘될 수 있는 세심한 계획을 세울 것. ① 설치의 위치와 방향 　설계도에 나타나 있는 위치(고정·가동)와 방향에 대해 확인한다. ② 측량 　정밀한 평면 측량과 수준 측량으로 설치 위치를 결정한다.

항 목	기 술 상 의 착 안 점
	③ 베어링 이동량 　　베어링 설치에 앞서 주거더 콘크리트의 크리프, 건조 수축에 따른 단축량 및 온도 변화에 따른 이동량을 고려하여 그 유간(遊間)을 결정한다. ④ 모르타르 충전 　　슈 자리 모르타르는 시행성, 내구성면에서 무수축 모르타르의 사용이 바람직하다.
8) 가설 계획	여기의 프리스트레스 콘크리트의 항에 있어서는 현장 타설 콘크리트 공법 가운데에서 고정식 동바리를 염두에 두고 착안점을 기재했으나 콘크리트 거더의 가설 공법의 선정에 있어서는 거더의 구조, 가설 지점의 입지 조건, 공사의 규모, 공사 기간 등이 큰 요소가 되고 있다. 　가설 계획은 이런 조건이 현지와 일치하지 않으면 반드시 최적이라고 할 수 없기 때문에 변경을 요하는 경우가 생긴다. 또 가설 방법이 변경되면 설계 변경을 하지 않으면 안되는 경우도 있기 때문에 주의가 필요하다. 　아래에 각종 가설 공법과 그 적용 범위와 시공 계획상의 일반적인 유의점을 나타낸다. ① 현장 타설 콘크리트 공법 　ㄱ. 고정식 동바리 　　　지상에서 조립된 동바리로 지주식, 거더 지주식, 거더식 등으로 분류된다. 　ㄴ. 이동식 동바리

표 7.10 가설 공법의 선정기준　　　　　　　　　　　(계속)

조건 종별 \ 가설 공법	프리캐스트 거더의 가설 공법					캔틸레버 공법	이동식 동바리		압출 공법	현장 타설 공법
평가 항목	블록 공법	자주 크레인	일렉션 거더	문형 크레인	＋일렉션 거더		서포트 방식	행거 방식		
사용조건·시공조건 ① 적용 스팬	○	△	△	△	△	○	△	△	○	△
② 교각의 높이 큼	－	○	○	△	△	◎	◎	◎	◎	×
③ 거더 아래 공간의 제약	◎	◎	◎	◎	◎	△	△	◎	◎	△
④ 평면적 장소의 제약	△	△	△	◎	○	○	○	○	◎	○
⑤ 교각 형태	－	△	△	△	△	△	◎	○	△	◎
⑥ 급속 시공성	◎	◎	△	△	△	×	×	×	△	△
⑦ 선로 폐쇄를 하지 않는 가설	－	×	×	×	×	×	×	×	◎	×
⑧ 가설하는 거더의 연속성, 수량이 적음	◎	◎	○	○	△	○	×	×	×	○
⑨ 고품질 콘크리트	◎	○	○	○	○	○	○	○	○	○
⑩ 경제성	○	○	○	○	△	○	○	○	○*	○**

항 목	기 술 상 의 착 안 점
	표 7.10 가설 공법의 선정기준

표 7.10 가설 공법의 선정기준

조건 종별 \ 가설 공법	프리캐스트 거더의 가설 공법					캔틸레버 공법	이동식 동바리		압출 공법	현장타설 방법
평가 항목	블록 공법	자주 크레인	일렉션 거더	문형 크레인	문형크레인 +일렉션거더		서포트 방식	행거 방식		
자연 환경 조건 ① 산간지(山間地)	○	×	○	×	△	○	○	△	△	△
② 연약 지반에서의 시공	—	△	◎	×	△	◎	◎	◎	◎	△
③ 하천에의 영향, 하천에 의한 영향	—	×	◎	×	○	△	◎	◎	◎	△
④ 운반로의 제약	◎	×	×	×	×	◎	△	△	△	○
사회 환경 조건 ① 가설 현장의 환경에의 영향 (공해, 풍기(風紀), 경관 저해)	◎	○	○	○	△	◎	○	◎	×	
② 가설 경간(徑間)의 아래쪽 장해	○	○	○	○	○	○	○	◎	×	
③ 도로 교통의 저해	○	△	○	×	△	△	△	◎	×	
④ 공도(公道) 사용	△	○	○	○	○	○	○	◎	○	
⑤ 아래쪽 건축한계 주항(舟航)에의 영향	○	△	○	×	○	△	△	○	◎	

주) * 가설(架設) 길이가 짧을 때는 △
** 교각 높이가 높을 때는 △

콘크리트 거더를 크게 구분(1경간 분)하여 나누어 이동식 가설받침대를 사용한다.

ㄷ. 압출 공법·캔틸레버·일렉션 거더

콘크리트 거더를 작게 구분(3~20m)하여 나누어 제작하는 경우.

② 프리캐스트 콘크리트 공법

ㄱ. 프리캐스트 거더의 가설

문형구(門型構), 일렉션 거더, 일렉션 타워, 이동 벤트, 윈치 등을 단독 또는 조합하여 이용하고 있는 방법.

ㄴ. 프리캐스트 블록 거더의 가설

동바리 윗면의 조립 가대에 블록을 한줄로 늘어 놓고 일체로 하여 크레인 또는 일렉션 거더에 의해 가설하는 방법, 캔틸레버 방법에 의한 공법, 압출 공법 등이 있다.

가설 공법의 선정기준을 표 7.10에 나타낸다.

2. 시공
 1) 동바리

동바리의 설계는 일반적으로 하중이 작용하였을 경우의 단면력에 대해서 검토를 하는데 거더의 시공 순서와 시공 방법에 따라서는 시공 도중에 큰 단면력을 발생하는 경

항 목	기 술 상 의 착 안 점
	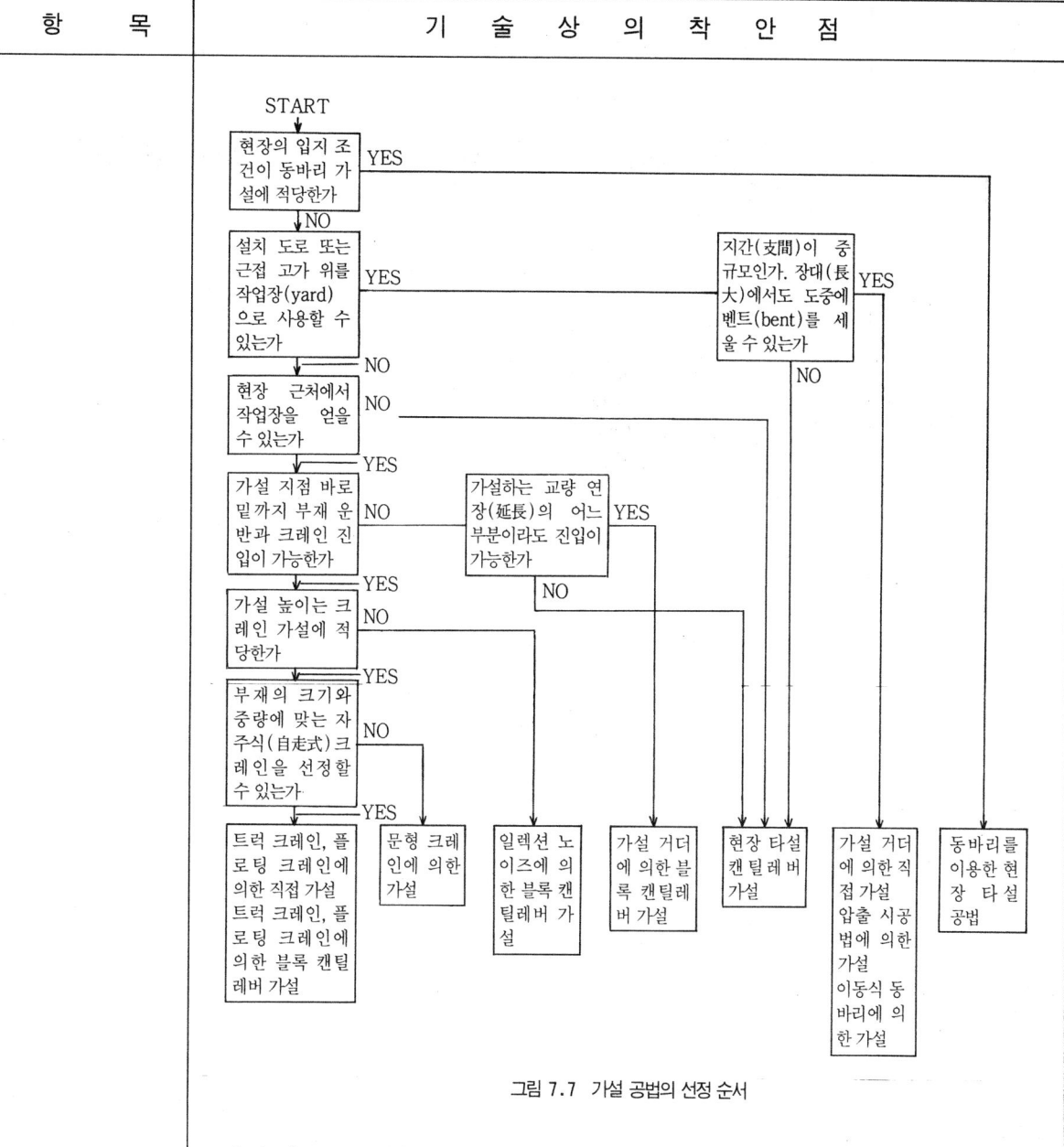 그림 7.7 가설 공법의 선정 순서

우가 있으므로 주의할 것.

   지주식 동바리의 경우에는 기초의 침하 및 많은 부재를 조합(組合) 시키고 있기 때문에 상호 연결에 충분히 주의해야 한다. 그리고 거더식 동바리의 경우에는 강제 브래킷을 묻고 볼트를 이용하여 기둥과 교각에 지지시키는 방법이 많은데 이 볼트만으로 하중을 전달하므로 볼트의 개수, 콘크리트에의 묻힘 길이가 충분하지 않았던 경우와 브래킷의 볼트 설치용 구멍과 볼트가 시공 오차 때문에 일치되지 않아서 볼트가 균등하게 작용하지 않았던 경우도 많아 사고의 원인이 되는 경우도 많으므로 주의할 것(그림 7.8, 그림 7.9 참조).

항 목	기 술 상 의 착 안 점
	(a) 측면도 — 모래 잭, 깔도리, 브래킷, 가이드 거더 (b) 정면도 — 깔도리, 잭, 브래킷, 가이드 거더 (c) 브래킷 설치 — 브래킷, 교각, 묻힘 커넥터, 염화비닐 너트, 10, 220 그림 7.8 브래킷 설치 낙하한 콘크리트 그림 7.9 붕괴 상태
2) 거푸집공	① 충분한 강도를 가지며 유해한 변형을 일으키지 않도록 한다. ㄱ. 콘크리트 타설 작업 특히 진동 다짐에 의해 볼트의 이완(헐거움), 쐐기의 어긋남, 지지재의 빠짐이 없도록 강고한 구조로 한다. ㄴ. 거더 높이가 높으면 큰 측압이 작용하므로 거푸집이 불룩해지지 않도록 충분히 지지재를 설치한다(5. 무근·철근의 항 참조). 유동화 콘크리트를 사용하는 경우는 특히 측압이 커지기 때문에 주의가 필요하다. ② 모르타르가 새어 나오지 않도록 한다. ㄱ. 거푸집 이음매 등은 전용 횟수가 많아지면 간극이 생기므로 수리하든지 스펀지 등을 감아서 모르타르 누출을 막는다. ㄴ. 세퍼레이터 설치용 구멍 등으로 필요 없는 것은 확실히 막는다. ③ 탈형이 용이할 것 ㄱ. 사각(斜角)인 경우 90° 이하의 예각부가 생기지 않도록 거푸집을 만든다. ㄴ. 끝부분 정착부의 잘라낸 부분이 나란할 경우 일체로 잘라내는 것이 좋다.

항 목	기 술 상 의 착 안 점
	④ 조립 정밀도 　ㄱ. 거더 길이는 프리스트레싱에 의한 변형을 고려하여 설정한다. 　ㄴ. 거더 높이가 높고 특히 가로 강성이 작은 거더의 거푸집은 특히 정밀도가 높게 조립할 필요가 있다. ⑤ 베어링부 　ㄱ. 베어링부 앞면의 바닥 거푸집은 긴장 전에 제거한다. ⑥ 청소 　ㄱ. 거푸집 바닥 부분에는 청소용 배수 구멍을 설치하고 콘크리트 타설 전에 반드시 막는다. 　ㄴ. 거푸집 내의 청소는 불충분하게 되는 경우가 많으므로 쓸데 없는 것을 거푸집 내에 떨어뜨리지 않도록 작업자에게 주의시킨다.
3) 철근 조립과 PC 강재의 배치	철근 조립은 철근 콘크리트의 경우와 완전히 같으며 PC 구조라고 해서 철근의 역할을 경시해서는 안된다. ① 철근의 조립 　ㄱ. 축 방향 철근과 스터럽이 부족하면 콘크리트 타설에 의해 그러한 것들이 변형을 일으켜 PC 케이블 배치에 차질이 생기기 때문에 철근을 늘리거나 지름을 두껍게 하는 등의 조치를 취할 것. 　ㄴ. 부재 인장부의 계산으로 결정된 인장 주철근은 점 용접을 해서는 안된다. 　ㄷ. 주거더의 상부 플랜지 또는 하부 플랜지 등의 인장 주철근 이음 위치는 단면의 한 장소에 집중시키지 말 것. 　ㄹ. 용접을 하는 경우는 아래의 경우에 유의할 것. 　　a. 용접에 의해 철근을 조립하는 경우는 아크에 의해 시스가 손상되지 않도록 실시한다. 　　b. 거푸집 내에서의 철근 용접은 전류 회로에 이상을 일으켜 단락(短絡)되지 않는 것을 확인하고 난 후 실시할 것. ② 시스와 PC 강재의 배치 　ㄱ. 시스는 지지재를 1m 이하의 간격으로 사용해서 배치 고정하고 찌그러짐, 과도한 녹이 생기지 않은 것을 사용한다. 　ㄴ. 시스 유지는 스터럽에 붙여서 철근에 고정 선반을 만들어 시행한다. 　ㄷ. 정착구와 축선은 직선부가 적어도 40cm 이상일 것. 　ㄹ. 시스 배치 후 전기 아크 용접을 사용하면 용접봉이 접촉된 경우 또는 그 불꽃에 의해 미세한 구멍이 시스를 뚫어 페이스트 유입의 원인이 되기 때문에 사용하지 않는 것이 바람직하다. 　ㅁ. 정착구와 시스의 연결은 특히 주의를 요한다.

항 목	기 술 상 의 착 안 점
	ㅂ. 시스 상호의 접속은 조인트 시스를 사용하고 양 끝부분은 수밀(水密)한 접착 테이프로 밀봉(seal)한다. ㅅ. PC강재는 굴곡된 것, 홈이 있는 것, 촉점(觸点)이 있는 것은 사용해서는 안된다. ㅇ. 강재 표면에 부착된 유해물은 시스에 삽입하기 전에 제거한다. ③ 케이블 삽입 후의 유의점을 아래에 나타낸다. ㄱ. 거더 중앙, 상향 휨 점(点), 하향 휨 점, 정착콘 위치와 곡선 상태(꾸불꾸불해서는 안된다) ㄴ. 시스와 그 이음매의 방수성, 정착콘과 시스와의 이음매 ㄷ. 시스의 고정 상태 ㄹ. 먼지 등의 콘 안 또는 시스 안으로의 유입, 부착
4) 콘크리트공	콘크리트 타설시 다짐 부족에 의한 결함이 생기기 쉬우므로 다음 장소에 주의한다. ① 거더의 중앙부, 시스가 가장 복잡하게 되어 있는 곳 ② 상향 휨 개시가 많은 곳 ③ 거더 끝부분, 정착구 주변, 철근이 많은 곳
5) 프리스트레싱	① 프리스트레스를 도입해도 좋을 때의 정착부 부근의 콘크리트 강도 프리스트레스를 도입해도 좋을 때의 정착부 부근의 콘크리트 강도를 프레시네 공법과 디비다그 공법의 경우 참고값을 표 7.11, 표 7.12에 나타낸다. ② 프리스트레스 도입시의 콘크리트 재령 프리스트레스 도입시의 콘크리트 재령은 균열 방지를 위해서는 가능한 한 빠른

표 7.11 정착부 부근의 강도(프레시네 공법)

케이블 유닛의 종류	부재의 두께	부재의 두께가 얇은 경우	일반적인 경우	비 고
멀티와이어 시스템	12 φ 5 12 φ 7	250 300	230 270	압축 강도용 공시체
V 시스템	12 φ 8	280	250	
멀티스트랜드 시스템 V 시스템	12 T 13, 12 V 13 12 T 15, 12 V 15	300 330	270 290	100×200 mm 또는 150×300 mm
모노 그루브 시스템	19 K 15, 27 K 13 27 K 15, 37 K 13 37 K 15, 55 K 13	300 300 300	270 270 270	
싱글 스트랜드 시스템	1 T 13, 1 T 15 1 T 18, 1 T 19 1 T 20, 1 T 22	300	250	

항 목	기 술 상 의 착 안 점
	표 7.12 정착부 부근의 강도(디비다그 공법)

PC 강봉의 종류	정착구의 종류	프리스트레스를 도입해도 좋을 때의 콘크리트의 압축 강도					
		200 kg/cm²		230 kg/cm²		260 kg/cm²	
		중심 거리	연변 거리	중심 거리	연변 거리	중심 거리	연변 거리
SBPR80/105 φ26	앵커 플레이트	17.5	12.0	17.5	11.0	17.5	10.0
SBPR95/120 φ26	앵커 플레이트	17.5	13.5	17.5	12.5	17.5	11.5
SBPR80/105 φ32	앵커 φ170	22.0	15.0	22.0	14.0	22.0	12.5
SBPR95/120 φ32	앵커 φ170	—	—	22.0	15.0	22.0	13.5

주) (1) 중심 거리는 앵커 중심 치수이다.
(2) 연변(緣邊) 거리는 앵커 중심에서 콘크리트 단면 가장자리까지의 치수이다.

시기가 좋고 크리프의 영향을 적게 하기 위해서는 가능한 한 늦은 시기가 좋다.
③ 프리스트레싱

프리스트레싱 중에는 잭 주변과 그 뒤쪽에는 절대로 서 있어서는 안된다. 긴장 중 PC강재 파단에 의한 부상 사고가 있다. 마찰 측정과 본긴장은 PC시공 관리자의 지휘에 따라 긴장 계획에 의해 실시한다.

④ 프리스트레싱의 관리
ㄱ. 본긴장 전에 마찰 측정을 하는 경우
a. 마찰 측정

마찰 측정은 케이블 개수 4~6개(얻을 수 있는 데이터수는 8~12)에 대해서 실시한다. 이것을 해석한 마찰계수의 분포는 대개 정규 분포의 모양을 나타낸다. 정규 분포의 형과 다른 경우는 정상적인 마찰 측정이 되지 않았다든지 마찰 측정 케이블 선정에 문제가 있다고 생각되므로 이러한 점에 대해서 검토하여 마찰 측정을 다시 한번 하는 등의 대책을 취한다.

b. 관리한계의 설정

관리한계는 X−R법에 의해 설정하면 된다.
ㄴ. 마찰 측정을 생략하고 본긴장을 하는 경우(프레시네 공법의 경우)

잭 압력에 의해 눈금으로 나타내는 마노미터(압력계)의 읽음값(σm)에 대하여 관리한다.

일반적인 배치 형상의 주케이블의 관리한계는 긴장 계산상의 마노미터값($\gamma=0.02$, $\mu=0.15$, $\lambda=0.002$, $EP=1.95\times10^6$ kg/cm²)을 σm로 하면 관리의 상한 $\sigma m+40$ kg/cm², 하한을 $\sigma m-40$ kg/cm²로 하면 된다.

⑤ 프리스트레싱의 관리도

관리도는 양식을 정해 두는 것이 좋다.
ㄱ. 정상적인 긴장이 실시되는 경우

항 목	기 술 상 의 착 안 점
	정상적인 긴장의 궤적은 **그림 7.10**에 나타낸 바와 같이 관리한계 내에 직선으로 존재한다. 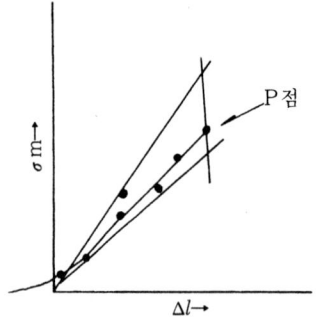 P점 : 정지점 Δl : PC 강재의 연신량 σm : 압력계 읽음값 그림 7.10 정상적인 긴장의 궤적 ㄴ. 정상적인 긴장이 실시되지 않는 경우 　　정상적인 긴장이 실시되지 않는 경우에는 관리한계를 대폭적으로 벗어난다든지 궤적이 직선을 나타내지 않는 등의 경향을 보인다(**그림 7.11** 참조). 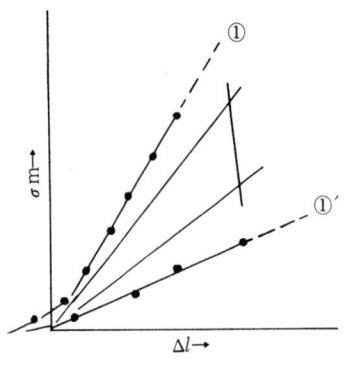 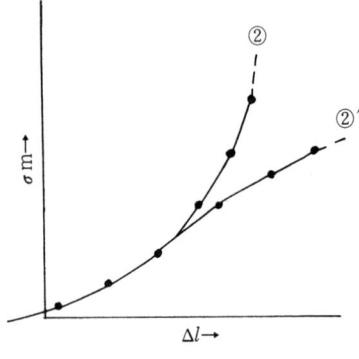 　(관리한계를 대폭적으로 벗어난다)　　　　　(궤적이 직선을 나타내지 않는다) 그림 7.11 이상(異常) 긴장인 경우의 궤적 　이상(異狀) 긴장인 경우의 원인과 조치 방법을 **표 7.13**에 나타낸다. ㄷ. 2~3개의 케이블 정지점(P)이 연속해서 약간 벗어나는 경우 　a. 마찰 측정에 의해 관리한계를 설정한 경우 　　우선 **표 7.13**에 대해서 체크한다. 여기에 해당되지 않는 경우는 마찰 측정용 케이블의 설정 방법에 문제가 있으므로 적절하게 바꿔골라서 마찰 측정을 하여 다시 한번 관리한계를 설정한다. 　b. 마찰 측정을 하지 않는 경우

항 목	기 술 상 의 착 안 점
	표 7.13 이상(異常) 긴장의 원인과 조치 방법

<table>
<tr><th colspan="2">궤적 번호</th><th>생각되는 원인</th><th>조치 방법</th></tr>
<tr><td>①</td><td>①´</td><td>긴장 계산, 관리도 작성 실수</td><td>올바른 관리도를 작성한다.</td></tr>
<tr><td>①</td><td>①´</td><td>마노미터(manometer)의 조정 불량</td><td>재조정하여 긴장을 다시 한번 실시한다.</td></tr>
<tr><td>①</td><td></td><td>정착구의 축 중심과 케이블 축 중심의 불일치</td><td>긴장력이 부족한 경향이 있으므로 부족분을 이 관리도에서 추정하여 다른 케이블로 보충한다.</td></tr>
<tr><td>①</td><td></td><td>케이블 배치가 특히 좋지 않음</td><td>감마제(減摩劑) 주입 등의 마찰 감소 대책을 강구한다. 부족분은 다른 케이블로 보충한다.</td></tr>
<tr><td>①´</td><td>②´</td><td>잭 또는 펌프에서 기름이 유출됨</td><td>수리 또는 교체</td></tr>
<tr><td>①´</td><td>②´</td><td>PC 강재의 잭 장착 불량</td><td>긴장력을 풀고 재장착하여 긴장한다.</td></tr>
<tr><td></td><td>②</td><td>잭의 스트로크(stroke) 부족</td><td>리플레이스(replace)하여 긴장을 계속한다</td></tr>
<tr><td></td><td>②</td><td>잭 뒤쪽 끝부분이 장해물에 접촉</td><td>장해물을 제거하든가 리플레이스(replace) 하여 긴장을 계속한다.</td></tr>
<tr><td></td><td>②´</td><td>긴장 도중에 강재 파단</td><td>긴장을 풀고 PC 강재를 교체한다.</td></tr>
<tr><td>①´</td><td></td><td>거더 콘크리트의 이상으로 낮은 영계수</td><td>콘크리트의 강도, 영계수를 조사하여 관리도를 다시 작성한다.</td></tr>
<tr><td></td><td>②</td><td colspan="2">원 인 : 경화된 시멘트가 시스 안에 있다.
조치 방법 : 긴장력 개방 → 한쪽 끝기 긴장(0.9 Py 이하)
┌ 케이블 이동 → 시스 안 통수(通水) ┌ 可 → 소정의 긴장 → 그라우트
└ 케이블 이동하지 않음 → ※   └ 否 → ※
※ 다른 케이블로 긴장력을 늘려 대처
┌ 可 → 다른 케이블로 긴장력을 늘림 → 문제의 케이블은 긴장하지 않고 가능한
│   한 그라우트 충전
└ 否 → 시스는 들어내고 추가 케이블 등에 대해서 검토</td></tr>
</table>

우선 표 7.13에 대해서 체크한다. 여기에 해당되지 않는 경우는 계속해서 2개 정도 긴장(정착하지 않을 것)한다. 이것이 관리한계에 들어오면 2~3개의 정지점 벗어남을 정상으로 간주하여 본긴장을 그대로 계속한다. 관리한계를 벗어나면 마찰 측정을 실시하여 관리한계를 설정한다.

6) PC 그라우트공

① PC 그라우트의 시험 혼합
PC 그라우트는 실시공에 앞서 사용하는 믹서에 의해 시험 혼합을 하여 품질을 확인할 것.

② 품질 관리
PC 그라우트의 품질 관리사항을 표 7.14에 나타낸다.

③ 주입 작업
주입 작업은 PC 거더 시공 중에서도 내구성에 영향을 주는 가장 중요한 작업이며

항 목	기 술 상 의 착 안 점
	표 7.14 PC 그라우트의 시험 시기와 시험 횟수

시험 항목	채취 장소	시험의 표준 빈도	시험 방법
컨시스턴시	탱크 안	1. 오전, 오후 제 1 배치(batch)에서 각 1회 2. 배합 또는 믹서를 변경할 때의 제 1 배치에서 1회	토목학회기준에 따른다(여기에 따르기 어려운 경우는 승낙을 받을 것).
팽창률 블리딩률	탱크 안과 유출구		
압축 강도	탱크 안	1일 1회	

시스 속에 공극이 남지 않도록 주의할 것.
ㄱ. PC 그라우트는 프리스트레싱 종료 후 가능한 한 신속하게 시공할 것.
ㄴ. PC 그라우트의 주입에 앞서 시스 안은 물로 세정한 후 충분히 배출할 것.
ㄷ. PC 그라우트는 그라우트 펌프에 들어가기 전에 적절한 체를 통과할 것.
ㄹ. 주입은 서서히 하고 유출구로부터 나오는 그라우트의 농도와 유동성이 주입구로부터 주입되는 그라우트의 그것과 같은 농도로 안정될 때까지 중단하지 말고 실시할 것.
ㅁ. PC 그라우트의 주입에 있어서는 주입구와 배출구 부근에 공기와 블리딩수가 잔류하지 않도록 적당한 방법에 의해 이것을 제거할 것.
④ PC 그라우트의 양생
ㄱ. 그라우트 온도는 주입 후 적어도 5일간은 5℃ 이상으로 유지한다.
ㄴ. 겨울철 시공시 위에 나타낸 조건을 만족하는 것이 불가능한 경우는 공정이 허락하는 한 이러한 조건을 만족할 수 있는 계절까지 기다리는 것이 좋다. 이러한 경우는 방치 기간 중의 PC 강재와 시스의 녹 발생을 방지하기 위해서 대기 중에서 산소의 보급이 최소한으로 되도록 시스의 양 끝부분을 밀폐시켜 둔다.
　　혹한기의 그라우트 시공은 그라우트가 동결하여 거더의 시스에 붙어서 균열이 발생하는 경우도 있으므로 주의를 요한다.

| 7) 끝부분 채움 콘크리트 | 끝부분 채움 콘크리트는 정착부 부근의 PC 강재, 정착구를 보호하는 것이 목적이며 정성들여 시공을 하는 것이 중요하다.
① 형상
　　끝부분 채움부의 형상은 최소 치수가 2cm 이상이 되도록 설정한다. 또한 정착구 소정의 피복을 확보할 수 있는 치수로 한다.
② 보강 철근
　　거더 끝부분, 위 가장자리 정착부와 같이 비교적 큰 끝부분 채움부에는 삽입근으로 보강한다.
③ 시공 이음면의 처리
　　거더 끝부분, 위 가장자리 정착부와 같이 큰 시공 이음면을 가지는 경우 정착구 |

항 목	기 술 상 의 착 안 점
	주변을 제외한 시공 이음면은 50% 정도 치핑을 한다. 치핑 종료 후 청소하고 충분히 흡수시킨다. ④ 끝부분 채움 재료 　끝부분 채움에는 팽창성 콘크리트 또는 무수축 모르타르를 사용하는 것이 좋다. ⑤ 마무리면 　끝부분 채움재의 마무리면이 수평으로 되는 경우는 마무리면에 체수(滯水)가 생기지 않도록 주변보다 약간 높게 마무리하는 것이 좋다(**그림 7.12 참조**). 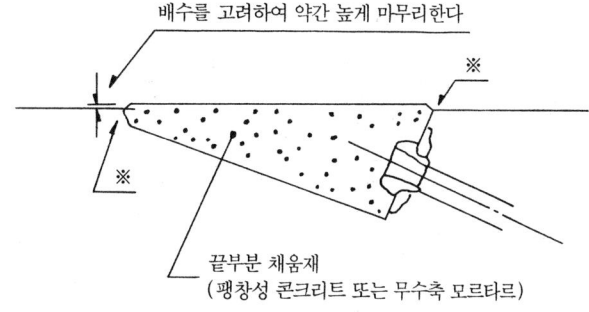 ※ 끝부분 채움재 경화 후 V컷을 시공하여 실링제로 밀봉(seal)한다. 그림 7.12　끝부분 채움재의 마무리 높이 ⑥ 양생 　끝부분 채움 콘크리트를 타설 후 즉시 비닐 등으로 덮어 끝부분 채움부의 수분 증발을 적게 하고 3일 이상 습윤 양생을 실시한다. 그리고 겨울철은 보온 양생을 한다. 　거더의 위쪽에 위치하는 것은 합판 등으로 덮개를 하여 중량물을 실어 두면 줄눈 갈라짐 방지에 효과가 있다.
8) 베어링공	하부 구조 시공시 사전에 슈와 스토퍼의 설치를 위한 박스 아웃(box-out)을 해 두는 것이 보통이다. 박스 아웃에 있어서는 다음 사항에 주의하여 위치와 크기를 결정할 필요가 있다. ① 설치시에 설치 위치의 조정이 가능할 것. ② 무수축 모르타르를 완전히 주입할 수 있고 주입 작업이 용이하며 또한 경제적인 크기일 것. ③ 베어링부는 철근이 조밀하게 배근되어 있는 장소이므로 박스 아웃시 철근을 무턱대고 절단해서는 안된다. 부득이하게 철근을 절단하는 경우는 충분한 보강을 할 것. ④ 하부공(下部工)과 상부공(上部工)의 시공업자가 다른 경우 박스 아웃의 크기와 정밀도가 자주 문제가 되기 때문에 하부공 시공시에 박스 아웃의 위치와 크기에 충

항 목	기 술 상 의 착 안 점
	분한 주의를 기울일 것. ⑤ 하부공의 시공 종료 후부터 상부공에 착수할 때까지 장시간 경과가 예상되는 경우와 박스 아웃에 물이 고인다든지 겨울철에 동해를 받을 우려가 있는 경우는 충분한 방호 조치를 취해 둘 필요가 있다. ⑥ 슈 자리 등의 마무리는 배수를 고려하여 반드시 높게 마무리한다(**그림 7.13** 참조). 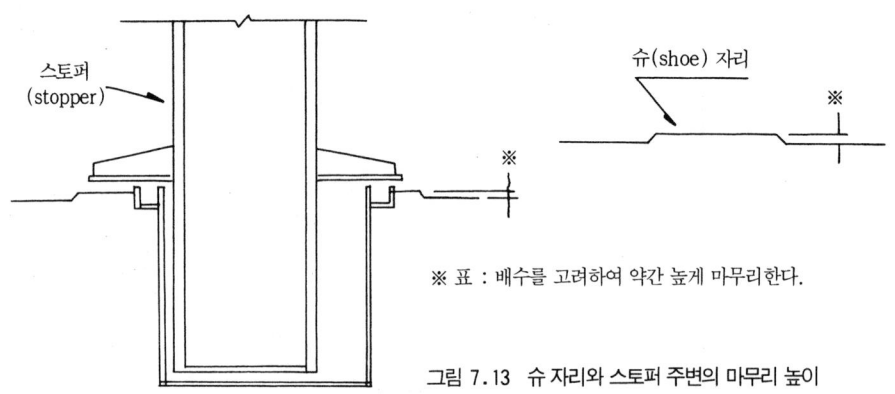 그림 7.13 슈 자리와 스토퍼 주변의 마무리 높이
9) 운반, 이동 가설	① PC 거더 시공시의 콘크리트, PC 강재, 철근의 허용응력 　　PC 거더의 운반, 이동 가설 등의 시공시의 콘크리트, PC 강재 및 철근의 일반적인 경우의 허용응력을 아래에 나타낸다. 　ㄱ. 콘크리트의 허용 휨 인장응력을 **표 7.15**에 나타낸다. 표 7.15 콘크리트의 허용 휨 인장응력(kg/cm^2) | σck | 300 | 400 | 500 | 600 | |---|---|---|---|---| | 보통 공법 | -17 | -20 | -23 | -27 | | 프리캐스트 블록 공법 | 0(-5) | 0(-5) | 0(-5) | 0(-5) | 주) (1) ( )안은 접착 경화 후에 대한 것. 　　(2) σck는 재령 28일의 값이다. 　ㄴ. PC 강재 　　　(항복점 하중)×0.9 또는 (인장 하중)×0.8 중 작은 값 　ㄷ. 철근 　　　$2,000 \times 1.25 = 2,500 \, kg/cm^2$ (SD 345의 경우) 　ㄹ. 이동 가설 중인 콘크리트 허용 지압응력 : σca 　　　$\sigma ca = 1/2 \sigma c$ 　　　여기서 σc는 이동 가설 콘크리트 강도(공시체는 현장 양생)

항　　목	기　술　상　의　착　안　점
	② 지진시의 안전도 　운반 및 이동 가설 중인 PC거더, 캔틸레버 공법에 의해 제작 중인 PC거더의 지진시에 있어서 단면의 파괴 안전도, 거더의 전도에 대한 안전도를 표 7.16에 나타낸다.

표 7.16 지진시의 안전도

단 면 파 괴		전도(轉倒)에 대해서
휨에 대해서	전단에 대해서	
$Mu \geq 1.6 ME$	$Su \geq 1.6 SE$	$Tu \geq 1.6 TE$

주) (1) Mu는 단면의 종국 휨 강도, ME는 지진시의 모멘트
　　　Su는 단면의 종국 휨 강도, SE는 지진시의 전단력
　　　Tu는 전도에 대한 저항 강도, TE는 지진시의 전도 모멘트
　(2) 시공 중의 수평 진도는 $1/2 \times \Delta1 \times \Delta2 \times 0.2$
　　　시공 중의 수직 진도는 ± 0.05
　　　$\Delta1$: 지역별계수　$\Delta2$: 지반계수
　(3) 시공 중 특히 큰 풍압의 작용이 예상되는 경우는 풍압에 대해서도 적절한 안전을 가질 것.

③ PC거더의 운반, 이동 가설시의 충격계수
　ㄱ. 운반시의 충격계수
　　PC거더, 프리캐스트 블록 거더 등을 운반하는 경우의 충격계수는 운반 노면 정비(포장도, 자갈도), 운반 속도 등에 따라서 0.2~0.4로 해도 좋다.
　ㄴ. 이동 가설시의 가설 설비에 작용하는 충격계수
　　이동 가설시의 충격계수는 표 7.17의 값으로 해도 좋다.

표 7.17 이동 가설시 가설 설비에 작용하는 충격계수

작 업 명	충격값(%)	작 업 명	충격값(%)
재킹(jacking)	0	일렉션 거더	20
옆으로 빼기	0	문형(門型) 가설기	20
달아올리기, 달아내리기	20	스테이징(staging), 이동 벤트	20
인출(引出), 회전	20		

(일본 도로교 시공편람 83년 8월)

④ 거더 가설용 구조재의 허용응력
　ㄱ. 강재와 목재
　　거더 가설용 강재와 PC거더를 현장 타설 공법으로 제작하는 경우의 거푸집, 동바리의 허용응력은 표 7.1, 표 7.2에 따른다. 단, 크레인 구조용, 이동식 크레인 구조용은 별도이다.
　ㄴ. 와이어 로프의 안전율 |

항 목	기 술 상 의 착 안 점
	표 7.18 와이어 로프의 안전율(크레인 구조 규격) | 와이어 로프의 종류	안 전 율
감아올림용 와이어 로프 지브(jib)의 기복용(起伏用) 와이어 로프 횡행용(橫行用) 와이어 로프 케이블 크레인의 주행용(走行用) 와이어 로프	5.0
지브의 지지용(支持用) 와이어 로프 긴장용(緊張用) 와이어 로프 가이드 로프(guide rope)	4.0
케이블 크레인의 메인 로프(main rope) 레일 로프(rail rope)	2.7
운전실 또는 운전대의 감아올림용 와이어 로프	9.0 | 일본 크레인 구조 규격(제51조에 의함) 표 7.19 와이어 로프의 안전율(이동식 크레인 구조 규격) | 와이어 로프의 종류	안 전 율
감아올림용 와이어 로프 지브의 기복용(起伏用) 와이어 로프	5.0
지브의 신축용(伸縮用) 와이어 로프 지브의 지지용(支持用) 와이어 로프	4.0 | 일본 이동식 크레인 구조 규격(제41조에 의함) a. 크레인 구조 규격의 적용을 받는 와이어 로프의 안전율은 표 7.18의 값으로 한다. b. 이동식 크레인 구조 규격의 적용을 받는 와이어 로프의 안전율은 표 7.19의 값으로 한다.
3. 새로운 소재 · 기술의 소개	① FRP 긴장재 　GERP를 제외한 내구성의 문제는 없다. 일본에서는 도로교에 채용된 사례가 있다. 현재 FRP 긴장재의 코스트가 상승되어 실용화가 지체되고 있다. ② 긴장 로봇 　긴장재를 자동적으로 긴결하는 긴장 로봇이 개발 중에 있다. ③ 면진(免振) 교량 　PC 교량 베어링부에 면진 장치를 도입한 면진 교량의 실용화가 시작되었다. ④ 그대로 묻어버림(埋殺) 거푸집 　타설 콘크리트 중량에 견딜 수 있고 본체용 강재 녹막이를 기대할 수 있다. 콘크리트제 그대로 묻어버림 거푸집의 채용 사례가 증가하고 있다.

항 목	기 술 상 의 착 안 점
4. 시공 중의 실패 사례	참고로 시공 중의 사고 등의 사례를 나타낸다. ① 기초의 부등침하에 의한 파이프 동바리의 붕괴 ㄱ. 교량의 구조 　　교량의 형식　　3경간 연속 PC 박스 거더 　　경간 나누기　　3×33 cm ㄴ. 동바리의 상황 　　기초 지반 위에 30×30 cm의 각재를 5.4 m 간격으로 교축 직각 방향으로 설치하고 그 위에 중심 간격 90 cm로 30×30 cm의 각재를 교축 방향으로 설치하였다. 그 위에 파이프식 비계를 90×100 cm의 간격으로 세워 높이 약 6.0 m의 동바리로 하였다(그림 7.14 참조). 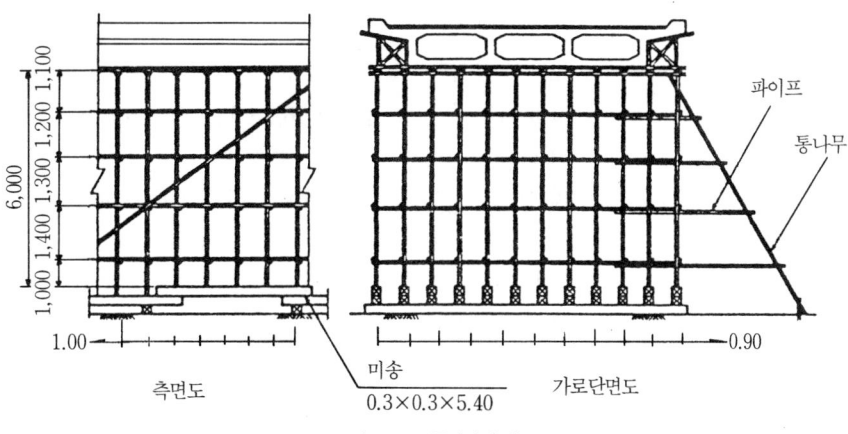 그림 7.14 동바리의 개요 ㄷ. 사고의 개요 　　거더는 저슬래브, 복부슬래브, 바닥슬래브의 3부분으로 되어 있으며 저슬래브와 복부슬래브는 사고 당일에서 각각 약 40일 및 30일 전에 콘크리트 타설을 완료하였다. 측경간(側徑間)의 바닥슬래브 콘크리트 타설을 그 경간의 중앙부에서 시작하여 약 60 m³ 타설하였을 때 그 경간의 동바리가 파괴되어서 콘크리트 거더가 붕락하였다. ㄹ. 사고의 원인 　　a. 기초 지반의 지지력이 호우 등 때문에 불균일하게 되어 외관상은 발견할 수 없었으나 약간의 부등침하를 일으킬 가능성이 있었다. 　　b. 위에 기술한 부등침하가 유발적인 원인이 되어 국부적으로 하중이 집중하여 그 부분의 동바리의 파이프 기둥이 좌굴했다고 추측되었다. 　　c. 동바리의 부분적 파괴에 따라 동바리 전체 균형이 깨져 전체적인 붕락이 발생하였다.

항 목	기 술 상 의 착 안 점
	ㅁ. 대책 　a. 기초 토대 밑에는 부등침하 방지를 위해 말뚝 기초를 설치하기로 하고 말뚝 타설이 불가능한 경우에는 양질재(良質材)로 지반 개량을 하여 시험에 의해 지지력을 확인해 둔다. 　b. 토대를 각재와 긴결기, 꺾쇠 등으로 충분히 고정하여 집중 하중을 지반에 균등히 분산시키도록 한다. 　c. 파이프 지주의 강성을 크게 하기 위해 가새를 충분히 넣는다. 장소에 따라서는 조립 강 지주를 병용한다. 　d. 동바리 전체의 수평 흔들림, 이동 방지를 위해 교축 직각 방향의 흔들림 방지를 설치한다. ② 트러스 형식 동바리의 지지 방법 부적절에 따른 붕괴 　ㄱ. 교량의 구조 　　교량의 형식　　5경간 연속 철근 콘크리트 중공 바닥슬래브 교량 　　경간 나누기　　16.0＋16.7＋14.4＋17.5＋16.4 　　거더 높이　　　90 cm 　　지상 높이　　　약 7.5 m 　ㄴ. 동바리의 상황 　　5경간 중 붕락된 경간은 트러스 거더로 지지되고 있으나 그 밖의 경간은 전부 I빔으로 지지되고 있다. 지주로는 전부 조립 강 지주를 사용하고 그 아래는 말뚝 기초로 지지되고 있다. 　ㄷ. 사고의 개요 　　중앙 경간의 중앙부에서 양쪽으로 향해 약 30 m²/h의 속도로 콘크리트 타설을 개시하여 약 4시간 후에는 제 2 및 제 4경간의 중앙 부근까지 도달했을 때 제 4경간의 동바리가 파괴되어 제 4경간의 바닥슬래브가 붕락하였다. 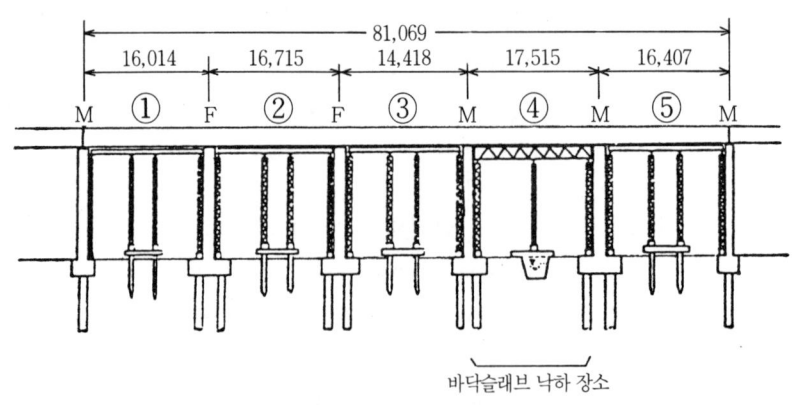 그림 7.15 동바리의 개요

항 목	기 술 상 의 착 안 점
	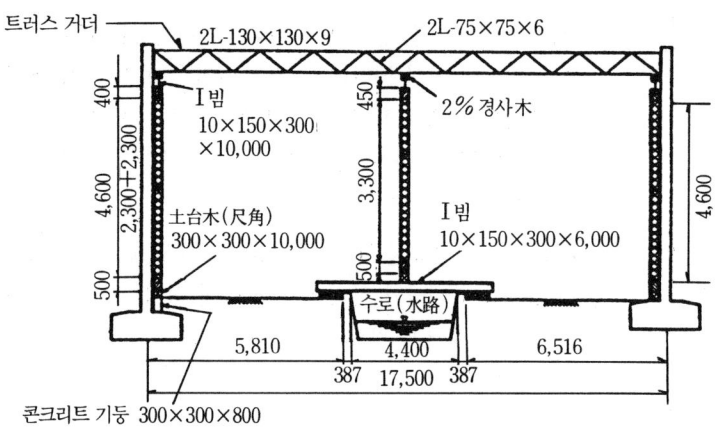

그림 7.16 동바리의 측면도

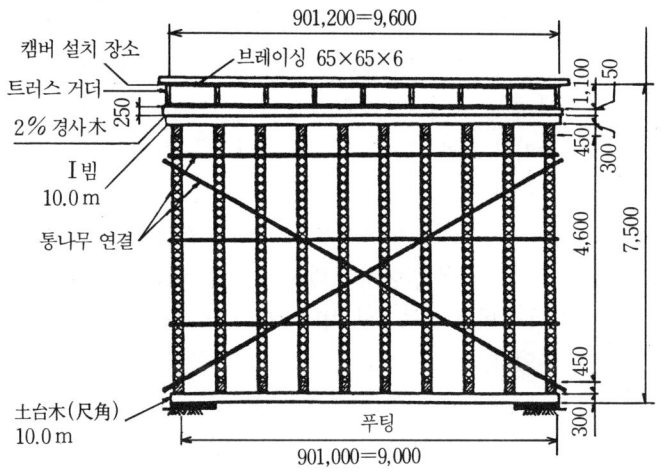

그림 7.17 동바리의 가로단면도

ㄹ. 사고의 원인
  a. 동바리로 사용하였던 트러스 거더는 1경간 사용으로 충분한 강도는 있었으나 처짐량을 감소하기 위해 보조적으로 간단한 중앙 지점을 설치하였다. 이 때문에 이 지점에 일시적으로 하중이 집중된 것이라고 추정된다.
  b. 중앙 지점 아래에 수로가 있었기 때문에 **그림 7.15**와 같이 빔으로 지주를 지지시켰으나 이곳이 약점의 하나로 되었다고 생각된다.
  c. 위의 원인이 겹친 결과 트러스 거더가 전도된 것이라고 추측된다.
ㅁ. 대책
  a. 잔존된 근접 경간의 동바리를 점검하고 지주는 보강하였다. |

항　　목	기　술　상　의　착　안　점
	b. 잔존된 근접 경간의 콘크리트와 베어링을 점검해 그 안전성을 확인하였다.
c. 붕괴 경간의 동바리는 구조 변경을 하였으며, 또한 동바리는 지점으로서 지지하는 것으로 하고 중앙 지점의 기초는 소나무 말뚝 기초로 하며 구 콘크리트를 붕락의 영향이 없는 부분까지 완전히 도려내고 보강 철근을 추가하여 콘크리트를 타설하였다.
③ I형 단면으로 스팬 30 m의 PC 거더를 일렉션 거더로 가설 위치 바로 위까지 인출(引出)하여 내리기 위해 와이어 바꿔 걸기 작업 중 거더가 기울어졌다. 수정하고자 하였으나 빠르게 경사가 진행되어 스팬 중앙의 돌출부에서 복부에 걸쳐 큰 균열이 발생하였다.
〔원인〕
ㄱ. 이 거더는 맨 바깥쪽 거더로 좌우 비대상이며 균형을 일으키기 쉬운 형상이었다.
④ 포스트텐션 방식의 PC 교량으로 PC 강연선의 긴장 정착 작업 중에 암콘이 빠져 들어가서 떼어낸 결과 공동(空洞)이 발견되었다. 그리고 I형의 포스트텐션 거더에서 긴장 정착 작업 중 스팬 중앙 부근에 거더 방향의 세로 균열이 발생해서 긴장을 중지하고 조사한 결과 스팬 중앙 하부에 공동이 발견되었다.
〔원인〕
ㄱ. 다짐을 만족하게 하지 않는 컨시스턴시의 콘크리트를 타설해 버렸다.
ㄴ. 한쪽 밀어치기 타설 때문에 재료의 분리가 생겼다.
⑤ I형의 포스트텐션 거더에서 거더 가설 종료 후 돌출부 한쪽에 많은 균열이 발견되었다.
〔원인〕
ㄱ. 가설시 거더를 기울게 하였다.
ㄴ. 한쪽으로만 직사일광을 받았기 때문에 가로 방향으로 편심 모멘트가 발생하였다.
⑥ PC 거더에 있어서 임시 지지용 지점이 설계 지점보다 현저하게 스팬 중앙 쪽으로 치우쳤다.
〔원인〕
ㄱ. 거더 상부와 거더 끝부분의 각 수직(너비와 微小)과 상향 휨 케이블을 따라 균열이 발생하였다.
⑦ PC 강재를 따라 균열이 생기며 거더 아래 가장자리로 물이 스며나와 PC 강재의 녹, PC 강봉의 파단을 일으키고 있는 사례가 많다.
〔원인〕
ㄱ. PC 그라우트의 시공을 잊었다든지 시공이 불량하였다.
⑧ 스팬 20 m인 I형 단면의 PC 거더를 고무 베어링 위에 내려 놓았을 때 한쪽 고무

항 목	기 술 상 의 착 안 점
	가 불거져 나와 걷어 올라가고 다른 쪽은 밀착되지 않고 벌어진 채로 되었다. 〔원인〕 ㄱ. 고무 베어링 변형량이 하부 돌출부의 안쪽과 바깥쪽에서 현저히 달랐기 때문에 변형량이 큰 쪽의 거더 좌면(座面)이 올바르게 수평으로 되지 않았던 것. ㄴ. PC거더가 비틀렸던 것.

8. 터널(산악 터널)

항 목	기 술 상 의 착 안 점
1. 시공 계획서 (1) 시공 체제	각종 작업에 관계되는 인원 및 감독, 지도를 하는 자의 현장조직표에서 관련 법규 등에 의해 의무가 부여되어 있는 관리, 기능자격자 등이 기재되어 있는가의 여부. 　시공 관리자는 다음 조건을 만족하는 자. ① 계측 관리자 　측량사, 측량사보의 자격을 가진 자 또는 동등한 기술을 가진 자로 터널의 실무 경험이 2년 이상. ② 콘크리트 관리자 　콘크리트 주임기사, 콘크리트기사, 1급 토목시공 관리기사 중 한가지 자격을 가진 자 또는 이것과 동등한 기술과 경험을 가진 자로 터널의 실무 경험이 2년 이상. ③ 터널 굴착 관리자 　터널 굴착에 대해서 전문적 기술을 가진 자로 터널의 실무 경험이 2년 이상. ④ 터널 계측 관리자 　터널 계측에 대해서 전문적 기술을 가진 자로 터널의 실무 경험이 2년 이상.
(2) 작업 공정	공사 기간은 굴착의 진행에 지배되므로 원지반 조건에 맞는 시공 방법을 선정하는 것이 중요하다.
(3) 사용 설비, 기계기구류	공사의 규모, 공사 기간, 지반 조건과 시공 환경에 적합한 설비, 기계기구류를 선정하는 것이 중요하다.
(4) 사용 재료	공사 종류별로 적합한 재료로 한다.
(5) 임시 설비	공사 규모, 지형에 맞는 갱외, 갱내 설비로 한다.
(6) 관찰·계측 계획	계측 항목, 측정 빈도, 측점, 측선수, 배치 등이 적절한가 또 계측의 목적, 터널의 용도·규모, 원지반 조건, 주변 환경 조건 등이 충분히 고려되어 있는 것이 필요하다.
(7) 안전위생 관리	관련 제법규가 준수되고 있는가 그리고 적절한 안전 관리가 강구되어 있어 안전 시공이 가능한가 하는 것이 중요하다. ① 노동기준법 ② 건설노동자의 고용 개선 등에 관한 법률 ③ 산업안전보건법
(8) 비상시 대책,	비상시의 연락 체제, 대처 방법이 명시되어 있는가 그리고 환경 대책 등은 충분한가

항 목	기 술 상 의 착 안 점
환경 대책 등 (9) 시공 방법	하는 것이 중요하다. 터널(NATM) 시공에 관해서 착공부터 준공까지의 순서는 다음과 같다.

	내 용	방 법
기 본 측 량	· 갱내기준점 · 갱내 측량(다월(dowel)의 보호 상황)	· 레벨, 트랜싯 · 육안
갱 외 설 비	· 화약고 · 탁수(濁水) 처리 · 버력 처리 · 플랜트 설비	· 화약류 취급법 · 시, 읍 및 지방자치단체 조례
갱 내 설 비	· 배수 · 조명 · 환기	· 각 법률, 시, 읍 및 지방자치단체 조례 · 산업안전보건법
굴 착	· 굴착 공법(전단면 공법, 벤치 컷 공법, 도갱 선진 공법 등) · 굴착 방식 · 변형 여유량 · 용수 처리	· 원지반 조건, 터널 연장(延長), 단면 · 발파(發破), 기계, 인력 등 · 일상 계측 관리 · 시, 읍 및 지방자치단체 조례
갱 내 운 반	· 타이어 방식(운반 중 원지반 보호) · 레일 방식(궤도의 부설, 보수)	· 원지반 조건, 터널 연장(延長), 단면
지 보	· 지보의 변경 · 숏크리트 · 록 볼트 · 강제 지보공	· 원지반 상황 파악(계측, 육안) · 숏크리트 기계(습식, 건식) · 두께의 측정 방법-측정 판 · 재료의 품질증명서 · 시공-육안 · 재료의 품질증명서
복 공 콘 크 리 트	· 시공 시기 · 거푸집의 종류, 설치 · 설계 라이닝두께 · 용수 처리	· 계측 결과 · 스케일, 육안 · 라이닝두께 확보-검측 핀 등
인 버 트	· 굴착 · 콘크리트 타설	· 원지반의 상황, 시공 시기 · 굴착 완료 후 신속히 실시한다 · 설계 라이닝두께 확보(스케일)

철도 터널의 표준 단면을 **그림 8.1**에 나타낸다.

2. 시공

(1) 측량

터널의 측량은 터널의 규모, 용도, 시공법, 측량의 목적 등을 고려하여 필요한 정밀도로 신중하게 실시한다. 그리고 공공측량기준점에서 인조점을 구하는 동시에 공구(工區)가 분할된 경우는 상호 관련을 갖도록 하는 것이 필요하다. 터널 공사에 있어서 표준적인 측량 방법은 **표 8.1**에 나타내는 바와 같다.

항 목	기 술 상 의 착 안 점
	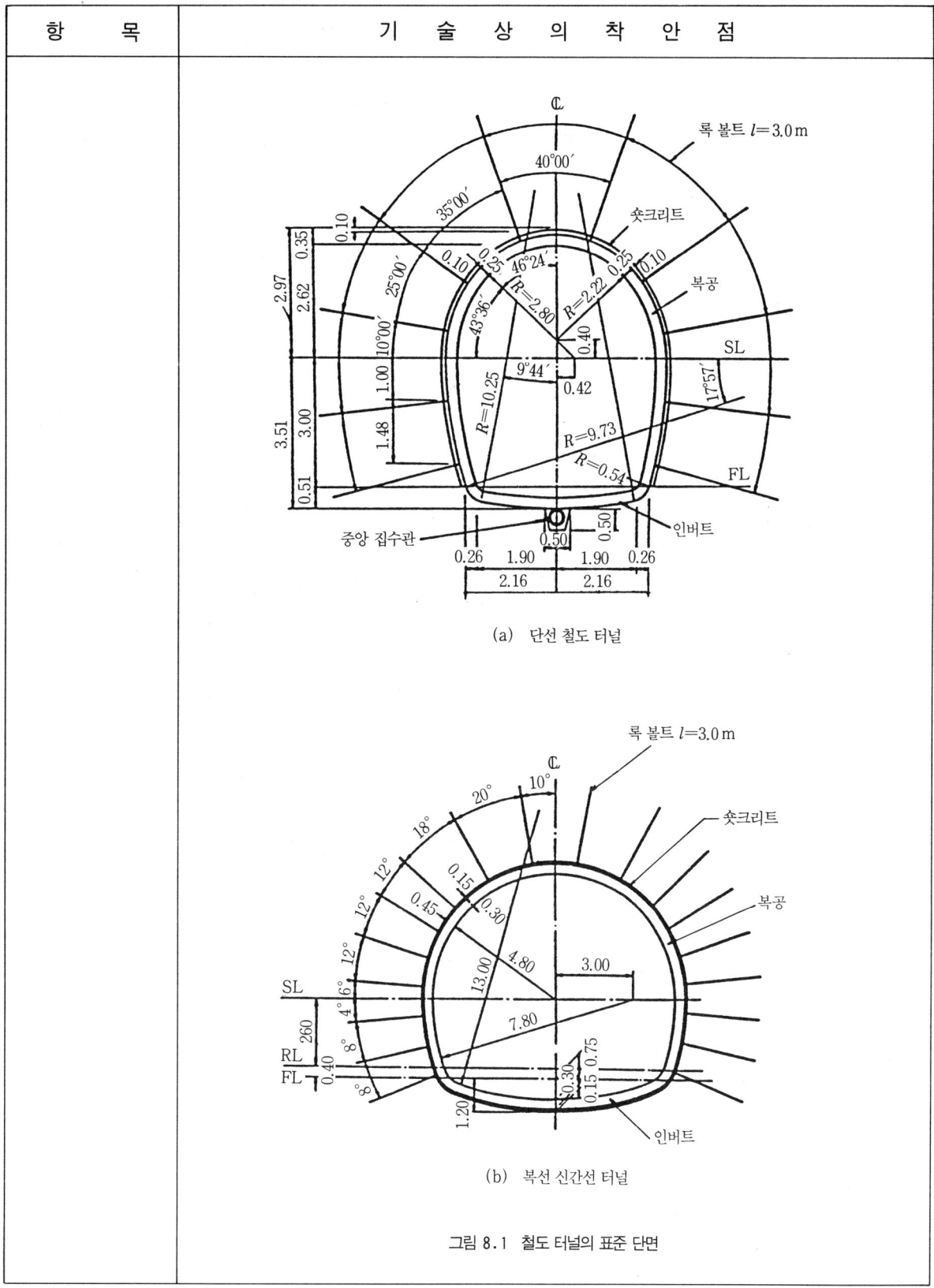 (a) 단선 철도 터널 (b) 복선 신간선 터널 그림 8.1 철도 터널의 표준 단면

항 목	기 술 상 의 착 안 점
	표 8.1 측량의 분류

구 분	시 기	목 적	내 용	성 과
갱외의 기준점 측량	시공 전	굴착을 위한 측량의 기준점 설치	삼각 측량 또는 트래버스 측량 및 수준 측량	기준점 설치와 중심선의 방향말뚝 설치
세부 측량	갱외의 기준점 설치 후, 시공 전	갱구와 터널 가설 계획에 필요한 상세 지형도 작성	평판(平板) 측량, 수준 측량, 트래버스 측량 등	1/100 ~ 1/500 지형도
갱내 측량	시공 중	중심선과 수준(水準)의 갱내로의 설치 굴착, 지보공, 거푸집 설치 등의 조사	트래버스 측량, 수준 측량, 자이로스코프 측량 등	갱내의 기준점 설치(dowel)
작업갱으로부터의 측량	작업갱 완성 후	작업갱으로부터의 중심선과 수준의 도입	上同 또는 특수 측량 방법	갱내의 기준점 설치

(2) 갱외 설비

  공사 규모, 시공 방법 등에 적합한 기능을 갖는 공사용 설비를 계획하고 공사를 원활하게 진행할 수 있는 설비의 배치로 한다.

  일반적인 설비를 다음에 나타낸다.

① 수·배전 설비

② 동력소 설비(공기 압축기)

  설비 대수의 산출은 최대 공기량을 사용하는 작업에서 동시에 산출하며 예비 기계도 필요하다.

③ 화약고

  화약 사용량 기타 현장의 작업 상황에 대응한 위치, 구조, 크기를 결정한다.

④ 운반 설비

  터널 현장과 주요 도로와의 연결은 도로 확폭(擴幅), 연결 도로의 신설이 따르며 지형에 따라 케이블, 버력 잔교 등을 계획한다.

⑤ 버력 처리 설비

⑥ 콘크리트 제조 관계 설비

  터널 현장 부근에 생콘크리트 공장이 없는 경우, 현장 혼합(비빔)이 경제적인 경우는 현장에 콘크리트 제조 관계 설비를 설치하고 콘크리트 재료의 반입 방법, 골재를 현장 제작하는 경우는 터널에서 발생하는 버력의 시험 등을 실시한다.

⑦ 숏크리트 플랜트

⑧ 탁수 처리 설비

  탁수(濁水) 등의 하천으로의 배수(시, 읍, 지방자치단체의 배수 조례(條例)의 확인)

⑨ 기타

  ㄱ. 충전실(축전지 기관차의 경우), 급수 설비, 사무실, 숙소 등의 설비를 현장 상

항 목	기 술 상 의 착 안 점
	황에 따라 설비한다. ㄴ. 수리, 단야(鍛冶), 목공소 설비 ㄷ. 공사용 재료, 기계 재료, 기계부품을 위한 창고 ㄹ. 지보 재료, 레일 등의 옥외 재료 적치장 및 신기 운반 설비 갱외 설비는 현지 조건에 적합한 것으로 설비의 배치에 있어서는 작업 시간의 경합(競合), 지장이 없도록 고려한다.
(3) 갱내 설비	갱내 설비의 주된 것은 환기 설비, 조명 설비, 급·배수 설비이다. ① 환기 설비 　환기 방식은 송기식과 배기식으로 크게 구분된다. 그리고 필요 배기량을 결정하는 데 있어서는 중기(重機)의 배기가스, 발파(發破) 후의 가스, 작업자의 호흡량을 검토하여 이 가운데 가장 큰 것에 대해서 설비한다. 또한 가연성가스, 유해가스, 산소 결핍공기 등이 발생할 우려가 있는 경우는 특별히 주의한다. 　환기 계획에 있어서 유의해야 할 사항은 다음과 같다. ㄱ. 신선한 공기가 막장까지 도달하도록 한다. ㄴ. 오염된 공기가 순환하여 다시 막장으로 돌아오지(車風) 않도록 한다. ㄷ. 누풍(漏風)과 마찰계수가 작은 송풍관을 사용한다. ㄹ. 가연성 비닐 송풍관 등은 피한다. ② 조명 설비 　작업면에서 필요한 조도는 70럭스로 하고 통로의 제일 어두운 부분의 조도는 10럭스 정도로 한다. ③ 급·배수 설비 ㄱ. 급수 　공사용 외에 소화용수, 생활용수도 고려한 급수 설비. ㄴ. 배수 설비(갱내 배수의 정화) 　배수기준은 수질 오탁 방지법의 배수 규제 대상이 되는 공장, 사업장이 지켜야 할 기준이다. 배수기준은 법령으로 전국이 일률적으로 정해져 있으며 각 시, 도, 군별로 더욱 엄격한 배수기준이 정해져 있는 것이 보통이다. 　아래의 표(표 8.2)는 일본의 경우로 총리부령의 배수기준을 나타낸 것이다.

표 8.2 총리부령 배수기준표(일본의 경우) 　　　　(계속)

항 목		규 제 값
유해물질	카드뮴과 그 화합물	0.1 mg/l
	시안화합물	1 mg/l
	유기인(有機燐) 화합물	1 mg/l
	납과 그 화합물	1 mg/l
	육가 크롬화합물	0.5 mg/l

항 목	기 술 상 의 착 안 점

표 8.2 총리부령 배수기준표(일본의 경우)

항 목		규 제 값
유해물질	비소와 그 화합물	0.5 mg/l
	수은과 알킬 수은 그 밖의 수은화합물	0.005 mg/l
	알킬 수은화합물	검출되지 않는 것
	PCB	0.003 mg/l
일반항목	수소이온 농도(pH) (해역 0.5~9.0)	5.8~8.6
	생물과학적 산소요구량(BOD) (하천)	160(120) mg/l
	과학적 산소요구량(COD) (해역, 호수와 늪)	160(120) mg/l
	부유 물질량(SS)	200(150) mg/l
	노르말 핵산 추출물질(광물 유류)	5 mg/l
	노르말 핵산 추출물질(동식물 유지류)	30 mg/l
	페놀류	5 mg/l
	구리	3 mg/l
	아연	5 mg/l
	용해성 철	10 mg/l
	용해성 망간	10 mg/l
	크롬	2 mg/l
	불소	15 mg/l
	대장균군류	(3,000개/cm^2)

주) (1) ( )는 일간 평균값. 일일 조업 시간 내에 3회 이상 측정한 결과의 평균값.
    (2) 유기인은 파라티온, 메틸파라티온, 메틸지메톤과 EPN에 한한다.
    (3) 일일 평균 배출량이 50 m^3 이상인 공장, 사업장에 관계되는 배출수에 대해 적용한다.

④ 보안 설비(화재, 사고 등)
   소화, 피난, 구호, 연락 통신 설비 등을 준비한다.

(4) 굴착

주변 원지반이 이완되지 않도록 배려하여 가능한 한 큰 터널 단면의 크기에 의한 굴착 공법으로 한다.

1) 굴착 공법

굴착 공법은 전단면 공법, 벤치 컷 공법, 도갱 선진 공법 등으로 나눌 수 있다.
① 전단면 공법
   설계 굴착 단면을 한번에 굴착하기 때문에 작은 단면과 경암 등의 안정된 원지반에서 채용된다.
② 벤치 컷 공법
   벤치 컷 공법은 일반적으로 상반, 하반이 병진(竝進)하는 것을 말하며 특이한 것으로 3단 이상으로 분할하는 다단 벤치 컷 공법이 있다. 벤치 컷 공법은 벤치 길이

표 8.3 벤치 컷 공법의 종별과 벤치 길이

종 별	벤치길이
롱 벤치 컷(long bench cut)	50 m 이상
쇼트 벤치 컷(short bench cut)	대략 10~35 m
미니 벤치 컷(mini bench cut)	2 m~터널 지름
다단 벤치 컷(多段 bench cut)	—

항 목	기 술 상 의 착 안 점
	에 따라 구분되는데 일반적으로 쇼트 벤치 컷 공법이 사용되며 특히 지질이 좋은 경우는 롱 벤치 컷 공법도 사용된다(표 8.3). ㄱ. 롱 벤치 컷(long bench cut) 공법 　비교적 원지반이 안정되고 조기에 인버트를 폐합(閉合)할 필요가 없는 경우에 사용된다. ㄴ. 쇼트 벤치 컷(short bench cut) 공법 　발파 방식, 기계 방식 모두에 채용되고 있다. 이 공법에 의한 경우 작업의 경합성을 고려하여 버력 반출 방식을 결정할 필요가 있다. ㄷ. 미니 벤치 컷(mini bench cut) 공법 　전단면 공법에서 막장의 안정을 도모하는 경우 조기에 인버트의 폐합이 필요한 경우 또는 토사 터널에서 윗면의 침하를 억제하는 경우에 사용된다. ㄹ. 다단 벤치 컷(多段 bench cut) 공법 　통상의 벤치 컷 공법이 자립되지 않는 경우에 사용되는데 다단으로 함으로써 폐합 시기가 늦어져 변형이 커지는 경우가 있다. ③ 측벽 도갱 선진 공법 　비교적 큰 단면에서 원지반의 지지력이 부족한 경우에 사용되며 특히 도시 터널에서 침하를 억제하는 경우에 사용된다. 　각 굴착 공법의 개략을 **그림 8.2**에 나타낸다. (a) 전단면 공법　(b) 상부 반단면 공법　(c) 저설(底設) 도갱 선진 공법　(d) 측벽 도갱 선진 공법　(e) 가운데 벽 분할 공법 주) (1) ①, ② ……… ④ 는 굴착 순서를 표시한다. 　　(2) (b), (c), (d)의 오른쪽 그림은 널말뚝 공법에 채용되는 것이다. 　　(3) 상반부와 하반부를 병진하는 공법을 벤치 컷 공법이라고 한다. 또한 (b) 그림과 같이 분할하는 경우를 일반적으로 2단 벤치 컷이라고 하며 이것보다 단수(段數)가 많은 것을 3단 벤치 컷, 다단 벤치 컷 등 이라고 한다. 　　(4) 막장의 안정이 나쁜 경우는 그림 중 점선으로 표시된 것 같이 굴착 단면을 세분할하는 것이 있으며, 상반부를 (b)~(e)와 같이 굴착하는 경우를 링 컷(ring cut) 또는 核殘(핵 남기기)이라고 한다. 　　　　　　　　그림 8.2　대표적인 큰 단면 터널의 굴착 공법
2) 굴착 방식	굴착 방식에는 기계 방식, 발파 방식, 인력 방식 등이 있다.
3) 기계 굴착	① 기계 굴착의 일반적인 시공 순서를 아래에 나타낸다. ㄱ. 측량(천공 위치 마킹)

항 목	기 술 상 의 착 안 점
	ㄴ. 굴착 ㄷ. 1차 숏크리트 ㄹ. 버력 반출 ㅁ. 지보공 세우기 ㅂ. 록 볼트 타설 ㅅ. 2차 숏크리트 ② 기계 굴착의 선정 기계 굴착은 원지반(일축 압축 강도 등) 조건, 터널 단면의 크기·형상과 연장(延長) 등을 고려하여 선정한다. ③ 굴착 ㄱ. 암(arm) 굴착기 등을 사용하여 굴착하는 경우는 막장의 안정에 주의함과 동시에 과잉 파기의 경감(輕減)에 힘쓴다. ㄴ. TBM으로 굴착하는 경우는 원지반에 적합한 커터의 종류, 커터 헤드의 회전수, 추력(推力)의 크기 등을 정하고 굴진 속도의 향상을 도모하도록 운전 관리를 적절히 한다. 기계 굴착의 일례를 그림 8.3에 나타낸다. 그림 8.3 기계 굴착 방법
4) 발파 굴착	① 발파 굴착의 일반적인 시공 순서를 아래에 나타낸다. ㄱ. 측량(천공 위치 마킹) ㄴ. 천공(穿孔) ㄷ. 장약(裝藥) ㄹ. 발파(發破) ㅁ. 환기 ㅂ. 부석 제거 ㅅ. 1차 숏크리트 ㅇ. 버력 반출

항 목	기 술 상 의 착 안 점

	ㅈ. 지보공 세우기
	ㅊ. 록 볼트 타설
	ㅋ. 2차 숏크리트
	② 발파 계획
	    발파 계획은 원지반 조건, 단면의 크기・형상, 굴착 공법, 일발파 진행 길이 등에 적합하고 또한 주변 원지반의 이완이 적고 평활한 굴착면을 얻을 수 있도록 결정한다. 그리고 주변 환경에 미치는 영향을 고려하여 필요한 경우는 대책을 강구한다.
	③ 천공
	  ㄱ. 천공은 위치, 방향, 깊이에 대해서 정확히 실시한다.
	  ㄴ. 천공 길이, 천공 구멍수, 지질을 고려하여 필요로 하는 착암기의 기종, 대수 등을 결정한다.
	④ 정(chisel)
	    비트(bit)의 형식은 돌의 종류와 현장의 입지 조건에 따라 결정하고 정의 길이는 천공 길이에 따라 결정한다.
	⑤ 발파
	  ㄱ. 장약은 규정된 폭약, 기구 재료를 사용하고 발파 계획에 따라 실시한다.
	  ㄴ. 발파는 지휘자를 정해 안전하고 확실하게 실시한다.
	  ㄷ. 발파 후는 소정의 시간이 경과한 후 발파 장소와 그 주변 상태를 점검하여 부석 등을 제거함과 동시에 불발 구멍, 잔류폭약 등의 유무를 점검하여 필요한 조치를 강구한다.

(5) 버력 처리	① 버력 처리 계획
	    버력 처리 계획은 원지반 조건, 입지 조건, 단면의 크기, 연장(延長), 경사, 굴착 공법, 굴착 방식, 버력의 성상 등을 고려하여 정한다.
	② 버력 싣기 기계
	    크롤러식, 휠식, 레일식이 있다.
	③ 버력 운반
	    버력 운반 방식은 타이어 방식과 레일 방식이 주종을 이루며 **표 8.4**에 그 비교를 나타낸다.
	  ㄱ. 타이어 방식
	      일반적으로 사용되고 있다. 갱내에 설치되는 턴 테이블(turn table)은 구조와 이동성이 좋은 것으로 하여 운반 중은 배수에 주의하고 늘 양호한 노면을 가질 수 있도록 보수한다. 그리고 배기가스 정화 장치 등의 환기 설비를 설치한다.
	  ㄴ. 레일 방식
	      철도의 단선 터널에서 주로 사용되고 있다. 레일 종별, 궤간(軌間) 등은 운반

항 목	기 술 상 의 착 안 점
	표 8.4 타이어 방식과 레일 방식의 비교

항 목	타이어 방식	레일 방식
갱외 설비	경미한 설비로 충분하다.	어느 정도의 설비와 부지가 필요하다.
노면, 주행로	노면 보수가 필요하다. 용수(湧水)가 많고 지질이 연약한 경우는 일반적으로는 적합하지 않다.	노면이 손상되지 않는다. 단단하고 약한 어떤 버력의 지질에도 가능하다.
경사의 제한	제한이 적다.	제한이 생긴다.
단면의 제한	작은 단면에는 적합하지 않다.	타이어 방식에 비해 작은 단면에도 가능하다.
환기 설비	대형의 설비가 필요하다.	축전지 기관차의 경우는 타이어 방식보다 소형의 설비로 충분하다.

차량의 종류에 적합한 안전한 구조로 하여 탈선 등의 장해를 일으키지 않도록 궤도를 부설, 보수한다.

운반 차량은 소정의 검사, 점검을 실시하여 늘 정상적인 기능을 갖도록 정비하고 내연기관을 사용하는 경우는 배기가스에 주의하여 필요에 따라서 적절한 대책을 강구한다.

ㄷ. 그 밖의 방식

벨트 컨베이어 방식, 엔드리스 로프 방식이 있는데 이러한 것은 사갱(斜坑) 등의 경사 터널에서 사용된다.

ㄹ. 운행 관리

운행 관리 규정을 정해 차량 운행의 안전을 확보함과 동시에 운전사, 유도자 (誘導者) 기타 관계자에게 운행 안전에 관한 교육을 실시하여 사고 방지에 노력한다.

(6) 지보

NATM의 특색은 원지반이 보유하고 있는 강도를 유효하게 활용하는 것으로 이 때문에 지보의 역할은 크고 지보로서는 숏크리트가 중요하다.

1) 숏크리트

① 숏크리트 방식의 선정

지질, 터널 연장(延長), 굴착 방식, 용수(湧水)의 유무 등을 충분히 검토하고 안전성을 고려하여 정한다. 숏크리트 방식에는 건식 공법과 습식 공법이 있다.

② 숏크리트의 두께

숏크리트의 두께는 최소두께에 의한 관리와 평균두께에 의한 관리가 있는데 주로 연암(軟岩)인 경우는 최소두께에 의해 관리하고 경암(硬岩)인 경우는 평균두께로 관리한다.

ㄱ. 측정 간격은 20 m 이내에 1단면으로 하고 아치부 5군데, 측벽 좌우 각 1군데, 계 7군데 정도로 한다.

항 목	기 술 상 의 착 안 점

	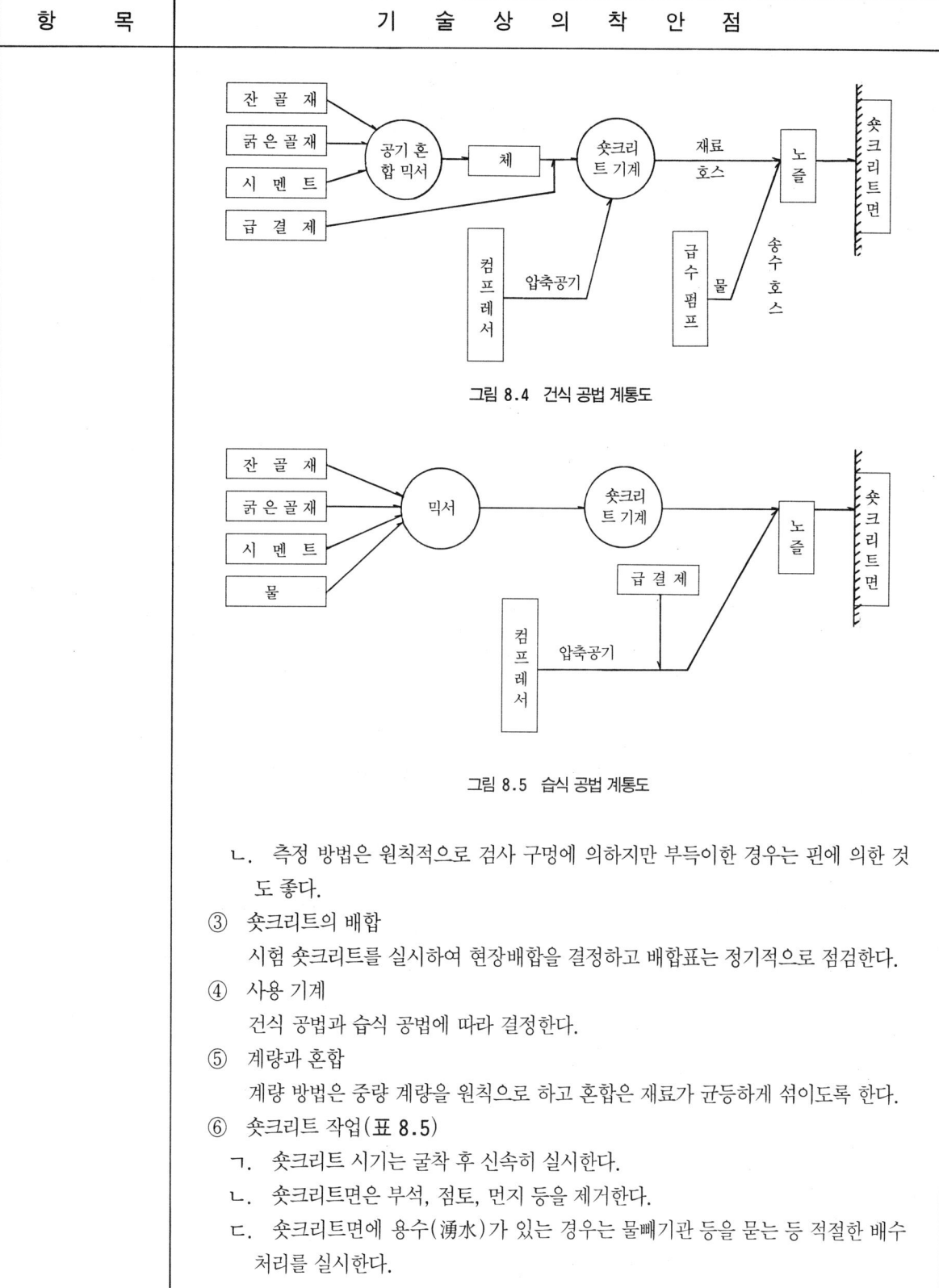
	그림 8.4 건식 공법 계통도
	
	그림 8.5 습식 공법 계통도
	
	   ㄴ. 측정 방법은 원칙적으로 검사 구멍에 의하지만 부득이한 경우는 핀에 의한 것도 좋다.
	③ 숏크리트의 배합
	   시험 숏크리트를 실시하여 현장배합을 결정하고 배합표는 정기적으로 점검한다.
	④ 사용 기계
	   건식 공법과 습식 공법에 따라 결정한다.
	⑤ 계량과 혼합
	   계량 방법은 중량 계량을 원칙으로 하고 혼합은 재료가 균등하게 섞이도록 한다.
	⑥ 숏크리트 작업(표 8.5)
	   ㄱ. 숏크리트 시기는 굴착 후 신속히 실시한다.
	   ㄴ. 숏크리트면은 부석, 점토, 먼지 등을 제거한다.
	   ㄷ. 숏크리트면에 용수(湧水)가 있는 경우는 물빼기관 등을 묻는 등 적절한 배수 처리를 실시한다.

항 목	기 술 상 의 착 안 점
	표 8.5 숏크리트의 품질 관리 표준

종별	관리 항목	관리 내용과 시험	시험 빈도	비 고
일상관리	배 합	배합과 사용량 검사	—	현장배합에 따른다
	시 공 상 황	숏크리트의 부착, 성상, 리바운드 등의 관찰		
	숏크리트두께	핀 등에 의한 확인		
	변상(變狀) 등	균열 등의 관찰		현장 계측 결과에 따라 대책을 강구한다
정기관리(시행)	배 합	배합표와 사용 수량 점검	터널 연장 (延長) 20 m 마다	현장배합에 따른다
	두 께	숏크리트두께 검측		숏크리트두께의 관리요령
	강 도	압축 강도 시험 휨 강도 시험 (스틸 파이버를 사용하는 경우)		$\sigma\beta\pounds$ 강도 시험 ① 빔 거푸집 ② 직접 코어 채취 ③ 핀 인발(引拔) 중에서 어느 한가지 방법으로 실시한다
기타	강 도	단기 재령 압축 강도 시험 장기 재령 압축 강도 시험	필요할 때마다	
	리 바 운 드	리바운드율 측정		

ㄹ. 숏크리트두께는 검측 핀을 묻어 확보한다.
ㅁ. 숏크리트는 숏크리트면에 직각으로 내뿜으며 거리는 통상 1 m 정도에서 실시한다.
ㅂ. 철망의 고정은 앵커 철근, 핀, 콘크리트 못 등을 사용한다.
ㅅ. 리바운드재 제거를 실시한다.
ㅇ. 일반적으로 숏크리트 압력은 호스 길이에 따라 정해지며 모래의 표면 수량, 입도 및 배합 설계에 따라 변동한다.

2) 록 볼트

록 볼트는 사용 목적과 용도에 적합하고 또한 공사의 안전과 경제성을 만족하는 것을 선택하는 것이 중요하다.
① 천공 기계의 선정
천공 기계는 공기식, 유압식이 있으며 선정에 있어서는 지질, 단면, 공법, 천공 길이를 고려하여 결정한다.
② 정착 방법
정착 방법으로는 선단 정착형, 전면 접착형과 이러한 것의 병용형이 사용되고 있다.

항 목	기 술 상 의 착 안 점

	③ 정착 재료와 충전
	  전면 접착형의 정착재는 시멘트 모르타르가 주류이다. 시멘트 모르타르는 현장 혼합 충전과 캡슐 충전이 있는데 유동성이 좋고 조강성과 장기 안정성을 가진 것이 요구된다.
	④ 록 볼트의 품질 관리
	  ㄱ. 록 볼트의 재료는 봉강의 KS규격품을 사용.
	  ㄴ. 록 볼트의 인발 시험, 시험 위치와 인발 시험의 시기.
	  ㄷ. 록 볼트의 품질 관리 표준을 표 8.6에, 인발 시험 판정기준을 표 8.7에 나타낸다.
	⑤ 록 볼트의 삽입
	  록 볼트의 삽입은 구멍의 거칠기, 용수(湧水) 등을 충분히 고려하여 시공한다.
	⑥ 용수 장소에서의 시공
	  용수 처리 방법은 경(硬), 중경암(中硬岩)의 경우는 레진(resin), 시멘트 캡슐, 시멘트 밀크 충전식이 많다.

표 8.6 록 볼트의 품질 관리 표준

종별	관리 항목	관리 내용과 시험	시험 빈도	비 고
일상관리	시공정밀도	소정의 위치, 구멍 지름, 깊이로 시공되고 있는지를 확인	—	록 볼트 길이의 검척
	모르타르충전	시공 중인 모르타르가 록 볼트와 원지반 사이에 확실히 충전되고 있는지를 확인		
	정착효과	시공 후의 정착 효과를 확인한다 (토크 렌치로 조인다)		
	변상	베어링 플레이트의 변상(變狀) 등을 관찰한다		현장 계측 결과 등에 따라 대책을 강구한다
정관기리	강도	록 볼트 인발 시험	터널 연장 20m마다	3개/20 m (천장, 아치, 측벽 각 1개)
기타	흐름값	모르타르 흐름값 측정	필요할 때마다	
	강도	모르타르 압축 강도 시험		

표 8.7 록 볼트의 인발 시험 판정기준

위 치	제 1 단계	제 2 단계	제 3 단계	비 고
천장, 아치 측벽부	1개 ○ → 합격 ×	→ 2개 ○○ → 합격 ○× ××	불량인 경우는 필요한 대책을 강구한다	○ 표는 양호 × 표는 불량

항 목	기 술 상 의 착 안 점
	모래 원지반인 경우 발포 레진과 시멘트 캡슐이 유효하다.
3) 강제 지보공	① 사용 목적 　원지반의 붕락 방지, 보조 부재를 사용하는 경우는 반력 지점, 숏크리트의 강도 발현까지의 지보, 갱구 부근의 편압에 대한 억제, 반영구 구조물로서의 숏크리트의 보강 철골, 토피(土被)가 작은 원지반에서의 지표의 침하 방지 등이 있다. ② 공장 제작 　ㄱ. 제작도 　ㄴ. 공장 가공은 냉간 가공을 원칙으로 한다. 그리고 여유량을 고려한다. ③ 품질 형상 　ㄱ. 재질 　　규격증명서 또는 시험성적 　ㄴ. 외관 　　비틀림, 플랜지의 기복, 용접 상황 등 ④ 세우기 　ㄱ. 세우기 간격은 1.5 m 이하로 한다. 　ㄴ. 세우기는 원지반 또는 숏크리트에 밀착시킨다. 　ㄷ. 세우기 위치, 중심, 고저(高低). 　ㄹ. 침하 방지를 위한 밑받침, 비틀림 방지 연결보 등. 　ㅁ. 덧올림량은 20~40 mm.
(7) 복공	터널 연장(延長)·단면 등에 따라 시공 방식, 타설 연장(延長), 타설 기계와 거푸집 형식을 결정한다.
1) 시공 시기	복공 콘크리트는 일반적으로 변위가 수렴(收斂)된 후에 타설한다.
2) 거푸집	거푸집에는 이동식과 조립식이 있는데 일반적으로는 이동식이 사용된다. 이동식 거푸집은 이동성이 좋고 견고한 구조로 한다. 그리고 거푸집은 철도 터널의 경우는 1타설 연장(延長) 10.5 m 정도가 많이 사용되고 있다.
3) 복공 콘크리트	복공 콘크리트의 시공 순서와 주의사항 ① 거푸집의 이동·설치 　ㄱ. 중심 위치, 높이는 기준점(dowel)으로부터의 측량에 의해 덧올림량과 내공 단면 너비 체크. 　ㄴ. 라이닝두께 공간 치수의 확보 – 검측 방법.

항 목	기 술 상 의 착 안 점

	ㄷ. 고정 상태, 이동용 궤도의 침하는 없는가.
	ㄹ. 라이닝두께가 얇은 이물 제거 작업이 없는 경우의 거푸집 표면 처리 방법.
	ㅁ. 송풍관, 급수관 등은 거푸집 안으로 말려 들어가지 않도록 이설한다.
	② 라이닝두께 측정
	    설계 라이닝두께와의 대비(對比) 및 측점수와 장소를 선정한다.
	③ 콘크리트 타설
	    ㄱ. 타설 방법은 좌우 균등하게 타설한다.
	    ㄴ. 윗면 시공시는 뿜어올리는 방식이 일반적이다.
	    ㄷ. 다짐은 거푸집 바이브레이터와 봉상 바이브레이터를 사용한다.
	④ 양생·탈형
	    탈형 강도를 설정한다.

4) 라이닝두께	① 라이닝두께 공간의 확인(그림 8.6) 년 월 일 ① 20 m 정도 간격으로 검측 ②~⑤ 100 m 정도 간격으로 ①에 추가해서 검측

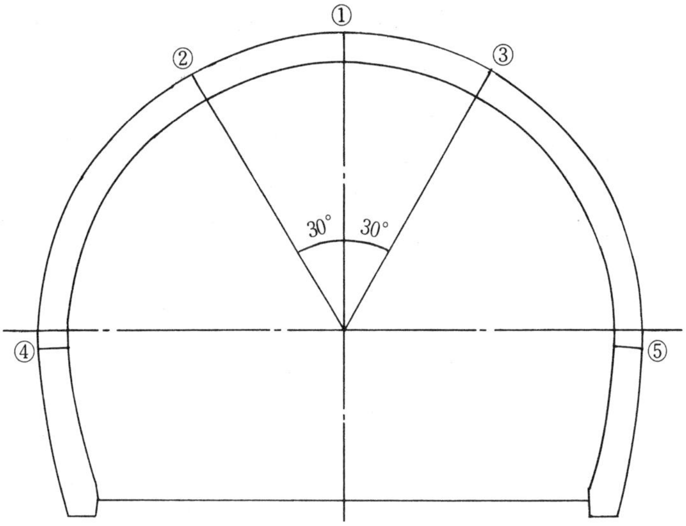

검측 장소	설계 라이닝 두께	측 정 두 께					평균 라이닝 두께
		①	②	③	④	⑤	

그림 8.6 복공 콘크리트 라이닝두께 검측표

항 목	기 술 상 의 착 안 점
	ㄱ. 1타설당의 측정은 시종점과 중간점의 정부(頂部)와 좌우 각각 3점 이상이 바람직하다. ㄴ. 원지반 상태, 굴착 방식, 변위 속도 등에 유의하여 원지반의 변위가 수렴된 후에 실시하는 것이 좋다. ㄷ. 원지반의 부분적인 돌출은 견고한 암석인 경우에 한해 설계 라이닝두께의 30%를 한도로 하여 설계 라이닝두께를 침범해 존치해도 좋다. ② 복공 라이닝두께의 확인 　　연장(延長) 대략 100 m 마다 아치부는 1단면 3군데 이상(內 1군데는 크라운부로 하며 크라운부는 대략 20 m 마다 실시한다), 측벽부는 좌우 1군데 이상으로 하고 방법은 아래에 서술한다. 　ㄱ. 검사 구멍에 의한 방법 　　a. ϕ 32 mm 이상의 검사 구멍을 천공하여 확인한다. 라이닝두께가 부족한 경우는 검사 구멍을 추가하여 그 범위를 확인하면 된다. 　　b. 검사 구멍은 원칙적으로 끝부분 채움한다. 　ㄴ. 라이닝두께 검측용 핀에 의한 방법 　　a. 라이닝두께 검측용 핀을 콘크리트 타설시에 강제 거푸집의 소정 위치에 설치하고 콘크리트 타설 후 4~5시간 지나서 콘크리트의 응결이 종료한 후 떼어내서 확인하는 것이 좋다. 　　b. 라이닝두께가 부족한 경우는 검사 구멍(ϕ 32 mm 이상)을 천공하여 그 범위를 조사할 필요가 있다. 　　c. 라이닝두께 검측용 핀 구멍과 검사 구멍은 원칙적으로 끝부분 채움한다.
5) 인버트	① 시공 시기, 시공 연장(延長) 　　인버트 시공은 굴착 중인 원지반의 변동을 파악하여 조기에 폐합(閉合)한다. 그런데 인버트를 조기에 폐합할 수 없는 경우는 숏크리트에 의해 임시 폐합을 한다. 　　　　　　　그림 8.7 인버트 시공도

항 목	기 술 상 의 착 안 점
6) 방수공 등	② 시공상의 주의 　측벽 하부와의 이음매에 주의함과 동시에 배수를 충분히 하여 숏크리트의 리바운드재와 불량한 부분을 제거한다. ③ 콘크리트의 타설은 굴착 완료 후 신속하게 실시한다. ① 시트의 적용 구분 표 8.8 시트의 적용 구분 | 용수(湧水)	결빙(結氷)	있 음	없 음
---	---	---	---
있음	용수가 많은 경우	방수 시트 B (방수 시트 A) *	방수 시트 B (방수 시트 A) *
	조수 또는 적수	방수 시트 B	간이 시트 **
	삼　　수	방수 시트 B	간이 시트 **
없　　음		간이 시트 B ***	간이 시트	 주) (1) *방수 시트 A는 특히 용수(湧水)가 많은 경우에 현장 상황을 잘 판단하여 적용을 검토한다. 　　(2) **간이 시트로는 지수(止水)의 효과를 기대할 수 없으므로 용수 처리로서 간이 시트+지수판+복공 배면 용수 처리공 또는 간이 시트+시공 이음 도수공(導水工) 등을 시공한다. 　　(3) ***결빙 구간에 대해서는 장래 원지반 상황의 변화 등을 고려하여 시공 이음에 지수판을 시공해 둔다. 　　(4) 용수(湧水)가 많다는 것은 조수, 적수의 상태 이상으로 물이 나오고 있는 경우를 말한다. 　　(5) 조수(條水) 또는 적수(滴水)란 물이 똑똑 떨어지든가 또는 계속해서 떨어지고 있는 경우를 말한다. 　　(6) 삼수(滲水)는 물이 스며나와 젖어 있는 정도를 말한다. ② 대책의 개요 　ㄱ. 굴착 중 또는 숏크리트 시공 후에 용수(湧水)가 있는 경우. 　　방수 시트 B. 단, 특히 용수가 많은 경우는 방수 시트 A를 검토. 　ㄴ. 굴착 중 또는 숏크리트 시공 후에 조수(條水) 또는 적수(滴水)가 있으며 또한 삼수(滲水) 정도인데 지질 등 원지반의 상황에 따라 장래 누수가 예상되는 장소. 　　결빙 구간인 경우는 방수 시트 B. 　　결빙 구간이 아닌 경우는 간이 시트. 　ㄷ. 굴착 중 또는 숏크리트 시공 후에 용수 등이 없는 구간. 　　간이 시트. 단, 결빙 구간인 경우는 시공 이음에 지수판을 시공. ③ 시공상의 주의사항 　ㄱ. 숏크리트면의 극단적인 요철(凹凸)은 시트붙이기 전에 숏크리트면 처리를 한다. 　ㄴ. 맨 처음부터 시트 시공 계획이 있는 경우는 록 볼트의 머리 부분 절단 처리의 시간을 생략하기 위해 가능한 한 볼트머리 부분이 돌출하지 않도록 시공한다. 　ㄷ. 숏크리트 표면에 돌출되어 있는 볼트는 시트 등이 손상되지 않도록 머리 부분

항 목	기 술 상 의 착 안 점
	처리를 한다.
3. 계측 (1) 계측의 목적	NATM은 원지반에 밀착된 숏크리트, 록 볼트에 의해 적극적으로 원지반 자체가 갖는 지지 능력을 활용한다는 데 최대의 특징이 있다. 이런 이유로 갱내 관찰을 포함하는 계측에 의해 원지반의 응력 재배분에 따른 평형 상태를 감시하는 것은 매우 중요하며 또한 터널의 선(線)모양 구조물로서의 특수성 때문에 사전 지질 조사로서 얻을 수 있는 정보가 늘 충분하다고는 말하기 어려우므로 시공 중의 계측이 차지하는 역할도 중요하다. 계측의 구체적인 목적은 다음과 같다. ① 안전성의 확인 ㄱ. 주변 원지반의 변동을 파악한다. ㄴ. 각 지보 부재의 효과를 파악한다. ㄷ. 구조물로서의 터널의 안정 상태를 확인한다. ㄹ. 주변 구조물에의 영향을 파악한다. ② 경제성의 확보 ㄱ. 설계, 시공의 경제성을 도모한다. ㄴ. 설계, 시공에 반영시킴과 동시에 장래 시공 계획의 자료로 한다.
(2) 계측 계획	계측 계획에 있어서는 구체적인 평가의 수법까지를 포함해서 계측의 목적을 명확히 하고 터널의 용도, 규모, 사전에 실시되는 지질 조사 또는 주변 환경 조사에 의해 얻을 수 있는 원지반 조건, 주변 환경 조건을 충분히 고려하여 각각의 터널 조건, 문제점에 적응하도록 계획한다. 그리고 계측 전체의 경제성도 고려하여 효과적인 계측 계획을 책정한다.
(3) 계측 항목의 선정	표 8.9에 계측 항목을 나타내는데 각 계측 항목의 중요도는 각각의 터널 용도, 규모 또는 원지반 조건 등에 따라 다르므로 구체적인 계측 결과의 활용 목적, 평가법을 명확히 한 후에 필요한 항목을 선정하여 실시한다. 표 8.10에 각종 원지반에서의 계측 항목의 중요도를 나타낸다. 표 중의 원지반 조건과 원지반 등급의 대응성은 다음과 같다. ① 경암 원지반(단층 등의 파쇄대를 제외) ——— 경 암 $I_N \sim V_N$ 　　　　　　　　　　　　　　　　　　　　　　중경암 $I_N \sim V_N$ ② 연암 원지반(큰 소성지압은 발생하지 않음) —— 연 암 $II_N \sim III_N$ ③ 연암 원지반(큰 소성지압이 발생한다) ——— 연 암 $I_N, I_L, I_S,$ 특 L, 　　　　　　　　　　　　　　　　　　　　　　특 S

항 목	기 술 상 의 착 안 점
	④ 토사 원지반 ─────────────── 토 사

표 8.9 시험, 계측 항목 (계속)

	계측 항목	계측으로 구할 수 있는 주요사항	계측 종별
원위치조사·시험	갱내 관찰 조사	① 막장의 자립성, 온통파기면의 안정성, ② 암질, 단층 파쇄대, 습곡 구조, 변질대 등의 성상(性狀) 파악, ③ 숏크리트 등 지보공의 변상(變狀) 파악, ④ 맨 처음 원지반 구분의 재평가	A*
	갱내 탄성파 속도 측정	① 맨 처음 원지반 구분의 재평가, ② 이완 영역, ③ 지층의 균열, 변질 정도, ④ 암반으로서의 강도 파악	B*
	보링 조사	① 암질, 단층 파쇄대, 습곡 구조, 변질대, 가스 등의 성상 파악, ② 원지반 시험 시료 채취	
	보링 구멍을 이용한 조사, 검층(檢層)	지내력(표준 관입 시험), 수압, 투수계수(용수압 시험), 변형계수(구멍 내 수평 재하 시험)	
	암반 직접 전단 시험	원지반의 초기 전단 강도(c, ϕ), 잔류 강도 (c′, ϕ′), 변형계수 (D)	
	잭 시험	변형계수(D), 지반 반력계수(K)	
원지반 시료 시험	1축 압축 시험	1축 압축 강도(σc), 靜영계수(E), 靜푸아송비(ν)	B**
	초음파 전파 속도 측정	P파 속도(Vp), S파 속도(Vs), 靜영계수(Ed), 靜푸아송비(νd)	
	단위 체적 중량 시험	단위 체적 중량(γ), 함수비(W)	
	흡수율 시험	흡수율	
	압렬(壓裂) 인장 시험	압렬 인장 강도(σt)	
	크리프 시험	크리프상수(η)	
	입도 분석 시험	토사 원지반인 경우 막장 안정성의 판단 자료로 한다. 이암, 온천 여토 등인 경우 팽창성의 판단 자료로 한다.	
	침수(浸水) 붕괴도 시험	연암(軟岩)인 경우 물에 대한 안정성의 판단 자료로 한다.	
	3축 압축 시험	접착력(c), 내부 마찰각(ϕ), 잔류 강도(c′, ϕ′)	
	X선 회절 시험	점토 광물의 종류(팽윤성 점토의 유무)	
	양이온 교환용량(CEC)	점토 광물의 함유량 추정	
계측	내공 변위 측정	변위량, 변위 속도, 변위의 수렴 상황, 단면의 변형 상태에 따라 ① 주변 원지반의 안정성, ② 1차 지보 설계, 시행(施行)의 타당성, ③ 2차 복공의 타설 시기 등을 판단한다.	A
	윗면침하 시험	터널 윗면의 절대침하량을 감시하고 단면의 변형 상태를 파악하여 터널 윗면의 안정성을 판단한다.	
	지표·지중침하 측정	터널 굴착에 따른 지표에의 영향, 침하 방지 대책의 효과 판정, 터널에 작용하는 하중 범위의 추정	B

항 목	기 술 상 의 착 안 점

표 8.9 시험, 계측 항목

	계측 항목	계측으로 구할 수 있는 주요사항	계측 종별
계 측	지중 변위 측정	터널 주변의 이완 영역, 변위량을 파악하여 록 볼트의 길이, 설계, 시행의 타당성을 판단한다	B
	록 볼트 축력 측정	록 볼트에 생긴 변형으로 록 볼트 축력, 효과 확인, 록 볼트 길이, 록 볼트 지름을 판단한다.	
	복공응력 측정	1차 복공의 배면 토압, 숏크리트의 내응력	
	록 볼트 인발 시험	록 볼트의 인발내력으로 적정 정착 방법, 적정 록 볼트 길이 등을 판단한다.	B***
	강 지보공의 응력 측정	강 지보공의 응력에 따라 지보공의 크기, 간격, 지보공의 필요성을 판단한다. 그리고 강 지보공에 작용하는 토압의 크기, 방향, 측압계수(Ko)를 추정한다.	
	바닥 부풀음 측정	인버트의 필요성, 효과 판정	

* 계측 종별 A는 일상의 시행 관리를 위해 반드시 실시해야 할 계측을 말한다.
　계측 종별 B는 원지반 조건에 따라 계측 A에 추가해서 선정되는 계측을 말한다. 그리고 계측 종별이 공란인 것 또는 표시되어 있지 않은 시험, 계측 항목에 대해서도 필요하다고 인정되는 것에 대해서는 실시한다.
** 원지반 시료 시험의 시험 항목은 원지반 조건에 따라 선정한다.
*** 시행 관리(품질 관리)로서의 록 볼트 인발 시험, 계측으로서는 취급하지 않는다.

표 8.10 시험, 계측 항목

항목 원지반 조건	계측 A			계측 B						
	갱내 관찰 조사	내공 변위 측정	윗면 침하 측정	지표·지중의 침하 측정	지중 변위 측정	록 볼트 축력 측정	복공 응력 측정	록 볼트 인발 시험	원지반 시료 시험	갱내 탄성파 속도 측정
경암 원지반(단층 등의 파쇄대를 제외)	◎	◎	◎	△	△*	△*	△	△	△	△
연암 원지반(큰 소성지 압은 발생하지 않는다)	◎	◎	◎	△	△*	△*	△*	△	△	△
연암 원지반(큰 소성지 압이 발생한다)	◎	◎	◎	△	◎	◎	○	△	○	△
토사 원지반	◎	◎	◎	◎	○	△*	△*	○	◎	△

주) ◎ : 반드시 실시하는 항목
　　○ : 실시해야 하는 항목
　　△ : 필요에 따라 실시하는 항목
　　* : 측정 결과로 설계감의 가능성을 판단하는 경우에는 유용성이 높아진다.

(4) 계측요령　　계측에 있어서는 그 목적, 터널의 규모, 원지반 조건을 충분히 고려하여 계측 항목, 계측 위치, 측점(또는 측선)의 배치, 측정 빈도 등을 정한다.

1) 계측 간격　　① 갱내 관찰 조사
　　　　　　　　　원칙적으로 각각의 막장에 대해서 실시하는데 지질의 변화가 거의 없는 경우는 1

항 목	기 술 상 의 착 안 점
	일에 1막장으로 하면 좋다. ② 내공(內空) 변위 측정, 윗면침하 측정 　동일 단면에서 실시한다. 시공의 초기 단계에서는 계측 간격을 좁게 하여 어느 정도 실적이 얻어지면 계측 간격을 넓게 해도 좋다.

표 8.11 내공 변위 측정, 윗면침하 측정의 계측 간격의 표준

원지반 \ 조건	갱구 부근	토피 2D 이하 (D : 터널 굴착 너비)	시공의 초기 단계*	어느 정도 시공이 진행된 단계***
경암 원지반(단층 등의 파쇄대를 제외)	10 m	10 m	20 m	30 m
연암 원지반(큰 소성지압은 발생하지 않는다)	10 m	10 m	20 m	30 m
연암 원지반(큰 소성지압이 발생한다)	10 m	10 m	20 m	30 m
토사 원지반	10 m	10 m	10~20 m	20 m

주)　*　시공의 초기 단계란 장대(長大) 터널에서 200 m 정도 시공이 진행될 때까지 단계.
　　**　양호하고 또한 같은 지질이 연속하는 경우는 표 중의 간격을 더욱 넓힐 수 있다.
　***　지질의 변화가 심한 경우는 표 중의 간격을 좁힌다.

③ 지표침하 측정(터널 중심선 위)
　토피(土被)가 얕은 터널 부근에 구조물 등이 있는 경우에는 중요하게 된다.
④ 계측 B
　일반적인 원지반인 경우는 1단면 /200~500 m 정도를 표준으로 한다.

2) 계기 배치(측선 배치)

① 내공 변위 측정의 측선 배치

표 8.12 내공 변위 측정의 측선수

굴착 공법 \ 구간	일반 구간	특 수 구 간			
		갱구 부근	토피 2D 이하 (D : 터널 굴착 너비)	팽압(膨壓)이 예상되는 구간 편압(偏壓)이 예상되는 구간	계측 B를 실시하는 위치
전단면 굴착	수평 1측선	—	3측선 또는 6측선*	—	3측선 또는 6측선
쇼트 벤치 굴착	수평 2측선	4측선 또는 6측선	4측선 또는 6측선*	4측선 또는 6측선**	4측선 또는 6측선
다단 벤치 굴착	각 벤치별로 수평 1측선	각 벤치별로 3측선	각 벤치별로 3측선	각 벤치별로 3측선**	각 벤치별로 3측선

*　지표침하 측정 등 갱외 계측이 충분하게 실시되는 경우에는 경사 측선을 생략해도 된다.
**　변위량이 큰 경우(내공 변위량이 복선에서 200 mm, 단선에서 100 mm를 초과하는 경우) 또는 편압의 경향이 현저한 경우에는 절대 변위의 측정도 겸해서 실시한다.

항 목	기 술 상 의 착 안 점

	(a) 수평 1측선의 예 (b) 수평 2측선의 예 (c) 3측선의 예
	(d) 4측선의 예 (e) 6측선의 예
	그림 8.8 내공 변위 측정 및 윗면침하 측정의 측선 배치 예
	
	내공 변위 측정의 측선 배치는 표 8.12를 표준으로 하고 내공 변위 측정과 윗면침하 측정의 측선 배치 예를 그림 8.8에 나타낸다.
	② 윗면침하 측정의 측점 설치
	   윗면침하 측정의 측점은 터널 윗면의 중심점에 설치하는 것을 원칙으로 한다.
	③ 지표, 지중침하 측정의 측점 설치
	   지표, 지중침하 측정의 측점은 터널 윗면의 중심점에 설치하는 것을 원칙으로 한다.
	④ 계측 B 가운데 터널 갱내에 계기를 설치하는 항목
	   지중 변위 측정, 록 볼트 축력 측정, 복공응력 측정에 대해서는 1단면에 대해 3~5점을 표준으로 한다.
	   해석을 하는 경우의 설치 장소는 패턴 볼트의 타설 위치 또는 내공 변위 측정용 핀에 가능한 한 가까운 쪽이 좋다. 또한 단면 내의 연속적인 정보를 알고 싶은 경우는 7점 정도의 측점이 필요하게 된다. 계측 B의 계기 배치 예를 그림 8.9에 나타
	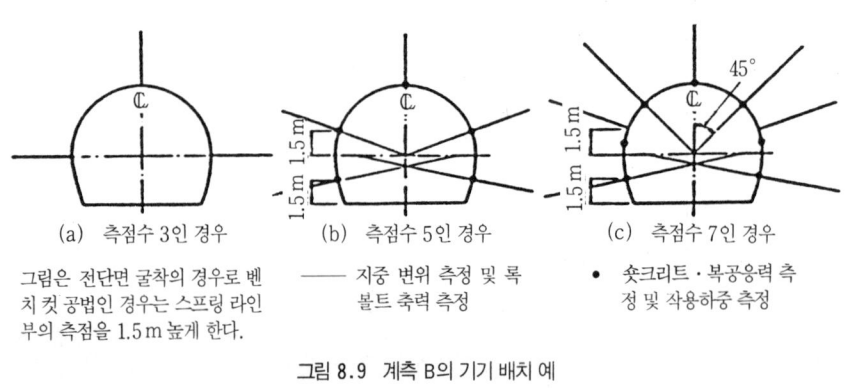
	(a) 측점수 3인 경우 (b) 측점수 5인 경우 (c) 측점수 7인 경우
	그림은 전단면 굴착의 경우로 벤치 컷 공법인 경우는 스프링 라인 부의 측점을 1.5 m 높게 한다. — 지중 변위 측정 및 록 볼트 축력 측정 • 숏크리트·복공응력 측정 및 작용하중 측정
	그림 8.9 계측 B의 기기 배치 예

항 목	기 술 상 의 착 안 점
3) 측정 빈도	낸다. ① 내공 변위 측정, 윗면침하 측정 　기본적으로는 변위 속도(1일당의 변위량)와 막장과의 거리에 따라 정한다(표 8.13). 표 8.13 내공 변위, 윗면침하의 측정 빈도 | 변위 속도	막장으로부터의 거리	측정 빈도
---	---	---
100 mm/일 이상	0~1 D	1~2회/1일
5~10 mm/일	1~2 D	1회/1일
1~5 mm/일	2~5 D	1회/2일
1 mm/일 이하	5 D 이상	1회/1주	 (D : 터널 굴착 너비) 　변위량이 적은 터널(내공 변위량이 복선에서 50 mm 이하, 단선에서 25 mm 이하), 반대로 변위량이 큰 터널(내공 변위량이 복선에서 50 mm 이상, 단선에서 25 mm 이상)의 경우는 측정 빈도를 변경한다. ② 지표침하 측정 　측정 빈도는 1회/1~2일을 원칙으로 한다. ③ 계측 B 　계측 B 가운데 지중 변위 측정, 록 볼트 축력 측정, 복공응력 측정의 3항목에 대해서는 같은 단면에서 측정되는 계측 A의 내공 변위 측정, 윗면침하 측정의 측정 빈도와 같은 빈도로 측정한다.
4) 계측기기의 설치, 초기값의 판독과 측정요령	① 내공 변위 측정 초기값의 판독 　초기값은 굴착 후 12시간 이내에 가능한 한 빨리 측정하는 것을 원칙으로 하며 시공상의 이유로 어쩔 수 없는 경우라도 24시간 내 또는 다음 굴착 이전에 측정한다. ② 그 밖의 계측 계기 설치와 초기값의 판독 　계측기기의 설치는 통상의 시공 주기에 맞춰서 신속하게 초기값을 판독한다. ③ 측정요령 　개개의 측정에 대해서는 터널기술협회「NATM의 측정 지침에 관한 조사연구보고서」에 준하여 실시한다.
(5) 계측 결과의	① 계측 결과를 시공 관리를 위해서 활용하는 순서를 그림 8.10에 나타낸다.

항 목	기 술 상 의 착 안 점
설계, 시공에 의 반영	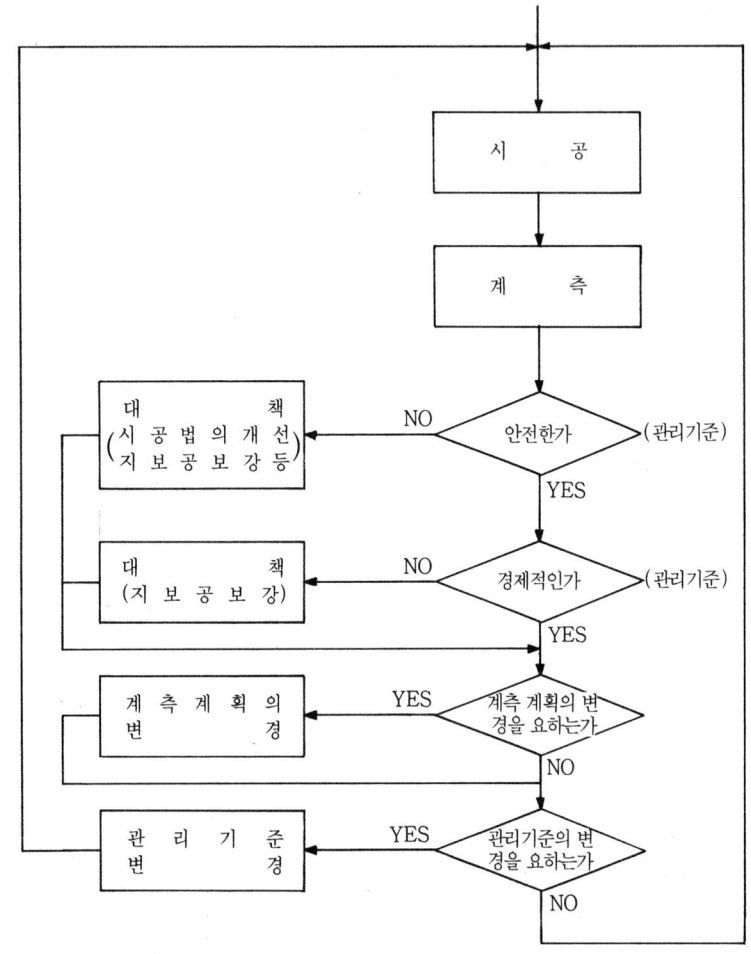 그림 8.10 계측 관리 순서

표 8.14 관리기준의 설정 (계속)

원지반 종 별	계측 항목	관리기준		관리기준의 설정 방법, 기타	
경 암 원 지 반	갱내 관찰 조사 (막장 관찰)	막장의 지질 상태	1	막장의 지질 상태(용수 상태를 포함)의 객관적 표현 방법 (특히 균열)과 설계 패턴, 시공법과의 대응이 필요하다.	
	내공 변위 측정	초기 변위 속도*	2	초기 변위 속도와 최종 변위량의 관련성 이 필요하다.	☆ 일반적으로 변 위량은 크지 않 기 때문에 엄밀 한 관리 기준값 이라기 보다는 안전 관리로서 이용한다.
		최종 변위량	3	최종 변위량과 설계 패턴, 시공법을 대응 시켜 둔다.	
	윗면침하 측정	최종 침하량	4	최종 침하량과 설계 패턴, 시공법을 대응 시켜 둔다.	

항목	기 술 상 의 착 안 점
	표 8.14 관리기준의 설정

원지반 종별	계측 항목	관리기준		관리기준의 설정 방법, 기타	
연암 원지반 (토압 작음)	갱내 관찰 조사 (막장 관찰)	막장의 지질 상태	5	1 과 같음(특히 용수(湧水)와 막장 변동의 관련성)	
	내공 변위 측정	초기 변위 속도*	6	2 와 같음	☆ 과 같음
		최종 변위량	7	3 과 같음	
	윗면침하 측정	최종 침하량	8	4 와 같음	
연암 원지반 (토압 큼)	갱내 관찰 조사 (막장 관찰)	막장의 지질 상태	9	1 과 같음	
	초기 변위 측정 (초기 변위계에 의한다)	굴착 직후에 벽면이 밀려나오는 속도	10	최종 변위 예측이 가능하도록 밀려나오는 속도와 최종 변위량의 관련성이 필요하다.	
	내공 변위 측정	초기 변위 속도*	11	2 와 같음	
		최종 변위량	12	3 과 같음	
	지중 변위 측정	변형량 이완 영역	13	원지반의 파괴 변형, 설계 패턴(특히 록 볼트 길이)에 대응하여 허용되는 이완 영역을 설정해 둔다.	
	록 볼트 축력 측정	록 볼트 축력	14	허용 축력과 허용 변위량의 관련성이 필요하며 볼트재의 항복응력이 대략의 기준이 된다.	
	숏크리트 응력 측정	숏크리트응력	15	허용 축력과 허용 변위량의 관련성이 필요하며 균열 발생과의 관련도 실적을 바탕으로 파악할 필요가 있다.	
토사 원지반	갱내 관찰 조사 (막장 관찰)	막장의 지질 상태	16	1 과 같음(특히 용수(湧水), 입도 조성과 막장 자립성의 관련성), 초기 변위계에 의한 이완 속도 측정도 생각할 수 있다.	
	내공 변위 측정	초기 변위 속도*	17	2 와 같음	
		최종 변위량	18	3 과 같음	
	윗면침하 측정	최종 침하량	19	4 와 같음, 지표침하량과의 관련성이 필요하다.	
		횡단 방향의 침하 곡선	20	허용할 수 있는 변화율(경사)의 파악과 지표침하 곡선(종단 방향)과의 관련성이 필요하다.	
	지표침하 측정	종단 방향의 침하 곡선	21	허용할 수 있는 변화율(경사)의 파악과(예를 들면 전단 지수주)) 윗면침하 곡선(횡단 방향)과의 관련성이 필요하다.	
		횡단 방향의 침하 곡선	22	침하 범위, 침하 곡선의 최대 경사 등의 근접 구조물과의 관련성이 필요. 의 판정	

* 초기 변위 속도 : 여기서는 내공 변위 측정(SL 부근의 수평 측선에 있어서 굴착 후 초기에 측정되는 1일당의 변위량(mm/d)을 말한다.

주) 이러한 관리기준은 사전에 과거의 시공 실적(특히 유사 원지반에 있어서의 실적) 또는 수치 해석을 바탕으로 설정하고 시공 진척에 따라 얻어지는 계측 데이터를 근거로 수정할 필요가 있다.

항 목	기 술 상 의 착 안 점

터널명		위　　치	기점으로부터의 거리
			갱구로부터의 거리
토 피		종 합 판 단	원지반 구분 또는 패턴 구분의 판정
암석의 종 류		암 석 명 형성지질시대	
특수조 건상태	팽창성 토압·편토압·유동성·토피 작음( )m·중요 구조 근 접·곡(谷) 바로 아래·기타( )		
특수한 산 상 (産狀)	1.호층(互層) 2.부정합(不整合) 3.암맥 관입(岩脈 貫入) 4.미습곡(微褶曲) 5.단층(斷層)		6. 기타

굴착 지점의 원지반 상태와 변동

		1	2	3	4	5
ⓐ	막 장 의 상 태	1. 안정	2. 막장면에서 암괴(岩塊)가 빠진다.	3. 막장면의 밀려 나옴이 생긴다	4. 막장면은 자립되지 않고 붕괴 또는 유출된다.	5. 기타
ⓑ	온통파기 면의 상태	1. 자립 (지보공 불필요)	2. 시간이 지나면 느슨해져 붕락한다. (後지보공)	3. 자립 곤란 굴착 후 조기에 지보를 한다. (先지보공)	4. 굴착에 선행하여 굴착 지반을 지지할 필요가 있다.	5.
ⓒ	압축강도	1. $\sigma_c \geq 1{,}000\,kg/cm^2$ 해머 타격은 튕겨나온다.	2. $1{,}000 > \sigma_c \geq 200$ 해머 타격으로 부서진다.	3. $200 > \sigma_c \geq 50$ 가벼운 타격으로 부서진다.	4. $500\,kg/cm^2 > \sigma_c$ 해머 날끝이 들어간다.	5.
ⓓ	풍화변질	1. 없음·건전	2. 암석에 따라 변색, 강도가 약간 저하한다.	3. 전체적으로 변색, 강도가 상당히 저하한다.	4. 토사·점토 모양, 파쇄, 맨 처음보다 미고결(未固結)	5.
ⓔ	균 열 의 빈 도	1. 간격 $d \geq 1\,m$	2. $1\,m > d \geq 20\,cm$	3. $20\,cm > d \geq 5\,cm$	4. $5\,cm > d$ 파쇄, 맨처음보다 미고결	5.
ⓕ	균 열 의 상 태	1. 밀착	2. 부분적으로 개구(開口)	3. 개구	4. 점토가 끼인 맨 처음보다 미고결	5.
ⓖ	균 열 의 형 태	1. 랜덤 방형(方形)	2. 기둥 모양	3. 층·조각(片) ·판 모양	4. 토사·가는 조각 모양, 맨 처음보다 미고결	5.
ⓗ	용 수 (湧水)	1. 없음, 삼수(渗水) 정도	2. 적수(滴水) 정도	3. 집중 용수(湧水)	4. 전면 용수(湧水)	5.
ⓘ	물에의한 열 화	1. 없음	2. 이완이 생기지 않는다.	3. 연약화	4. 붕괴·유출	5.
균열의 방향성 (탁월한 불연속 면이 있을 때)	종단 방향 (막장면을 보고)	1. 수평($10° > \theta > 0°$) 2. 경사면($30° > \theta \geq 10°$, $80° > \theta \geq 60°$) 3. 경사면($60° > \theta \geq 30°$) 4. 흐름면($60° > \theta \geq 30°$) 5. 흐름면($30° > \theta \geq 10°$, $80° > \theta \geq 60°$) 6. 수직($\theta \geq 80°$) [최대 경사각을 취한다]			
	횡단 방향 (막장면을 보고)	1. 수평($10° > \theta > 0°$) 2. 오른쪽에서 왼쪽으로($30° > \theta \geq 10°$, $80° > \theta \geq 60°$) 3. 오른쪽에서 왼쪽으로($60° > \theta \geq 30°$) 4. 왼쪽에서 오른쪽으로($60° > \theta \geq 30°$) 5. 왼쪽에서 오른쪽으로($30° > \theta \geq 10°$, $80° > \theta \geq 60°$) 6. 수직($\theta \geq 80°$) [막장면 겉보기 경사각을 취한다]			

항 목	기 술 상 의 착 안 점
	미고결(未固結) 원지반인 경우는 아래 항목의 추가 기입을 요한다.

<table>
<tr><td colspan="2">원지반상태</td><td>지층상태</td><td colspan="3">1. 단일 토층 2. 호층(互層)(1. 수평 2. 경사) 3. 렌즈 모양으로 끼어 있는 층(1. 없음 2. 있음) 4. 기타(　　　)</td></tr>
<tr><td colspan="2"></td><td>특수한 상태</td><td colspan="3">1. 애추층(崖錐層) 2. 이류층(泥流層) 3. 암반과의 경계부 4. 단면 외의 상부에 연약층 있음 5. 매토(埋土)·성토 6. 기타(　　　)</td></tr>
<tr><td colspan="2"></td><td>불연속면</td><td colspan="3">1. 균열 발달 2. 심(seam) 3. 단층 4. 기타(　　　)</td></tr>
<tr><td colspan="2">토 질</td><td colspan="4">1. 점성토 2. 사질토 3. 역질토 4. 특수토(1. 마사토 2. 화산회토 3. 백사(白砂) 4. 유기질토 5. 기타(　　)</td></tr>
<tr><td rowspan="3">상태〈한난(欄)을 적용〉</td><td rowspan="3">특수토는 적합</td><td>점성토</td><td colspan="3">1. 연약하다(4>N) 2. 보통(8>N≧4) 3. 단단하다(15>N≧8) 4. 매우 단단하다(30>N≧15) 5. 고결(N≧30)</td></tr>
<tr><td>사질토</td><td colspan="3">1. 느슨하다(10>N) 2. 보통(30>N≧10) 3. 조밀(50>N≧8) 4. 매우 조밀(N≧50)</td></tr>
<tr><td>역질토</td><td>1. 느슨
2. 다져진 상태</td><td>자갈지름</td><td>1. 2~5cm 2. 5~20 3. 20~75 4. 75~300 5. 300 cm 이상</td><td>자갈분의 비</td><td>1. 30% 이하
2. 30~50%
3. 50% 이상</td></tr>
<tr><td colspan="2">원지반의 특성</td><td>N값</td><td colspan="3">투수성 1. 투수층 2. 불~난투수성 3. 양자의 호층 4. 기타 ( )</td></tr>
<tr><td colspan="2">지하 수두(水頭)
(굴착시)</td><td colspan="2">FL에서　　m 위</td><td colspan="2">비고</td></tr>
</table>

막장면의 스케치

예 1(화강암)　　예 2(용결 응회암)

마사화(磨砂化)　　느슨한 부분 / 균열의 주향(走向) 경사 / 용결 구조에 따른 균열의 주향 경사

예 3(제3기 이암)　　예 4(제4기 단구층)

얇은 모래층　　용수(湧水) 있음 / 점성토

기재자 성명

그림 8.11 갱내 관찰 조사의 기록 양식 예

항 목	기 술 상 의 착 안 점
	② 갱내 관찰기록 　ㄱ. 막장 관찰 조사 　　　막장의 관찰은 NATM에 있어서 가장 중요한 계측 항목이다. 막장 관찰의 객관적인 기록과 굴착에 의한 터널 주변 원지반의 변동 관계를 정확히 파악해 둠으로써 미굴착 구간에 있어서 비슷한 막장에 대한 신뢰성이 높은 판단 자료가 된다. 　ㄴ. 기시공(旣施工) 구간의 관찰 조사 　　　기시공 구간의 관찰 조사는 1차 지보의 상황을 관찰하여 각각의 지보 부재가 완전히 시공되어 있는지 또는 변상(變狀)이 나타나고 있지는 않는지를 조사하는 것이다. 　　　a. 록 볼트 　　　　・타설 위치, 방향 　　　　・록 볼트, 베어링 플레이트의 이완(헐거움) 　　　　・베어링 플레이트의 원지반에의 결손 　　　　・머리 부분의 파단 　　　b. 숏크리트 　　　　・두께 　　　　・균열(발생 위치, 종류, 너비, 길이 등) 　　　　・용수 장소와 그 상태, 용수량 　　　c. 강제 지보공 　　　　・변형, 좌굴 위치, 상황 　　　　・원지반에의 결손 　　　　・가축(可縮) 지보공의 축소 상태 　지보의 변상이 보이는 경우는 각각의 현상에 따른 대책(수정 설계)을 실시한다. 갱내 관찰 조사의 기록 양식 예를 그림 8.11에 나타낸다. ③ 내공 변위 측정과 윗면침하 측정 　　내공 변위 측정과 윗면침하량은 원지반의 성상(性狀), 터널 굴착 주변 원지반에 미치는 영향, 지보의 효과 등의 결과가 종합되어 나온 것으로 터널 전길이에 걸쳐서 측정된다. 이것에 의해 판단되는 사항은 　ㄱ. 주변 원지반의 안전성이며 　　　다른 계측 항목과 아울러 검토함으로써 　ㄴ. 1차 지보의 타당성 　ㄷ. 2차 복공과 인버트의 타설 시기 등을 판단할 수 있다. 　　　패턴 변경은 가능한 한 빨리 판단할 필요가 있으나 패턴 변경 또는 수정 설계의 판단기준은 각각의 터널 시공 실적에 바탕을 둔다.

항 목	기 술 상 의 착 안 점
	④ 지표, 지중의 침하 측정 　　지표, 지중의 침하 측정은 비교적 토피가 얕은 터널에서 실시되며 지표면에서 생기는 침하의 영향 범위와 침하량 또는 터널 주변 원지반의 이완 영역을 파악하기 위해서 실시된다. 기설(既設) 구조물의 허용 경사(許容 變形角)는 다음 값을 대략의 기준으로 한다. 　　　　　철근 콘크리트조　　　2/1,000 　　　　　콘크리트 블록조　　　1/1,000 　　　　　(목조 구조물　　　　　5/1,000) 　　지중의 침하에 대해서는 지중 변위 측정 항에 준하여 결과 평가를 한다. ⑤ 지중 변위 측정 　　지중 변위 측정에 의해 터널 주변 원지반의 변위 분포 특히 이완 영역을 추정하고 이것에 의해 적정 록 볼트 길이, 토압의 발생 메커니즘, 역해석에 의한 원지반의 변형계수, 숏크리트에 의한 폐합 시기 등을 판단한다. ⑥ 록 볼트 축력 측정 　　록 볼트에 생기는 변형을 측정하여 이것에 의해 록 볼트 축력을 구한다. 　ㄱ. 연암(軟岩)으로 토압이 큰 터널 　　　축력이 생기는 것을 전제로 하고 있으나 축력이 작은 경우는 록 볼트 길이를 짧게 하든가 개수를 줄인다. 　ㄴ. 경암 원지반 　　　록 볼트의 목적은 꿰매붙이는 효과이므로 축력의 대소만으로 그 효과를 판단할 수 없다. ⑦ 복공응력 측정(숏크리트) 　ㄱ. 배면 토압 측정(터널 반지름 방향의 측정) 　　　배면 토압 측정의 효과를 평가할 때는 내공 변위량, 지중 변위량, 록 볼트 축력 등의 결과와 함께 검토한다. 　ㄴ. 숏크리트응력 측정(터널 접선 방향의 측정) 　　　숏크리트 응력 측정의 평가에 있어서는 복공의 강성과 원지반 조건 및 굴진 속도 등에 주의한다. ⑧ 록 볼트 인발 시험 　　시공 관리(품질 관리)로서 실시되는 것이 아니라 시공 전 또는 시공 초기에 실시되는 것이며 인발 내력으로 록 볼트 길이, 적정 정착 방식 등을 판단할 목적으로 실시된다. ⑨ 원지반 시료 시험 　　사전의 조사 단계에서 구해진 암석의 물성값을 막장에서 직접 채취한 시료의 암석 시험에 의해 재평가하는 것을 목적으로 한다.

항 목	기 술 상 의 착 안 점
	⑩ 갱내 탄성파 속도 측정 ㄱ. 내공 변위 측정 결과, 지중 변위 측정 결과 등과 함께 이완 영역을 알 수 있다. ㄴ. 맨 처음의 지표로부터 탄성파 속도 측정과 비교함으로써 맨 처음의 원지반 구분의 재평가를 할 수 있다. ㄷ. 원지반 시료 시험 결과와 함께 원지반의 암반 강도 추정에 사용할 수 있다.
(6) 지보공 패턴의 변경	관찰·계측의 결과를 바탕으로 시공의 타당성을 검토하여 종합적으로 판단한다. 설계의 수정은 관찰·계측의 결과를 바탕으로 다음 항목을 검토한다. ① 굴착 공법(시공 순서, 벤치 길이를 포함) ② 변형 여유량 ③ 지보공 패턴(강제 지보공, 숏크리트, 록 볼트) ④ 굴착 단면 형상 ⑤ 보조 공법(주 : 주입공을 필요로 하는 경우는 주입공의 항 참조)
(7) 보조 공법	지질 조건, 환경 조건, 시공 조건의 고려를 요한다(표 8.15, 표 8.16).

표 8.15 보조 공법의 적용성 (계속)

대책	목적	공 법	원지반 조건				비 고
			연암	경암	토사	팽창흙	
막장의 안정 대책	윗면 안정	경사타설 볼트·철근		○	△	○	
		미니 파이프 루프			○		단관 파이프
		강널말뚝			△		
		약액 주입공			○		
	막장 안정	숏크리트	△	○	△		
		막장 지보 볼트	△	△	○		록 볼트 등
		수평말뚝 타설공			○		강관 및 그라우트
		약액 주입공			○		
		동결공(凍結工)			△		
지하수 대책	배수	디프웰(deep well)			○		
		웰포인트(well point)			○		심층(深層) 웰포인트를 포함한다
		물빼기 보링	△	△	△		
		물빼기 갱		△	△		
	지수	압기공(壓氣工)		△	△		

항 목	기 술 상 의 착 안 점

표 8.15 보조 공법의 적용성

| 대책 | 목적 | 공법 | 원지반 조건 |||| 비 고 |
			연암	경암	토사	팽창흙	
지대하수책	지수	약액 주입공	△	△	△		
		동결공			△		
침하	대책	약액 주입공			○		
		절연공(切緣工)			△		말뚝, 지중벽, 널말뚝, 기타

○…비교적 잘 사용되는 공법   △…약간 사용되는 공법

표 8.16 시공 중의 현상과 그 대응책의 기준 (계속)

체크 포인트		시공 중의 현상	대응책(A) 비교적 간단한 변경으로 해결하는 대응책	대응책(B) 지보재의 추가를 포함하는 비교적 큰 변경을 필요로 하는 경우의 대응책
막장과 막장 주변의 원지반		막장면이 안정되지 않게 된다.	· 핵 남기기(核殘) · 막장 숏크리트 · 선행 널말뚝, 미니 파이프 루프	· 터널 단면 크기의 분할 변경 · 지반 개량
		막장 윗면에 붕락(崩落)이 많아진다.	· 조기 숏크리트 · 철망 · 붕락 방지공(선행 널말뚝, 미니 파이프 루프, 주입식 볼트 등) · 1굴진(一掘進) 길이의 단축	· 강 아치 지보공 추가 · 터널 단면 크기의 분할 변경 · 지반 개량
		누수로 인해 막장이 자립(自立)되지 않는다.	· 숏크리트의 조기 경화 (급결제를 증가한다 등) · 배수 처리 · 배수 시트	· 배수 공법(물빼기 보링, 디프 웰, 웰포인트 등) · 지반 개량
		지지 원지반의 지지력이 부족하여 침하가 커진다.	· 각부(脚部) 숏크리트에 의한 지지 면적 증가 · 추가 볼트	· 조기 폐합 · 임시 인버트 · 지반 개량
		지반 부풀음이 생긴다.	· 인버트의 조기 숏크리트	· 인버트의 록 볼트 타설 · 조기 폐합 · 인버트의 조기 타설
지보공	숏크리트	숏크리트응력이 증가하여 균열과 전단 파괴가 생긴다.	· 숏크리트두께의 증가 · 철망	· 추가 볼트(맨 처음보다 긴 것) · 추가 숏크리트 · 섬유 콘크리트
	록 볼트	록 볼트의 축력이 증가하여 앵커 플레이트가 느슨해지거나 볼트가 파단한다.	· 추가 볼트	· 추가 볼트(맨 처음보다 긴 것, 내력이 큰 것의 개수 증가)
	강(鋼) 아치 가설받침대	강 아치 지보공의 응력이 증가하여 좌굴이 생긴다.	· 추가 볼트(맨 처음보다 긴 것) · 추가 숏크리트 · 선수공(先受工)	· 강 지보공의 변경(맨 처음보다 큰 사이즈인 것)

항 목	기 술 상 의 착 안 점
	표 8.16 시공 중의 현상과 그 대응책의 기준

체크 포인트		시공 중의 현상	대응책(A) 비교적 간단한 변경으로 해결하는 대응책	대응책(B) 지보재의 추가를 포함하는 비교적 큰 변경을 필요로 하는 경우의 대응책
계	지표와 지중침하	지표침하와 지중침하가 커져 침하 속도가 증대된다.	· 미니 파이프 루프 등에 의한 선수(先受) · 1굴진 길이의 단축	· 인버트의 조기 폐합 · 임시 인버트 공법 · 터널 단면 크기의 분할 변경 · 단면 형상의 변경 · 지반 개량
	지중 변위	지중 변위가 커져 이완 영역이 비정상적으로 넓어진다.	· 록 볼트의 조기 타설(경사 볼트 등의 타설)	
측	내공 변위	내공 변위량이 커져 변위 속도가 증가한다.	· 록 볼트의 조기 타설 · 벤치, 인버트의 1굴진 길이의 단축	

주) (1) 이 표는 개략의 기준을 나타낸 것이다. 각각의 대책 중 어느 것을 우선시 할지는 원지반 조건, 시공법, 변형 상태에 따라 다르므로 각각의 터널에 있어서 종합적으로 판단할 필요가 있다.
(2) 계측 결과에 의해 변위 등이 수렴되는 경향이 있으면 위의 대책이 필요하지 않은 경우가 있다.
(3) 시공의 불비(숏크리트두께와 시공 시기 등 록 볼트의 모르타르 주입, 프리스트레스의 도입 등이 적절하지 않은 경우)로 인해 생겼다고 생각되는 이상(異常) 현상에 대해서는 우선 이러한 것을 바로잡을 필요가 있다. 그후도 같은 경향이 계속되는 것 같으면 적절한 대책을 강구한다.

(8) 계측 결과의 집적(集積)

계측 결과는 일상의 관리를 위해서 장래 공사 계획에의 반영을 고려해 정리하고 기록을 보존한다.
① 터널 시공기록 총괄표
② 갱내 관찰기록
③ 측정 결과의 시간적 변화의 기록
다음 항목을 기입한다.
ㄱ. 터널명, km(거리), 토피(土被)
ㄴ. 막장의 지질
ㄷ. 굴착 일시분, 초기값 측정 일시분
ㄹ. 계측 항목
ㅁ. 계기 명칭
ㅂ. 측정기록 표시의 범례
ㅅ. 계기 배치도
ㅇ. 지보 패턴(숏크리트두께, 록 볼트 길이×개수, 강제 지보공, 변형 여유량, 1굴진 길이 등)
ㅈ. 날짜, 진행, 막장과의 거리
ㅊ. 벤치 통과, 인버트 굴착, 볼트 덧치기 등의 특기사항
이상의 항목을 기입할 수 있는 양식으로 통일한다.

항 목	기 술 상 의 착 안 점
4. 널말뚝 공법 (1) 시공 일반	널말뚝 공법에 있어서는 널말뚝 공법이 가지는 성질을 충분히 검토한 후에 공사의 규모, 공사 기간, 지형, 지질, 환경 조건 등에 맞는 굴착·복공 등의 시공법, 시공 방식, 공사용 기계와 공사용 설비 계획을 세운다. 널말뚝 공법에 의한 주요 터널 공법을 그림 8.12에 나타낸다. 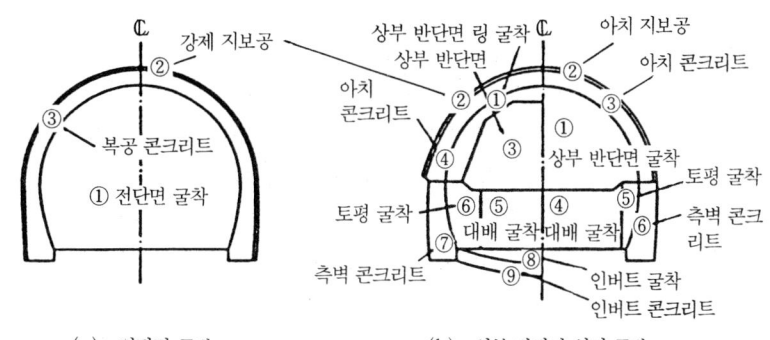 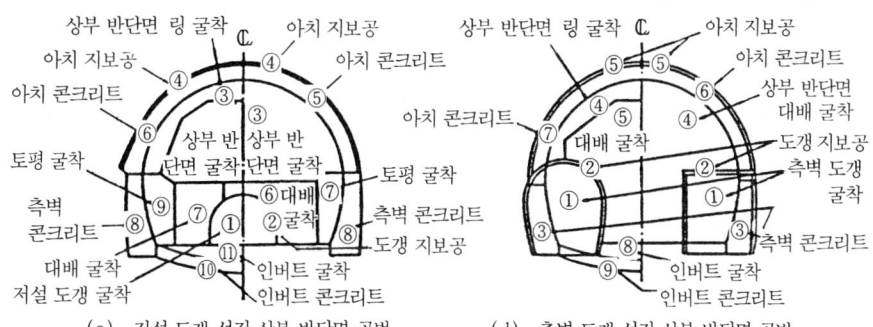 주) 도면의 왼쪽은 불량 지질인 경우, 오른쪽은 양호한 지질인 경우의 시공법을 나타낸다. 그림 8.12 주요한 터널 시공법
(2) 강제 지보공 1) 세우기	① 설계에 있어서 고려된 시공 오차를 초과하지 않는다. 그리고 비틀린다든지 전도된다든지 하지 않도록 연결 볼트와 보를 충분히 조인다. ② 강제 지보공에 의한 원지반의 지지는 아치 작용에 의한 것으로 지보공과 원지반이 밀착되어 있는 것이 필요하다. 그러기 위해서는 널말뚝, 쐐기 등은 중요한 것이며 특히 쐐기는 탈락과 이완(느슨해짐)에 충분히 주의한다. ③ 강제 지보공이 원지반 조건에 따라 침하하는 것을 막기 위해서는 밑받침을 사용하고 특히 원지반이 나쁜 경우는 밑다짐 콘크리트 등으로 확고히 한다. ④ 강제 지보공과 널말뚝은 설계 라이닝두께를 침범하지 않도록 한다.

항 목	기 술 상 의 착 안 점
2) 보강과 재설치	① 지보공에 이상이 확인된 경우는 그 상황에 따라 널말뚝의 바꿔 끼움, 보강 강제, 밑다짐 콘크리트, 추가 지보공, 목제 지보공, 임시 라이닝 콘크리트, 록 볼트 등의 방법에 의해 보강을 신속히 실시한다. ② 보강에 의해서도 또한 심하게 지보공의 변형이 생긴 경우에는 재설치를 실시한다.
(3) 복공	복공은 전단면 굴착 이외는 역라이닝 공법으로 시공된다(그림 8.13). ① 역라이닝 콘크리트로 시공하는 경우는 굴착시에 터널 상반 단면의 좌우 측벽 부분을 최대한 크게 남기도록 하는 동시에 베어링면에 깔판을 간다. 또한 지반면에 밀착시키기 위해 모래 또는 자갈을 고르게 깔아 평탄하게 한다. ② 측벽 콘크리트는 아치 콘크리트의 지지력 저하를 막기 위해 가능한 한 빨리 부분적으로 그리고 좌우 지그재그 모양으로 파내고 발붙임 콘크리트를 타설한 다음에 시공한다. 또한 아치 콘크리트의 시공 이음은 콘크리트의 경화를 기다려 된비빔 모르타르 또는 콘크리트를 충전하는 등의 처리를 한다. 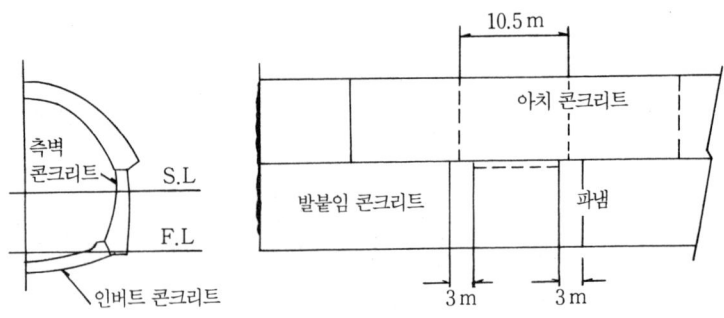 그림 8.13 역라이닝 콘크리트의 시공 일반도
(4) 뒤채움 주입	널말뚝 공법의 경우 널말뚝과 원지반과의 공극을 충전하기 위해 뒤채움 주입을 시공한다. ① 주입 작업은 재료의 품질 관리, 시공 상황의 기록, 주입 기계의 점검·정비와 충전 상황의 확인 등의 적절한 시공 관리를 바탕으로 실시한다. ② 주입 기계는 일반적으로 그라우트 믹서와 그라우트 펌프의 조합에 의한 것이 많지만 일반 콘크리트 믹서와 콘크리트 펌프를 사용하는 경우도 있다. ③ 주입 종료의 확인은 주입 압력, 양 등으로 한다. 단, 이러한 것만으로 확인할 수 없는 경우는 보링 등에 의해 주입 결과를 조사하여 확인한다. ④ 주입 순서 및 압력은 복공에 편토압이 걸려서 변상을 일으키는 일이 없도록 하는 순서로 원지반을 흐트리지 않도록 가능한 한 낮은 압력으로 신중하게 시공한다. ⑤ 뒤채움 주입에 대해서는 제 15장을 참조한다.

항 목	기 술 상 의 착 안 점
5. 터널 용어집	

① 터널 10훈(訓)

ⓐ 재래 공법의 과거와 현재

	과　거		현　재
1	지상(地相)은 인상(人相, 觀相), 산상(山相)과 같다.	1	지상(地相)은 인상(人相, 觀相), 사람의 성상(性狀)과 같다.
2	산(山)의 완만함은 마음의 느긋함과도 같다.	2	중심이 어긋나면 집의 기둥이 흔들린다.
3	단단한 돌이라고 해서 단단한 산이라고는 할 수 없다.	3	산(山)의 완만함은 마음의 느긋함과도 같다.
4	이슬이 오는 것(위에서나 옆에서 돌이나 흙이 부슬부슬 떨어지는 것)은 붕괴의 징조이다.	4	과잉 파기는 쓸데없는 낭비로 토지를 해친다.
5	물은 없지만 두드려도 먼지가 나지 않게.	5	단단한 돌이라고 해서 단단한 산이라고는 할 수 없다.
6	어깨가 단단하면 몸도 견실하다.	6	얽어매지 않은 지보공은 갈대와 같다.
7	정도를 벗어나는 굴착은 하지 말 것.	7	물은 없지만 두드려도 먼지가 나지 않게.
8	하나바리(hanabari)는 허리끈, 키친(kitchen)으로 졸라매면 반듯하게 된다.	8	내집이 소중하듯 천장 역시 그렇다.
9	버팀대는 양쪽에서 버티라.	9	기계가 고장나면 많은 사람이 놀게 된다.
10	짐을 지면 다리도 함께 힘을 써라.	10	갱내 궤도는 철도로 생각하라.

ⓑ NATM 10훈(訓)

1. 주변 구멍과 보조를 맞추고 간격을 유지하여 원활히 발파(發破)를 한다.
2. 심빼기(心拔)를 깨끗이 하고 구멍 끝을 가지런히 하여 장공(長孔) 발파를 한다.
3. 붕괴, 붕락 사고의 원인이 되므로 부석 제거 점검자를 줄이지 말 것.
4. 산의 완만함은 마음의 느긋함과도 같다. 발파 장치를 하여 남포까기를 한다.
5. 남포까기의 두께를 확인하여 한번에 두껍게 남포까기를 하지 않는다.
6. 볼트 박기는 위치 방향을 정확히 하여 패턴 볼트는 빠른 시기에 박는다.
7. 헐거운 볼트는 효력을 발휘할 수 없으므로 정착, 고정을 확실히 한다.
8. 산의 변동을 항상 계측하여 포착해 두어야 안심할 수 있다.
9. 사용 후에는 기계 정비를 소홀히 하지 말 것.
10. 보호용구는 완전히 착용하여 몸을 보호한다.

② 굴착 관계
1) 加背(cross-section of heading) : 터널 단면의 크기 또는 터널 굴착의 도갱 단면의 치수.
2) 切羽(face facing) : 절취(切取)할 막장 또는 터널 공사에서 절취할 굴착면.
3) 굴넓히기(切擴, enlargement) : 터널의 굴착에 있어 전체의 단면 가운데 일부

항 목	기 술 상 의 착 안 점
	만을 선행(先行)하고 뒤에 나머지 단면을 넓히는 것. 4) 전막장 : 정면 굴착 지반. 전막장의 호칭명 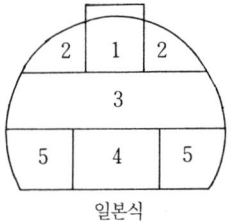　　1. 정설(頂設) 도갱, 선산(先山), 막장 등 　　2. 丸形, 제1굴넓히기 　　3. 中背, 제2굴넓히기 　　4. 大背, 제3굴넓히기 　　5. 土平, 제4굴넓히기 일본식 5) 윗면 : 도갱의 막장 상부를 총칭한다(막장 상부에 뚫은 원추 구멍을 말한다). 6) 밑면 : 도갱의 막장 하부를 총칭한다(막장 하부에 뚫은 원추 구멍을 말한다). 7) 土平(side bottom section) : 터널 상반 단면의 좌우 측벽. 8) 大背(third enlargement) : 터널 단면의 중앙 하부. 9) 화약 장전의 호칭명 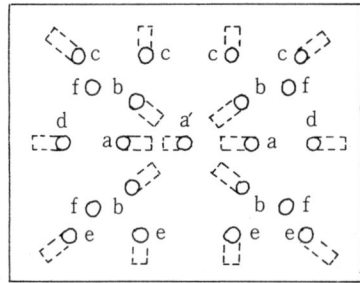　　a. 헛 구멍 　　a´. 1개 헛 구멍 　　b. 심빼기 구멍 　　c. 윗면 구멍 　　d. 막장 구멍 　　e. 밑면 구멍 　　f. 보조 구멍 정(chisel) 구멍 10) 헛 구멍 : 착암(鑿岩)한 구멍 중 다이너마이트를 충전하지 않은 구멍을 말한다. 11) 심빼기 구멍 : 절단(切端) 중심 부근에 안쪽 방향으로 원추 구멍을 뚫은 발파 구멍으로써 맨 처음에 폭파하는 구멍이다. 12) 막장 구멍 : 심빼기에 의해 생긴 새로운 면을 이용하여 나머지 부분을 폭파하는 데 사용하는 구멍. 13) 보조 구멍 : 심빼기 구멍과 막장 구멍 중간에 다시 몇 개 뚫은 구멍. 14) 정(chisel)질하기 : 천공 속도. 15) 게이지 드롭(gage drop) : 정 날끝의 넓이를 단락(段落)해 나가는 것. 16) 비트(bit), 로트(lot), 샌크(shank) 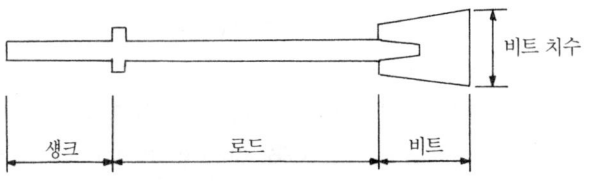

항 목	기 술 상 의 착 안 점
	17) 관(官)정(pipe chisel) : 착암기용 중공(中호) 팔각형의 정으로 이 중공(中호) 내에 물을 넣어서 착암하도록 되어 있다. 정의 달귀짐을 방지하기 위함. 18) 커팅(cuttings 또는 sludge) : 천공할 때 생기는 돌가루. 19) 親다이너마이트 : 다이너마이트에 뇌관(雷管)을 장착한 것. 20) 增다이너마이트 : 뇌관이 붙은 親다이너마이트 이외의 다이너마이트. 21) 스테밍(stemming 또는 packing) : 다이너마이트 등의 폭약을 정으로 뚫은 구멍에 충전한 다음에 폭파 효과를 올리기 위해 넣어 채우는 것(모래자루). 22) 부석(浮石) 떨어내기 : 암석이 발파로 인해 느슨해져 들뜬 상태로 되어 있을 때 전막장에 붙어 있는 돌을 떨어뜨리는 것. 23) 표면 : 암층에 끼어 있는 얇은 층. fall of rocks(또는 fissillity, splitting, spalling)란 이 얇은 층이 일부 떨어져 나가는 것. 24) 규정 치수로 맞춰 깎기 : 발파로 굴착한 다음에 규정 치수에 지장을 주는 부분을 제거하는 것. 25) 핵 : 지질이 나빠서 가배(加背)의 전단면 굴착을 할 수 없을 때에 지압(地壓)에 대항하게 하기 위해 중앙부 굴착의 한 핵을 남기는 것. 26) 파내기 : 역라이닝의 경우 측벽 콘크리트를 시공하는 데에 어느 정도 간격을 두고 굴착하는 것. 27) 너구리파기 : 좁은 수로(水路) 터널과 같은 곳을 지보공 없이 한 두 사람으로 굴착해 나가는 것. 즉 너구리가 자신의 굴을 파듯이 굴착해 나가는 데서 유래한 것이다. 28) 재설치(replacing of timbering) : 한번 시공한 흙막이 널말뚝이 토압에 의해 밀려나와 갱도가 좁아진 경우 널말뚝을 다시 타설하여 넓히는 것. 29) 포어 파일링(fore poling) : 매우 지반이 나쁜 장소에서 깎아내리는 동시에 지지하지 않으면 낙반((落磐) 또는 붕괴의 위험이 있는 경우에 시공하는 방법으로 널말뚝을 앞으로 타설해 나가면서 파나가는 방법. 30) 널말뚝 타설 : 포어 파일링 굴착할 때 널말뚝을 타설하는 것을 말한다. 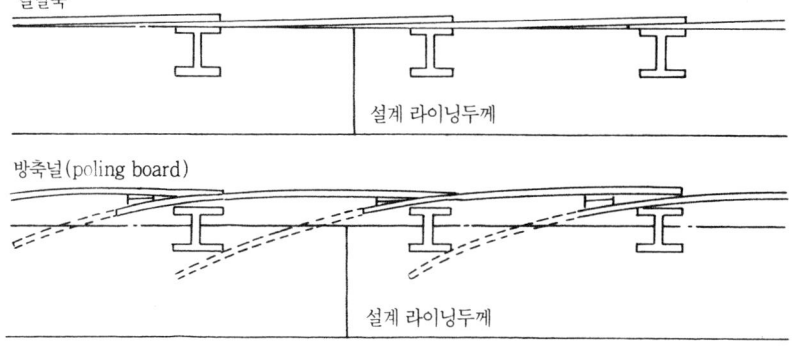

항 목	기 술 상 의 착 안 점
	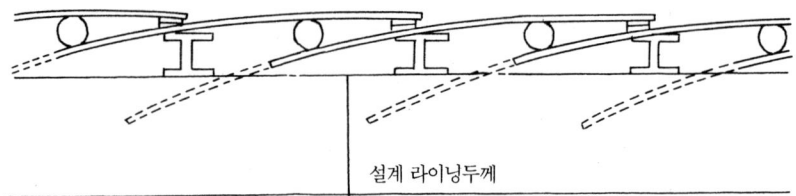
31) 벤치(bench) : 벤치 컷(bench cut)으로 만드는 단(段).
32) 벤치 컷 : 일반적으로 높이가 높은 굴착을 몇 개의 단(段)으로 나누어 실시하는 것.
33) 벤치식 굴착 : 굴착 방식의 일종. 터널 단면의 상부 절반 단면을 먼저 굴착하고 뒤에 하부의 절반 단면을 벤치 컷으로 굴착해 나가는 방법.
34) TBM(Tunnel Boring Machine) : 터널 보링 머신의 약자. 터널의 기계화 굴착기로서 발파 공법에 의하지 않고 암석을 굴착한다.
③ 복공 관계
1) 본라이닝(permanent lining) : 측벽 콘크리트를 타설하고 나서 아치 콘크리트를 타설하는 것.
2) 역라이닝(inverted lining) : 아치 콘크리트를 타설하고 나서 측벽 콘크리트를 타설하는 것.
3) 각 부착(脚 附着) : 역라이닝의 경우에 아치 콘크리트의 시공 이음 부분에 3 m 정도의 측벽 콘크리트를 타설하는 것.
4) 센터(center) : 복공할 때 그 거푸집을 유지하기 위해서 설치하는 거푸집 지보공.
5) 덧올림 : 거푸집 등을 조립할 때 침하 등을 고려하여 그 몫만큼 여유를 두는 것.
6) 윗채움 : 콘크리트의 맨 마지막 타설 채움.
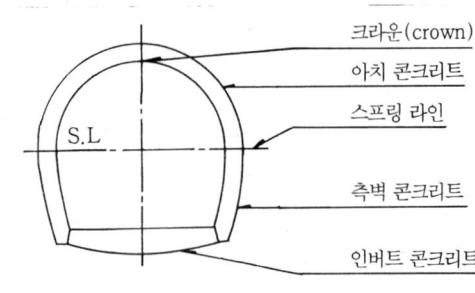
④ 지보공 관계
1) 普請 : 일반적으로는 건축의 경우이지만 터널에서는 지보공을 총칭한다.
2) 後普請 : 비교적 지반이 좋은 곳에서 굴착하고 난 후에 지보공을 하는 것.

항　　목	기　술　상　의　착　안　점
	17) 관(官)정(pipe chisel) : 착암기용 중공(中㚡) 팔각형의 정으로 이 중공(中㚡) 내에 물을 넣어서 착암하도록 되어 있다. 정의 달궈짐을 방지하기 위함. 18) 커팅(cuttings 또는 sludge) : 천공할 때 생기는 돌가루. 19) 親다이너마이트 : 다이너마이트에 뇌관(雷管)을 장착한 것. 20) 增다이너마이트 : 뇌관이 붙은 親다이너마이트 이외의 다이너마이트. 21) 스테밍(stemming 또는 packing) : 다이너마이트 등의 폭약을 정으로 뚫은 구멍에 충전한 다음에 폭파 효과를 올리기 위해 넣어 채우는 것(모래자루). 22) 부석(浮石) 떨어내기 : 암석이 발파로 인해 느슨해져 들뜬 상태로 되어 있을 때 전막장에 붙어 있는 돌을 떨어뜨리는 것. 23) 표면 : 암층에 끼어 있는 얇은 층. fall of rocks(또는 fissillity, splitting, spalling)란 이 얇은 층이 일부 떨어져 나가는 것. 24) 규정 치수로 맞춰 깎기 : 발파로 굴착한 다음에 규정 치수에 지장을 주는 부분을 제거하는 것. 25) 핵 : 지질이 나빠서 가배(加背)의 전단면 굴착을 할 수 없을 때에 지압(地壓)에 대항하게 하기 위해 중앙부 굴착의 한 핵을 남기는 것. 26) 파내기 : 역라이닝의 경우 측벽 콘크리트를 시공하는 데에 어느 정도 간격을 두고 굴착하는 것. 27) 너구리파기 : 좁은 수로(水路) 터널과 같은 곳을 지보공 없이 한 두 사람으로 굴착해 나가는 것. 즉 너구리가 자신의 굴을 파듯이 굴착해 나가는 데서 유래한 것이다. 28) 재설치(replacing of timbering) : 한번 시공한 흙막이 널말뚝이 토압에 의해 밀려나와 갱도가 좁아진 경우 널말뚝을 다시 타설하여 넓히는 것. 29) 포어 파일링(fore poling) : 매우 지반이 나쁜 장소에서 깎아내리는 동시에 지지하지 않으면 낙반((落磐) 또는 붕괴의 위험이 있는 경우에 시공하는 방법으로 널말뚝을 앞으로 타설해 나가면서 파나가는 방법. 30) 널말뚝 타설 : 포어 파일링 굴착할 때 널말뚝을 타설하는 것을 말한다. 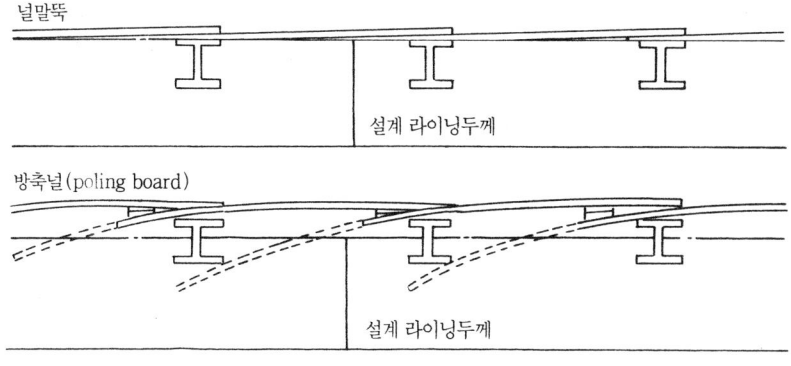

항 목	기 술 상 의 착 안 점
	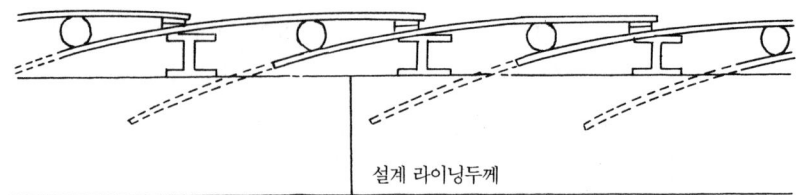

31) 벤치(bench) : 벤치 컷(bench cut)으로 만드는 단(段).
32) 벤치 컷 : 일반적으로 높이가 높은 굴착을 몇 개의 단(段)으로 나누어 실시하는 것.
33) 벤치식 굴착 : 굴착 방식의 일종. 터널 단면의 상부 절반 단면을 먼저 굴착하고 뒤에 하부의 절반 단면을 벤치 컷으로 굴착해 나가는 방법.
34) TBM(Tunnel Boring Machine) : 터널 보링 머신의 약자. 터널의 기계화 굴착기로서 발파 공법에 의하지 않고 암석을 굴착한다.

③ 복공 관계
1) 본라이닝(permanent lining) : 측벽 콘크리트를 타설하고 나서 아치 콘크리트를 타설하는 것.
2) 역라이닝(inverted lining) : 아치 콘크리트를 타설하고 나서 측벽 콘크리트를 타설하는 것.
3) 각 부착(脚 附着) : 역라이닝의 경우에 아치 콘크리트의 시공 이음 부분에 3m 정도의 측벽 콘크리트를 타설하는 것.
4) 센터(center) : 복공할 때 그 거푸집을 유지하기 위해서 설치하는 거푸집 지보공.
5) 덧올림 : 거푸집 등을 조립할 때 침하 등을 고려하여 그 몫만큼 여유를 두는 것.
6) 윗채움 : 콘크리트의 맨 마지막 타설 채움.

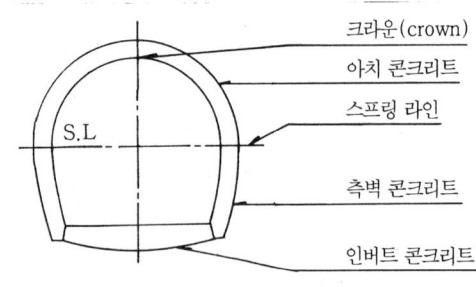

④ 지보공 관계
1) 普請 : 일반적으로는 건축의 경우이지만 터널에서는 지보공을 총칭한다.
2) 後普請 : 비교적 지반이 좋은 곳에서 굴착하고 난 후에 지보공을 하는 것. |

항 목	기 술 상 의 착 안 점
	3) 無普請 : 매우 지반이 좋은 곳에서 굴착한 그대로 지보공을 시공하지 않는 것을 말한다. 4) 받침널 : 강제 지보공을 세울 때 땅 속으로 박혀 침하하는 것을 막기 위해 강제 지보공 밑에 지압(支壓)면적의 증가를 도모하여 까는 나무 또는 철판. ⑤ 기타 1) 자이로(gyro) 측량 : 자이로 세오돌라이트를 사용하여 측량하는 방법. 　자이로 세오돌라이트는 터널 내에 자이로의 세차운동(precession)을 이용하여 진북(眞北) 방향을 정하는 기기. 트래버스의 각 측점에서 방향을 설정할 수 있으므로 각(角) 오차의 누적을 막을 수 있다. 2) 다월(dowel) : 나무말뚝 등을 콘크리트에 고정하여 사용하는 측량점. 3) 버팀대(stay) : 탬퍼(temper)를 말한다. 4) 흙가마니 쌓기 : 갱구(坑口) 부근에 수직 과중(過重)을 작용하게 하기 위한 흙가마니 쌓기. 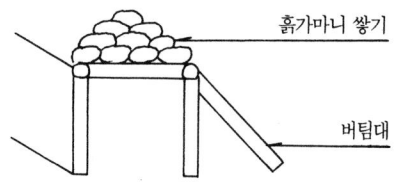 5) 갱외 작업(grass work) : 터널 공사에서 갱 밖에서 하는 작업을 말한다.

9. 터널(실드)

항　목	기　술　상　의　착　안　점
1. 시공 계획서 （1） 시공 체제	각종 작업에 관계되는 인원 및 감독, 지도를 하는 자의 현장조직표로 관련 법규 등에 의해 의무가 부여되어 있는 관리, 기능자격자 등이 기재되어 있는가의 여부가 중요하다. 　시공 관리자는 다음 조건을 만족하는 자. ① 주임기술자 　실드의 설계, 시공에 대해서 충분한 전문적 기술을 가지고 있으며 실드 공사의 실무 경험이 3년 이상인 자. ② 측량 관리자 　측량사, 측량사보의 자격을 가진 자. 또는 동등한 기술을 가진 자로 실드 터널의 실무 경험이 2년 이상. ③ 터널 굴착 관리자 　실드 터널의 굴착에 대해 전문적 기술을 가진 자로 실드 터널의 실무 경험이 2년 이상. ④ 터널 계측 관리자 　실드 계측에 대해서 전문적 기술을 가진 자로 실드 터널의 실무 경험이 2년 이상.
（2） 작업 공정	각 공종별 상호 관련을 알 수 있도록 그리고 시공년월일과 시공 위치의 관계를 알 수 있을 것.
（3） 지장물·매설물 조사	지장물, 매설물의 위치 관계를 충분히 파악하여 정리하고 빠뜨리지 않을 것.
（4） 환경 보전	소음, 진동, 수질 오탁, 산소 결핍 등의 방지를 위해 환경 영향 평가, 관련 법규를 준수하여 계획되어 있을 것.
（5） 측량	갱외 측량·갱내 측량·추진 관리 측량이 높은 정밀도로 이루어지도록 계획되어 있을 것.
（6） 임시 설비	임시 설비는 각 작업이 지체 없이 안전하게 시공할 수 있도록 공사의 규모와 시공법에 적합하게 되어 있음과 동시에 아래의 설비가 적절한 배치로 되어 있을 것. 　·재료 적치장, 창고 　·버럭 반출 설비 　·재료 반출입 설비 　·전력 설비

항 목	기 술 상 의 착 안 점
	· 갱내 운반 설비 · 뒤채움 주입 설비 · 플랜트 설비 · 운전 제어 설비 · 조명, 환기, 안전 설비 기타
(7) 입갱(立坑)	입갱은 설계계산상의 검토 뿐만 아니라 작업 기지로서의 크기를 갖는 동시에 실드기의 발진에 필요한 크기가 고려되어 있을 것. 그리고 임시 설비 배치와 입갱 구조와의 관련을 충분히 검토하여 갖출 것. 실드(기)의 투입·조립을 고려한 가설물의 강도, 설비의 배치, 반출입 구조로 되어 있을 것.
(8) 세그먼트	세그먼트 제작요령서에 따라 적합한 재료의 사용, 품질 관리, 검사 항목, 제작 방법, 운반 방법 등이 명시되어 있을 것.
(9) 실드(기)	실드 제작요령서에 따라 설계 조건, 본체 시방, 추진 메커니즘, 굴진 시스템 세그먼트 조립 메커니즘, 유압 메커니즘 등이 적합한 것. 또 운반·조립 방법이 명기되어 있을 것.
(10) 굴진	굴착 관리, 방향 제어, 뒤채움 주입 등 굴진 관리 방법이 명기되어 있을 것. 그리고 발진공과 도달공의 방법이 충분히 안전할 것.
(11) 1차 복공	조립 시기, 진원 유지 방법, 사행의 수정 방법 등이 적합하게 되어 있을 것. 그리고 방수공의 재료, 방법이 적절한 것.
(12) 2차 복공	거푸집, 콘크리트와 철근의 종류가 적합한 것. 콘크리트의 타설, 운반, 양생 방법이 적합한 것. 그리고 누수 대책, 이어치기 처리를 충분히 고려해 둘 것.
(13) 안전위생 관리	관련 제법규가 준수되어 있으며 적절한 안전 관리가 강구되어 안전 시공이 가능한 상태일 것. ① 노동기준법 ② 산업안전보건법 ③ 건설노동자의 고용개선 등에 관한 법률
(14) 비상시 대책	비상시 연락 체제, 대처 방법이 명시되어 있을 것.

항 목	기 술 상 의 착 안 점
(15) 시공 방법	시공 순서를 알기 쉽게 기술하는 것이 중요하며 다음과 같다.

	내 용	방 법
측량·환경조사 등	· 환경 조사 · 갱외 측량 · 갱내 측량 · 추진 관리 측량	· 지하 수위 변동, 레벨 · 트랜싯, 레벨 · 트랜싯, 레벨 · 피칭計, 요잉計, 롤링計
세그먼트 제작	· 정밀도, 품질 · 저장, 운반	· 제작요령서, 검사(거푸집, 재료 기타) · 제작요령서, 입회
실드기 제작	· 설계 조건 · 본체 시방 · 추진 메커니즘 · 커터 헤드 · 세그먼트 조립 메커니즘 · 부속 메커니즘 기타 · 운반, 조립	· 제작요령서 · 제작요령서, 검측 · 제작요령서, 성능 검사 · 제작요령서 · 제작요령서, 성능 검사 · 제작요령서, 성능 검사 · 제작요령서
임시 설비	· 실드 기지(基地) · 입갱 설비 · 가공 설비	· 입회 · 입회 · 입회, 성능 검사
굴진·뒤채움주입	· 발진공 · 도달공 · 굴진 관리 · 토사 반출 · 임시 설비 연신(延伸) · 굴진 관리 측량	· 육안, 성능 검사(엔트런스 패킹 등) · 육안 · 육안, 굴진일보(掘進日報) · 육안, 굴진일보(掘進日報) · 피칭計, 요잉計, 롤링計
1 차 복 공	· 세그먼트 조립 · 방수공	· 육안, 입회, 검측 · 성능 검사
2 차 복 공	· 강제 거푸집 · 콘크리트공 · 방수공	· 제작요령서, 검측, 성능 시험 · 강도 시험, 육안, 검측 · 육안, 성능 검사

항　　목	기　술　상　의　착　안　점
2. 시공 (1) 측량·환경 　　보전 　1) 측량	① 갱외 측량 　　측량에 앞서 중심선 측량과 종단(縱斷) 측량을 하여 적당한 기준점을 설치한다. 　ㄱ. 기준점의 설정은 터널의 길이, 지형의 상황 등에 따라서 트래버스 측량·삼각 측량·삼변 측량 등의 적절한 방법에 의해 실시할 것. 그리고 기준점은 충분히 보호하여 인조점(引照点)을 취해 둘 것. 　ㄴ. 수준점(水準点)은 일등 수준점 또는 그것에 준하는 점을 원점으로 설치할 것. ② 갱내 측량 　　갱내 측량은 갱외 측량을 바탕으로 갱내 기준점을 설치하여 검측을 하는 것으로 실드 추진시 추진 관리 측량의 기준이 된다. 　ㄱ. 입갱에의 중심선과 수준의 도입은 특히 정밀하게 할 것. 　ㄴ. 기준점은 추력의 영향을 받지 않는 장소로 시공 중 이동과 파손이 생기지 않도록 견고하게 설치할 것. 　ㄷ. 측정은 터널의 크기·선형 등을 고려하여 간격을 결정하는데 일반적으로는 곡선부에서 20~30 m, 직선부에서 50 m 정도로 하고 있다. 그리고 측점을 먼저 이동하는 경우에는 뒤쪽의 측점을 중복시켜서 위치를 정하도록 한다. 　ㄹ. 측점을 검측하는 주요한 방법으로 관측 구멍이 있다. 밀폐형 실드인 경우는 실드가 통과한 후에 세그먼트를 관통하여 설치한다. ③ 추진 관리 측정 　　추진 관리 측량은 구축되는 터널이 소정의 시공 오차 이내로 되도록 실드의 추진에 있어서 실드와 조립된 세그먼트가 계획의 추진 궤도에 오르도록 갱내 측량을 바탕으로 시행한다. 　ㄱ. 측량의 빈도는 원칙적으로 1일 2회 정도하여 실드의 상대 위치의 측정과 실드 자체의 피칭(pitching), 요잉(yawing), 롤링(rolling) 등의 여러 양을 측정한다. 　ㄴ. 추진 시간은 정해진 것이므로 데이터를 신속하게 파악하도록 적절한 기구를 이용하여 작업의 단순화와 합리화에 힘쓸 것.
2) 환경보전	환경보전 조사는 공사에 의해 주변 환경에 영향을 미친다고 생각되는 항목에 대해서 실시한다. 주된 조사 항목은 지반침하와 주변 구조물에의 영향·소음·진동·일조·지하수 등이 있다. 지반침하와 주변 구조물에의 영향에 대해서는 설계시의 해석 등의 결과를 재검토하고 경우에 따라서는 지반 개량·차단벽공 등의 대책을 강구하여 굴착과 뒤채움 주입 등의 시공 관리를 충분히 하는 것이 중요하다.

항 목	기 술 상 의 착 안 점
	침하 계측은 시공 중 및 시공 완료 후에 실시되는 경우가 많으며 중요한 구조물에 대해서는 자동 계측화하는 등의 리얼 타임(real time)의 관리가 필요하다. 지하 수위는 실드 굴진시와 입갱 시공시에 저하된다든지 하는 경우가 있으므로 기존 우물과 관측 우물로 수위·수질의 변화를 측정한다. 지하 수위는 계절에 따라 변동하기 때문에 공사 착수 전에 장기에 걸쳐 관측해 두는 것이 바람직하다. 입갱·기지(基地)가 주택지, 학교, 병원, 상점가 등에 근접해 소음과 진동이 특히 문제가 되는 경우는 대책으로서 방음벽으로 에워싼다든지 진동을 발생시키는 기계에 방진(防振) 장치를 설치한다든지 한다. 최근에는 지붕을 만들어 전체를 패널로 에워싸 소음을 작게 하는 경우도 많이 볼 수 있다. 그때에는 일조(日照)의 문제가 없도록 패널의 종류와 지붕의 각도 등에도 유의할 필요가 있다.
(2) 세그먼트제 1) 세그먼트	세그먼트의 종류와 형상을 **표 9.1**에 나타낸다. 표 9.1 세그먼트의 종류 | 재 질	단면 형상	이음 방식
---	---	---
철근 콘크리트	평 판 형	직 볼트 결합식
강 제 (steel)		曲 볼트 결합식
덕 타 일 주 철	박 스 형	핀 접 합 방식

합 성		힌 지 방 식	
			
			① 재질에 따른 분류
			ㄱ. 철근 콘크리트 세그먼트
			    가장 많은 사용 실적이 있다. 특징은 다음과 같다.
			    a. 덕타일(ductile) 주철과 강제(steel)에 비해서 일반적으로 가격이 싸다(바깥지름 4~5 m 이상).
			    b. 내구성(내부식성, 내열성)이 있다.
			    c. 공장제품이기 때문에 품질 정밀도는 우수하지만 구석 부분이 파손되기 쉬운 결점이 있다.

항　　　목	기　술　상　의　착　안　점
	d. 중량이 많이 나간다. e. 이음이 구조상의 약점으로 되어 변형이 크다. f. 단면 형상은 평판형과 박스형(中子形)(그림 9.1, 그림 9.2)이 있다. 그림 9.1 평판형 철근 콘크리트 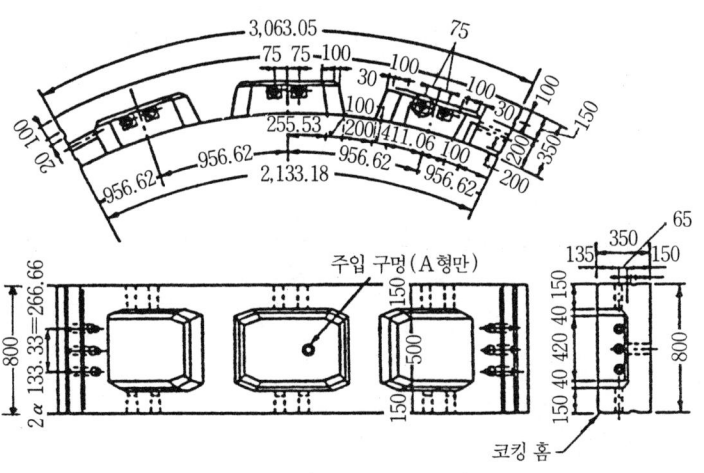 그림 9.2 박스형(中子形) 철근 콘크리트 ㄴ. 스틸 세그먼트(그림 9.3) 　　중소단면의 실드 터널에서 많이 사용되고 있으며 일반형강과 강판을 용접, 조립(built up)한 것으로 이 밖에 프레스 가공 방식인 것도 있다. 특징으로는 a. 콘크리트 세그먼트에 비해 경량이다. b. 조립, 운반 등 취급이 용이하다. c. 보강재의 설치 가공을 간단히 할 수 있다. d. 콘크리트 세그먼트에 비해 일반적으로 가격이 비싸다(大口徑).

항 목	기 술 상 의 착 안 점
	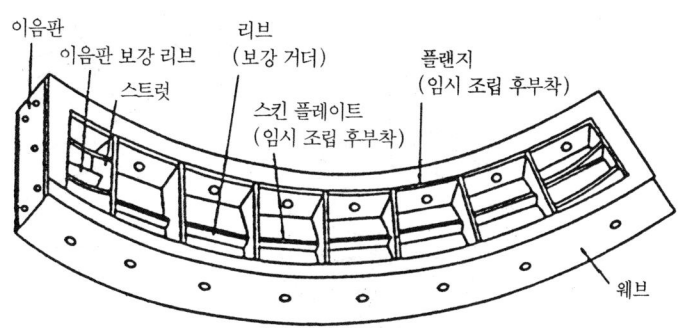 그림 9.3 스틸 세그먼트 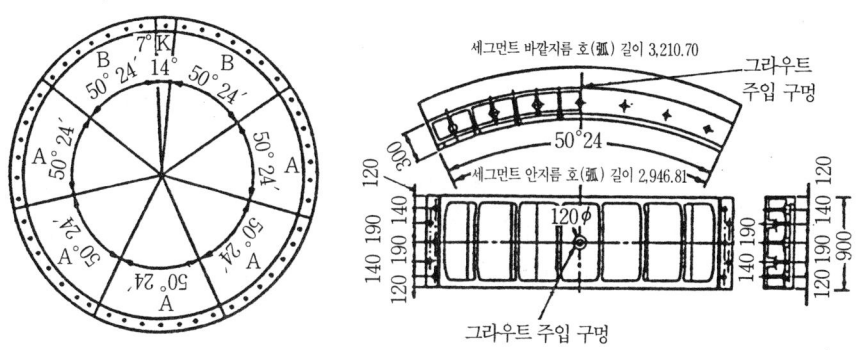 그림 9.4 덕타일 주철 세그먼트 e. 콘크리트 세그먼트에 비해 내부식성이 떨어진다. f. 용접에 의한 변형과 잔류응력에 문제가 있다. g. 인버트 청소가 하기 어렵다. ㄷ. 덕타일 주철 세그먼트(그림 9.4) 덕타일 주철 세그먼트는 주철에 마그네슘을 첨가함으로써 연신, 인성, 인장 강도를 향상시키며 게다가 주조성도 뛰어난 것이다. 특징으로는 a. 중하중(重荷重) 구간이나 형상이 복잡하고 시공상 제약을 받는 특수 구간의 시공에 적합하다. b. 취급, 누수 방지에도 뛰어나다. c. 제작비가 비싸다(콘크리트계 세그먼트의 약 2~3배). d. 철근 콘크리트제 세그먼트에 비해 내부식성, 내열성이 나쁘다. e. 가공성이 떨어진다. ㄹ. 합성 세그먼트(그림 9.5) 세그먼트의 안쪽면 또는 바깥쪽면에 강판을 사용하여 다월(dowel)로써 철근 콘크리트와 강판을 합성한 세그먼트이다. 특징으로는

항 목	기 술 상 의 착 안 점

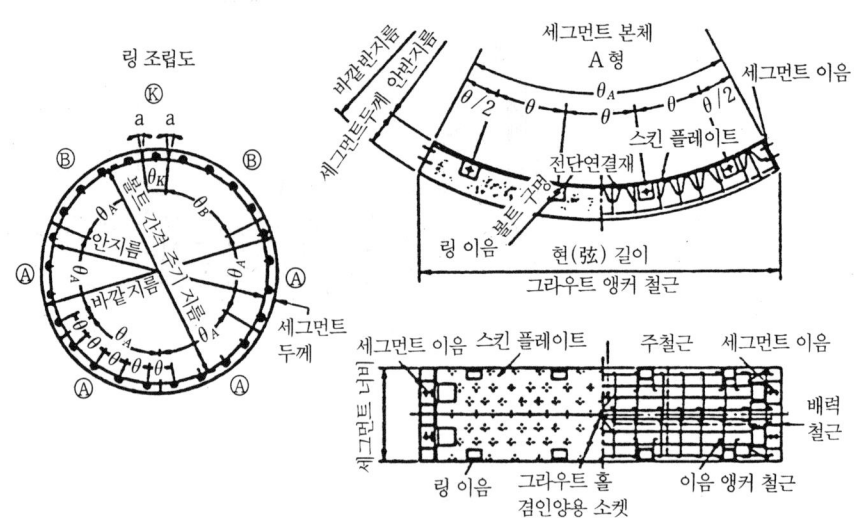

그림 9.5 합성 세그먼트

a. 철근 콘크리트 세그먼트에 비해 강성을 크게 거더 높이를 작게 하는 것이 가능하다.
b. 강판의 내부식성이 문제가 된다.
c. 이음이 구조적으로 약하고 철근 콘크리트제에 비해 다소 비싸다.

표 9.2 치수 허용차 (단위 : mm)

항목\종류	강제 세그먼트				주철제 세그먼트[4]				콘크리트계 세그먼트			
세그먼트두께 (주거더 높이)(a)	±1.5				+3.0 / −1.0[3]				+5.0 / −1.0[3]			
세그먼트 너비(b)	±1.5				±0.5				±1.0			
호(弧) 길이(c)	±1.5				±0.5				±1.0			
볼트 구멍 간격 (d:d′)	±1.0				±0.5				±1.0			
각 부의 두께(e)	———[2]				−1.0[3]				−1.0[3]			
[1] 수평조립시의 진원도 — 세그먼트링의 크기 바깥지름 $2R_o$(m)	$2R_o ≤ 4$	$4 ≤ 2R_o < 6$	$6 ≤ 2R_o < 8$	$8 ≤ 2R_o < 12$	$2R_o ≤ 4$	$4 ≤ 2R_o < 6$	$6 ≤ 2R_o < 8$	$8 ≤ 2R_o < 12$	$2R_o ≤ 4$	$4 ≤ 2R_o < 6$	$6 ≤ 2R_o < 8$	$8 ≤ 2R_o < 12$
볼트 간격 서클(circle) 지름	±7	±10	±10	±15	±5	±7	±8	±12	±7	±10	±10	±15
바깥지름	±7	±10	±15	±20	±7	±10	±15	±20	±7	±10	±15	±20

항 목	기 술 상 의 착 안 점
	주) (1) 수평 조립시의 진원도는 세그먼트링 2단 쌓기로 측정한다. (2) 강재의 각 부 두께는 KS D 3500, 3502에 규정된 강재 공차에 따른다. (3) 주철제 세그먼트와 콘크리트계 세그먼트에서 −1 mm는 국부적인 두께 감소의 한계를 나타낸 것이다. (4) 기계 마무리인 경우의 정밀도를 나타낸 것이며 기계 가공을 하는 경우는 강제에 준한다.

2) 세그먼트의
제작
	① 정밀도
	   세그먼트의 치수 허용차는 **표 9.2**를 표준으로 한다.
	② 도장
	   세그먼트에 사용되는 강재와 주철재가 직접 원지반이나 지하수와 접하는 경우는 제품 검사 완료 후 이 부분에 녹막이 도장을 한다. 녹막이 도장은 도장면의 슬래그, 기름, 먼지 등을 제거한 후 일반용 녹막이 페인트 등으로 1회 도장을 한다. 특히 방식성(防蝕性)을 필요로 하는 경우의 도장으로 타르에폭시수지와 역청(瀝靑) 도료 등이 사용되고 있다.
	③ 볼트
	   세그먼트에 사용되는 볼트는 일반적으로 KS B 1002에 규정되어 있는 ϕ 16∼36 mm의 육각 볼트를 사용하고 있다.
	      표시 예 M27(10.9) 인장 강도 10,000 kg/cm²
	                       항복점 또는 내력=인장 강도×0.9
	④ 테이퍼 링(taper ring)
	   테이퍼 링은 곡선용과 사행 수정용으로 나누는데 일반적으로는 곡선용 테이퍼 링을 사행 수정용으로 이용한다. 사행 수정용 테이퍼 링수는 설계의 대상이 되는 터널 구간 내에 준비해야 할 전체 링수에서 곡선용 테이퍼 링수를 뺀 나머지 링수의 5% 정도가 일반적이다. 조립시의 테이퍼 링과 보통 링의 조합은 1 : 1 이하로 하는 것이 바람직하다.

3) 세그먼트 저
장·운반
	세그먼트의 운반·저장에 대해서는 저장 장소, 저장 방법, 제품의 인수와 인도, 운반 방법 등에 대해서 유의할 것.
	① 저장
	   강성 세그먼트는 녹, 유류 등의 이물로 오손되지 않도록 함과 동시에 영구 변형을 일으키지 않도록 주의할 것.
	   콘크리트 세그먼트는 중량이 크고 또한 손상되기 쉬우므로 저장할 장소와 방법에 주의할 것.
	② 운반
	   콘크리트계 세그먼트의 테두리와 구석 부분에 적절한 방호 조치를 취함과 동시에 싣기, 하역 등의 취급에는 충분히 주의할 것.

항 목	기 술 상 의 착 안 점
4) 검사	세그먼트의 품질 관리를 위한 검사를 그림 9.6~9.8에 나타낸다. 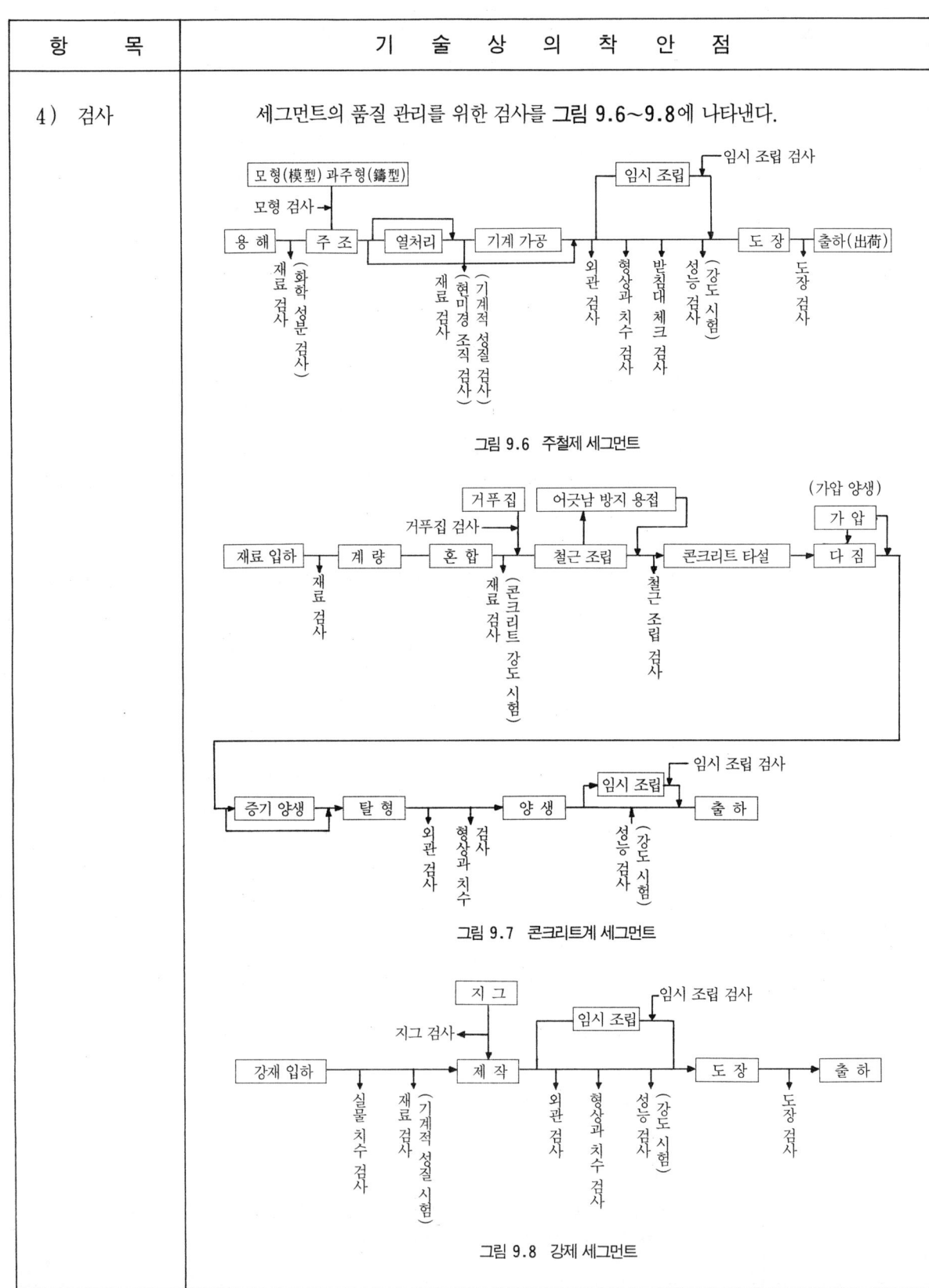 그림 9.6 주철제 세그먼트 그림 9.7 콘크리트계 세그먼트 그림 9.8 강제 세그먼트

항　　　　목	기　술　상　의　착　안　점
(3) 실드기 제작 　1) 실드 공통 　　　메커니즘	①　설계 조건 　　설계 조건 가운데 지질 조사는 실드 설계에서 가중 중요한 항목이다. 이 문제는 본래 조사에 관계되는 것이지만 설계 조건 가운데 원지반 조건 조사의 양부(良否)가 실드 문제점의 원인이 되는 경우가 많기 때문에 주의해야 한다. ②　실드 본체 　　밀폐형 실드는 후드(hood)부와 거더(girder)부가 벌크 헤드(격벽)로 나누어져 후드부 안은 막장에 작용하는 토압·수압에 대항하는 이수와 이토로 채워짐과 동시에 배니(토) 장치로의 이동로가 된다. 거더부 안은 커터 헤드 구동 장치, 배토 장치, 추진 장치 등을 격납하는 공간으로서 이용된다. 　　테일부는 주로 복공을 하는 공간으로서 이용되고 복공과 실드 본체의 지수를 위한 테일 실(seal)이 배치된다. 실드 본체 문제점의 원인으로서는 테일 실의 양부(良否)가 가장 관계가 많다. 밀폐형 실드는 이수 또는 이토에 의해 막장의 토압과 수압에 대항하여 막장의 안정을 유지한다. 이 때문에 테일 실, 토사 실과 배토구가 파손된 경우는 압력 유지가 불가능하게 되어 막장 붕괴와 지반침하 등의 문제를 발생시키는 원인이 된다. 　　테일 실의 재질·형상에는 여러 가지가 있지만 내압제·내구성이 요구되는 경우는 와이어 브러시를 여러 개 배치하여 브러시와 브러시 사이에 충전재를 가압 주입하는 타입이 많이 사용되고 있다. ③　추진 메커니즘 　　추진 메커니즘의 계획에서는 총추진력의 산정에 유의할 필요가 있다. 실드의 총추진력은 소요의 여러 저항을 산정하여 그 추진 여러 저항 총합계의 1.5~2배 정도로 하고 있다. 통상 계획한 총추진력이 부족한 경우는 없으며 일반적으로 추진력(추력)이 부족하게 되는 것은 다음과 같은 경우인데 이 경우는 다른 메커니즘과 방향 제어 관리 등에 대해서 대책을 강구한다. 　ㄱ. 자갈층, 호박돌층에서의 커터 슬릿 폐색→커터 헤드 혼합 메커니즘과 배토 메커니즘 　ㄴ. 점성토층에서의 커터 슬릿 폐색→커터 헤드 　ㄷ. 급곡선 시공과 방향 수정시에서의 주행성의 유지 곤란→방향 제어 관리 　ㄹ. 자갈층에서의 노킹(knocking)에 의한 진동→골재의 주입 ④　커터 헤드 　　밀폐형 실드의 커터 헤드는 흙막이 메커니즘, 굴착 메커니즘 및 혼합 메커니즘(토압식)을 겸하는 것으로 메커니즘으로서 중요하며 또한 문제점의 원인으로도 되기 쉽다. 커터 헤드 문제점의 예를 아래에 나타낸다. 　ㄱ. 토크　　　　　　자갈층과 호박돌 혼합층에서의 주행성의 유지 곤란 　ㄴ. 커터 슬릿　　　　점성토층에서의 막힘

항 목	기 술 상 의 착 안 점
	ㄷ. 커터 비트 장거리 시공, 토질(자갈, 호박돌, 연암)에 따른 마모와 파손
	ㄹ. 구동부 토사 실 마모에 기인하는 이수, 지하수의 누수 및 막장 압력의 유지 곤란
2) 토압식 실드	토압식 실드에서는 굴착, 혼합, 배토가 일련의 시스템으로 형성되어 있다. 이 때문에 이러한 메커니즘 가운데 한 군데라도 문제가 생기면 메커니즘 전체 문제점으로 되기 쉬우며 그 원인을 특정하는 것은 간단하지 않다. 그림 9.9에 토압식 실드의 개요를 나타내고 표 9.3에 토압식 실드의 구성을 나타낸다.

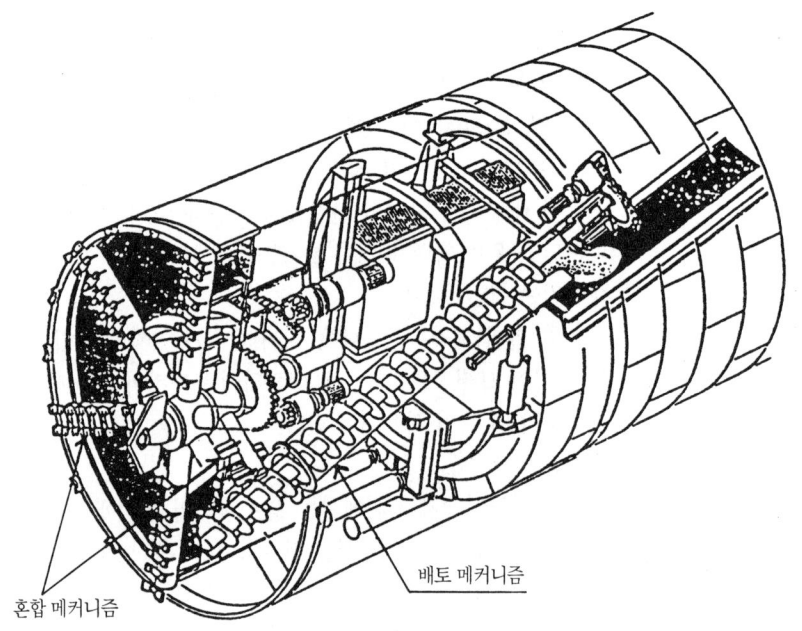

그림 9.9 토압식 실드

① 첨가재 주입 장치

토압식 실드는 굴착토에 일정한 압력을 주어 막장의 안정을 도모하는 것이며 굴착토가 소성유동이 곤란한 경우에는 첨가재를 주입하면서 굴착한다.

첨가재의 주입은 혼합 효과를 올리기 위해 커터 헤드의 중심부와 전면부(前面部) 그리고 격벽 외주부와 내주부에 적당히 배치하는 것이 일반적이다. 그리고 주입구에는 막힘 방지를 위한 역류 방지용 패킹의 설치, 주입관과 토사 부착 방지관의 겸용 등이라는 폐색 방지를 위한 여러 가지 연구도 한다.

② 혼합 메커니즘

항 목	기 술 상 의 착 안 점

표 9.3 토압식 실드의 구성

항 목		내 용
(1) 시스템 계획	개 요	굴착 추진 메커니즘, 막장 안정 메커니즘, 첨가재 주입 장치, 혼합 메커니즘, 버력 반출 설비 등
(2) 첨가재 주입 장치	주입 펌프 주입구 막힘 방지 구조 제어	기종, 성능 위치, 지름, 수(數) 보수, 청소 주입량, 주입압
(3) 혼합 메커니즘	커터 헤드 각종 교반 날개	비트(bit), 스포크(spoke), 중간 빔, 커터 배면, 스크루 컨베이어, 격벽, 독립구동(獨立驅動)
(4) 배토 메커니즘	스크루 컨베이어 배토구 제어	기종, 지름, 길이 게이트 방식, 배토구 가압 방식, 로터리 피더, 압송 방식, 슬러리 펌프 방식, 압력 유지, 배토량

토압식 실드에서는 굴착 토사가 소성유동화되기 쉽도록 혼합 메커니즘을 배치할 필요가 있다. 혼합 메커니즘에는 커터 헤드와 각종 교반 날개가 있는데 굴착토의 성 상(소성유동화의 과부족)을 늘 감시하여 첨가재 주입량을 조정하는 등 기능이 충 분히 발휘될 수 있도록 한다.

③ 배토 메커니즘

토압식 실드에서 배토 메커니즘은 막장의 안정을 유지하기 위해 굴착량에 알맞는 배토량의 제어가 필요하게 된다.

배토 메커니즘에는 아래와 같은 방식이 있으며 토질 조건에 맞춰서 선정한다.

· 스크루 컨베이어+게이트 방식
· 스크루 컨베이어+배토구 가압 장치 방식
· 스크루 컨베이어+로터리 피더 방식
· 스크루 컨베이어+압송 방식
· 스크루 컨베이어+슬러리 펌프 방식

④ 유의점 정리(표 9.4)

표 9.4 토압식 실드와 문제점의 관계 (계속)

항 목	내 용	발생하기 쉬운 문제점
첨가재 주입 장치	막힘 방지 장치	노즐의 폐색(閉塞)에 의한 혼합 불량
혼합 메커니즘	커터 헤드 교반 날개	● 체임버 내 폐색 ● 혼합 불량에 의한 토크(torque) 상승 ● 교반 날개의 파손
배토 메커니즘	스크루 컨베이어	● 점성토층에서의 폐색·부착 ● 자갈층·호박돌층에서의 파손
	배토구	● 토사 및 지하수의 분발(噴發)

항 목	기 술 상 의 착 안 점
	표 9.4 토압식 실드와 문제점의 관계

항 목	내 용	발생하기 쉬운 문제점
배토 메커니즘	배토구	• 피더(feeder) 폐색 • 게이트 부분에 호박돌이 물려 들어감

표 9.5 이수식 실드의 구성

항 목		내 용
시스템 계획		굴착 추진 메커니즘, 막장 안정 메커니즘, 버력 수송 설비, 이수 처리 설비, 이수압 유지 설비, 기타
송배니 메커니즘	송니 라인 배니 라인 기타 라인 제 어	펌프, 관 지름 펌프, 관 지름, 계통수(系統數) 바이패스 라인, 막장 수압 유지 라인, 순환 라인 유량, 압력
부속 장치	체임버 내 장치 자갈 처리 장치	격벽, 송배니관, 애지테이터 체임버 내, 배니 라인

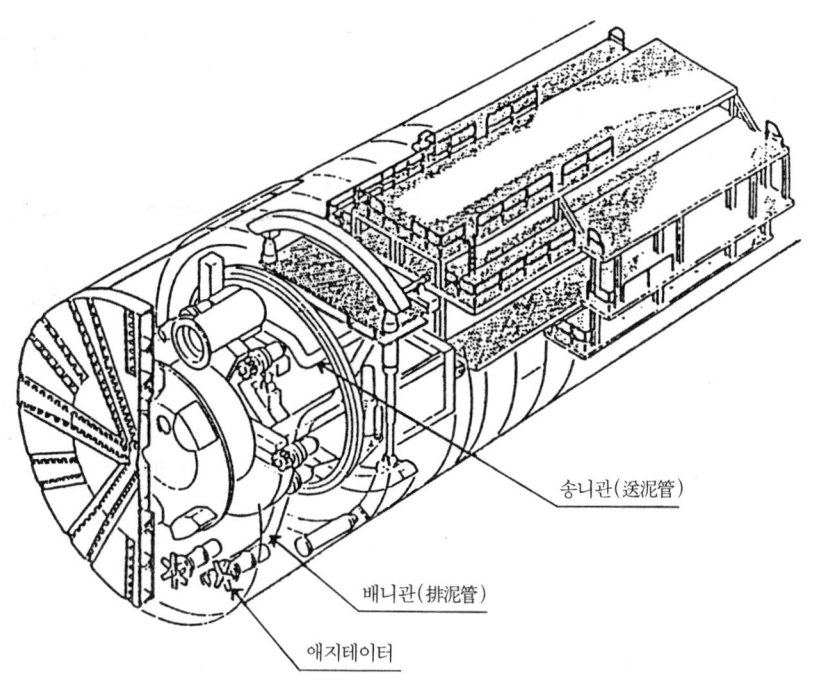

그림 9.10 이수식 실드

3) 이수식 실드   이수식 실드는 굴착·배니(排泥) 메커니즘이 토압식과 같이 일련의 시스템을 형

항 목	기 술 상 의 착 안 점
	성하고 있다. 이러한 메커니즘 가운데 한 군데라도 문제가 생기면 전체의 문제점으로 되기 쉽다. 게다가 이수식 실드에서는 막장의 안정과 직결되어 있기 때문에 주의를 요한다(그림 9.10, 표 9.5). ① 송배니(送排泥) 메커니즘 　송배니 메커니즘은 막장 수압의 안정과 굴착토의 수송이 굴진 속도 등에 적합하도록 계획을 세울 필요가 있다. 그리고 송배니관의 설치에 있어서는 폐색에 대비해 역수송 회로 등의 검토도 해야 한다. ② 부속 설비(자갈 파쇄와 자갈 처리 장치) 　이수식 실드는 배니 라인의 관계 때문에 수송 가능한 자갈 지름이 제한된다. 이 때문에 자갈층과 호박돌층 등에서의 시공인 경우는 우선 커터 헤드에서의 파쇄, 다음으로 자갈 처리 장치에 의한 파쇄 또는 제거를 고려하는 것이 필요하다. 일반적으로는 배니 라인에서 연속 파쇄가 가능한 크러셔가 유리하기 때문에 이 설비가 많이 사용되고 있다. 그리고 커터 헤드에서의 파쇄에 대해서는 디스크 롤러 커터를 장비한 기종이 개발되어 있다.
(4) 임시 설비 1) 실드 기지	실드 기지(基地)는 실드 시공의 공정과 공사비에 큰 영향을 주기 때문에 공사의 규모, 시공 순서, 공사 기간을 인식한 후에 입지 조건, 시공 조건 등을 고려하여 시공 계획을 세울 것. 　실드 기지의 넓이는 여유있는 것이 바람직하지만 시가지에서는 충분한 면적을 확보하는 것이 곤란한 경우가 많으므로 입갱 및 실드 시공에 필요한 설비, 넓이를 고려할 것(표 9.6).

표 9.6 실드 기지(基地)의 구성

항 목		내 용
공통 임시 설비	임시 설비 건물 기지 내 통로 재료 적치장	각 사무실, 휴게실, 운전 관리실, 창고 등 재료 반입차로(세그먼트, 레일, 침목 등) 세그먼트, 레일, 침목, 배관재, 실붙임, 공간 등
굴진 설비	갱외 설비	토사 호퍼, 수변전(受變電) 설비, 양중 설비, 작니재(作泥材) 플랜트, 이수 처리 플랜트(이수식), 배니 처리 설비, 뒤채움 주입 플랜트
실드기 투입 조립		갱외 설비, 실드의 중량과 분할, 반입 대수, 양중 설비 능력, 대피 장소, 조립 장소

① 공통 임시 설비
　· 재료 적치장
　세그먼트의 저장량은 일진량(日進量)의 2배 정도가 바람직하지만 최대 굴진량도

항 목	기 술 상 의 착 안 점

고려하여 설정할 것.
② 굴진 설비
· 구역 밖의 설비
　토사 호퍼의 용량은 반출 작업 시간, 사토장(捨土場)의 반입 시간 등의 제약에 따라 결정되며 장시간·대용량의 저유(貯留)는 토사 호퍼 내에서의 압밀 등에 의해 폐색이 발생하는 경우도 있으므로 실드 규모, 사토장의 반입 능력도 고려하여 결정할 것.
③ 실드(기) 투입·조립
　실드(기) 투입·조립시의 착안점을 표 9.7에 나타낸다.

표 9.7 실드(기) 투입·조립

종 별	항 목	착 안 점
운 반	운반 계획서	운반 경로, 운반 방법, 도착 시간, 대피 장소, 도로 규제, 가공선(架空線) 등
	지역주민에 대한 PR	반입이 심야로 되는 경우가 많으므로 특히 주의하고 이해를 구할 것
	하역 중기	대형 크롤러 크레인을 사용하는 경우는 부속기기가 많아지기 때문에 대기 장소, 도착 순서 등의 조정이 필요하며, 또한 진입 퇴장시의 교통 규제와 교통 정리에도 유의할 것
입갱으로의 달아 넣기, 설치	달아 넣기, 설치	• 반입용 크레인의 선정은 인양물의 하중과 작업 반경을 고려하여 결정할 것 • 크레인 설치 위치와 복공 거더 내력의 체크(확인) • 달아 넣기 중의 신호 방법, 유도 방법
조 립	계획서	• 달아 넣기 순서, 조립요령, 필요한 작업 공간 • 전기 설비용량

2) 입갱 설비	입갱 설비의 구성 내용을 표 9.8에 나타낸다. ① 굴진 설비

표 9.8 입갱 설비의 구성

항 목		내 용
굴진 설비	초기 굴진 설비	반력받침, 작업 바닥, 갱구 설비, 뒤쪽 운반대, 세그먼트, 레일, 반출입 설비, 실드받침 가대 등
	본굴진 설비	작업 바닥, 배터리차 편성, 궤도, 트래버서
	입갱내 시공 설비	버력 피트, 배터리 충전 설비, 갱내 양중 설비, 입갱 배수 설비
임시 설비	승강 설비	엘리베이터, 계단, 사다리
	지보공의 위치	실드의 분할 치수, 버력 트롤리·재료 등의 치수
	그 밖의 설비	전화, 소화기, 들것, 산소호흡기, 환기 설비

항 목	기 술 상 의 착 안 점

	굴진 설비는 초기 굴진 설비와 본굴진 설비로 나눌 수 있다.
	• 초기 굴진 설비……실드를 발진(發進)시켜 뒤쪽 설비가 갱내로 연결될 수 있을 때까지의 굴진 설비. 이때는 추진 반력이 세그먼트와 원지반과의 마찰에 의해 확보될 수 없어 발진 입갱의 반력받침과 임시 조립 세그먼트를 사용하고 있다.
	• 본굴진 설비………입갱내의 설비에 의해 통상의 사이클 타임(cycle time)을 지장 없이 확보할 수 있는 상태의 굴진 설비
	ㄱ. 초기 굴진 설비
	  a. 실드받침 가대는 기계의 자중에 의한 수직 하중, 추진시의 가로 하중에 견딜 수 있는 구조로 할 것.
	  b. 반력받침은 실드의 추력을 반력벽에 전달하는 목적 외에 초기 세그먼트의 진원도 유지, 본조립 첫번째 세그먼트의 위치 결정, 초기 굴진시의 재료 투입을 위한 반출입 공간 등의 역할을 갖는 것이며 H형강 등의 강재 또는 임시 조립 세그먼트를 사용하여 실드 추력에 견딜 수 있는 것일 것.
	  c. 작업 바닥은 초기 굴진과 본굴진시의 사용을 고려하여 바닥 위에 배치하는 기계와 자재 등의 중량, 궤도의 높이를 고려하여 강재의 배치를 계획할 것.
	ㄴ. 입갱내 시공 설비
	  깊은 입갱인 경우는 자재 투입의 사이클 타임이 굴진 효율에 영향을 주는 경우가 있기 때문에 지상에서의 작업과 자재 투입 사이클 타임의 검토와 입갱 아래 가로 이동 설비의 검토 등을 할 것.
	② 임시 설비
	ㄱ. 승강 설비
	  a. 입갱 깊이에 따라 설비의 종류를 검토할 것.
	  b. 입갱 굴착시, 초기 굴진시, 본굴진시 각각에 있어서 동일한 승강 설비를 겸용하는 것이 바람직하다.
	  c. 비래(飛來) 낙하물로부터의 안전을 고려한 설비로 할 것.
	ㄴ. 지보공의 위치
	  지보공의 위치는 입갱 굴착시의 설계계산상만이 아닌 실드 투입 조립시의 필요 공간, 자재의 투입 위치, 각종 배관·배선 위치, 승강 설비 등을 고려하여 결정할 것.

3) 시공 설비	시공 설비의 구성을 **표 9.9**에 나타낸다. ① 갱내 운반 설비 실드 공사의 구역 안 운반 설비는 버력 반출, 복공재의 반입, 가설 기재의 반출입 등을 위한 설비로 실드의 굴진 속도에 영향을 주기 때문에 여러 가지 검토를 하여

항 목	기 술 상 의 착 안 점

표 9.9 시공 설비의 구성

항 목		내 용
재료 적치장·창고	저장 재료 저장량 작업장	옥외 : 세그먼트, 레일, 침목, 배관재, 유지류 옥내 : 세그먼트 실, 볼트, 전선, 조명 설비 기타 일진량(日進量), 사용량, 손실률 세그먼트 실붙임, 배관 가공 등
버력 반출, 재료 반출입 설비	버력 반출법 버력 반출 설비 재료 반출입 작업 시간대 資機材의 중량	버력 트롤리 방식, 파이프 방식(압송·유체) 저장 설비 : 토사 호퍼 반출 설비 : 클램셸, 크레인, 백호 설비 : 문형 크레인, 크롤러 크레인, 타워 크레인, 버력 반 출 주기와 재료 반입 주기 환경보전, 교통량, 야간, 주간 버력 트롤리, 세그먼트, 침목, 배관재
전력 설비	사용 전력량 설비기준과 절차 정전시의 대책	전기기기의 부하율을 고려한 최대 부하용량 전기사업법, 전기 설비 기술기준 기타 배전 경로가 다른 예비 전원의 확보
갱내 운반 설비	갱내 주행 공간 운반 방법 터널 선형	갱내 배관 배치, 뒤쪽 운반대 구간의 공간 ● 자재 등 : 궤도, 트럭 ● 버력 : 궤도, 트럭, 컨베이어, 슬러리 펌프, 압송 펌프, 공기 수송, 캡슐 수송 ● 곡률 반지름, 종단(縱斷) 경사, 자기재의 중량 기타
뒤채움 주입 설비	주입 재료 주입 방법 사용량 갱내 배관 방법	1액 타입 : 콘크리트, 모르타르 2액 타입 : 물유리계, 알루미늄계 유기계 : 발포수지 동시, 반동시, 즉시, 뒤쪽 지질 조건, 과잉 파기량, 주입률 배관 압송 방식, 버력 트롤리 반입 방식
1차 복공 설비 ·작업 운반대	세그먼트 조립 장치 진원 유지 장치 작업 운반대의 종류	재질, 형상, 치수, 중량 일렉터 : 링식, 중공축식(中空軸式) 기타 파지(把持) 방식 : 수동나사식, 유압잭식 세그먼트 밀어 올리는 장치, 턴버클, 진원 유지 링 2차 주입, 코킹, 세그먼트 볼트의 재조임, 누수 처리
플랜트 설비		토압식 : 첨가재 플랜트(作泥, 기포 등) 이수식 : 이수 작니 플랜트, 이수 처리 플랜트
2차 복공 설비	거푸집의 종류 갱내 운반 기계 타설 방법 작업 운반대	이동 방식 : 논텔레스코픽, 니들 빔, 텔레스코픽 지지 방식 : 센터 빔, 사이드 빔, 논빔 애지테이터 카, 콘크리트 펌프(지상, 갱내) 콘크리트 플레이서, 콘크리트 펌프 철근 조립, 코킹, 누수 처리
운전 제어 설비	토압식(土壓式) 이수식(泥水式)	감시 조작반, 토압, 커터 부하, 잭 압력 추진 속도 제어, 배토량 계량, 배토 메커니즘 기타 중앙 감시반, 건사량 측정, 막장 수압 유지 커터 부하, 펌프용 기동반, 잭 압력 기타

결정할 것.
　　운반 설비를 결정하는 요인으로서는 터널의 크기, 실드의 종류, 터널 연장(延長),

항 목	기 술 상 의 착 안 점

	선형(線形), 작업 사이클 타임 등이 있다.
	ㄱ. 열차 편성, 레일
	  a. 편성 계획시에 기관차의 견인력, 제어력의 체크(확인)를 할 것.
	  b. 침목 간격은 사용하는 세그먼트 너비에 의해 결정되는 경우가 많으며 기기의 중량에 맞는 치수의 침목, 레일을 사용한다.
	  c. 열차 편성수의 검토에 있어서는 열차 다이어그램을 작성하여 검토할 것.
	  d. 갱내 운반차의 너비는 실드 뒤쪽 설비의 크기, 형상을 확인하여 결정할 것.
	ㄴ. 압송 펌프
	    압송 펌프에 의한 버력 반출 방법은 갱내 운반시에서의 토사의 넘쳐 흐름에 의한 갱내의 오염 방지와 입갱이 작은 경우의 반출 효율의 향상, 급경사·급곡선부의 반출에 이점이 있기 때문에 최근에 많이 사용되고 있다.
	ㄷ. 공기 수송
	    실드로 굴착된 토사를 공기 압력의 차에 의해 파이프 안을 반송하는 방식이다. 공기 압력은 a. 송풍기(blower) 등을 이용하여 물질을 압송하는 정압(正壓) 방식, b. 진공 펌프를 사용하여 물질을 흡인 반송하는 부압 방식의 2가지로 분류된다.
	    공기 수송 방식은 연속하여 반송될 수 있기 때문에 유효한 방식이지만 전기용량이 크다는 것, 관 내로의 부착 문제, 관의 마모가 심하다는 등의 문제가 있다.
	ㄷ. 캡슐 수송
	    캡슐 수송 방식은 토사를 캡슐 열차에 실어 배관 안을 저압기류를 타고 반송하는 방식이다. 캡슐의 속도는 빠르고 그 수송 능력은 높다고 하지만 설비가 커지기 때문에 공사 규모에 따라 경제성의 문제가 있다.
	② 1차 복공 설비
	  ㄱ. 세그먼트 반송 설비
	    세그먼트 운반대에서 일렉터 인양 위치까지의 세그먼트 반송 설비이며 터널 방향으로 운반되어 온 세그먼트를 터널 횡단 방향으로 회전시키므로 실드와 뒤쪽 운반대간의 벨트 컨베이어, 송배관, 유압 호스 전선케이블 등의 관계를 검토할 것. 일반적으로는 모노레일 형식이 많지만 최근 자동 세그먼트 반송 장치 등의 개발이 되어 있다.
	③ 플랜트 설비
	  ㄱ. 토압식 실드
	    토압식 실드의 플랜트 설비에는 작니 설비가 일반적이며 기포 실드에 있어서는 기포 플랜트가 필요하다.
	  ㄴ. 이수식 실드
	    이수식 실드의 플랜트 설비는 송배니 설비와 이수 처리 설비가 필요하다. 플랜

항 목	기 술 상 의 착 안 점

	트 설비로서는 송배니 설비의 조정조(調整槽)는 이수 처리 설비와 공용하는 형태로 된다. 이수 처리 설비는 공사 규모에 따라 큰 것으로 되기 때문에 설비의 배치는 다른 설비와의 정합(整合)을 고려하여 결정해야 한다(**그림 9.11, 그림 9.12**).
	
	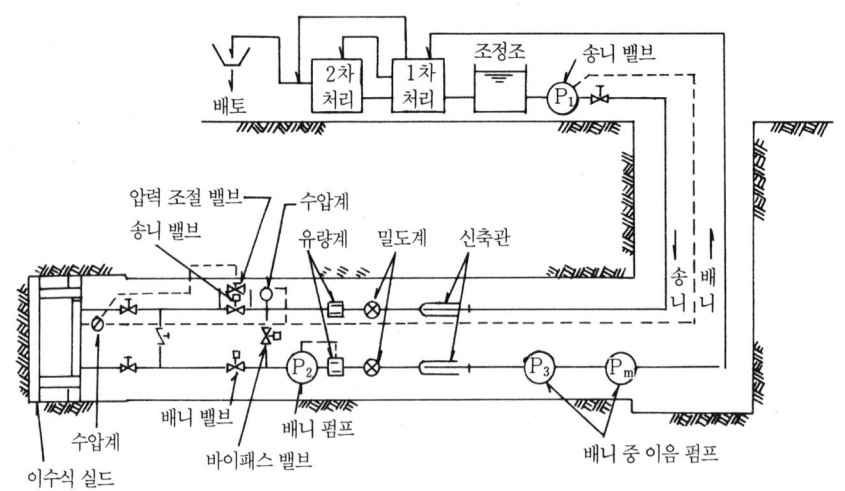
	
	그림 9.11 이수 실드의 송배니 순서도
	
	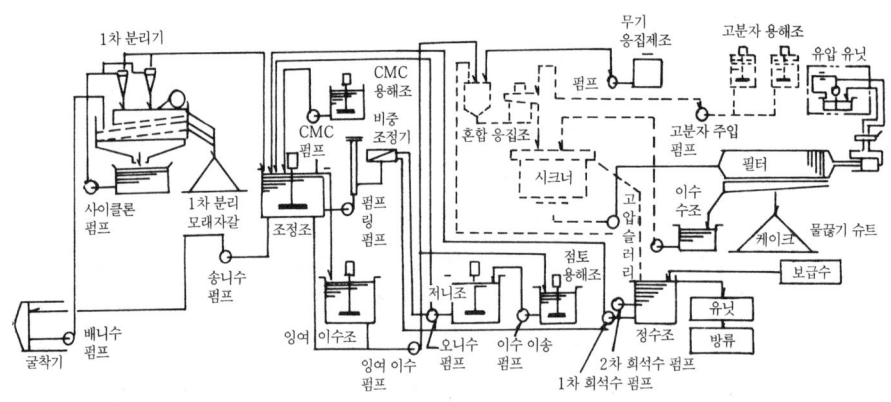
	
	그림 9.12 이수 처리 시스템(고분자 응집 사용)
	
	④ 운반 제어 설비
	  ㄱ. 토압식 실드
	      토압식 실드는 막장과 격벽(隔壁) 사이에 충만된 굴착 토사, 스크루 컨베이어와 그 배토구에 설치된 배토 메커니즘의 종합된 효과로 막장 토압과 지하 수압을 유지하여 추진량에 걸맞는 배토를 하기 때문에 이러한 것을 종합한 운반 제어와

항 목	기 술 상 의 착 안 점
	설비가 필요하다. 　통상 막장의 상태, 커터 체임버 내의 토압, 추진량과 배토량, 실드 운반시의 부하 등을 계기로 측정하고 이것을 제어 설비에 전달하여 운전 관리가 이루어진다. 　운전 제어 설비에는 **표 9.10**의 설비가 필요하다. 표 9.10 토압식 실드의 운전 제어 설비 | 설비·장치	기 능·용 도
감시 조작반	가동 상황 감시
토압 제어 장치	커터 체임버 내 충만도의 제어와 막장 안정
토량 제어 장치	굴착토량과 배토량의 제어
커터 부하 제어 장치	커터 토크의 제어와 교반 상태 감시
잭 압력 제어 장치	추진 제어
추진 속도 제어 장치	추진 속도 제어
배토량 계량 장치	배토량의 계량 관리
배토 메커니즘 제어 장치	배토구 가압 제어, 게이트 개구(開口) 제어
첨가재 주입 제어 장치	첨가재의 주입량
각종 데이터 표시기록 장치	각종 데이터의 표시, 기록 | ㄴ. 이수식 　이수식 실드는 막장의 가압과 송배니(送排泥)가 동일 펌프로 이루어지고 굴진과 뒤쪽 처리가 연동(連動)하여 이루어지므로 이러한 것을 종합한 운전 제어와 설비가 필요하다. 통상 막장의 상태, 이수 처리, 이수 관리 등의 상태를 계기로 측정하고 이것을 중앙 제어 장치로 운전 제어를 한다(표 9.11). 표 9.11 이수식(泥水式) 실드의 운전 제어 설비　　　　(계속) | 설비·장치	기 능·용 도
중앙 감시 조작반	시스템 전반의 가동 상황 감시
펌프용 기동반	펌프의 기동, 정지, 속도 제어
막장 수압 유지 조정 장치	정지시의 막장 수압 유지 조절
송니(送泥) 압력 조절 장치	송니 압력 조절
배니(排泥) 유량 조절 장치	배니 유량 조절
순환 유량 조절 장치	기외(機外)에서의 자갈 처리시 순환 유량 조절	

항 목	기 술 상 의 착 안 점
(5) 굴진	표 9.11 이수식(泥水式) 실드의 운전 제어 설비

설비·장치	기 능·용 도
건사량(乾砂量) 측정 장치	송배니 유량, 밀도보다 실제 굴착 건사량을 연산(演算)
잭 속도, 스트로크 측정 장치	뒤채움 주입과 굴진 관리 등
커터 압력 측정 장치	막장 원지반의 상태 관리
데이터수록 장치	각종 데이터의 기록

굴진의 구성을 표 9.12에 나타낸다.

표 9.12 굴진공의 구성표

항 목		내 용
발 진 공	발 진 방 법	발진 방호, 실드기 투입·설치, 임시 벽 부수기·엔트런스 패킹, 임시 조립 세그먼트
	설 비	실드받침대, 반력받침, 찌꺼기 반출
	초 기 발 진	발진구 관입, 갱구 처리, 초기 굴진, 준비 시설 교체
도 달 공	도 달 방 법	도달 방호, 위치 측정, 흙막이 보강
	도 달 굴 진	미속(微速) 굴진, 감압(減壓), 개구(開口) 깎아내기
	뒤 처 리	실드 회수, 실드 해체, 토사 철거, 갱구 처리
굴 진 관 리	굴 착 관 리	별표(別表) 참조
	방 향 제 어	
	뒤채움주입	
토 사 반 출	갱 내 운 반	운반 방법(강차(鋼車), 압송, 슬러리)
	토 사 처 리	이수 처리(1차, 2차), 잔토 처리, 임시로 두기(假置)
	구역밖으로 반 출	호퍼, 펌프탑재, 사토장(捨土場)
측 량	갱 외 측 량	도입 측량, 관측 구멍
	갱 내 측 량	기선(基線) 측량, 센터 측량, 레벨 측량
	침 하 측 량	노면, 구조물
임 시 설 비 연신(延伸)	궤 도	침목, 레일
	통 로	비계판, 난간
	배 관	급수관, 송풍관, 첨가재, 이수, 뒤채움재
	전 선	동력 케이블, 조명 배선, 텔레미터(telemeter)

항 목	기 술 상 의 착 안 점
1) 발진공	① 발진공의 내용 ㄱ. 막장 개방시의 안정 　　실드기를 관입할 때 일시적으로 임시 벽을 부수고 막장을 개방하게 된다. 개방시 배면 원지반의 안정과 지하수의 유입을 막는다. ㄴ. 실드 관입시의 지반 변상(變狀) 　　실드 관입시 알지 못하는 원지반으로 본굴진과 다른 조건으로 추진하게 된다. 이 때문에 실드기가 원지반에 들어가 테일 처리가 끝날 때까지는 지반 변상 방지책을 고려해 두는 것이 필요하다. ㄷ. 테일 처리 　　갱구에는 실드 관입시의 지하수, 토사의 유입을 방지하기 위해서 엔트런스 패킹을 설치하지만 실드기가 관입하여 세그먼트로 바꿀 때에 신중하게 조치해야 한다. 또한 이 엔트런스부의 처리를 완전하게 하지 않으면 입갱과 세그먼트 배면으로부터 지수가 곤란하게 된다. ② 발진 방법 발진 방법에는 그림 9.13에 나타낸 각종 방법이 있다. 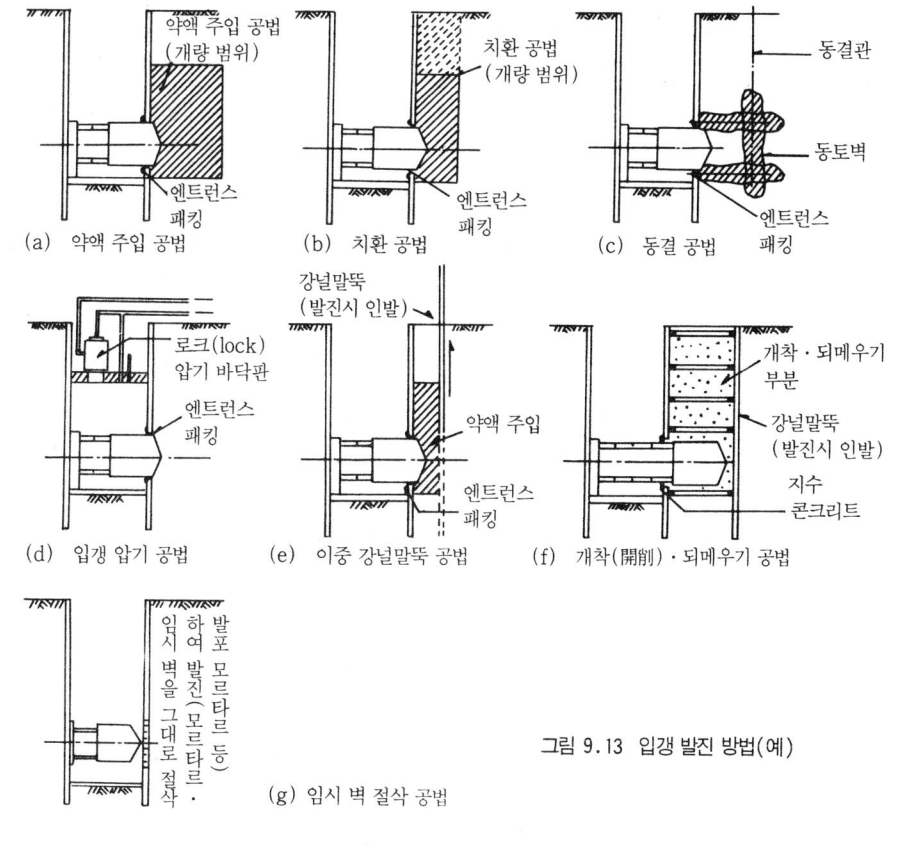 그림 9.13 입갱 발진 방법(예)

항 목	기 술 상 의 착 안 점
	각종 발진 방법 가운데 일반적으로는 (a), (b), (c)의 지반 개량에 의해 막장을 안정시키는 방법이 사용되고 있다. 최근 (g)의 임시 벽 절삭 공법이 개발되어 있으며 안전성을 확인할 수 있다면 유효한 방법이라고 생각된다. 발진 공법의 결정에는 시공 환경을 기본으로 안전성, 경제성, 공정을 검토하여 결정한다. ③ 발진 순서 　　표준적인 발진 순서는 다음과 같다. 　　ㄱ. 발진부 지반 개량 　　ㄴ. 발진받침대공 　　ㄷ. 실드기 투입, 조립 　　ㄹ. 반력받침 설치 　　ㅁ. 엔트런스 패킹 설치 　　ㅂ. 임시 벽 부숨 　　ㅅ. 임시 추진 　　ㅇ. 발진 ④ 발진공의 유의점 　　ㄱ. 발진 가대(架台) 　　　실드받침대는 기계 중량에 맞는 강도를 갖는 것으로 하고 설치시 터널 설계상의 센터, 높이를 기본으로 방향·높이를 결정한다. 관입시 실드의 중심과 오버컷으로 인해 실드기가 내려가는 경우가 있으므로 약간의 덧올림 등의 검토를 한다. 　　ㄴ. 반력받침 　　　반력받침은 관입시 추력에 대해 충분한 강도와 강성을 갖는 것으로 한다. 그리고 편하중과 추진시의 흔들림에 대한 검토도 한다. 　　ㄷ. 임시 추진 　　　임시 추진시는 추진 속도를 내려 추력·토크 모두 작은 상태에서의 추진이며, 원지반과 테일에서의 구속이 작기 때문에 실드기는 불안정한 상태이므로 실드기의 흔들림 방지와 롤링 등의 방지책을 강구해 둔다. 임시 벽을 부술 때의 찌꺼기와 개량토는 체임버 내에서의 토사 폐색과 배니 라인에서의 폐색을 일으킬 위험이 있으므로 대책을 검토해 둔다.
2) 도달공	도달(到達)은 소정의 루트를 추진시켜 사전에 준비된 입갱 개구부로 도달시키는 일련의 작업을 가리키며 실드 본체를 입갱 내로 인출(引出)하는 방법과 도달 개구벽까지 추진해 실드를 그대로 묻어버리는 방법이 있다(일반적으로는 후자). 또한 입갱 도달의 방법에는 입갱 개구를 사전에 열어 두는 것과 실드가 벽에 도달되고 나서 벽을 부수는 방법이 있다. 방법의 결정에 있어서는 지하수·지질 등을 고려한다.

항 목	기 술 상 의 착 안 점
	① 도달공의 검토 항목 　ㄱ. 막장 개방시의 안정 　ㄴ. 실드 도달시의 지반 변상(變狀) 　ㄷ. 도달 추진 　ㄹ. 갱구(坑口) 처리 ② 도달공의 유의점 　ㄱ. 도달 방호공(그림 9.14) 　　도달 방호공에는 동결, 치환, 약액 주입, 지하수 저하 등이 있으며 방호의 목적·지질 등을 고려하여 공법·범위를 결정한다. 　　방호공의 유의점은 다음과 같다. 　　a. 도달 갱구의 개구를 위한 원지반의 자립 　　b. 도달공에 의한 지반침하 　　c. 도달시, 실드 주변에서의 지수 　　d. 도달 굴진시의 이수·이토압의 저하 　　e. 지반 개량 영역 굴진시의 배니(排泥) 라인의 폐색 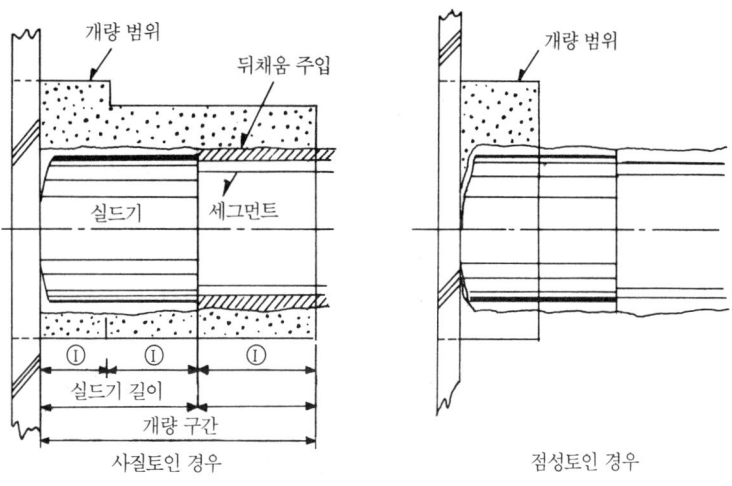 그림 9.14 도달 방호공의 예
3) 굴진 관리	이수식 실드와 토압식 실드의 밀폐형 실드 공법에 있어서는 막장과 굴착의 상황을 직접 육안으로 확인하는 것이 가능하지 않다. 이 때문에 터널 선형을 유지하고 막장의 붕괴 방지와 테일 보이드(tail void)의 충전 처리에 의해 지표 변상을 방지하여 안전하게 시공하는 굴진 관리가 중요하게 된다. 　굴진 관리의 구성을 표 9.13에 나타낸다. ① 토압식 실드

항 목	기 술 상 의 착 안 점

표 9.13 굴진 관리의 구성표

항목		내 용
굴착 관리	막장 안정 　토압식 　이수식	체임버(chamber) 내 이토압, 오거 배토, 토사 혼합, 붕괴 탐사 첨가재(재료배합, 점도, 주입량, 주입압) 이수압 유지, 일니(逸泥), 분발(噴發), 붕괴 탐사 이수 관리(이수 비중, 점성, 사분(砂分))
	적성(適性) 굴착	굴착토량, 건사량(乾砂量), 반출토사량, 계측법
	실드기	추력, 잭 압력, 잭 개수, 추진 속도, 커터 토크, 커터 회전수
	토사 반출 　토압식 　이수식	오거 회전수, 첨가재, 토사 성상, 배토구 분발 송배니 유량, 펌프 회전수, 부하, 폐색, 애지테이터
방향 제어	실드기 자세	피칭, 요잉, 롤링
	잭 선택	사용 잭, 스트로크差, 중절각(中折角)
	과잉 파기	카피 커터, 오버 커터
	사행(蛇行)	계획 선형, 사행 수정, 테일 클리어런스(tail clearance)
	세그먼트 선택	이형 세그먼트
뒤채움 주 입		별표(別表)에 의한다.

ㄱ. 막장 토압

　　토압식 실드인 경우는 굴진 속도에 맞춰서 스크루 컨베이어의 회전수와 배토 게이트의 개구율을 조정하여 굴착토와 배토의 밸런스로 막장을 안정시킨다. 이 때문에 막장 토압의 관리가 중요해지며 체임버 내에 설치된 토압계에 의해 토압이 관리된다. 그러나 체임버 내 토사의 유동성이 나쁜 경우는 토압을 정확하게 계측할 수 없게 된다. 따라서 첨가재의 주입 메커니즘과 혼합 메커니즘을 적절하게 사용하여 시공한다.

　　또한 토압의 관리압은 기본적으로 정지 토압+수압+예비압으로 계획하는 것이 많으며 이 적성 압력을 특정하는 것과 막장 작용압은 체임버 내의 토사 상황에 따라 다르기 때문에 추진에 따른 지표면 변상 등의 조사에 의해 관리 압력을 결정한다.

ㄴ. 토압 계측

　　막장 안정 굴착을 확인하기 위해 굴착토량의 관리를 한다. 그러나 토압식 실드에서는 굴착 중 리얼 타임(real time)으로 배토량을 정밀도 높게 계측하는 것이 곤란하기 때문에 강차(鋼車) 중량의 측정 등에 의해 사후 관리를 하고 있는 경우가 많다. 이를 위해 복수에 의한 계측을 종합적으로 관리한다.

② 이수식 실드

ㄱ. 막장 이수압의 설정

	기 술 상 의 착 안 점
	막장 이수압의 설정법은 현재까지는 아직 확립된 이론이 없다. 일반적으로는 리버스말뚝 등과 같이 지하압+0.2 kg/cm²나 지하 수압+토압(主働 또는 이완 또는 정지)+0.2 kg/cm²로 하고 있다. 　　모래질 지반과 경질 점성토 지반인 경우에는 막장 이수압을 크게 유지하는 것이 지반 변상 방지상 유리하지만 연약한 점성토 지반인 경우에는 이수압의 과부족은 주변 점성토의 입자 구조를 교란시켜 실드 통과 후의 후속침하에 영향을 주므로 주의해야 한다. 또한 분발과 일니(逸泥)를 일으키는 지반에서는 과잉 이수압이 되지 않도록 주의해야 한다. 　　막장 안정을 위해서는 이수압의 변동을 억제하는 것이 중요하다. 이수압의 주요 변동 요인으로는 다음과 같은 항목이 있으므로 유의한다. 　　a. 배니(排泥) 라인의 폐색 　　b. 뒤채움 주입압의 막장으로의 전달 　　c. 세그먼트 조립시의 잭 조작에 의한 것 ㄴ. 이수 관리 　　이수의 품질은 막장의 안정에 대해서는 고농도인 것이 바람직하지만 지나치게 농도가 높으면 운송 설비·처리 설비가 과부하(過負荷)로 되어 버린다. 그러므로 이수를 적정한 영역으로 유지하는 것이 중요하다. 　　이수 관리는 모래층에서는 점성 관리를 하여 필요에 따라 가니(加泥)하고 점성토에서는 반대로 가수(加水) 조정을 한다. 문제점의 요인으로 되기 쉬운 것은 점성토층에서 모래층으로 돌입한 경우 등으로 이것에 신경을 쓰지 못할 때가 많다. 그러므로 이수의 색 변화·1차 처리 상황·촉감 등에 주의를 기울기는 것이 중요하다. ㄷ. 굴착토량 　　굴착토량의 관리는 밀도계·유량계에 의한 계측값에 따르지만 원지반 조건의 불균일 등으로 계측 데이터는 절대량을 나타내는 것이 아니므로 상대 비교를 해서 통계 수법(표준 편차)을 이용하여 판단한다. 이런 이유로 계측값의 살포가 생기면 계측값이 의미를 갖지 못하기 때문에 주의해야 한다. 　　계측값의 살포 요인으로써 　　a. 밀도계·유량계의 오차 　　b. 지질적인 것(자갈층 등) 　　c. 굴착 조건(추진 속도, 이수 비중, 바이패스 시간 등) 　　을 생각할 수 있으며 c.의 굴착 조건을 가능한 한 일정하게 하여 계측값을 관리하는 것이 중요하다. ③ 실드의 추진 관리 ㄱ. 추력·토크

항 목	기 술 상 의 착 안 점
	실드 굴진시의 추력·토크는 굴진에 관한 종합적인 지시값으로 아래 항목이 관계가 있으므로 각 수치의 적성(適性)을 체크하여 최적의 값으로 유지하도록 힘쓴다. · 선택 상황 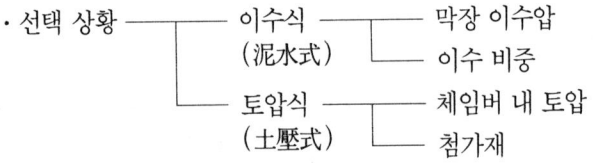 · 가동 상황 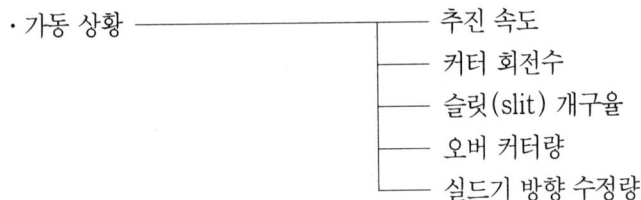 ㄴ. 막장 탐사 장치 　막장 안정을 위한 굴착 관리는 막장 밀폐형인 경우 실드 부하와 굴착토량의 계측 등의 방법을 취하고 있다. 　이 관리의 체크로서 직접 막장을 탐사하여 공극량(void量)을 추정할 수 있다면 굴착토량의 보정과 뒤채움 주입 관리로 피드백할 수 있어 확실한 굴진 관리를 할 수 있다. 이를 위해 실드에 막장 탐사 장치를 설치하는 경우가 있다. 막장 탐사 장치의 계측 방식으로 다음과 같은 것이 있다. 　a. 직접 계측－커터 헤드의 스킨 플레이트(skin plate)에 검지봉을 설치하고 막장면으로 밀어내어 원지반면까지의 거리를 측정한다. 　b. 간접 계측－초음파 등에 의해 반사파를 수신하여 거리를 측정한다. ㄷ. 실드 자세 제어 　실드는 막장면과 외주면의 원지반 저항·잭의 누름 방향·실드 고유의 버릇·토질의 변화·세그먼트의 고정도 등에 따라 롤링(rolling), 피칭(pitching), 요잉(yawing)을 일으켜 사행하기 쉽다. 그러므로 실드 위치·방향을 정확하게 파악함과 동시에 아래 항목에 유의하여 적정한 위치에 추력(推力)을 작용시킨다. 　a. 정확한 추진 관리 측량을 하여 항상 실드 위치·방향을 파악해 둘 것. 　b. 굴진 중 실드 잭 스트로크, 롤링, 피칭, 요잉의 측정을 하여 필요에 따라 잭 사용 장소를 변경할 것. 　c. 실드 중심과 세그먼트면이 직교하도록 테이퍼 세그먼트를 신속히 사용할 것.

항 목	기 술 상 의 착 안 점

	자이로 컴퍼스 요잉 　 다림추　　 피칭　　　 다림추　 롤링
	잭 스트로크差 (수평 방향) 경사계 (수직 방향) 경사계 (회전)
	　　　　　　　 잭 스트로크差
	
	그림 9.15 실드의 사행(蛇行) 종별
	
	 d. 사행 종별은 <u>그림 9.15</u>와 같으며 사행 수정은 가능한 한 신속히 할 것. 급격한 수정은 반대측의 사행량을 증가시키든지 테일(tail) 내에 세그먼트와의 틈새를 만든다든지 한다. 따라서 사행은 긴 구간에서 서서히 수정할 것.
	 e. 실드는 중심이 기계 앞쪽에 있기 때문에 노즈 다운(nose down)을 일으키기 쉬우므로 주의해야 한다. 특히 오버 커터와 카피 커터를 사용하는 경우에 주의가 필요하다.
	④ 뒤채움 주입공
	  뒤채움 주입공의 구성을 **표 9.14**에 나타낸다.
	
	표 9.14 뒤채움 주입의 구성표
	
	| 항 목 || 내 용 |
	|---|---|---|
	| 뒤 채 움 주 입 | 주 입 재 | 재료배합, 겔화 시간(gel time), 강도 |
	| | 주 입 상 황 | 주입 방법, 주입 시기, 주입량, 주입 압력, 막장으로 돌아서 들어감 |
	| | 지 반 변 상 | 지표면 변상, 분출 |
	| | 청 소 | 갱내 배관, 주입관 청소, 탁수 처리 |
	
	  뒤채움 주입은 다음 3항목을 목적으로 시공하는 것이다.
	 a. 지반 변상(變狀)의 방지
	 b. 터널의 지수성 향상
	 c. 세그먼트 복공의 조기 안정성 확보(실드기의 조종성 확보, 작용 외력의 균등화)
	  주입 방법으로서 주입 실시 시기에 따라 4가지로 분류된다.
	  ・동 시 주 입 : 실드기측에서 추진과 동시에 시공한다.
	  ・반동시주입 : 세그먼트 그라우트 구멍에서 추진에 맞춰서 시공한다.
	  ・즉 시 주 입 : 세그먼트 그라우트 구멍에서 1링(ring) 굴진 완료할 때마다 시공한다.
	  ・뒤 쪽 주 입 : 세그먼트 그라우트 구멍에서 수 링 뒤쪽으로 시공한다.
	 ㄱ. 뒤채움 주입재

항 목	기 술 상 의 착 안 점
	뒤채움 주입재는 과거에는 1액성 주입 재료가 주로 사용되어 왔으나 최근에는 유동성·겔화 시간(gel time) 조정에 이점이 있는 2액성의 주입 재료가 주류가 되고 있다. 그림 9.16, 그림 9.17에 주입 재료의 분류를 나타낸다.

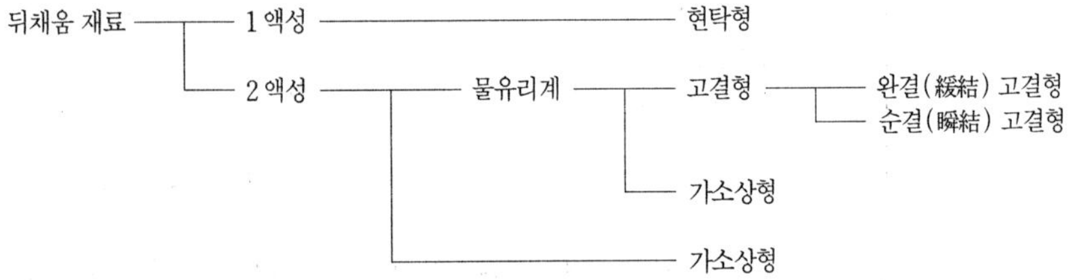

```
뒤채움 재료 ─┬─ 1액성 ──────────────── 현탁형
            └─ 2액성 ── 물유리계 ──┬─ 고결형 ──┬─ 완결(緩結) 고결형
                                   │           └─ 순결(瞬結) 고결형
                                   ├─ 가소상형
                                   └─ 가소상형
```

그림 9.16 주입 상태에 따른 뒤채움 주입 재료의 분류도

```
뒤채움 재료 ─┬─ 무기계 ──┬─ 시멘트계 ──┬─ 공기 있음 ──┬─ 에어 밀크(air milk)
            │ (無機系)   │              │              ├─ 모래계
            │           │              │              ├─ 점토계
            │           │              │              ├─ 화학물계
            │           │              │              └─ 기타
            │           │              │
            │           │              └─ 공기 없음 ──┬─ 모래계
            │           │                              ├─ 점토계
            │           │                              ├─ 화학물계
            │           │                              └─ 기타
            │           │
            │           └─ 비시멘트계 ──┬─ 공기 있음
            │                           └─ 공기 없음
            │
            └─ 유기계 ─── 발포계
              (有機系)
```

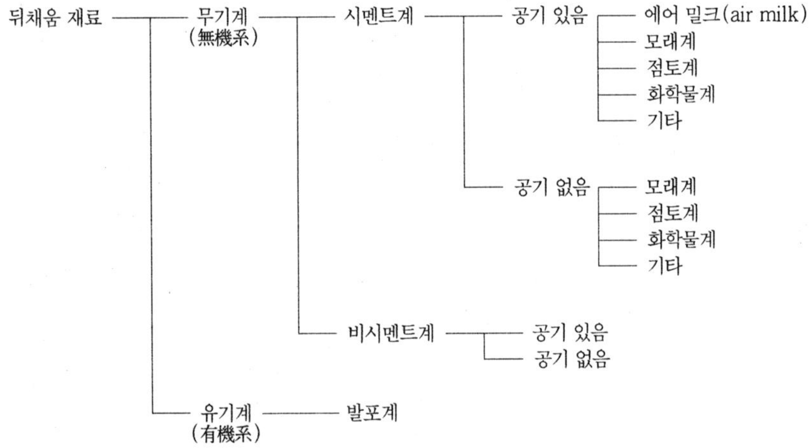

그림 9.17 사용 재료의 따른 뒤채움 주입 재료의 분류도

주입 재료로서 요구되는 성상(性狀)을 아래에 나타내는데 개개의 필요 성상이 서로 상반되는 관계가 있는 경우도 있으므로 재료의 선정에 있어서는 지반 조건·시공 조건을 바탕으로 주안이 되는 필요 성상을 파악해 두는 것이 중요하다.
· 블리딩 등 재료 분리를 일으키지 않을 것
· 주입 후의 경화 현상 등에 따른 체적감소율이 적을 것
· 원지반 상당의 균일한 강도가 조기에 얻어질 것
· 유동성이 우수할 것
· 수밀성이 우수할 것
· 충전성이 우수할 것
· 무공해이며 가격이 쌀 것 |

항 목	기 술 상 의 착 안 점
	ㄴ. 주입량 주입량은 이론 공극량에 대해 주입률 α를 곱하여 구한다. $Q = V \times \alpha$ 주입률 α는 여러 가지 요소가 서로 얽혀있어 특정할 수 없지만 주입에 따른 압밀, 토질 조건, 과잉 파기량을 고려하여 결정한다. ㄷ. 주입 압력 뒤채움 주입은 세그먼트의 외주에 충분히 충전시키는 주입 압력으로 실시하며 압력의 기준으로서 지반이 받는 저항 크기(압력)에 $1 \sim 2\,kg/cm^2$를 상승시킨 값을 기준으로 한다. 이 지반이 받는 저항 크기란 그라우트할 수 있는 최저의 압력을 말하며 지층 조건(토질, 토압, 수압 등), 굴착 조건(이수, 토압), 주입 조건(주입재, 주입 방법)에 따라 다른 고유한 값을 나타낸다. 이 값을 일의적으로 결정하는 것은 어려우므로 압력 관리 뿐만 아니라 주입량 관리와 병용하여 지표면 변상 등의 측정값을 감안하여 결정한다. 주입시의 최대 압력은 세그먼트를 변형시킨다든지 K 세그먼트의 볼트를 절단하는 경우도 있으므로 세심한 주의가 필요하다.
(6) 1차 복공	1차 복공의 구성을 **표 9.15**에 나타내며 여기서는 세그먼트의 조립, 방수공에 대해서 기술한다.

표 9.15 1차 복공의 구성표

항 목	내	용
실 드 기	실드기 세그먼트 조립 장치 진원 유지 장치	
세 그 먼 트	세그먼트의 종류 세그먼트의 제작 세그먼트의 저장·운반	
세그먼트조립	조임 토크의 확보 재조임 세그먼트의 조립 테이퍼 링(taper ring)의 사용	조립 시기, 잭의 작동 방법, 진원 유지, 파손 방지, 요철 이음, 지그재그 이음 사행(蛇行) 수정, 선형(線形) 확보
굴 진 관 리	굴진 관리, 운전 관리 뒤채움 주입 관리	
방 수 공	실공 세그먼트의 체수(滯水) 처리 볼트 구멍 방수공 주입 구멍 방수공 코킹공	실 재료, 실 체적과 홈 체적

항 목	기 술 상 의 착 안 점
	① 세그먼트 조립 　ㄱ. 조임 토크의 확보 　　세그먼트의 이음 볼트는 조립시에 정해진 힘으로 충분히 조일 것. 조임공구로는 임팩트 렌치, 전동 렌치, 토크 렌치(인력)가 있다. 　ㄴ. 재조임 　　뒤쪽의 세그먼트가 추진(推進)의 영향을 거의 받지 않게 된 시점에서 다시 한번 소정의 힘으로 충분히 조인다. 　ㄷ. 세그먼트 조립 　　a. 조립 시기 　　　1차 복공은 추진 완료 후 신속하게 세그먼트를 링 모양으로 조립하는데 신공법으로서 추진과 세그먼트 조립을 동시에 하는 동시 추진 공법과 세그먼트를 사용하지 않는 현장 타설 콘크리트를 타설하는 ECL공법도 개발되어 있다. 　　b. 진원(眞円) 유지 　　　세그먼트를 진원으로 조립하는 것은 터널 단면의 확보·구조상의 시공 효율·지수 효과·지반침하의 감소 등의 면에서 가장 중요하다. 조립 후 세그먼트가 진원을 유지하지 않는 경우는 실드 잭을 느슨하게 하여 erector 또는 진원 유지기에 의해 상부 세그먼트를 들어올려 다시 한번 볼트의 조임을 실시한다. 　　c. 파손 방지 　　　세그먼트는 운반·조립시 파손되지 않도록 주의할 것. 　　　세그먼트의 파손 원인으로는 볼트의 조임 방법과 세그먼트의 조립이 나쁜 경우와 실드 잭의 편압 등이 있다. 　　d. 요철 이음·지그재그 이음 　　　세그먼트의 링 이음은 지그재그 이음으로 조립하는 것을 원칙으로 한다. ② 방수공 　터널의 누수는 완성 후의 터널의 기능과 유지 관리에 많은 문제를 일으키므로 1차 복공 단계에서 방수에 대처하도록 힘쓸 것. 방수공에는 실공, 볼트 구멍, 코킹공 등이 있다. 　ㄱ. 실공 　　실공이란 세그먼트 이음면의 지수공으로 수밀성, 내후성, 밀착성, 복원성 등의 성질을 필요로 한다. 　　a. 실 재료 　　　실재에는 수팽윤고무계, 합성고무계, 복합고무계 등이 있다. 　　　최근 지수성·시공성면에서 수팽윤계가 많이 사용되고 있고 많은 제품이 있지만 선정에 있어서는 내구성을 고려하여 선택할 것과 팽윤 배율이 지나치게 높은 것은 팽윤 후의 탄성이 감소하기 때문에 주의할 필요가 있다.

항　　목	기　술　상　의　착　안　점
	b. 취급과 양생 　　통상 실재(seal材)의 접착은 세그먼트 작업장에서 하기 때문에 운반과 달아 내릴 때 손상되는 것이 많다. 실재는 한 군데의 손상이라도 방수 효과는 크게 감소하기 때문에 주의해야 하며, 특히 수팽윤계 실재는 세그먼트 조립까지 빗물·갱내 누수 등에 방치되지 않도록 시트 등으로 충분히 양생한다. c. 접착 　　실재의 접착은 세그먼트의 실 홈을 충분히 바탕 처리를 하여 프라이머를 실재의 접착 너비보다 넓게 도포하고 홈의 중앙에 접착시킨다. 또한 코너 부분의 실은 특히 위치·치수에 주의한다. ㄴ. 볼트 구멍 방수공 　　이음 볼트 구멍의 방수공은 구멍벽과 볼트, 와셔의 공극에 링 모양의 패킹재를 넣어 볼트 구멍으로부터의 누수를 방지한다. ㄷ. 주입 구멍 방수공 　　뒤채움 주입재의 방수공은 링 모양의 패킹재를 넣어 주입 구멍으로부터의 누수를 방지한다. ㄹ. 코킹공 　　사전에 세그먼트 내면측 이음 줄눈에 코킹 홈을 만들어 둔 경우 코킹재를 그 홈에 충전 방수한다. 코킹재로서는 에폭시수지계의 접착재를 사용하는 경우가 많으므로 먼지·기름·뒤채움재 등을 잘 청소한다.
(7) 2차 복공	2차 복공은 터널에 작용하는 하중에 대하여 주체 구조가 되지 않는 방법과 1차 복공과 2차 복공으로 하중을 분담하는 방법이 있다. 그리고 시공 예는 매우 적지만 2차 복공 단독으로 주체 구조로 하는 방법도 있다. 　일반적인 설계 방법은 1차 복공에서 2차 복공의 시공 완료까지는 기간이 상당히 길어지는 경우가 많으므로 1차 복공만을 복공 구조 주체로서 장기에 걸쳐 터널에 작용하는 하중에 견딜 수 있도록 설계하고 2차 복공은 1차 복공의 보호와 부식 방지(防蝕)의 기능을 담당하여 사행(蛇行) 수정·방수·그 밖의 터널의 사용 목적에 따른 기능을 갖는 마무리공으로서 시공된다. 　2차 복공두께는 설계 조건, 콘크리트 타설시의 시공성과 사행 수정량 등에 의해 결정되는데 일반적으로 15~30 cm 정도로 하고 있다. 철도 터널인 경우 누수 방지 등을 목적으로 하는 경우는 20~25 cm, 세그먼트의 보강을 목적으로 하는 경우는 30 cm 이상으로 하고 있다. 　2차 복공의 구성을 **표 9.16**에 나타낸다.
1) 강제 거푸집	① 거푸집의 종류

항 목	기 술 상 의 착 안 점

표 9.16 2차 복공의 구성표

항 목		내 용
강제 거푸집 (steel form)	거푸집의 종류 제작 정밀도 조립	이동식 강제 거푸집, 단독 센터
콘 크 리 트 공	콘크리트의 배합과 종류 앞처리(前處理) 콘크리트 타설 콘크리트 운반 콘크리트 양생 복공두께와 내공 확보 철근공	청소, 지수, 볼트의 조임 점검 다짐 방법, 재료의 분리 대책 공기빼기, 정부(頂部)의 충전 펌프 타설, 애지테이터 타설 양생 방법, 탈형 시간 내공 확보, 복공두께 확보, 검사의 기록
방 수 공	누수 대책 이어치기 처리	

거푸집은 일반적으로 이동식 강제 거푸집(sliding form)이 사용되며 급곡선 부분과 특별한 구간 및 시공 연장(延長)이 짧은 경우는 단독 센터가 사용된다.
ㄱ. 이동식 강제 거푸집
   a. 이동 방식에 따른 구분
      ・논텔레스코픽 　・텔레스코픽 　・니들 빔
   b. 지지 방식에 따른 구분
      ・센터 빔 　・사이드 빔 　・논빔
   c. 타설 범위에 따른 구분
      ・전체 단면 　・부분 단면 　・특수 단면
ㄴ. 단독 센터
   단독 센터란 원형으로 짜올린 강철제 거푸집(metal form)을 말한다.
② 제작 정밀도
   강제 거푸집(steel form)의 정밀도는 터널 내공과 라이닝두께의 확보에 의해 결정되며 지름과 길이의 검사 치수 규정의 예를 아래에 열거한다.
  ㄱ. 지름
     강제 거푸집의 앞부분과 뒷부분을 각 두 군데 이상 측정하여 **표 9.17**의 허용값 이내로 한다.
  ㄴ. 거푸집 길이
     강제 거푸집 길이는 좌우 한 군데 이상을 측정하여 허용값은 **표 9.18**에 나타낸다.

항　　　목	기　술　상　의　착　안　점
	표 9.17 강제 거푸집 지름의 허용값(mm)

지　름	허　용　값
D : 2,000 미만	+10　　−0
D : 2,000 이상 3,500 미만	+10　　−3
D : 3,500 이상 5,000 미만	+10　　−5
D : 5,000 이상 8,000 미만	+12　　−7
D : 8,000 이상 12,000 미만	+12　　−8

표 9.18 강제 거푸집 길이의 허용값(mm)

길　이	허　용　값
D : 6,000 미만	± 5
D : 6,000 이상 9,500 미만	±10
D : 9,500 이상 12,000 미만	±10
D : 12,000 이상 15,000 미만	±10

ㄷ. 조립

　　강제 거푸집의 조립은 터널 내공과 라이닝두께의 확보에 유의하고 타설된 콘크리트의 압력에 충분히 견딜 수 있는 구조와 콘크리트 타설시에 옆으로 흔들림을 방지하기 위한 흔들림 방지 잭 장치 등을 설치할 것. 또한 거푸집을 충분히 청소하고 박리제를 도포하여 거푸집 표면에 흠이 생기지 않도록 주의한다.

2) 콘크리트공

① 앞처리
2차 복공 시공 전에 세그먼트의 청소·지수·이음 볼트의 조임 점검을 한다.

② 콘크리트 타설

ㄱ. 공기빼기·정부(頂部)의 충전
　　복공 정부(頂部) 부근은 콘크리트의 충전이 곤란하기 때문에 주의할 것. 필요에 따라서 공기빼기 파이프를 묻을 것. 또한 스프링 라인보다도 상부의 볼트박스는 콘크리트의 충전이 곤란하므로 상부에 대해서는 사전에 무수축 모르타르 등의 충전, 측부는 공기빼기 파이프를 매입하면 좋다.

ㄴ. 다짐 방법
　　콘크리트의 다짐은 거푸집 바이브레이터, 봉상 바이브레이터 등으로 충분히 실시한다.

ㄷ. 타설상의 주의
　a. 1 스팬의 콘크리트는 건조 수축이 생기지 않도록 연속하여 타설한다.

항 목	기 술 상 의 착 안 점

	b. 콘크리트 타설에 있어서는 거푸집 설계에서 고려한 값 이상의 압력이 가해지지 않도록 타설 속도를 조정할 것.
	 ③ 콘크리트 운반
	  콘크리트 운반은 압송 펌프 방식과 애지테이터 방식이 사용되며 타설 수량, 시공 거리, 시공 단면 등에 따라 구분하여 사용한다.
	  ㄱ. 펌프 타설
	   지상의 콘크리트 펌프로 직접 압송 타설한다. 이 경우 압송 거리가 길면 재료의 분리를 일으키기 쉬우므로 콘크리트의 배합 등을 고려하여 대책을 세운다.
	  ㄴ. 애지테이터 타설
	   애지테이터(에어 클리트, 프레스 클리트, 스크루 클리트)로 갱내까지 콘크리트를 운반, 타설한다.
	 ④ 콘크리트 양생
	  ㄱ. 양생 방법
	   탈형 후 터널 내의 온도 변화를 막고 습윤 상태를 유지하도록 충분한 양생을 실시한다. 그 방법으로는 출입구 부분을 시트 등으로 밀폐하는 방법과 내부에서 증기 양생을 하는 방법이 있다.
	  ㄴ. 탈형 시간
	   거푸집의 탈형 시간은 2차 복공의 시공 주기에 크게 영향을 미친다. 지나치게 빠른 탈형은 콘크리트의 균열 등 유해한 영향을 미치므로 충분히 검토한다.
	   탈형은 타설한 콘크리트가 소정의 강도에 이른 후에 실시한다. 소정의 강도까지의 시간은 현장과 동일 조건으로 양생한 콘크리트의 압축 시험으로 구한다.

3) 방수공	① 누수 대책
	 ㄱ. 2차 복공으로부터의 누수를 완전히 막는다는 것은 매우 곤란하기 때문에 우선 첫번째로 1차 복공시의 실공, 코킹공 등의 방수공을 확실하게 시공한다.
	 ㄴ. 2차 복공으로부터의 누수 장소는 균열인 경우가 많다. 이 때문에 균열을 발생시키지 않기 위해서 콘크리트의 배합면에서는
	  a. 경화수(硬化數)를 적게 하기 위해서 단위 시멘트량을 적게 한다든지 플라이 애시 시멘트와 고로 시멘트 등을 사용한다.
	  b. 건조 수축을 억제하기 위해 단위 수량을 적게 한다.
	  c. AE 감수제의 사용
	   등이 있다.
	  시공면에서는
	  a. 거푸집의 탈형 시간을 적절히 한다.
	  b. 1회당 타설 길이를 지나치게 길게 하지 않는다.

항 목	기 술 상 의 착 안 점
	c. 충분한 양생을 한다. 　등이 있다. ② 시공 이음 처리 　시공 이음의 방수 처리 방법에는 다음과 같은 방법이 있다. 　ㄱ. 시공 이음에 지수판을 넣는다. 　ㄴ. 시공 이음에 특수 퍼티(습윤면 접착성인 것)를 도포한다. 　ㄷ. 시공 이음의 표면을 박스 아웃(box out)해서 도수(導水) 처리를 한다. 　보통은 ①의 지수판을 사용하는 방수 처리가 일반적이다. 또한 시공성면에서 지수판으로 수팽윤 지수판을 사용하는 경우도 있지만 이 경우는 지수재의 팽창압에 의해 2차 복공에 균열이 생기지 않는 저팽창률의 지수판을 사용한다.

10. 강 구조물 제작
(열차 하중을 재하하는 것)

항 목	기 술 상 의 착 안 점
1. 시공 계획서 (제작요령서) (1) 주요 부재와 2차 부재	주요 부재와 2차 부재의 구분은 표 10.1과 같다. 표 10.1 주요 부재와 2차 부재의 구분 | 주 요 부 재 | 2 차 부 재 | |---|---| | 주거더, 가로 거더, 세로 거더, 분배 가로 거더, 지점상의 보강재, 박스 거더의 세로 리브, 가설용 연결구, 보, 기둥, 이러한 첨접재(添接材), 다월(dowel), 레일받침, 슈(shoe) 등 | 능구재(綾構材), 대경재(對傾材), 다이어프램, 브레이크 트러스, 문형(門型), 이러한 것과 주요 부재와의 연결재, 첨접재, 중간 보강재, 수평 보강재, 교측 보도, 맨 바깥쪽 거더, 배수 설비, 바닥판 끝부분 보강재, 방음공, 내진 연결공 등 | 주) (1) 주요 부재란 만일 이러한 부재의 일부분이 파괴되면 열차의 운행에 직접 지장을 초래한다든지 교량 거더 등 전체의 붕괴로 연결되는 부재를 말한다. (2) 2차 부재란 만일 이러한 부재의 일부분이 파괴되어도 열차의 운행에 직접적인 지장이 없는 부재를 말한다.
(2) 재료와 부품 1) 재료	① 사용 강재는 특별히 지정된 경우를 제외하고 표 10.2에 따른다. 표 10.2 사용 강재 (계속) | 품 목 | 항 목 | 규 격 | | | |---|---|---|---|---| | 강판(鋼板) 형강(形鋼) 평강(平鋼) 봉강(棒鋼) | 강재의 종류 | KS D 3515 (용접 구조용 압연강재) | 1종 | A | SM400A | | | | | | B | SM400B | | | | | | C | SM400C | | | | | 2종 | A | SM490A | | | | | | B | SM490B | | | | | | C | SM490C | | | | | 3종 | A | SM490YA | | | | | | B | SM490YB | | | | | 4종 | B | SM520B | | | | | | C | SM520C | | | | | 5종 | | SM570Q | | | | KS D 3529 (용접 구조용 내후성 열간 압연강재) | 1종 | A | SMA400AP | | | | | | | SMA400AW | | | | | | B | SMA400BP | | | | | | | SMA400BW | | | | | | C | SMA400CP |

항 목	기 술 상 의 착 안 점
	표 10.2 사용 강재

품 목	항 목	규 격			
강판(鋼板) 형강(形鋼) 평강(平鋼) 봉강(棒鋼)	강재의 종류	KS D 3529 (용접 구조용 내후성 열간 압연강재)	1종	C	SMA400CW
			2종	A	SMA490AP
					SMA490AW
				B	SMA490BP
					SMA490BW
				C	SMA490CP
					SMA490CW
			3종		SMA570QP
					SMA570QW
		KS D 3503 (일반 구조용 압연강재)	2종		SS400
		KS D 3542 (고내후성 압연강재)	1종		SPA-H
		KS D 3501 (열간 압연 연강판과 강대(鋼帶))	1종		SPHC
	강판의 형상, 치수, 중량, 허용차	KS D 3500(열간 압연강판과 강대(鋼帶)의 형상, 치수, 중량 및 그 허용차)			
	강판의 형상, 치수, 중량, 허용차	KS D 3052(열간 압연형강의 형상, 치수, 중량 및 그 허용차)			
	강판의 형상, 치수, 중량, 허용차	KS D 3502(열간 압연평강의 형상, 치수, 중량 및 그 허용차) KS D 3051(열간 압연봉강과 코일의 형상, 치수, 중량 및 그 허용차)			

주) 용접 구조용 내후성 열간 압연강재 가운데 W종은 일반적으로 무도장(無塗裝)으로 사용하는 것이다. P 종은 주거더 상부 플랜지, 세로 거더, 가로 거더 및 거싯(gusset) 등의 부식이 심하다고 생각되는 부재에 도장하여 사용하는 것이다.

② 강판 등의 입회(立會) 검사는 일반적으로 제철회사, 제작과 강재를 절단하는 회사에서 실시한다.

③ 강재는 재료 규격증명서(mill sheet)와 현품(現品)과의 대조.
재료 규격증명서에는 규격 번호, 강재의 종류, 용강(溶鋼) 번호(charge 번호)·롤 번호, 형상·치수, 화학성분과 기계 시험 등의 성적 등이 기재되어 있다.

④ 강재의 규격증명서에서 요구한 탄소당량이 0.44%를 초과하는 경우는 용접 재료·용접 방법 등을 검토한다.

⑤ 강판은 표면에 KS B 0161(표면거칠기의 정의와 표시)에 규정된 100S(0.1 mm)를 초과하는 깊이의 흠이 없는 것을 사용한다.

항목	기 술 상 의 착 안 점
	ㄱ. 강재 표면의 곰보, 긁힌 흠집 등과 깊이 0.1 mm 이상, 1 mm 이하의 흠은 그라인더로 갈아 고른다. ㄴ. 깊이 1 mm 이상을 초과하는 경우는 용접하여 그라인더로 마무리한다. ⑥ 강판의 두께와 허용차는 KS D 3500(열간 압연강판과 강대(鋼帶)의 형상, 치수, 중량 및 그 허용차)을 적용한다. 표 10.3에 두께의 허용값을 나타낸다.

표 10.3 두께의 허용값

두께 \ 너비	1,600 미만	1,600 이상 2,000 미만	2,000 이상 2,500 미만	2,500 이상 3,150 미만	3,150 이상 4,000 미만	4,000 이상 5,000 미만
1.25 미만	±0.16	—	—	—	—	—
1.25 이상 1.60 미만	±0.18	—	—	—	—	—
1.60 이상 2.00 미만	±0.19	±0.23	—	—	—	—
2.00 이상 2.50 미만	±0.20	±0.25	—	—	—	—
2.50 이상 3.15 미만	±0.22	±0.29	±0.29	—	—	—
3.15 이상 4.00 미만	±0.24	±0.34	±0.34	—	—	—
4.00 이상 5.00 미만	±0.45	±0.55	±0.55	±0.65	—	—
5.00 이상 6.30 미만	±0.50	±0.60	±0.60	±0.75	±0.75	—
6.30 이상 10.0 미만	±0.55	±0.65	±0.65	±0.80	±0.80	±0.90
10.0 이상 16.0 미만	±0.55	±0.65	±0.65	±0.80	±0.80	±1.00
16.0 이상 25.0 미만	±0.65	±0.75	±0.75	±0.95	±0.95	±1.10
25.0 이상 40.0 미만	±0.70	±0.80	±0.80	±1.00	±1.00	±1.20
40.0 이상 63.0 미만	±0.80	±0.95	±0.95	±1.10	±1.30	±1.30
63.0 이상 100 미만	±0.90	±1.10	±1.10	±1.30	±1.30	±1.50
100 이상 160 미만	±1.30	±1.50	±1.50	±1.70	±1.70	±1.90
160 이상 200 미만	±1.60	±1.80	±1.80	±1.90	±1.90	±2.10
200 이상 250 미만	±1.80	±1.90	±1.90	±2.00	±2.00	±2.20
250 이상 300 미만	±2.00	±2.10	±2.10	±2.20	±2.20	±2.50
300 이상 350 미만	±2.10	±2.30	±2.30	±2.40	±2.40	±2.80

ㄱ. 요구에 따라 표 10.3의 허용차에 대해서 플러스측 또는 마이너스측을 제한할 수 있다. 단, 이 경우의 전체 허용차 범위는 이 표의 전체 허용차 범위와 같은 것

항 목	기 술 상 의 착 안 점
	으로 한다. ㄴ. 두께의 측정 장소는 너비 50 mm 이상의 밀 에지(mill eage) 강대와 강대로부터의 절판(切板)인 경우는 그 테두리에서 25 mm 이상 안쪽의 임의의 점, 너비 50 mm 미만인 경우는 그 중앙으로 하고 너비 30 mm 이상의 컷 에지(cut eage) 강대와 강대로부터의 절판(切板)인 경우는 그 테두리에서 15 mm 이상 안쪽의 임의의 점, 너비 30 mm 미만인 경우는 그 중앙으로 한다. 　그리고 압연 그대로인 강판(테두리붙임 강판)의 경우는 너비절단 예정선에서 안쪽의 임의의 점, 컷 에지인 강판의 경우는 그 선에서 15 mm 이상 안쪽의 임의의 점으로 한다. ⑦ 강재의 종류는 도색(塗色)에 의해 강종을 식별한다.
2) 외주 구입품 등	① 제작 도급업자는 제품의 외주·구입할 때는 신고한다. 또한 상대업자의 품질 관리에 대한 관리 순서를 명확히 한다. ② 제작 도급업자는 표 10.4의 자료를 징수하여 정리해 둔다. 표 10.4 | 외주, 구입 물품명	자　　료
강판의 절단	강판의 규격증명서와 재료 준비명세, 절단 작업 검사보고서 등
슈(shoe)와 그 부속품	재료 시험보고 제품 검사보고서
고장력 볼트	재료의 규격증명서, 세트의 검사성적표(열 관리 조건을 기입한 것)
볼트와 앵커 볼트	재료의 규격증명서, (보통 볼트는 제외) 볼트의 제품 검사성적표 등
그레이팅(grating)	그레이팅의 제품 검사성적표 등
방음공, 교측보도(橋側步道) 및 대피 설비	재료 확인의 증명 제품 검사성적표
도장	재료 확인의 증명 도장 검사보고서
제진재(制振材) (접착제를 포함)	성능 시험성적표 제품 검사성적표
스터드(stud)	재료의 규격증명서 | ③ 용접 접합용 재료(용접봉, 와이어, 융제(플럭스), 탄산가스) 등은 KS 규격품으로 하고 제작요령서에 기재한 것을 사용한다. ④ 제작자는 부품(장치품을 포함한다)과 완성품을 보관할 때에는 손상되지 않도록 보관한다.

항　　　목	기　술　상　의　착　안　점
| (3) 제작 방법 | 강 구조물의 일반적인 제작 순서를 아래에 나타낸다.<br><br>```
                실물치수        강재준비        구입부품주문
                   │              │              │
              <실물치수 검사>      롤            가 공
                   │              │              │
                   │          <재료 검사>     <제품 검사>
                   │              │              │
                먹 매 김          │              │
                   │              │              │
                절   단           │              │
                   │              │              │
                판 이 음        휨 가 공         │
                   │              │              │
                구멍뚫기          절 단           │
                   │                             │
                조   립                          │
                   │                             │
                용   접                          │
                   │                             │
                마 무 리 ─────── 도   금         │
                   │                             │
                임 시 조 립 ──<임시 조립 검사>   │
                   │                             │
                도   장  ──────<도장 검사>       │
                   │                             │
                포   장                          │
                   │                             │
                수   송
``` |
| 1) 실물 치수 | ① 제작에 착수하기 전에 부재의 연결 관계 등에 대해서 설계상의 불비와 공작상 및 가설상의 지장이 없는지 실물 치수도를 작성한다.
② 사용하는 테이프는 KS B 5209의 1급에 합격한 것.
③ 실물 치수를 표시하는 경우와 주요 부재의 규준틀 잡기 작업은 사용 테이프에 10 kg의 장력을 가한다.
④ 필요에 따라 현장과의 테이프 대조를 한다.
⑤ 규준틀은 부재의 길이, 마무리선, 스티프너, 거싯 플레이트 등의 설치 위치, 볼트 구멍의 위치 등을 용접에 따른 수축 여분을 예상하여 기입한다.
⑥ 본판(本板)은 폴리에스테르 필름을 사용하여 거싯 플레이트, 리브 플레이트 등을 도면과 실물 치수도로부터 형상, 볼트 구멍의 위치를 묘사한 것이다. |
```

항 목	기 술 상 의 착 안 점
	⑦ 실물 치수 작업 　　실물 치수 방법은 전자계산기를 이용한 수치(數値), 전개 실물 치수를 하고 있는데 부속품과 전산으로의 처리가 어려운 장소에 대해서는 손 실물 치수에 의한다. 　　전산기에서는 설계도의 기본 골조 치수로 구한 주요점의 X・Y・Z좌표를 기본 데이터로 하여 부재의 형상, 설치 위치 등의 데이터를 작성한다. 이러한 데이터를 바탕으로 실물 치수 전개 계산을 하여 좌표 수치표, 축척도, 본판 등을 출력한다. 아래에 일례로서 자동 실물 치수 시스템과 손 실물 치수 시스템의 순서를 나타낸다. 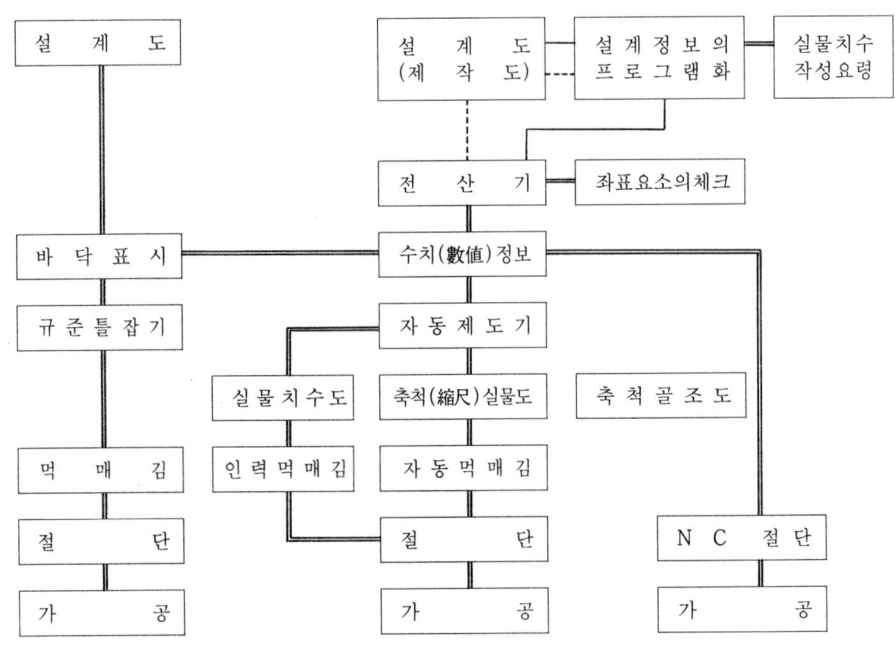 주) ═══ 교통의 흐름　┄┄┄ 자동설계의 흐름　──── 설계도가 있는 경우의 흐름 ⑧ 자동 실물 치수 시스템에 의해 평면 선형도(線形圖), 캠버도, 축척 실물 치수도 등이 출력(out put)되므로 그 내용에 대해서 대조한다. 　ㄱ. 평면 선형도 　　・전체 선형……설계도와의 대조 　　・치　　수……설계도와 출력 수치표를 대조(지간(支間) 길이, 부재 길이, 주거더 간격 등) 　ㄴ. 종단과 캠버 선형도 　　・전체 선형……설계도와의 대조 　　・치　　수……설계도와 출력의 수치표를 대조(종단 경사와 캠버량의 확인)

항 목	기 술 상 의 착 안 점
	ㄷ. 일품도형(一品圖型) 　　· 치수 형상……설계도와의 대조(플랜지, 웨브의 형상와 길이, 너비, 높이의 확인) ㄹ. 후척형(厚尺型) 및 규준틀 　　· 치수 형상……설계도와의 대조(거싯, 리브, 스티프터, 브래킷, 세로 거더, 가로 거더 등의 확인) ㅁ. NC 구멍뚫기 　　· 치　　수……설계도와의 대조(스플라이스 플레이트 구멍, 게이지의 확인)
2) 먹매김	① 주요 부재의 널마름질은 주응력 방향과 압연 방향을 일치시킨다. ② 주요 부재의 강판에 먹매김을 할 때에는 정, 펀치의 자국을 남기지 않는다. ③ 널마름질은 재질과 재료 치수를 재료명세서와 대조한다.
3) 절단	강재의 절단면과 용접 벌림끝면의 품질은 표 10.5에 따른다. 표 10.5 |	주요 부재	2차 부재
---	---	---
표면거칠기	KS B 0161(표면거칠기의 정의와 표시)에 규정되어 있는 아래의 값	
	50S 이하	100S 이하
노치(notch)	있어서는 안된다.	1 m의 범위에 1 mm 이하의 것 1개
슬래그	페인트의 바탕 다듬질로 제거할 수 있는 정도의 것	
위 가장자리 녹임	반지름 0.5 mm 정도의 둥근 모양이 있어도 좋다.		 ① 가스 절단 가장자리의 노치 보수는 깊이 2 mm 이하는 그라인더로 제거한다. 2 mm 이상을 초과하는 경우는 노치 부분을 10 mm 이상 깎아내고 용접하여 그라인더로 마무리한다. ② 용접부의 벌림끝 불일치는 그라인더로 정성껏 마무리한다.
4) 볼트 이음 (고장력 볼트와 톨시 아형 고장력 볼트)	① 구멍의 형상은 원통형으로 그 축은 설계도에 규정된 경우를 제외하고 부재의 표면에 직각으로 하고 그 각도의 허용 경사량은 1/20 이하로 한다. ② 고장력 볼트, 타설식 고장력 볼트 및 보통 볼트의 구멍 지름은 나사의 호칭 M8~16은 +2 mm, M20~24는 +2.5 mm로 한다. 그리고 타설식 고장력 볼트는 M20, M22에 대해서 +1.2 mm로 한다. ③ 구멍뚫기에 의해 구멍 가장자리에 생긴 걷어 올라간 부분을 깎아낸다. ④ 고장력 볼트 구멍 주변의 도드라진 롤 마크는 제거한다.

항 목	기 술 상 의 착 안 점
	⑤ 부재를 조합시킬 때의 드리프트 핀에 의한 구멍의 온물림은 재편(材片)을 끌어당기는 정도로 한정하여 구멍을 손상시켜서는 안된다. ⑥ 볼트 구멍 지름의 허용차 　· 주요 부재+0.5　단, 볼트군의 20% 구멍에 대해+1.0 　· 2차 부재+1.0　단, 볼트군의 20% 구멍에 대해+1.0 　· 타설식 고장력 볼트　±0.3 ⑦ 볼트 구멍에 대한 게이지의 관통률과 정지율 　· 나사의 호칭 M12~24는 관통 게이지 13~25mm에 의해 관통률 100%로 한다. 　· 정지 게이지는 15~27mm에 의해 정지율 80% 이상 　· 타설식 볼트는 관통률, 정지율 모두 100% ⑧ 주요 부재의 연결부 또는 첨접부에 있어서는 가설용 기준 구멍을 표시한다. ⑨ 고장력 볼트의 조임 　고장력 볼트로 조이는 이음부 재편의 접촉면 처리는 　· 블라스트법 등에 의해 녹, 밀스케일(mill scale, 黑皮) 등을 제거 　· 표면거칠기는 50S를 표준 　· 두꺼운 판 처리의 경우인 에칭 프라이머(etching primer)의 도막은 블라스트, 플레임, 와이어 브러시 등으로 제거 ⑩ 접합되는 재편의 접촉면에는 0.4 이상의 활동계수를 얻을 수 있도록 처리한다. ⑪ 고장력 볼트의 조임 축력은 아래와 같다. 　ㄱ. 고장력 볼트의 경우 | 나사의 호칭	볼트의 축력(t) || |---|---|---| | | F8T | F10T | | M16 | 9.4 | 11.6 | | M20 | 14.7 | 18.2 | | M22 | 18.2 | 22.5 | | M24 | 21.1 | 26.2 | 　ㄴ. 톨시아형 고장력 볼트의 경우 | 세트 | 나사의 호칭(d) | 하한값(t) | 상한값(t) | |---|---|---|---| | S10T | M20 M22 M24 | 17.2 21.2 24.7 | 20.2 24.9 29.0 |

항 목	기 술 상 의 착 안 점
	A. 고장력 볼트 ① 고장력 볼트의 조임을 토크값에 의해 관리하는 경우는 원칙적으로 토크값을 시공 직전에 검정하여 소요 축력에 대한 값을 정할 것. 단, 볼트의 보관 상태가 양호하고 공장에서의 검토 후 경과가 짧은 경우는 공장에서의 검정기록을 대용할 수 있다. ② 볼트의 조임은 중앙부에서 차례대로 끝부분의 볼트로 향해 실시한다. 처음에는 소요 조임 축력의 80% 정도로 전체 볼트를 조이고 2번째의 조임으로 소요의 조임 축력을 준다. B. 톨시아형 고장력 볼트 ① 볼트의「예비 조임」은 조임 축력의 60% 정도로 하고 예비 조임 완료 후 볼트, 너트, 와셔와 부재에 마킹을 한다.  그림 10.1 이상(異常) 조임을 한 경우의 마크 상태 ② 볼트의「본조임」은 전용 조임기로 하는 것으로 하고 조임은 일군(一群)의 볼트 조임 중심에서 바깥쪽으로 향해 실시한다. ③ 현장 조임시에 있어서 세트의 온도(강재의 표면 온도)는 0~50℃의 범위이어야만 한다. 그리고 강우, 강설시에는 볼트의 조임은 실시하지 않는다. ④ 볼트 조임 후 핀 테일(pin tail)이 정확히 파단되어 있는지를 육안으로 확인하고 전체 수에 대해서 빠뜨린 조임이 없도록 주의한다. 　정상적인 파단이란 　· 핀 테일의 파단구(破斷溝)가 파단되어 있는 것 　· 볼트와 와셔가 같이 돌아가지 않고 일군(一群)의 너트 회전량이 일치되어 있는 것 　· 볼트의 여장(餘長)이 너트보다 나와 있는 것 C. 특수 고장력 볼트 　특수 고장력 볼트는 다음과 같다. ① 녹막이 처리 고장력 볼트 ② 용융 아연 도금 고장력 볼트 ③ 내후성 고장력 볼트

항 목	기 술 상 의 착 안 점

5) 용접 이음	A. 조립
	① 공장 용접에 사용하는 용접법은 원칙적으로 피복 아크 용접, 서브머지 아크 용접과 탄산가스 용접으로 한다.
	② 원칙적으로 지재(支材)와 스트롱백 등의 이재(異材)를 모재(母材)에 임시 부착하지 않는다.
	③ 벌림끝 용접을 하는 경우 재편(材片)의 조합 정밀도는
	    벌림끝 용접─┬─ 루트 간격의 오차…규정값±1.0 mm 이하
	                  ├─ 판두께 방향 재편의 편심…얇은 쪽 판두께의 10% 이하
	                  ├─ 뒷댐 철물을 사용하는 경우의 밀착도…0.5 mm 이하
	                  └─ 벌림끝 각도……규정값±5°
	    필릿 용접─────── 재편의 밀착도……1.0 mm 이하(단, 1.0 mm 이상은 벌림끝 용접으로 한다)
	④ 조립용 용접의 비드 길이는 80 mm 이상으로 하여 본용접 장소에 시공하고 사이즈는 4 mm 이상, 간격은 400 mm 이하로 한다.
	⑤ 용접의 처음과 끝부분에 결함이 생기지 않도록 이음과 같은 형상의 탭(SM 400 이상)판을 설치한다(그림 10.2).
	
	(a) 맞댐 용접
	
	(b) 필릿 용접(자동 용접) (c) ㄴ형 그루브 용접(자동 용접)
	
	그림 10.2 엔드탭(end tab)
	
	⑥ 조립 용접은 저수소계 용접봉을 사용하여 손 용접 또는 반자동 아크 용접을 사용하는 것을 원칙으로 한다.

항 목	기 술 상 의 착 안 점
	B. 예열 ① 예열 방법은 전기 저항 가열법, 고정 버너, 수동 버너 등에 의한다. 가스불꽃에 의한 경우는 결로(結露)에 주의할 필요가 있다. ② 본용접과 조립 용접시에 표 10.6에 나타내는 조건에 해당할 경우에는 용접선에서 50 mm 범위가 이 표에서 나타내는 온도로 되도록 예열한다. 표 10.6 | 강재	조건	예열 온도(℃)	
		손 용접과 반자동 아크 용접	서브머지 아크 용접
---	---	---	---
SS400, SM400 또는 SMA400	(1) 0℃<작업장의 온도≦5℃ (2) 구속이 큰 경우 (3) 판두께 32 mm 이상인 경우	50이상	-
SM490, SM490Y, SM520 또는 SMA490	(1) 0℃<작업장의 온도≦5℃ (2) 구속이 큰 경우 (3) 판두께 25 mm 이상 38 mm 미만인 경우	50 이상	-
	판두께 38 mm 이상인 경우	100 이상	50 이상
SM570 또는 SMA570	판두께 25 mm 미만인 경우	50 이상	50 이상

	판두께 25 mm 이상인 경우	100 이상	50 이상	
				
				③ 강재의 규격증명서에서 요구한 탄소당량이 0.44%를 초과하는 경우는 용접 재료, 용접 방법 등을 별도로 고려한다. 또 그 경우의 탄소당량(Ceq)의 계산식은 다음과 같다.
				
				$$Ceq(\%) = C + \frac{Mn}{6} + \frac{Si}{24} + \frac{Ni}{40} + \frac{Ci}{5} + \frac{Mo}{4} + \frac{V}{14} + \frac{Cu}{13}$$
				
				※ 탄소당량
				  용접부의 비드 단면은 용접열에 의해 열영향부가 가장 딱딱하게 된다. 그 경도는 강의 조성과 용접 조건을 현저하게 변화시킨다.
				  최고 경도에 대한 강 조성의 영향을 알기 위해서 탄소당량식을 사용한다. 또 최고 경도는 예열을 하지 않고 Hv350이다.
				④ 용접 작업장의 온도가 0℃ 이하인 경우에는 원칙적으로 용접을 하지 않는다.
				
				C. 용접 작업상의 주의점
				① 본용접에 앞서 조립용 용접에 균열이 없을 것.
				② 다층쌓기의 각 층은 다음 층의 용접에 앞서 그 표면에서 슬래그, 스패터(spatter)

항 목	기 술 상 의 착 안 점
	등을 제거하고 청소한다. 용접봉의 교체와 맨 마지막 층의 용접 종료의 경우도 똑같이 실시한다. ③ 아크의 발생은 다른 강편 또는 용접선 속에서 하는 것이 원칙이다. ④ 필릿 용접은 원칙적으로 재편의 모서리에서 종료하지 않고 돌림 용접을 한다. 그 길이는 사이즈의 2배 이상일 것. ⑤ 재편의 모서리를 돌리는 필릿 용접은 모서리에서 아크를 끊지 않는 것이 원칙이다. D. 용접부의 결함 　용접부에는 균열, 용입(penetration) 부족, 유해한 슬래그의 말려들어감, 블로홀(blowhole), 오버랩(overlap), 크레이터(crater) 및 지름 0.3 mm 이상의 간격(pit)이 없을 것. 　용접부의 균열과 휨 가공에 의한 균열은 발생 원인을 돌명(究明)시킨 후에 필요한 조치를 한다. E. 용접에 의해 생긴 변형의 처리 ① 용접에 의해 생긴 변형은 기계적 방법이나 가열 방법으로 교정한다. ② 가열 교정인 경우 가열 온도의 상한 목표는 900℃이다. SM490, SMA490, SM490Y 및 SM520에 대해서는 650℃ 이하로 온도가 내려갈 때까지 수냉을 하지 않는다. ③ SM570Q와 SMA570Q에는 원칙적으로 가열을 하지 않는다. 가열을 할 경우는 강재의 표면 온도는 600℃로 하고 냉각법은 공랭(空冷)에 의한다.
6) 휨 가공	① 주요 부재의 휨 가공은 특별한 경우를 제외하고 강판두께의 15배 이상의 안쪽 반지름으로 휘는 경우는 냉간 휨 가공에 의할 수 있다. ② 강판두께의 15배 미만의 안쪽 반지름으로 휘는 경우는 시공 시험을 하는 것을 원칙으로 한다. 　휨 가공에는 냉간 가공과 열간 가공의 2종류가 있다. ・냉간 가공 　냉간 가공을 하면 강재는 인성이 저하한다든지 균열이 생긴다든지 하는 우려가 있으므로 주의를 요한다. 따라서 주요 부재에 있어서 냉간 가공을 하는 경우는 국부적으로 큰 변형을 주지 않도록 한다. ・열간 가공 　SM570Q와 같이 담금질, 재담금질 처리된 조질강은 열간 가공을 위해 재담금질 온도(약 600℃) 이상으로 가열하면 조질한 특성을 잃게 되므로 열간 휨 가공은 해

항 목	기 술 상 의 착 안 점
	서는 안된다.
7) 임시 조립	① 교량 거더의 임시 조립은 전체를 동시에 하는 것이 원칙이다. ② 교량 거더의 임시 조립은 강고한 기초 위에 지상 약 70 cm 높이의 받침대를 이용하여 무응력 상태로 되도록 하며 특별한 경우를 제외하고 경사하여 조립하지 않는다. ③ 임시 조립의 순서는 현장 가설(架設) 방법의 제약을 고려하여 실시한다. ④ 주요 부재의 임시 조립에 있어서는 연결부의 고장력 볼트 구멍의 1군별로 다음과 같이 드리프트 핀과 볼트를 병용한다. · 플랜지에 대해서는 각각 5% 이상 및 20% 이상 · 복판(腹板)에 대해서는 각각 5% 이상 및 10% 이상 · 트러스의 현재(弦材) 등에서는 각각 5% 이상 및 20% 이상
8) 임시 조립 검사	임시 조립 검사는 다음 항목에 대해서 제작 치수 허용기준을 바탕으로 실시한다. ① 치수 검사 · 전길이, 지간(支間) · 주거더, 주구(主構)의 캠버(휘어짐) · 주거더, 주구의 간격 · 주거더, 주구의 교량 끝에서의 출입차 · 주구의 조립 높이 · 주거더, 주구의 수직도 · 주거더, 주구의 일직선 · 현장 이음부의 틈새 ② 교량 거더의 강 직결 궤도의 체결 간격과 고저차 ③ 이음부 검사 · 이음 구멍의 상태(구멍의 어긋남, 구멍 지름, 구멍 주변의 상태) · 이음부의 턱짐, 틈새 · 현장 용접 이음부의 벌림끝, 형상, 치수 ④ 외관 검사 · 모재, 용접부 ⑤ 방사선 투과 검사, 초음파 탐상 검사 ⑥ 연결부 검사 ⑦ 부품 검사
9) 공장 도장	교량 거더 부재의 도장은 특별히 지시된 경우를 제외하고 「13. 도장공」에 따른다.
10) 조립 부호	① 현장에서 조립을 요하는 교량 거더는 조립 부호를 보기 쉬운 장소에 도료로 기입한다. 단, 도장해서는 안되는 부분에는 꼬리표를 붙이는 등의 방법을 취한다. ② 1개의 중량이 5t 이상인 부재는 중량과 중심 위치를 보기 쉬운 장소에 도료로 기

항 목	기 술 상 의 착 안 점
	입한다. 단, 특수한 형상의 부재는 2t 이상이라도 중량과 중심 위치를 기입한다. ③ 조립 부호와 중심 위치를 기입하는 도료는 그 위에 칠하는 도료에 유해한 것이어서는 안된다.
11) 시험과 검사	방사선 투과 시험과 검사 ① 맞댐 용접 이음은 설계도에 나타내는 경우를 제외하고 KS D 0272(강 용접부의 방사선 투과 시험 방법 및 투과사진의 등급 분류 방법)에 따라 방사선 투과 시험과 검사를 실시한다. ② 방사선 투과 시험과 검사 요령은 토목공사표준시방서에 나타내는 바와 같다. ③ 토목공사표준시방서에 나타내는 시험 장소에 대해서 실시하며 그 등급에 합격해야만 한다. 단, 끝부분 이외의 촬영 범위에서 불합격한 경우는 그 용접선 전길이에 걸쳐 검사하여 불합격 장소는 보수한다. 또한 보수 장소는 재검사를 실시한다. ④ 투과사진의 필름 길이는 원칙적으로 30 cm 이상으로 한다. ⑤ 방사선 투과사진 촬영 위치의 표시 방법은 다음과 같다. 　· 촬영 위치의 기호와 사검 각인(社檢 刻印)을 연판(鉛板) 등에 타각(打刻)한 표시판을 부재 위의 위치에 부착하여 촬영한다 　· 표시판은 투과사진의 사내 검사 판정이 종료할 때까지 제거하지 않는다. ⑥ 방사선 투과 시험에 종사하는 기술자는 비파괴 검사협회의「비파괴 검사 기술자 기량 인정 규정」에 의한 방사 투과선 시험 부문 가운데 다음 자격 이상인자 또는 그것과 동등 이상의 자격을 가진 자로 한다. 　ㄱ. 촬영을 하는 기술자에 대해서는 2급 이상 　ㄴ. 판정을 하는 기술자에 대해서는 1급 이상 ⑦ 방사선 투과 시험을 하기 어려운 경우는 초음파 탐상 시험을 한다. 　ㄱ. 초음파 탐상 시험 검사는 KS B 0817(금속 재료의 펄스 반사에 의한 초음파 탐상 시험 방법)과 KS B 0896(강 용접부의 초음파 탐상 시험 방법 및 시험 결과의 등급 분류 방법)에 의한다. 　ㄴ. 초음파 탐상 시험 방법에 의해 검사를 하는 경우는 요령서를 작성한다.
12) 용접공의 자격	① 강 구조물의 본 용접과 조립용 용접에 종사하는 용접공은 KS B 0885「용접 기술 검정에 있어서의 시험 방법 및 판정기준」과 KS B 0515「반자동 용접 기술 검정에 있어서의 시험 방법 및 판정기준」에 규정된 시험 종류 가운데 그 작업에 해당하는 시험(또는 그것과 동등 이상의 검정 시험)에 합격한 자로 한다. ② 강 구조물의 본용접과 조립용 용접에 종사하는 용접공은 앞 항의 유자격자 가운데 필릿 용접에 대해 충분한 기량을 가진 자로 한다. ③ 강 구조물 용접에 종사하는 용접공은 그 자격, 이력서와 필릿 용접기량 시험 결과

항 목	기 술 상 의 착 안 점
	를 사전에 제출한다.
13) 용접 시공 시험	다음 사항 중 하나라도 해당하는 경우는 시공 시험을 한다. ㄱ. 자동 용접, 반자동 아크 용접과 손 용접 이외의 용접을 하는 경우 ㄴ. 반자동 아크 용접을 5) 용접 이음 B. 예열에 기재된 표의 예열 조건 이외로 시공하는 경우 ㄷ. 기타, 특별한 경우
14) 포장, 운반	① 제품 운반 중 손상의 우려가 있는 경우에는 손상 방호 조치를 한다. ② 볼트류는 포장에 앞서 표면 윤활 처리를 한 와셔를 제외하고 적절한 녹막이 처리를 한다. ③ 볼트류는 품질이 손상되지 않도록 상자에 넣고 상자에는 품명, 종류, 규격 등을 표시한다.
15) 품질 관리	품질 관리에 있어서 작업 관리는 표 10.7의 관리 시트에 따른다.

표 10.7

관리 시트	관리 사 항	
실물 치수 관리 시트	치수, 부재의 연결, 재질과 벌림끝의 지시, 건축한계 등의 확인	
재료 관리 시트	재료 규격증명서의 대조, 녹과 흠의 유무 확인, 설퍼프린트의 채취와 판정, 재질의 지시 확인, 재료의 탄소용량 확인	
강판 절단 관리 시트	노치의 유무, 절단면의 정밀도와 조도(粗度), 절단 치수의 정밀도, 재질 지시 등의 확인	
맞댐 용접 작업 관리 시트	온도, 습도 등의 확인, 용접 재료와 작업장의 관리, 벌림끝 청소, 녹의 유무 확인, 예열 조립 용접, 엔드탭의 설치, 제거, 결함의 재손질, 표면 마무리 등의 확인	방사선 투과 검사와 그 판정, 마무리되지 않는 경우의 더돋기 높이의 확인 등
필릿 용접 작업 관리 시트		변형, 표면 틈새, 자동 용접을 사용하는 경우의 프라이머 제거, 사이즈(크기) 등의 확인
고장력 볼트 접합 관리 시트	구멍 위치의 먹매김, 구멍의 크기, 칩 제거, 게이지의 관통과 정지율, 표면 틈새량, 접합부 접촉면의 처리, 고장력 볼트의 아물림 상태 등의 확인	
임시 조립 관리 시트	치수, 캠버, 부재의 연결, 표면 틈새량 등의 확인	
용접 작업 관리 시트	작업장의 관리, 도장 구분, 도장 종류, 도장의 사용량, 얼룩, 흠의 정도, 용접 비드부 처리 등의 확인	

항 목	기 술 상 의 착 안 점
16) 자료의 제출	제작 종료 후 다음 자료를 제출한다. ㄱ. 실물 치수 검사보고서 ㄴ. 재료 규격증명서 ㄷ. 고장력 볼트의 시험성적표

항 목	기 술 상 의 착 안 점
2. 시공	ㄹ. 용접부 검사보고서(방사선 투과 시험 또는 초음파 탐상 시험) ㅁ. 임시 조립 검사보고서 ㅂ. 도장 검사보고서 ㅅ. 조립 부호도 ㅇ. 포장명세서 ㅈ. 공사기록사진 공장 제작은 시공 계획서의 내용으로 제작되어 있는지 관리 시트와 기록사진 등으로 대조한다.

II. 강 구조물의 현장 조립·가설
(열차 하중을 재하하는 것)

항　　　목	기　술　상　의　착　안　점
1. 시공 계획서 （1） 시공 체제	각종 작업에 관계되는 인원 및 감독, 지도를 하는 조직표로 관련 법규 등에 의해 의무가 부여되어 있는 관리·기능자격자와 안전위생위원 등 그리고 긴급시의 연락 체제 등.
（2） 작업 공정	가설물을 포함한 각 공정의 작업 일수, 작업 순서, 가설 시기 및 각 공종간의 관련 등.
（3） 사용 기계의 성능, 수량	기계, 기재류의 기종, 용량(능력), 치수, 수량 등.
（4） 가설시의 안전성 확인	본체 구조물의 안정, 부재의 안전성 확인 및 가설 중인 각 단계의 변형, 처짐 계산. 그리고 동바리 등의 주요 가설 구조물과 설치하는 크레인, 수연기(手延機) 등의 가설 기재의 안전성 확인.
（5） 시공 방법 　1） 부재의 조립	부재의 조립은 조립 부호도, 소정의 조립 순서에 따라 정확히 실시하고 조립 중인 부재는 조심스럽게 취급하여 손상이 없도록 주의한다.
2） 고장력 볼트	고장력 볼트의 조임은 접촉면의 처리, 이음 부재간의 표면 틈새, 볼트의 조임 방법, 조임 순서 등에 주의하여 소정의 조임 축력을 도입한다.
3） 톨시아형 고장력 볼트	①　세트의 조임 축력 시험은 공장출하시의 각 로트별로 실시한다. ②　세트의 보관에 있어서는 공장출하시의 품질이 현장 시공시까지 유지되도록 포장과 현장에서의 보관 방법에 주의한다. ③　세트의 출하에서 현장 조임까지의 보관 기간은 원칙적으로 6개월까지로 한다. 6개월 이상 경과한 경우는 세트의 조임 축력 시험을 한다. ④　조임 작업에 있어서는 다음 요령에 따라 현장 예비 시험을 하는 것으로 한다. 　ㄱ. 현장 예비 시험은 그날에 사용하는 세트의 전체 제조 로트 가운데 하나의 제조 로트에서 5개의 공시 세트를 선정하여 실시하는 것을 표준으로 한다. 공시 세트의 조임 볼트 축력의 평균값은 세트의 온도가 상온(10~30℃)에서 조인 경우 표 11.1의 규정에 적합할 것.
4） 현장 용접	①　용접공의 자격은 10. 강 구조물 제작　12) 용접공의 자격과 동등 이상의 기량을 가진 자.

항 목	기 술 상 의 착 안 점
	표 11.1 조임 볼트 축력의 평균값

세 트	나사의 호칭(d)	하한값(t)	상한값(t)
S10T	M20	17.2	20.2
	M22	21.2	24.9
	M24	24.7	29.0

주) 건축철골에 사용하는 세트의 조임 축력의 평균값은 위의 표와 다르므로 주의를 요한다.

② 현장 용접은 시공 조건, 작업 환경의 점에서 공장 용접에 비해 뒤떨어지는 경우가 많으므로 엄격한 관리가 요구된다. 따라서 현장 용접은 관리 시트에 의한 작업 관리를 한다.

   관리 시트의 내용은 다음과 같다.
  ㄱ. 용접 종별과 사이즈
  ㄴ. 환경 조건(날짜·시간, 기후, 기온, 온도 등)
  ㄷ. 용접 조건(예열 온도, 전류, 용접 소요 시간, 용접 순서 등)
  ㄹ. 작업자명
  ㅁ. 외관 검사의 결과
  ㅂ. 비파괴 검사의 결과
  ㅅ. 재수선의 기록

③ 작업하기 쉬운 비계에 나란히 방풍 설비를 설치한다.
④ 용접 재료의 보존과 건조, 용접부의 청소와 건조 등을 하기 위해서 필요한 여러 설비를 준비한다.

5) 강 구조물의 가설

A. 가설상의 유의점
  가설 공사에 있어서는 가설 계획에서의 설계 조건이 지역주민대책, 차·선박의 교통 규제, 작업 가능 시간과 하천의 갈수(渴水) 시기 등 실제의 가설 조건·자연 조건에 적합한지를 검토.

B. 승강 작업
① 잭에 의한 부재의 승강 작업에 있어서는 불균등한 하중이 작용한다든지 스트로크가 불균일하게 된다든지 하여 지지하는 부재 등의 전도(轉倒)를 초래하는 일이 있으므로 주의한다.
② 잭은 수평으로 안정하게 설치된 수직력, 횡력(橫力)에 저항할 수 있는 받침대를 이용하는데 충분한 내력을 기대할 수 없는 경우는 반목(盤木), 강판을 깔아서 저면 응력의 분산을 도모하도록 한다.
③ 가설시에 사용하는 잭의 용량은 여유가 있는 것이 필요하다. 특히 다점(多点)에서 잭을 동시에 승강하는 경우는 잭 작업의 불일치에 따라 각 잭에 균등한 반력이

항 목	기 술 상 의 착 안 점

	작용하지 않는 것이 많으므로 계획 수직 하중의 1.5배에서 2배 용량의 잭을 사용하는 것이 좋다.
	④ 잭으로 지지하는 부재가 전도될 우려가 있는 경우는 새들, 벤트 등을 사용하여 안전한 작업을 하도록 배려한다.
	
	C. 인출(引出) 작업
	    구조물 또는 부재를 세로 방향으로 이동하는 경우는 인출 부재와 가설 기재의 전하중이 롤러, 운반대, 송출 장치 등에 작용하므로 하중 집중점에서의 각 부재의 국부 좌굴을 일으키지 않도록 검토한다.
	
	D. 가로 이동 작업
	① 구조물 또는 부재를 가로 방향으로 이동하는 경우의 작업은 일반적으로 수평이 되도록 계획한다.
	② 가로 이동 작업에 있어서의 전도 방지.
	
	E. 장출(張出) 작업
	① 장출 가설은 가설하는 부재 또는 블록을 차례대로 덧붙여 나가는 가설 공법으로 오차가 집적될 가능성이 크다는 점에 유의한다.
	② 장출 가설을 하는 경우는 가설 작업 전에 각 부재의 가설 응력, 처짐에 주의한다.
	
	F. 달아올림, 달아내림(크레인)
	① 크레인 설치에 앞서 사전에 지반의 지지력을 판정하여 경사와 전도에 유의한다.
	② 굴착 흙막이공과 성토 연단(緣端)에 근접하여 설치해야만 하는 경우는 흙막이공에의 영향과 성토의 붕괴 등에 대해서 검토한다.
	③ 크레인이 설치되는 장소에는 매설물이 없는 것을 확인한다.
	④ 훅 걸기 작업용구로서 사용하는 와이어 로프, 매달기 체인과 훅, 섀클은 아래에 나타내는 「안전계수」를 가져야 한다.
	    와이어 로프 ……………………… 6 이상
	    매달기 체인 ……………………… 5 이상
	    훅과 섀클 ……………………… 5 이상

6) 슈와 앵커 볼트	A. 슈의 설치 위치·방향 ① 슈의 설치는 상부 구조의 이동 방향과 회전 방향을 고려하여 구조물에 과대한 응력이 생기지 않도록 결정한다. ② 특히 사각(斜角) 거더 등의 슈 설치 방향에 대해서는 교축과 슈 회전축의 관계에

항 목	기 술 상 의 착 안 점
	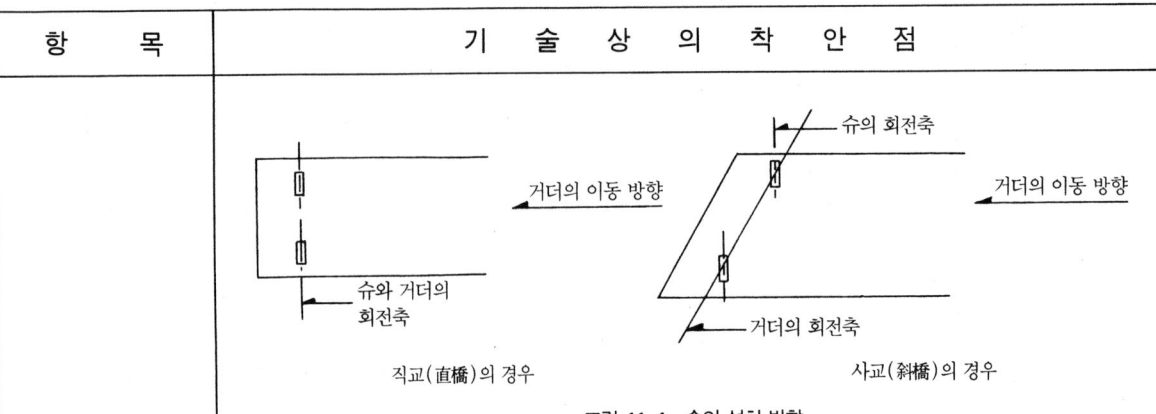
그림 11.1 슈의 설치 방향

주의한다.
B. 슈의 고정
① 슈의 고정 방법에는 거더 인양 방법, 선행 현장타설 방법, 선행 이동 방법 및 후설치 방법 등이 있으나 모든 방법이 슈가 상부 구조의 힘을 하부 구조에 원활하게 전달시키는 것이다.
② 일반적으로 사용되고 있는 거더 인양 방법의 3가지 예에 대해서 아래에 나타낸다.
ㄱ. 거더 인양 방법에 의한 고정(그림 11.2)
　　주거더 하부 플랜지에서 턴버클로 하부 슈 또는 상부 슈를 달아내려서 지점부에 고정하여 주입하는 방법으로 가장 바람직한 시공 방법이다. 단, 슈와 거더에 달(인양) 철물을 용접하는 경우에는 마무리하는 등으로 인하여 결함을 일으키지 않도록 한다.

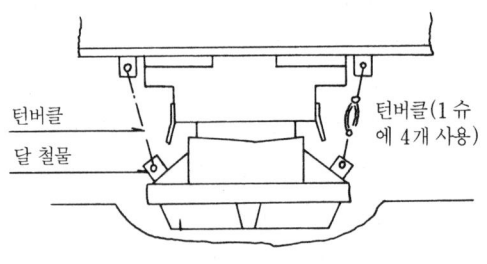
그림 11.2

ㄴ. 거더 인양과 조정용 라이너의 병용에 의한 고정(그림 11.3)
　　이 방법은 주로 대형 슈에 사용하는 방법이며 턴버클 등에 의한 거더 인양 방법으로 대충 조정을 하여 미조정을 라이너로 하는 방법이다. 단, 주입 후 열차 주행을 시키기 전에는 반드시 라이너를 철거하고 보수 채움을 해야 한다.
ㄷ. 그대로 묻어버리는 라이너에 의한 고정(그림 11.4) |

항 목	기 술 상 의 착 안 점
	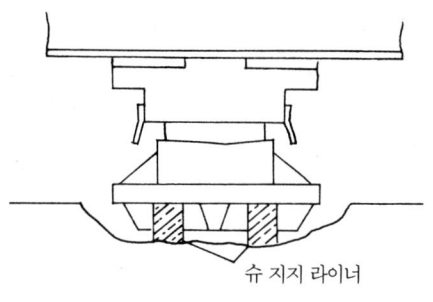

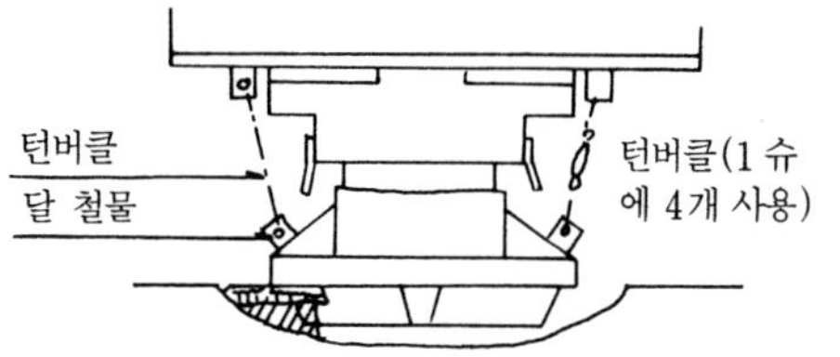

그림 11.3

그림 11.4

라이너를 슈 자리 모르타르와 같은 재료로 한 경우 이 라이너를 고정용으로 사용하여 그대로 묻어버리면 된다. 단, 초기에 있어서 슈 자리 모르타르와 라이너의 강도차가 현저해지는 경우는 라이너만으로 열차 하중에 견딜 수 있도록 설계해야 한다. 그리고 라이너와 주입재가 일체로 되도록 접착성을 확인한다.

C. 무수축 모르타르
① 하부 구조와의 고정과 앵커 볼트의 묻기는 무수축 모르타르를 사용하는 것을 원칙으로 한다.
② 슈 자리 모르타르의 주입 재료는 표 11.2에 나타낸 규격을 만족하는 것으로 한다. 그리고 종류에 대해서도 마찬가지로 표 11.3에 나타낸 것 중에서 현장의 여러 조건에 적합한 것을 선정한다. 또 종래부터 사용되어 온 드라이 패킹(혼화제 타입)은 사용하지 않는 것이 바람직하다.

표 11.2 품질의 규격 (계속)

항 목	규 격 값	적 요
압축강도	재령 28일 400 kg/cm² 이상	시공 조건하에서 양생한 것에 대해서 확인할 것
무수축성	재령 7일에서 수축되어서는 안된다.	

항 목	기 술 상 의 착 안 점
	표 11.2 품질의 규격

항 목	규 격 값	적 요
장기 내구성	200만회 강도	응력 범위 180 kg/cm² 이상으로 시험 후 육안으로 균열이 들어 있지 않은 것을 확인할 것	시공 조건하에서 양생한 것에 대해서 확인할 것
	피로 시험 후의 압축 강도	240 kg/cm² 이상	

표 11.3 슈(shoe)자리 모르타르(주입물)

재료의 종류		일반적 특징
무기계 모르타르 (시멘트계)	프리믹스 타입	1. 유동성이 좋다. 2. 블리딩이 없다. 3. 장기적으로 안정된 무수축성. 4. 시공 가능한 기온은 5℃ 정도 이상. 5. 강도의 발현은 1~3일 정도. 6. 시멘트계이기 때문에 경제적. 7. 이 중에는 긴급용으로 강도의 발현성이 수시간인 것도 있다.
유기계 모르타르 (수지계)	에폭시계	1. 압축 강도는 500 kg/cm² 이상. 2. 경화·수축이 적다. 3. 수분을 극도로 꺼리지 않는다. 4. 내구성, 내피로성, 내수성이 좋다. 5. 시공 가능한 최저 기온은 0℃ 정도. 6. 강도의 발현성은 상온에서 2~3 시간 정도. 7. 접착성이 좋다.
	폴리에스테르계	1. 압축 강도는 500 kg/cm² 이상. 2. 경화시 다소 수축을 일으키기 때문에 프리팩트가 주(主). 3. 수분은 경화 불량을 일으킨다. 4. 내구성, 내피로성, 내수성이 좋다. 5. 시공 가능한 최저 기온은 0℃ 정도. 6. 강도의 발현성은 상온에서 2~3 시간 정도.
	아크릴계	1. 압축 강도는 500 kg/cm² 이상. 2. 경화시 다소 수축을 일으키기 때문에 프리팩트가 주(主). 3. 내구성, 내피로성, 내수성이 좋다. 4. 시공 가능한 최저 기온은 -20℃ 정도. 5. 강도의 발현성은 상온에서 2~3 시간 정도. 6. 유동성이 좋다.
	기타	페놀계 등이 있으며 내약품성이 우수하지만 경화시 수축이 크고 사용 시간도 짧기 때문에 라이닝용이 주(主).
폴리머 함침 모르타르	시멘트계+ 수지계	시멘트 혼화물에 폴리머·에멀션을 혼합한 것 1. 압축 강도는 400 kg/cm² 이상. 2. 바탕은 습윤 상태라도 된다. 3. 내수성, 내구성이 있다. 4. 시공 가능한 최저 기온은 0℃ 정도. 5. 강도의 발현성은 수일 정도인데 긴급용으로 수시간인 것도 있다.

항 목	기 술 상 의 착 안 점
2. 시공 (1) 부재의 조립	① 조립은 침하의 우려가 없는 확실한 기초를 가진 지지대 위에서 실시한다. ② 부재의 조립에 사용되는 임시 조임 볼트와 드리프트 핀은 본조임까지 사이에 부재의 위치 결정과 가설 응력에 충분히 견딜 수 있을 만큼의 양을 사용한다. ③ 임시 조임 볼트와 드리프트 핀의 개수는 연결부 고장력 볼트 구멍의 1군별로 25% 이상(복판은 15% 이상)으로 하고 그 중 5% 이상을 드리프트 핀으로 한다. 또한 가설 공법에 따라 증감하는 경우도 있다.
(2) 고장력 볼트	① 마찰 접합의 이음은 설계에 있어서 활동계수를 0.4로 하여 내력을 계산하기 때문에 그 접촉면은 0.4 이상의 활동계수를 얻을 수 있도록 조립 전에 접촉면의 들뜬 녹, 기름, 도료, 진흙 등을 충분히 청소하여 제거한다. ② 부재와 연결판 사이에는 표면 틈새가 생기지 않도록 조임으로서 밀착한다. 만약 3 mm 이상의 어긋남이 생긴 경우는 필러 플레이트를 붙인다. ③ 볼트의 조임은 중앙부에서 차례대로 끝부분의 볼트로 향해 실시한다. 처음에는 소요 조임 축력의 80% 정도로 전체 볼트를 조이고 2번째의 조임으로 소정의 조임 축력을 준다.
(3) 톨시아형 고장력 볼트	① 볼트의「예비 조임」은 조임 축력의 60% 정도로 하고 예비 조임 완료 후 볼트, 너트, 와셔와 부재에 마킹을 한다(**그림 11.5**). 너트 볼트 와셔 본조임 전　　정상적인　　너트와　　너트와 와셔가 　　　　　　본조임이　　볼트가 모두　모두 돌아간 　　　　　　된 경우　　　돌아간 경우　경우 그림 11.5 이상(異常) 조임을 한 경우의 마크 상태 ② 볼트의「본조임」은 전용 조임기로 하는 것으로 하고 조임은 일군(一群)의 볼트 조임 중심에서 바깥쪽으로 향해 실시한다. ③ 현장 조임시에 있어서 세트의 온도(강재의 표면 온도)는 0~50℃의 범위이어야만 한다. 그리고 강우, 강설시에는 볼트의 조임은 실시하지 않는다. ④ 볼트 조임 후 핀 테일이 정확히 파단되어 있는지를 육안으로 확인하고 전체 수에 대해서 빠뜨린 조임이 없도록 주의한다. 　　정상적인 파단이란

항　　　목	기　술　상　의　착　안　점
(4) 현장 용접	・핀 테일의 파단구(破斷溝)가 파단되어 있을 것. ・볼트와 와셔가 같이 돌아가지 않고 일군(一群)의 너트 회전량이 일치되어 있을 것. ・볼트의 여장(余長)이 너트보다 나와 있을 것. 　용접 재료의 보존과 건조 등에 필요한 설비와 작업시의 환경 조건(강우, 저온 등)에 주의한다. 　현장 용접은 시공 조건, 작업 환경 등 공장 용접에 비해 다음과 같은 어려운 문제점이 있다. 　ㄱ. 용접부의 구속력이 크다. 　ㄴ. 실외 작업이므로 비, 바람에 의한 영향을 피할 수 없다. 　ㄷ. 무리한 자세에서의 작업을 피할 수 없다. 　ㄹ. 전류, 전압의 변동이 생기기 쉽다. 등이다. 따라서 현장 용접을 하는 경우에는 공장 용접에 비해 용접 환경이 불리한 경우가 많으므로 엄격한 관리를 할 필요가 있다.
(5) 가설 　1) 승강 작업	유압식 잭으로 유압 컨트롤 밸브를 설치하고 복수의 잭을 일정 유압으로 연동(連動)시키는 경우에도 스트로크는 일정하다고는 할 수 없다. 따라서 각 지점의 반력에 대소가 있는 경우에는 일정 유압으로 들어 올리면 각 지점의 들어 올린 높이가 다르게 되는 경우가 있으므로 유압을 일정하게 하는 밸브를 설치하는 등의 조치가 필요하다. 　연동 잭을 사용하는 경우에는 일반적으로 계획 수직 하중보다 여유가 있는 용량을 가진 잭을 사용하면 된다.
2) 인출 작업	인출 가설을 하는 경우에는 캔틸레버식으로 부재가 달아내어(張出)지기 때문에 가설 부재가 앞쪽으로 넘어지지 않도록 통상 보조 와이어가 사용된다. 이 경우 인출 작업의 진행과 함께 보조 와이어의 리플레이스(replace)를 할 필요가 있고 그 리플레이스 작업에 있어서는 2중 안전 장치로서 보조를 사용하는 편이 좋다. 　강 거더를 인출(송출 장치식)에 의한 경우의 가설 순서와 작업의 주의사항을 271 페이지에 나타낸다. A. 인출 작업장 설비의 정비 ① 인출 작업장은 대형 크레인을 사용하기 때문에 작업장 전체의 지반면을 균일하게 마무리하여 강고한 지반으로 한다. ② 벤트 설비의 기초 지반이 현상 그대로는 지내력이 부족한 경우 설계 조건과 현지

항 목	기 술 상 의 착 안 점
	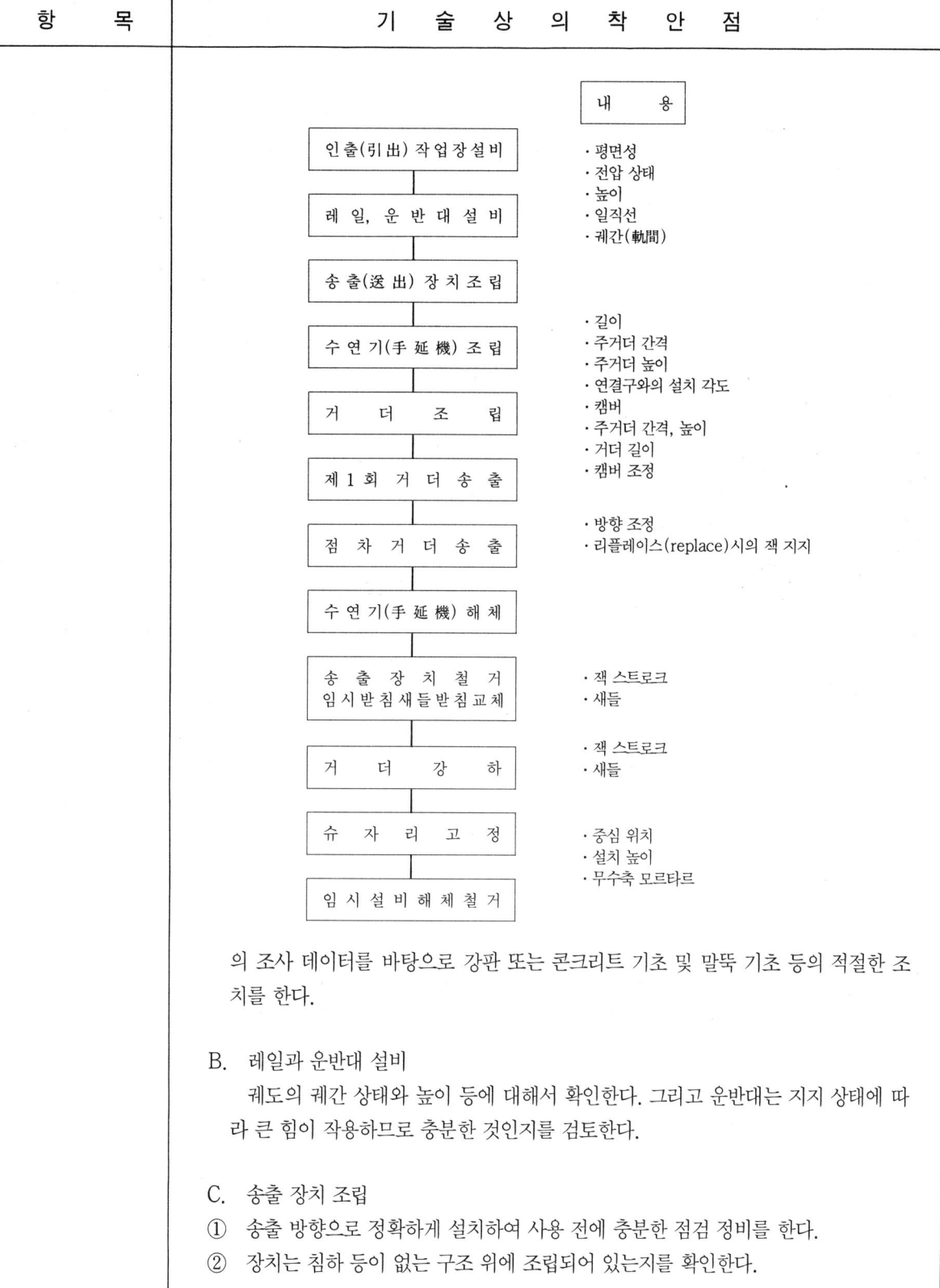

의 조사 데이터를 바탕으로 강판 또는 콘크리트 기초 및 말뚝 기초 등의 적절한 조치를 한다.

B. 레일과 운반대 설비

　　궤도의 궤간 상태와 높이 등에 대해서 확인한다. 그리고 운반대는 지지 상태에 따라 큰 힘이 작용하므로 충분한 것인지를 검토한다.

C. 송출 장치 조립
① 송출 방향으로 정확하게 설치하여 사용 전에 충분한 점검 정비를 한다.
② 장치는 침하 등이 없는 구조 위에 조립되어 있는지를 확인한다.

항 목	기 술 상 의 착 안 점
	D. 수연기(手延機) 조립 ① 수연기는 경량화를 꾀하기 위해 구조적으로 연약하게 보이는 경우가 많으며 운반, 조립 등으로 부재가 손상을 받기 쉬우므로 사용 전에 점검한다. ② 교량 거더의 제작 캠버를 고려하여 수연기와의 설치 각도를 검토한다. E. 거더 조립 ① 설계에서 고려한 조립 순서, 연결, 고장력 볼트의 시공이 확실하게 될 수 있는지 어떤지를 다시 한번 확인한다. ② 부재는 설계에서 인장재로서 되어 있지 않은 것이 가설 중에 압축력을 받음으로써 좌굴하는 것이 있으므로 그러한 부재의 가설 순서와 보강 상태를 확인한다. F. 거더 송출 ① 잭받침부는 하중이 잭 기체(機體)와 균등하게 걸리도록 한다. ② 조작은 사전에 정해진 순서대로 정확히 실시한다. G. 송출 장치 철거, 임시받침 새들로 받침 교체 ① 잭의 사용에 있어서는 그 능력, 양정(揚程), 기고(機高), 조작 방법을 확인하여 하중의 공칭 능력에 대해서 여유를 갖도록 한다. ② 조작은 규정 스트로크(揚程) 내에서 실시한다. ③ 잭을 사용할 때에는 거더 양 끝부분을 동시에 내리지 않을 것. 끝부분을 확실히 거더받침재로 받치고 다른 쪽 끝부분을 조금씩 내릴 것. ④ 잭으로 지지되는 부재는 충분히 보강된 장소에 설치하여 편심이 생기지 않도록 한다. 그리고 전도의 우려가 있는 경우는 새들 등을 사용하여 작업을 한다. ⑤ 새들을 H형강 또는 침목으로 쌓는 경우는 부재 상호의 밀착성을 좋게 하고 긴결시켜서 정(井)자 거더로 한다. H. 슈(shoe)의 고정 ① 슈의 설치는 시공시의 기온을 고려하여 측량 결과를 바탕으로 소정 위치에 정확히 설치한다. ② 무수축 모르타르의 주입 후는 급격한 변화, 건조, 하중 충격 등의 유해한 영향을 받지 않도록 보호한다.
3) 가로 이동 작업	① 가로 이동 작업을 하는 경우 부재에 따라서는 가로 방향의 강성이 작은 것 또는 안정이 나쁜 것이 있어 가로 이동에 있어서는 충분한 전도 방지 또는 가로 전도 좌굴을 하지 않도록 부재를 보강하는 등의 조치를 취한다.

항 목	기 술 상 의 착 안 점

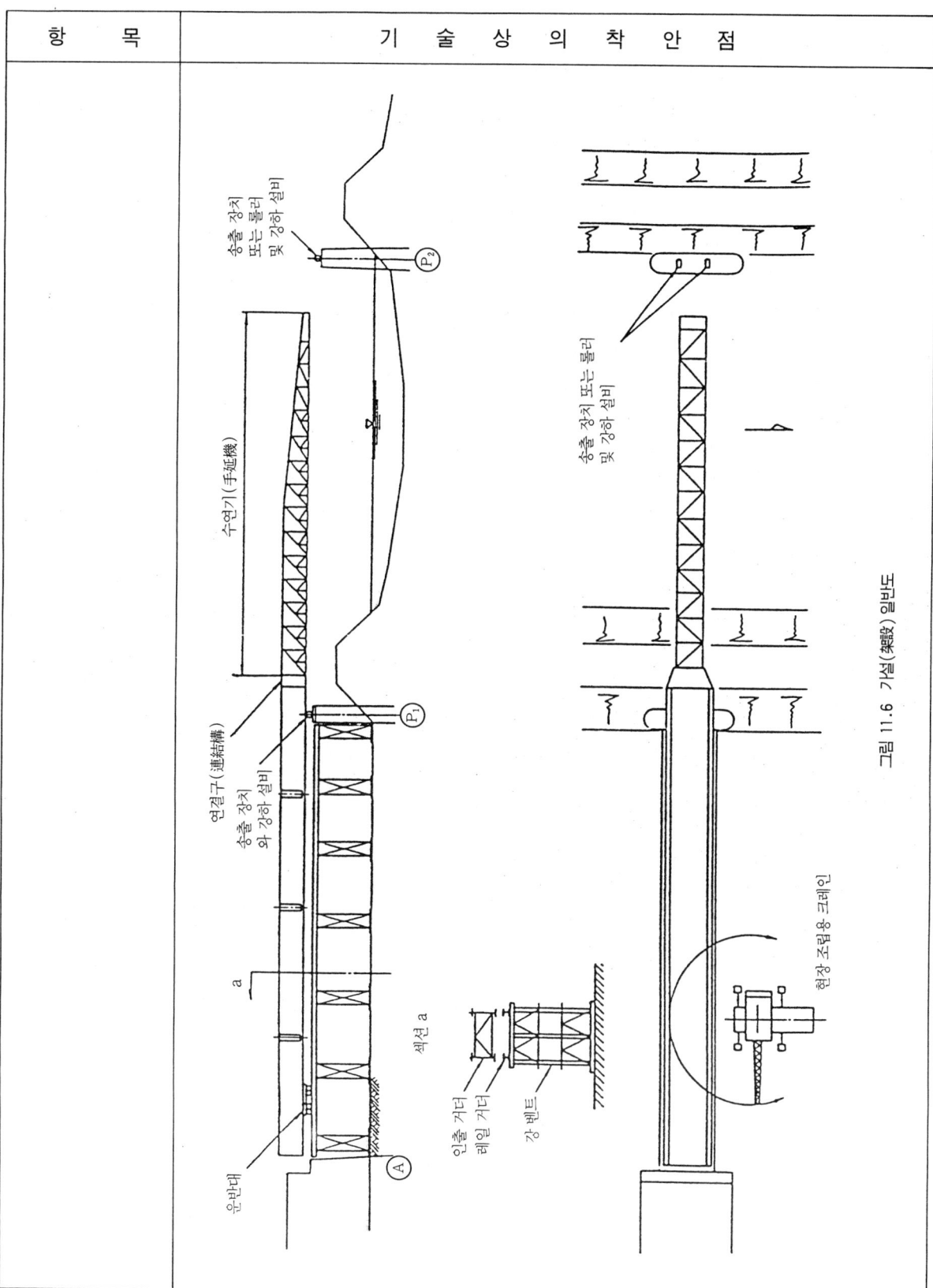

그림 11.6 가설(架設) 일반도

항 목	기 술 상 의 착 안 점
	② 가로 이동 작업 중의 양 끝부분의 이동량과 이동 속도가 계획량에 적합한지를 시공 단계별로 확인한다.
4) 달아내기 작업	가설 중에 각 단계의 처짐과 본체 구조물의 중심선에서의 어긋남을 계측하여 확인한다.
5) 달아올림 달아내림(크레인)	① 아우트리거(outrigger)가 달린 크레인은 원칙적으로 아우트리거를 최대로 달아내어(張出) 사용한다. ② 달아올림 작업에 앞서 시험 인양 등을 하여 안전을 확인하고 난 후 본작업에 임하도록 배치한다. ③ 거더와 부재를 달아올리거나 달아내리는 경우는 그 구조물 또는 부재 및 달(인양) 철물에 과대한 응력과 변형이 생기지 않도록 한다. 아래에 달아올림, 달아내림의 예를 나타낸다. 박스 거더 블록을 직접 다는 경우 박스 거더 블록을 2개의 인양 빔을 사용해서 다는 경우 주) 달 철물의 설치 방향과 달아올릴 와이어의 방향을 일치시킬 것. 박스 거더 블록을 1개의 인양 빔을 사용해서 다는 경우 박스 거더 블록을 인양틀을 사용해서 다는 경우
6) 슈와 무수축 모르타르	A. 슈 슈는 시공시의 기온을 고려하여 소정의 위치와 높이에 정확히 설치한다.

항 목	기 술 상 의 착 안 점
	B. 무수축 모르타르 　무수축 모르타르의 시공에 있어서는 다음 사항에 주의한다. ① 시공 준비에서의 주의사항 　ㄱ. 베어링의 저면 또는 리브 돌기의 아랫면과 콘크리트면과의 틈새는 30 mm 이상 확보한다. 　ㄴ. 콘크리트 표면의 레이턴스층, 진흙, 부석 등을 제거하고 극단적인 요철(凹凸)을 깎아낸다. 　ㄷ. 시공에 앞서 콘크리트 표면은 습윤을 유지하도록 조치를 강구한다. 　ㄹ. 주입 직전에는 압축공기, 걸레 등으로 여분의 물을 제거한다. 　ㅁ. 앵커 볼트 구멍에 대해서는 물이 고여 있지 않게 할 것. 　ㅂ. 거푸집은 작업 중 그라우트 압력으로 움직이지 않도록 확실하고 견고하게 조립한다. ② 주입 작업에 대한 주의사항 　ㄱ. 모르타르(시멘트계)는 혼합 후 20분 이내에 주입한다. 　ㄴ. 자중압 공법으로 시공하는 경우에는 헤드(head) 높이를 1 m 이상 확보하고 슈의 주입구에 호스 선단을 삽입한 후 주입을 개시하여 유출 쪽에서 무수축 모르타르가 흘러넘칠 때까지 연속적으로 실시한다. 　ㄷ. 주입 작업 중 바이브레이터 등으로 무수축 모르타르에 진동을 준다든지 거푸집을 두드리지 않도록 한다.

12. 일반 강 구조물 제작 현장 조립
(열차 하중을 재하하지 않는 것)

항 목	기 술 상 의 착 안 점
12.1 제작 **1. 시공 계획서** (1) 재료	① 강재는 재료 규격증명서와 대조. 　　강재의 규격증명서에서 요구한 탄소당량이 0.44%를 초과하는 경우는 용접 재료·용접 방법 등을 검토한다. ② 녹과 흠의 유무 확인 ③ 동일 교량에 여러 종류의 강재를 사용하는 경우는 도색(塗色)에 의해 강종을 식별하는 등의 방법을 강구한다. ④ 제작자가 작업 또는 제품의 외주·구입을 할 때는 상대업자의 품질 관리 방법(표 12.1)을 명확히 한다. 표 12.1 | 외주, 구입 물품명	자　　　료
강판의 절단	강판의 재료 규격증명서와 재료 준비명세, 절단 작업 검사보고서 등
슈(shoe)와 그 부속품	재료 시험보고 제품 검사보고서
고장력 볼트	재료의 규격증명서, 세트의 검사성적표(열 관리 조건을 기입한 것)
볼트와 앵커 볼트	재료의 규격증명서, (보통 볼트는 제외) 볼트의 제품 검사성적표 등
그레이팅(grating)	그레이팅의 제품 검사성적표 등
방음공, 교측보도(橋側步道) 및 대피 설비	재료 확인의 증명 제품 검사성적표
도장	재료 확인의 증명 도장 검사보고서
제진재(制振材) (접착제를 포함)	성능 시험성적표 제품 검사성적표
스터드(stud)	재료의 규격증명서 | ⑤ 제작자는 부품(장치품을 포함한다)과 완성품을 보관할 때에는 손상이 없도록 보관한다.
(2) 제작 방법 　1) 실물 치수	강 구조물의 일반적인 제작 순서를 280 페이지에 나타낸다. ① 제작에 착수하기 전에 부재의 연결 관계 등에 대해서 설계상의 불비와 공작상 및 가설상의 지장이 없는지 실물 치수도를 작성한다. ② 사용하는 테이프는 KS B 5209의 1급에 합격한 것. ③ 실물 치수를 표시하는 경우와 주요 부재의 표준 선정 작업은 사용 테이프에 10

항 목	기 술 상 의 착 안 점
	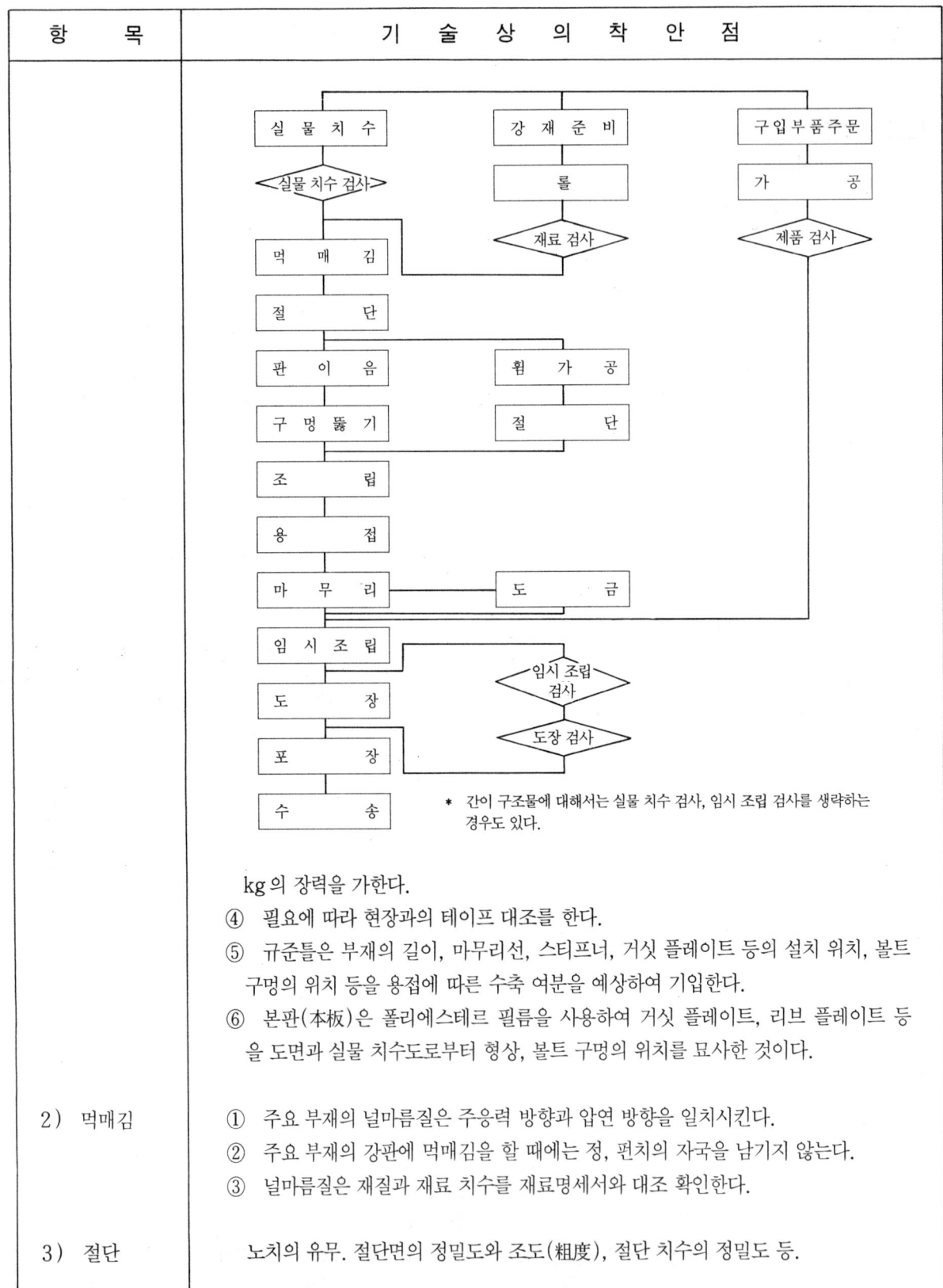
	kg의 장력을 가한다. ④ 필요에 따라 현장과의 테이프 대조를 한다. ⑤ 규준틀은 부재의 길이, 마무리선, 스티프너, 거짓 플레이트 등의 설치 위치, 볼트 구멍의 위치 등을 용접에 따른 수축 여분을 예상하여 기입한다. ⑥ 본판(本板)은 폴리에스테르 필름을 사용하여 거짓 플레이트, 리브 플레이트 등을 도면과 실물 치수도로부터 형상, 볼트 구멍의 위치를 묘사한 것이다.
2) 먹매김	① 주요 부재의 널마름질은 주응력 방향과 압연 방향을 일치시킨다. ② 주요 부재의 강판에 먹매김을 할 때에는 정, 펀치의 자국을 남기지 않는다. ③ 널마름질은 재질과 재료 치수를 재료명세서와 대조 확인한다.
3) 절단	노치의 유무. 절단면의 정밀도와 조도(粗度), 절단 치수의 정밀도 등.

항 목	기 술 상 의 착 안 점
4) 볼트 이음	① 구멍의 위치, 구멍의 크기, 칩 제거, 게이지의 관통과 정지율, 표면 틈새량, 접합부 접촉면의 처리. ② 고장력 볼트의 아물림 상태 등.
5) 휨 가공	① 주요 부재의 휨 가공은 특별한 경우를 제외하고 강판두께의 15배 이상의 안쪽 반지름으로 휘는 경우는 냉간 휨 가공에 의할 수 있다. ② 강판두께의 15배 미만의 안쪽 반지름으로 휘는 경우는 시공 시험을 하는 것을 원칙으로 한다.
6) 용접 이음	① 온도, 습도 등의 관리, 용접 재료와 작업장의 관리, 벌림끝, 청소, 녹의 유무, 예열, 조립 용접, 엔드탭의 설치, 제거(떼어내기), 결함의 재수정, 표면의 마무리 등. ② 방사선 투과 검사와 판정. ③ 용접 사이즈의 확인.
7) 임시 조립	① 임시 조립은 지상 700 mm 정도의 강고한 받침대 위에서 실시한다. ② 각 부재가 무응력 상태로 되도록 다점 지지(多点 支持)로 한다. 　가설 현장에서 현장 이음부를 임시 조립시와 마찬가지로 재현할 수 있어 소정의 형상을 얻을 수 있다. 또 임시 조립시에 가설용 기준 구멍을 명시해 둔다. ③ 치수, 캠버, 부재의 연결, 표면 틈새량 등.
8) 도장	작업장의 관리, 도장 구분, 도료의 종류, 도료의 사용량, 얼룩, 흠의 정도, 용접 비드부의 처리.
9) 포장, 운송	① 볼트류는 품질이 손상되지 않도록 상자에 넣고 상자에는 품명, 종류, 규격 등을 표시한다. ② 운송에 관해서는 현장의 상태와 환경 등을 감안하여 운송의 시기, 부재의 반입 방법을 검토한다.
(3) 품질 관리	작업의 관리에 있어서는 관리 시트로 관리한다. 관리 시트로 관리하는 항목은 표 12

표 12.2　　　　　　　　　　(계속)

관리 시트	관 리 사 항
실물 치수 관리 시트	치수, 부재의 연결, 재질과 벌림끝의 지시, 건축한계 등의 확인
재료 관리 시트	재료 규격증명서(mill sheet)의 대조, 녹과 흠의 유무 확인, 설퍼프린트의 채취와 판정, 재질의 지시 확인, 재료의 탄소용량 확인

항 목	기 술 상 의 착 안 점

표 12.2

관리 시트	관 리 사 항	
강판 절단 관리 시트	노치의 유무, 절단면의 정밀도와 조도(粗度), 절단 치수의 정밀도, 재질 지시 등의 확인	
맞댐 용접 작업 관리 시트	온도, 습도 등의 확인, 용접 재료와 작업장의 관리, 벌림끝 청소, 녹의 유무 확인, 예열 조립 용접, 엔드탭의 설치, 제거, 결함의 재손질, 표면 마무리 등의 확인	방사선 투과 검사와 그 판정, 마무리되지 않는 경우의 더돋기 높이의 확인 등
필릿 용접 작업 관리 시트		변형, 표면 틈새, 자동 용접을 사용하는 경우의 프라이머 제거, 사이즈(크기) 등의 확인
고장력 볼트 접합 관리 시트	구멍 위치의 먹매김, 구멍의 크기, 칩 제거, 게이지의 관통과 정지율, 표면 틈새량, 접합부 접촉면의 처리, 고장력 볼트의 아물림 상태 등의 확인	
임시 조립 관리 시트	치수, 캠버, 부재의 연결, 표면 틈새량 등의 확인	
용접 작업 관리 시트	작업장의 관리, 도장 구분, 도장 종류, 도장의 사용량, 얼룩, 흠의 정도, 용접 비드부 처리 등의 확인	

.2와 같다.

항 목	기 술 상 의 착 안 점
12.2 설치 **1. 시공 계획서** (1) 시공 체제	각종 작업에 관계되는 인원 및 감독, 지도를 하는 조직표로 관련 법규 등에 의해 의무가 부여되어 있는 관리·기능자격자와 안전위생위원 등 그리고 비상시의 연락 체제 등.
(2) 작업 공정	가설물을 포함한 각 공정의 작업 일수, 작업 순서, 가설 시기 및 각 공종간의 관련 등.
(3) 사용 기계의 성능, 수량	기계기구류는 기종, 용량(능력), 대수 등.
(4) 시공 방법 1) 부재의 조립	부재의 조립은 조립 기호, 소정의 조립 순서에 따라 정확히 실시하고 조립 중인 부재는 조심스럽게 취급하여 손상이 없도록 주의한다.
2) 고장력 볼트	① 고장력 볼트의 조임은 접촉면의 처리, 이음 부재간의 틈새, 볼트의 조임 방법, 조임 순서 등에 주의하여 소정의 조임력을 도입한다.
3) 톨시아형 고장력 볼트	① 세트의 조임 축력 시험은 공장출하시의 각 로트별로 실시한다. ② 세트의 보관에 있어서는 공장출하시의 품질이 현장 시공시까지 유지되도록 포장과 현장에 있어서의 보관 방법에 주의한다. ③ 세트의 출하에서 현장 조임까지의 보관 기간은 원칙적으로 6개월까지로 한다. ④ 조임 작업에 있어서는 다음 요령에 따라 현장 예비 시험을 하는 것으로 한다. ㄱ. 현장 예비 시험은 그날에 사용하는 세트의 전체 제조 로트 가운데 하나의 제조 로트에서 5개의 공시 세트를 선정하여 실시하는 것을 표준으로 한다. 공시 세트의 조임 볼트 축력의 평균값은 세트의 온도가 상온(10~30℃)에서 조인 경우 표 12.3의 규정에 적합할 것.

표 12.3 조임 볼트 축력의 평균값

세 트	나사의 호칭(d)	하한값(t)	상한값(t)
S10T	M20 M22 M24	17.2 21.2 24.7	20.2 24.9 29.0

4) 현장 용접	① 현장 용접은 시공 조건, 작업 환경의 점에서 공장 용접에 비해 불리한 경우가 많으

항 목	기 술 상 의 착 안 점
	므로 엄격한 관리가 요구된다. 따라서 현장 용접은 관리 시트에 의한 작업 관리를 한다. 　관리 시트의 내용은 다음과 같다. 　ㄱ. 용접 종별과 사이즈 　ㄴ. 현장 조건(날짜·시간, 기후, 기온, 온도 등) 　ㄷ. 용접 조건(예열 온도, 전류, 용접 소요 시간, 용접 순서 등) 　ㄹ. 작업자명 　ㅁ. 외관 검사의 결과 　ㅂ. 비파괴 검사의 결과 　ㅅ. 재수선의 기록 ② 작업하기 쉬운 비계에 나란히 방풍 설비를 설치한다. ③ 용접 재료의 보존과 건조, 용접부의 청소와 건조 등을 하기 위해서 필요한 여러 설비를 준비한다.
5) 설치	① 크레인 설치에 앞서 사전에 지반의 지지력을 판정하여 경사와 전도에 주의한다. ② 굴착 흙막이공과 성토 연단(緣端)에 근접하여 설치해야만 하는 경우는 흙막이공에의 영향과 성토의 붕괴 등에 대해서 검토한다. ③ 크레인을 설치하는 장소에는 매설물이 없는 것을 확인한다. ④ 훅 걸기 작업용구로서 사용하는 와이어 로프, 매달기 체인과, 훅, 섀클은 아래에 나타내는「안전계수」를 가져야 한다. 　와이어 로프 ……………………… 6 이상 　매달기 체인 ……………………… 5 이상 　훅과 섀클　 ……………………… 5 이상
2. 시공 (1) 부재의 조립	① 조립은 침하의 우려가 없는 확실한 기초를 가진 지지대 위에서 실시한다. ② 부재의 조립에 사용되는 임시 조임 볼트와 드리프트 핀은 본조임까지 사이에 부재의 위치 결정과 가설 응력에 충분히 견딜 수 있을 만큼의 양을 사용한다. ③ 임시 조임 볼트와 드리프트 핀의 합계는 그 장소의 연결 볼트수의 1/3 정도가 표준인데 시공 방법에 따라서는 증감한다. 예를 들면 캔틸레버식 가설과 같은 큰 가설 응력이 작용하는 경우에는 그 가설 응력에 충분히 견딜 수 있는 만큼의 임시 조임 볼트, 드리프트 핀을 사용한다. ④ 드리프트 핀은 임시 조임 볼트와 드리프트 핀 합계의 1/3 이상을 사용하는 것이 좋다.

항 목	기 술 상 의 착 안 점
(2) 고장력 볼트	① 고장력 볼트의 조임은 조립 전에 접촉면의 들뜬 녹, 기름, 도료, 진흙 등을 충분히 청소하여 제거한다. 　　마찰 접합의 이음은 설계에 있어서 활동계수를 0.4로 하여 내력을 계산하기 때문에 그 접촉면은 0.4 이상의 활동계수를 얻을 수 있도록 처리해야만 한다. ② 부재와 연결판 사이에는 표면 틈새가 생기지 않도록 조임으로서 밀착한다. 만약 어긋남이 생긴 경우는 테이퍼를 붙여서 어긋남을 없애는 등의 조치를 한다. ③ 볼트의 조임은 중앙부에서 차례대로 끝부분의 볼트로 향하여 실시하며 원칙적으로 2번 조임한다. 　　즉 이음의 바깥쪽부터 볼트를 조이면 연결판이 들뜨게 되어 밀착성이 나빠지는 경향이 있다. 또한 한번으로 소요의 축력까지 조이면 맨 처음에 조인 볼트가 느슨해지는 경향이 있다.
(3) 톨시아형 고장력 볼트	① 볼트의 「예비 조임」은 조임 축력의 60% 정도로 하고 예비 조임 완료 후 볼트, 너트, 와셔와 부재에 마킹을 한다. ② 볼트의 「본조임」은 전용 조임기로 하는 것으로 하고 조임은 일군(一群)의 볼트 조임 중심에서 바깥쪽으로 향해 실시한다. ③ 현장 조임시에 있어서 세트의 온도(강재의 표면 온도)는 0~50℃의 범위이어야만 한다. 그리고 강우, 강설시에는 볼트의 조임은 실시하지 않는다. ④ 볼트 조임 후 핀 테일이 정확히 파단되어 있는지를 육안으로 확인하고 전체 수에 대해서 빠뜨린 조임이 없도록 주의한다. 　　정상적인 파단이란 　　・핀 테일의 파단구(破斷溝)가 파단되어 있는 것 　　・볼트와 와셔가 같이 돌아가지 않고 일군(一群)의 너트 회전량이 일치되어 있는 것 　　・볼트의 여장(余長)이 너트보다 나와 있는 것
(4) 현장 용접	보존, 건조 등에 필요한 설비와 작업시의 환경(강우, 저온 등)에 주의한다.

13. 도장공(塗裝工)

항목	기술상의 착안점
13.1 일반 환경용 **1. 시공 계획서** (1) 신설 거더의 도장 1) 도장계	신설시의 철 거더 등에 도장하는 도장계는 표 13.1~13.4로 한다.

표 13.1 일반 바깥면의 도장계

도장계	공정		도료명	표준 사용량 (g/m²)	도장 간격 (20℃)
B-1	공장 도장	제1층	에칭 프라이머 2종 또는 3종	스프레이 130	24H~3M
		제2층	연계(鉛系) 녹 방지 페인트	스프레이 170	2D~1M
		제3층	연계 녹 방지 페인트	스프레이 170	2D~6M^{주)}
	현장 도장	제4층	장유성(長油性) 프탈산수지계 도료 재벌 바름	브러시 110	24H~15D
		제5층	장유성 프탈산수지계 도료 정벌 바름	브러시 105	
D-1	공장 도장	제1층	에칭 프라이머 2종 또는 3종	스프레이 130	12H~3M
		제2층	연계 녹 방지 페인트	스프레이 170	2D~1M
		제3층	연계 녹 방지 페인트	스프레이 170	2D~6M^{주)}
	현장 도장	제4층	결로면용(結露面用) 도료 재벌 바름	브러시 120	24H~15D
		제5층	결로면용 도료 정벌 바름	브러시 120	
E-2	공장 도장	제1층	에칭 프라이머 2종 또는 3종	스프레이 130	12H~3M
		제2층	타르에폭시수지계 도료 브라운색	스프레이 300	24H~7D
		제3층	타르에폭시수지계 도료 흑색	스프레이 300	24H~7D
		제4층	타르에폭시수지계 도료 브라운색	스프레이 300	
G-2	공장 도장	제1층	에칭 프라이머 2종 또는 3종	스프레이 130	12H~3M
		제2층	두꺼운 막형(厚膜型) 변성에폭시수지계 도료	스프레이 300	24H~7D
		제3층	두꺼운 막형 변성에폭시수지계 도료 재벌 바름	스프레이 300	24H~7D
		제4층	두꺼운 막형 변성에폭시수지계 도료 정벌 바름	스프레이 300	

주) (1) 도장 간격의 수치는 20℃에서의 수치(저온용은 5℃)를 나타내고 H는 시간, D는 일, M은 월을 나타낸다.
(2) 타르에폭시수지계 도료와 두꺼운 막형 변성에폭시수지계 도료를 기온 10℃ 이하에서 도장하는 경우는 同·저온용을 사용한다. 단, 타르에폭시수지계 도료·저온용의 표준 사용량은 스프레이로 330 g/m² 로 한다.

항 목	기 술 상 의 착 안 점
	표 13.2 박스 거더 안쪽면(신설 거더) 	도장계	공정		도료명	표준 사용량 (g/m²)	도장 간격 (20℃)
---	---	---	---	---	---
EE-2	공장 도장	바탕 다듬질	제품 블라스트의 경우 블라스트 후 그날 안에 제1층의 타르에폭시수지계 도료를 도장 할 것	두꺼운 판 블라스트의 경우 임시 조립 후 녹이 발생되어 있는 부 분은 부분 블라스트에 의해 녹을 떨어 내고 그날 안에 제1층을 도장할 것	
		제1층	타르에폭시수지계 도료 브라운색	스프레이 300	24H~7D
		제2층	타르에폭시수지계 도료 흑색	스프레이 300	24H~7D
		제3층	타르에폭시수지계 도료 브라운색	스프레이 300	| 주) (1) 타르에폭시수지계 도료를 기온 10℃ 이하에서 도장하는 경우는 同·저온용을 사용하고 표준 사용량은 스프레이로 330 g/m²로 한다. 또한 저온용을 사용하는 경우의 도장 간격은 5℃일 때를 나타낸다. (2) H는 시간, D는 일, M은 월을 표시한다. **표 13.3 첨접부(添接部) 바깥면(신설 거더)** (계속) | 도장계	공정		도료명	표준 사용량 (g/m²)	도장 간격 (20℃)
---	---	---	---	---	---
B-3	공장 도장	제1층	에칭 프라이머 2종 또는 3종	스프레이 130	12H~6M
	현장 도장	제2층	연계 녹 방지 페인트	브러시 140	2D~1M
		제3층	연계 녹 방지 페인트	브러시 140	2D~1M
		제4층	연계 녹 방지 페인트	스프레이 140	2D~1M
		제5층	장유성 프탈산수지계 도료 재벌 바름	브러시 110	24H~15D
		제6층	장유성 프탈산수지계 도료 정벌 바름	브러시 105	
D-3	공장 도장	제1층	에칭 프라이머 2종 또는 3종	스프레이 130	12H~6M
	현장 도장	제2층	결로면용 도료 초벌 바름	브러시 140	2D~1M
		제3층	결로면용 도료 초벌 바름	브러시 140	2D~1M
		제4층	결로면용 도료 초벌 바름	스프레이 140	2D~1M
		제5층	결로면용 도료 재벌 바름	브러시 120	24H~15D
		제6층	결로면용 도료 정벌 바름	브러시 120	
B-3	공장 도장	제1층	에칭 프라이머 2종 또는 3종	스프레이 130	12H~6M
	현장 도장	제2층	타르에폭시수지계 도료 흑색	브러시 140	24H~7D
		제3층	타르에폭시수지계 도료 브라운색	브러시 140	24H~7D
		제4층	타르에폭시수지계 도료 흑색	스프레이 140	24H~7D
		제5층	타르에폭시수지계 도료 브라운색	브러시 110		

항 목	기 술 상 의 착 안 점
	표 13.3 첨접부(添接部) 바깥면(신설 거더)

도장계	공 정		도 료 명	표준 사용량 (g/m²)	도장 간격 (20℃)
G-3	공장 도장	제1층	에칭 프라이머 2종 또는 3종	스프레이 130	12H~6M
	현장 도장	제2층	두꺼운 막형 변성에폭시수지계 도료 초벌 바름	브러시 140	24H~7D
		제3층	두꺼운 막형 변성에폭시수지계 도료 초벌 바름	브러시 140	24H~7D
		제4층	두꺼운 막형 변성에폭시수지계 도료 재벌 바름	스프레이 140	24H~7D
		제5층	두꺼운 막형 변성에폭시수지계 도료 정벌 바름	브러시 110	

주) (1) 타르에폭시수지계 도료와 두꺼운 막형 변성에폭시수지계 도료를 기온 10℃ 이하에서 도장하는 경우는 同·저온용을 사용한다. 또한 타르에폭시수지계 도료·저온용의 표준 사용량은 브러시로 210 g/m² 로 한다.
(2) 도장 간격의 수치는 20℃에서의 수치(저온용은 5℃)를 나타내고 H는 시간, D는 일, M은 월을 표시한다.

표 13.4 박스형 단면인 경우의 거더 안쪽면(첨접부)(신설 거더)

도장계	공 정		도 료 명	표준 사용량 (g/m²)	도장 간격 (20℃)
F-3	공장 도장	제1층	에칭 프라이머 2종 또는 3종	스프레이 130	12H~6M
	현장 도장	제2층	무용제형(無溶劑型) 타르에폭시수지계 도료	브러시 300	2~7D
		제3층	무용제형 타르에폭시수지계 도료	브러시 300	

주) (1) 도장 공사 기간 : 무용제형 타르에폭시수지계 도료는 저온(10℃ 이하)으로 되면 건조와 작업성이 현저히 나빠지고 또한 고온(30℃ 이상)으로 되면 사용 시간이 현저하게 짧아지므로 도장 작업시의 기온이 10~30℃ 일 때에 실시한다.
(2) H는 시간, D는 일, M은 월을 표시한다.

2) 도료

① 도료의 규격

　KS의 품질에 대해서는 원칙적으로 제조회사 발행의 시험성적서를, 상당품의 경우는 공공기관의 시험성적서.

② 도료의 색

　일본의 경우「교량 도장 컬러 디자인 지침」에 따라 일반 교량은 원칙적으로 환경별 표준색 8색에서 선정하고, 색의 지정은「JR 동일본 철 거더색 견본장」으로 지시한다.

3) 공장 도장

A. 바탕 다듬질

① 바탕 다듬질의 시기

　바탕 다듬질은 도장 직전에 실시한다.

② 바탕 다듬질의 방법

항 목	기 술 상 의 착 안 점
	· 원칙적으로 블라스트법으로 한다. · 국부적인 손상부의 보수 도장인 경우는 동력공구, 수공구에 의한 바탕 다듬질을 해도 된다. · 용접부는 원칙적으로 중화(中和) 처리한 후 부분 블라스트 처리를 하여 바탕 다듬질을 한다. ③ 바탕 다듬질의 정도 　바탕 다듬질의 정도는 바탕이 충분히 노출될 때까지 바탕 다듬질(방청도-2)을 한다. 이 경우 표면거칠기는 KS B 0161 표면거칠기의 10점 평균거칠기 표시법에 따른 25~50 μRz 정도로 한다. B. 도장 ① 도장 방법 　공장 도장은 원칙적으로 에어리스 스프레이(airless spray) 도장으로 한다. 단, 강재 끝부분, 볼트머리 등은 솔 바름으로 선행 도장을 한다.
4) 보수 도장	보수 도장에 있어서 바탕 다듬질의 방법(표 13.5)은 원칙적으로 손상도 X(공장 시공)에 대해서는 블라스트 처리를 한다. 그리고 손상도 X(현장 시공), 손상도 Y 및 Z에 대해서는 수·동력공구 등으로 한다.

표 13.5 도막의 손상 정도와 바탕 다듬질

도막의 손상 정도 구분	정　　도	보수 도장 전의 바탕 다듬질	
		공　장	현　장
손상도 X	도막의 손상이 광범위에 걸쳐 있으며 또한 블라스트 처리를 요할 정도로 강 바탕이 노출되어 있는 경우	블라스트 처리를 한다. (방청도-1)	동력공구를 사용하여 바탕 다듬질을 한다. (방청도-3)
손상도 Y	도막의 손상 범위가 작으며 강 바탕의 노출이 없는 경우 또는 바탕에 이르는 점, 선 모양의 흠이 있는 경우	동력공구를 사용하여 바탕 다듬질을 한다. (방청도-1)	
손상도 Z	도막의 손상이 재벌·정벌 바름 도막의 벗겨진 흠 또는 부딪힌 자국뿐인 경우	샌드페이퍼 작업을 한다.	

5) 현장 도장	도막 표면에 모래먼지, 티끌 등의 부착 부분을 충분히 제거하고 필요한 경우는 동력공구 등으로 면거칠기를 한 후 도장한다.
6) 관리와 검사	A. 도막 관리 　도막에 주름, 부풀음, 균열, 부착 불량, 박리 등 외관상 현저한 결함이 없을 것. 　여기서 도막 결함과 그 원인에 대해서 표 13.6에 나타낸다.

항 목	기 술 상 의 착 안 점
	표 13.6 도막의 결함과 그 원인 (계속)

결함의 명칭	현 상	원 인	대 책
주 름	도막에 주름이 생긴다.	초벌 바름이 너무 두껍게 칠해져 건조되지 않은 상태에서 표면이 먼저 마른 경우.	초벌 바름이 잘 건조된 후 칠한다. 너무 두껍게 칠하지 않는다.
부 풀 음	도막이 밀려올라와 부풀어 오른다.	도막 밑에 수분이 들어가 팽창하여 부풀어 오른다.	수분과 녹을 충분히 제거한 후 칠한다. 습도가 높을 때는 칠하지 않는다.
균 열	표면에 균열이 생긴다.	주름이 생기는 원인과 거의 같다.	초벌 바름이 건조된 후 칠한다. 도막 경도차가 작은 도료를 사용한다.
부 착 불 량	피토(被土) 도면에 도료가 잘 먹지 않아 부착되지 않는 부분이 생긴다든지 국부적으로 도막이 얇다.	도포면(塗布面)에 유지류와 수분이 부착되어 있을 때와 피도면에 유성(油性)이 많을 때.	피도면(被塗面)을 청소한다. 솔 바름을 정성들여 한다.
박 리	도막이 강면(鋼面) 또는 도막의 층간(層間)까지 벗겨진다.	바탕 다듬질 불량, 도장계와 겹쳐 칠하는 간격의 부적정, 결로(結露)와 오염 물질의 부착 등.	바탕 다듬질을 잘 한다. 도막을 청소하게 한다. 적절한 도장계의 선정, 겹쳐 칠하는 간격, 시공 조건을 엄수한다.
솔 자 국	솔자국이 선(線) 위에 남아 있다.	도료의 유동성이 부족하다. 솔이 부적당하다.	점도를 낮춘다. 솔을 바꿔본다.
흐 른 자 국	도료가 흘러내린 상태로 되어 있다.	지나치게 희석한다든지 너무 두껍게 바른 경우 도료의 점도(粘度)가 부적당하다.	희석률(希釋率)을 낮춘다. 두껍게 칠하지 말고 2층으로 칠한다. 두껍게 칠해도 좋은 도료로 바꾼다.
얼 룩	색과 광택이 얼룩져 있다.	안료가 잘 혼합되어 있지 않다. 초벌 바름으로의 용제 침투가 불균일하다. 도막두께가 균일하지 않다.	배합할 때 잘 교반한다. 희석률을 적게 한다. 균일하게 도장한다.
구 멍 (bubbling)	도막에 침(針) 자국과 같은 작은 구멍이 나 있다.	스프레이칠할 때 공기가 들어가서 건조 도중에 방출하기 때문에 기공(氣孔)을 만든다.	저온시에 칠하기를 피한다. 압력비를 올린다. 침을 바꾼다. 도료의 점성을 낮춘다.
백 화 (blushing)	표면이 거칠어서 광택이 없고 흐려져 있다.	도막의 용제가 급히 발휘(發揮)된다든지 건조되지 않은 중에 결로(結露)한 경우.	결로하지 않도록 연구한다.
스 며 나 옴 (bleed)	겹칠할 때 초벌 바름이 정벌 바름으로 침투하여 색상이 변해 있다.	초벌 바름 도막을 정벌 바름 용제가 침투하여 안료를 녹인다.	스며나오지 않는 도료를 사용한다. 초벌 바름이 잘 건조된 후 칠한다.
백 아 화 (chalking)	표면이 풍화되어 가루 모양으로 되어 있다.	열, 자외선, 바람, 비 때문에 열화하여 분화(粉化)한다.	내초킹이 좋은 도료를 사용한다.
변 색 퇴 색	색이 변한다(흑색). 색이 옅어진다.	황화수소에 의한 안료의 변질로 안료의 질이 적당하지 않다.	변색되기 어려운 안료의 도료를 사용한다. 내구성이 좋은 안료를 사용한다.

항 목	기 술 상 의 착 안 점

표 13.6 도막의 결함과 그 원인

결함의 명칭	현 상	원 인	대 책
비 침	정벌 바름을 통해 초벌 바름의 색이 비쳐 보인다.	정벌 바름할 때 지나치게 희석한 경우. 정벌 바름이 지나치게 얇은 경우.	지나치게 희석되지 않는다. 두껍게 칠한다. 색의 차이를 적게 한다.

B. 도막두께

특히 도장계 E와 G에 대해서는 건조 도막 상태 검사시에 도막두께를 측정(표 13.7)하여 그 측정값을 다음의 기준값으로 되도록 한다.
① 측정 결과의 평균값이 표준 도막두께의 75%(하한 합격 판정값) 이상일 것
② 1개의 측정값이 표준 도막두께의 60% 이상(측정 최소값)일 것

표 13.7 표준 도막두께

도장계 기 호	각 층의 도막두께(μm)				표준 도막 두께(μm)	하한 합격 판정값(μm)	측정 최소 값(μm)
	제1층	제2층	제3층	제4층			
E-2	약 10	90	90	90	270	203	162
EE-2	-	90	90	90	270	203	162
G-2	약 10	90	90	90	270	203	162

표 13.8 표시 사항

표 시 사 항	기 입 예
교 량 명	○○ 교량
위 치 (驛間)　　　　(km)	○○ ~ ○○　○○○K○○○M○○ ○○M○○
도 장 년 월	19○○년 ○○월
도 장 횟 수	○회 도장
도 장 종 별 및 도 료 명	초벌 바름　○○페인트　재벌 바름　○○도료 정벌 바름　○○도료
도 료 제 조 회 사	초벌 바름 도료 ○○회사　재벌·정벌 바름 도료 ○○회사
시 공 자	○○회사　○○회사

7) 표시사항	① 정벌 바름이 완료됐을 때는 표 13.8의 표시사항을 표시한다. ② 표시 장소는 원칙적으로 종점으로 향하여 좌측 주거더의 기점에 표시한다. ③ 5경간 이상인 교량은 종점으로 향하여 거더의 좌측 중앙에 거더 번호를 표시한다. ④ 표시에 사용하는 도료는 거더에 사용하는 정벌 바름 도료와 같은 계통의 백색 도료를 사용한다.

항 목	기 술 상 의 착 안 점
	⑤ 문자의 크기와 표시틀의 크기는 표 13.9와 표 13.10을 표준으로 한다.

표 13.9 문자의 크기 (단위 : cm)

문자의 크기	교량 명	교량의 위치	거더 번호	기 타	비 고
트러스의 기둥 트러스의 세로 거더	30	플레이트 거더 에 준한다.	플레이트 거더 에 준한다.	플레이트 거더 에 준한다.	세로 쓰기
플레이트 거더 　높이 1.5 m 이상	12	7	25	7	합성 거더를 포함
플레이트 거더 　높이 1.5 m 미만	8	5	15	5	합성 거더를 포함
I 빔	6	3	10	3	

표 13.10 판의 크기와 표시 예

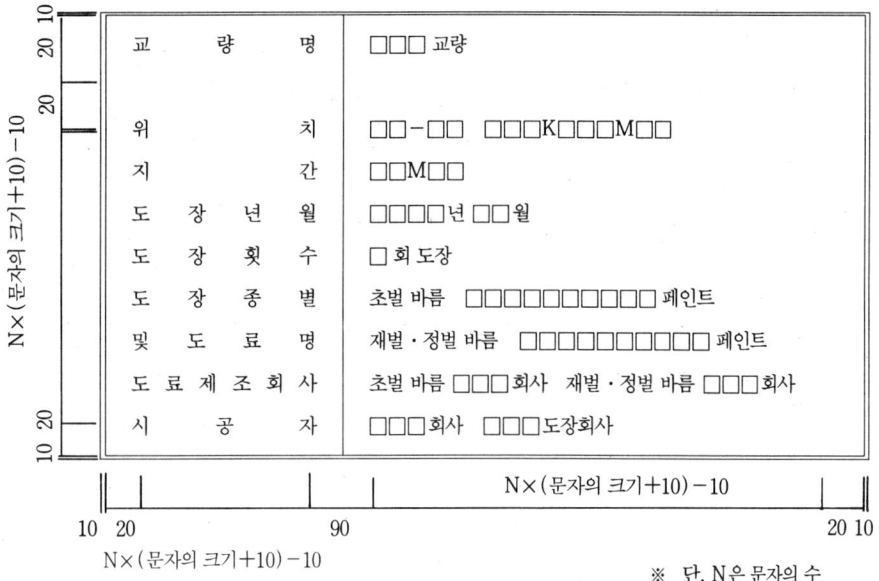

※ 단, N은 문자의 수

(2) 재도장 거더
　　의 도장
1) 도장계

재도장시의 철 거더 등에 도장하는 도장계는 표 13.11과 표 13.12로 한다.

표 13.11 일반 바깥면(재도장) (계속)

도장계	공 정	도 료 명	표준 사용량 (g/m²)	도장 간격 (20℃)	사용 조건
B-7	제1층	연계 녹 방지 페인트	브러시 140	2D~1M	일반용
	제2층	연계 녹 방지 페인트	브러시 140	2D~1M	

항 목	기 술 상 의 착 안 점
	표 13.11 일반 바깥면(재도장)

도장계	공 정	도 료 명	표준 사용량 (g/m²)	도장 간격 (20℃)	사용 조건
B-7	제3층	장유성 프탈산수지계 도료 재벌 바름	브러시 110	24H~15D	일반용
	제4층	장유성 프탈산수지계 도료 정벌 바름	브러시 105		
D-7	제1층	결로면용 도료 초벌 바름	브러시 140	2D~1M	결로면용
	제2층	결로면용 도료 초벌 바름	브러시 140	2D~1M	
	제3층	결로면용 도료 재벌 바름	브러시 120	24H~15D	
	제4층	결로면용 도료 정벌 바름	브러시 120		

주) H는 시간, D는 일, M은 월을 표시한다.

표 13.12 박스 거더 안쪽면(재도장)

도장계	공 정	도 료 명	표준 사용량 (g/m²)	도장 간격 (20℃)
F-7	제1층	무용제형 타르에폭시수지계 도료 흑색	브러시 300	2~7D
	제2층	무용제형 타르에폭시수지계 도료 브라운색	브러시 300	

주) (1) 도장 공사 기간 : 무용제형 타르에폭시수지계 도료는 저온(10℃ 이하)으로 되면 건조와 작업성이 현저히 나빠지고 또한 고온(30℃ 이상)으로 되면 사용 시간이 현저하게 짧아지므로 도장 작업시의 기온이 10~30℃ 일 때에 실시한다.
(2) D는 일을 표시한다.

2) 도료

① 도료의 규격
   KS의 품질에 대해서는 원칙적으로 제조회사 발행의 시험성적서를, 상당품의 경우는 공공기관의 시험성적서.

② 도료의 색
   일본의 경우「교량 도장 컬러 디자인 지침」에 따라 일반 교량은 원칙적으로 환경별 표준색 8색에서 선정하고, 색의 지정은「JR 동일본 철 거더색 견본장」으로 지시한다.

3) 바탕 다듬질

재도장시의 도막은 그 열화도에 따라서 표 13.13을 표준으로 하며 바탕 다듬질의

표 13.13 바탕 다듬질의 종별과 시공법 (계속)

바탕 다듬질의 종별	도 막 열화도	도막의 열화 상태	시 공 법	바탕 다듬질의 정도
스케일링-1	열화도 P-Ⅰ	전면에 균열, 박리, 녹이 발생하고 있거나 부재의 대부분에 녹이 발생하여 방청 효	디스크샌더 등의 동력공구와 스크레이퍼, 정, 압정, 해머	전면에 철 표면이 드러나게 할 것 (단, 움푹 패인 곳에는 녹과 구 도막이 잔존하는 경우가 있다).

항 목	기 술 상 의 착 안 점
	표 13.13 바탕 다듬질의 종별과 시공법

바탕 다듬질의 종별	도 막 열화도	도막의 열화 상태	시 공 법	바탕 다듬질의 정도
스케일링-1	열화도 P-Ⅰ	과를 상실하여 녹이 입체적으로 진행되어 가는 상태	등의 수공구를 병용한다.	(방청도-3)
스케일링-2	열화도 P-Ⅱ	상당히 큰 녹이 점재(点在)되어 있거나 작은 녹이 전면에 점재되어 있는 상태		활막(活膜)은 남기고 녹 부분과 바탕에 이르는 균열 부분은 철 표면을 드러나게 하고 바탕에 이르지 않는 균열, 박리, 부풀음 등의 이상을 일으킨 도막 부분을 제거한다. (방청도-3)
스케일링-3	열화도 P-Ⅲ	큰 녹이 점재되어 있거나 녹이 전면에 걸쳐서 약간 점재되어 있는 상태		上同 : 단, 바탕의 노출 면적은 스케일링-2의 경우보다도 적어진다. (방청도-3)
스케일링-4	열화도 P-Ⅳ	도막에 녹은 거의 발생하지 않았지만, 백아화가 현저하거나 백아화와 층간 박리가 현저히 진행되어 정벌 바름의 도막이 소실되어 있는 상태	와이어 브러시와 샌드페이퍼를 사용한다. 필요에 따라 수·동력공구를 사용한다.	분화물, 오염을 제거한다. 약간 생기고 있는 녹 부분과 바탕에 이르는 균열 부분은 철 표면을 드러나게 하고 바탕에 이르지 않는 균열, 박리, 부풀음 등의 이상을 일으킨 도막 부분을 제거한다.

	종별과 시공법에 따른다.
2. 시공 (1) 공장 도장	공장 도장에 관해서는 시공 계획서의 내용으로 도장되어 있는지 관리 시트와 기록 사진 등으로 대조한다.
(2) 현장 도장	① 피도면은 모래먼지, 유분 기타 유해한 물질의 부착이 없도록 충분히 청소한다. ② 도장을 해서는 안되는 부분은 충분한 조치를 하여 도료가 부착되지 않도록 한다. ③ 규정된 도장 간격을 초과한 경우와 거더의 임시 장소의 영향으로 도막이 현저하게 열화되어 있는 경우는 보수 도장부터 실시할 것. ④ 현장 도장은 원칙적으로 솔 바름으로 실시한다. 단, 충분한 방호 조치에 의해 도료 비산의 방지 대책을 실시할 수 있는 경우는 에어리스 스프레이 도장을 해도 된다. ⑤ 도장계에 따라 적용 기온, 온도가 다르기 때문에 도장시의 기온·습도에 주의할 것. 토목 공사 표준시방서 도장공을 참조. ⑥ 도료를 겹쳐 칠하는 간격은 표 13.14에 나타내는 도장 간격으로 한다. 　도장 간격의 하한은 겹쳐 칠해도 지장을 주지 않는 기간을 나타낸 것이며 이보다 빨리 겹쳐 칠하면 주름 등이 생겨 나중에 도막 결함의 원인이 된다. 도장 간격의 상한

항 목	기 술 상 의 착 안 점
	표 13.14 일반 바깥면, 박스 거더 안쪽면 도장계 	도장계	공 정	도 료 명	표준 사용량 (g/m²)	도장 간격	사용 조건
---	---	---	---	---	---
B-7	제1층	연계 녹 방지 페인트	브러시 140	2D~1M	일반용
	제2층	연계 녹 방지 페인트	브러시 140	2D~1M	
	제3층	장유성 프탈산수지계 도료	브러시 110	15~24D	
	제4층	장유성 프탈산수지계 도료	브러시 105		
D-7	제1층	결로면용 도료 초벌 바름	브러시 140	2D~1M	결로면용
	제2층	결로면용 도료 초벌 바름	브러시 140	2D~1M	
	제3층	결로면용 도료 재벌 바름	브러시 120	15~24D	
	제4층	결로면용 도료 정벌 바름	브러시 120		
F-7	제1층	무용제형 타르에폭시 수지계 도료 흑색	브러시 300	2~7D	안쪽면
	제2층	무용제형 타르에폭시 수지계 도료 브라운색	브러시 300			 을 초과한 경우는 층간 부착이 나빠지므로 바람직하지 않다.

항 목	기 술 상 의 착 안 점
13.2 특수 환경용 1. 시공 계획서 (1) 신설 거더의 도장 1) 도장계	신설시의 철 거더 등에 도장하는 도장계는 표 13.15~13.20으로 한다.

표 13.15 현장에서 재벌·정벌 바름을 하는 경우

도장계	공 정		도 료 명	표준 사용량 (g/m²)	도장 간격 (20℃)
H-1	공장 도장	제1층	두꺼운 막형 무기 아연여과 페인트	스프레이 700	2D~3M
		제2층	제3층의 도료를 약 50% 희석	스프레이 150	2D 이내
		제3층	두꺼운 막형 에폭시수지계 도료 초벌 바름	스프레이 300	24H~15D
		제4층	두꺼운 막형 에폭시수지계 도료 초벌 바름	스프레이 300	24H~15D
		제5층	에폭시수지계 MIO 도료 재벌 바름	스프레이 300	24H~12M
	현장 도장	제6층	폴리우레탄수지계 도료용 재벌 바름	브러시 130	24H~15D
		제7층	폴리우레탄수지계 도료용 정벌 바름	브러시 110	
J-1	공장 도장	제1층	두꺼운 막형 에폭시수지계 아연여과 페인트	스프레이 700	2D~3M
		제2층	두꺼운 막형 에폭시수지계 도료 초벌 바름	스프레이 300	24H~15D
		제3층	두꺼운 막형 에폭시수지계 도료 초벌 바름	스프레이 300	24H~15D
		제4층	에폭시수지계 MIO 도료 재벌 바름	스프레이 300	24H~12M
	현장 도장	제5층	폴리우레탄수지계 도료용 재벌 바름	브러시 130	24H~15D
		제6층	폴리우레탄수지계 도료용 정벌 바름	브러시 110	
K-1	공장 도장	제1층	두꺼운 막형 무기 아연여과 페인트	스프레이 700	2D~3M
		제2층	에칭 프라이머 1종	스프레이 130	1~12H
		제3층	페놀수지계 아연황 녹 방지 페인트	스프레이 150	12H~7D
		제4층	페놀수지계 MIO도료 재벌 바름	스프레이 300	16H~12M
		제5층	페놀수지계 MIO도료 재벌 바름	스프레이 300	2D~12M
	현장 도장	제6층	염화고무계 도료 재벌 바름	브러시 170	24H~15D
		제7층	염화고무계 도료 정벌 바름	브러시 130	

주) (1) 두꺼운 막형 에폭시수지계 도료 초벌 바름과 폴리우레탄수지계 도료용 재벌 바름에 대해서는 기온 10℃ 이하에서 도장하는 경우는 同·저온용을 사용한다.
  (2) 동일 도료를 겹쳐 칠하는 경우는 다소 색을 바꿀 것.
  (3) 도장 간격의 수치는 20℃에서의 수치(저온용은 5℃)를 나타내고 H는 시간, D는 일, M은 월을 나타낸다.

항 목	기 술 상 의 착 안 점
	표 13.16 공장에서 정벌 바름까지 도장하는 경우

도장계	공 정		도 료 명	표준 사용량 (g/m²)	도장 간격 (20℃)
H-2	공장 도장	제1층	두꺼운 막형 무기 아연여과 페인트	스프레이 700	2D~3M
		제2층	제3층의 도료를 약 50% 희석	스프레이 150	2D 이내 D
		제3층	두꺼운 막형 에폭시수지계 도료 초벌 바름	스프레이 300	24H~15D
		제4층	두꺼운 막형 에폭시수지계 도료 재벌 바름	스프레이 300	24H~15D
		제5층	폴리우레탄수지계 도료용 재벌 바름	스프레이 160	24H~15D
		제6층	폴리우레탄수지계 도료 정벌 바름	스프레이 140	
J-2	공장 도장	제1층	두꺼운 막형 에폭시수지계 아연여과 페인트	스프레이 700	2D~3M
		제2층	두꺼운 막형 에폭시수지계 도료 초벌 바름	스프레이 300	24H~15D
		제3층	두꺼운 막형 에폭시수지계 도료 정벌 바름	스프레이 300	24H~15D
		제4층	폴리우레탄수지계 도료용 재벌 바름	스프레이 160	24H~15D
		제5층	폴리우레탄수지계 도료 정벌 바름	스프레이 140	
K-2	공장 도장	제1층	두꺼운 막형 무기 아연여과 페인트	스프레이 700	2D~3M
		제2층	에칭 프라이머 1종	스프레이 130	1~12H
		제3층	페놀수지계 아연황 녹 방지 페인트	스프레이 150	12H~7D
		제4층	페놀수지계 MIO도료 재벌 바름	스프레이 300	16H~12M
		제5층	페놀수지계 MIO도료 재벌 바름	스프레이 300	2D~12M
		제6층	염화고무계 도료 재벌 바름	스프레이 210	24H~15D
		제7층	염화고무계 도료 정벌 바름	스프레이 150	
L-2	공장 도장	제1층	무기 아연여과 프라이머	스프레이 200	2D~1M
		제2층	두꺼운 막형 변성에폭시수지계 도료	스프레이 350	24H~7D
		제3층	두꺼운 막형 변성에폭시수지계 도료 재벌 바름	스프레이 350	24H~7D
		제4층	두꺼운 막형 변성에폭시수지계 도료 정벌 바름	스프레이 350	
M-2	공장 도장	제1층	무기 아연여과 프라이머	스프레이 200	2D~1M
		제2층	타르에폭시수지계 도료 브라운색	스프레이 300	24H~7D
		제3층	타르에폭시수지계 도료 흑색	스프레이 300	24H~7D
		제4층	타르에폭시수지계 도료 브라운색	스프레이 300	

주) (1) 두꺼운 막형 에폭시수지계 도료 초벌 바름, 폴리우레탄수지계 도료용 재벌 바름, 두꺼운 막형 변성에폭시수지계 도료 및 타르에폭시수지계 도료에 대해서는 기온 10℃ 이하에서 도장하는 경우는 同·저온용을 사용한다. 단, 타르에폭시수지계 도료 저온용의 표준 사용량은 330 g/m²로 한다.

항 목	기 술 상 의 착 안 점
	(2) 동일 도료를 겹쳐 칠하는 경우는 다소 색을 바꿀 것. (3) 도장 간격의 수치는 20℃에서의 수치(저온용은 5℃)를 나타내고 H는 시간, D는 일, M은 월을 나타낸다.

표 13.17 박스 거더의 안쪽면

도장계	공 정		도 료 명	표준 사용량 (g/m²)	도장 간격 (20℃)
MN-2	공장 도장	바탕 다듬질	임시 조립 후 녹이 발생되어 있는 부분은 부분 블라스트에 의해 녹을 떨어내고 하얀 녹이 발생되어 있는 장소는 하얀 녹을 충분히 제거하여 그날 안에 제1층을 도장한다.		
		제1층	타르에폭시수지계 도료 브라운색	스프레이 300	24H~15D
		제2층	타르에폭시수지계 도료 흑색	스프레이 300	24H~15D
		제3층	타르에폭시수지계 도료 브라운색	스프레이 300	

주) (1) 타르에폭시수지계 도료를 기온 10℃ 이하에서 도장하는 경우는 同·저온용을 사용하고 표준 사용량은 스프레이로 330 g/m²로 한다.
 (2) 도장 간격의 수치는 20℃에서의 수치(저온용은 5℃)를 나타내고 H는 시간, D는 일, M은 월을 표시한다.

첨접부의 도장계(신설 거더)
 (1) 첨접판(이음 표면·바깥면) 도장계
  마찰 접합용 방청(防錆) 처리 고장력 볼트·너트·평와셔를 사용한 경우의 첨접판(이음 표면·바깥면)의 도장계는 본체와 같은 종별의 계통으로 한다.

표 13.18 첨접판(이음 표면·바깥면)   (계속)

도장계	신설시의 도장계	공 정		도 료 명		표준 사용량 (g/m²)	도장 간격 (20℃)
H-3 J-3	H-1 H-2 J-1 J-2	공장 도장	제1층	첨접판(이음 표면) 두꺼운 막형 무기 아연여과 페인트 표준 사용량 스프레이 700 g/m² 도장 간격 12M 이내	볼트·너트·평와셔		
		현장 도장	바탕 다듬질	첨접판에 붉은 녹이 발생된 부분은 수·동력공구를 사용하여 바탕 다듬질(방청도-3)을 하고 그날 안에 제2층을 도장할 것.	볼트·너트·평와셔는 조임에 의해 홈이 생겨 녹이 발생된 부분은 충분히 녹을 떨어내고 그날 안에 제2층을 도장할 것.		
			제2층	두꺼운 막형 에폭시수지계 도료 초벌 바름		브러시 240	24H~15D
			제3층	두꺼운 막형 에폭시수지계 도료 초벌 바름		브러시 240	24H~15D
			제4층	두꺼운 막형 에폭시수지계 도료 초벌 바름		브러시 240	24H~15D
			제5층	폴리우레탄수지계 도료용 재벌 바름		스프레이 130	24H~15D
			제6층	폴리우레탄수지계 도료 정벌 바름		스프레이 110	

항 목	기 술 상 의 착 안 점

표 13.18 첨접판(이음 표면 · 바깥면) (계속)

도장계	신설시의 도장계	공 정		도 료 명	표준 사용량 (g/m²)	도장 간격 (20℃)

K-3	K-1
	K-2
		공장
		도장
			제1층	첨접판(이음 표면)
				두꺼운 막형 무기 아연여과 페인트
				  표준 사용량 스프레이 700 g/m²
				  도장 간격 12M 이내
					볼트 · 너트 · 평와셔	

		현장
		도장
			바탕
			다듬질
				첨접판에 붉은 녹이 발생된 부분은 수·동력공구를 사용하여 바탕 다듬질(방청도-3)을 하고 그날 안에 제2층을 도장할 것.	볼트·너트·평와셔는 조임에 의해 홈이 생겨 녹이 발생된 부분은 충분히 녹을 떨어내고 철 표면이 드러난 부분은 제2층의 에칭 프라이머 1종을 사용하여 그날 안에 보수 도장을 할 것.
					  표준 사용량 브러시 100 g/m²
					  도장 간격 1H~2M	

		현장
		도장
			제2층	에칭 프라이머 1종
				  표준 사용량 브러시 100 g/m²
				  도장 간격 1~12H		

			제3층	페놀수지계 아연황 녹 방지 페인트	브러시 120	12H~7D
			제4층	페놀수지계 아연황 녹 방지 페인트	브러시 120	12H~7D
			제5층	페놀수지계 MIO 도료 재벌 바름	브러시 240	16H~12M
			제6층	페놀수지계 MIO 도료 재벌 바름	브러시 240	48H~12M
			제7층	염화고무계 도료 재벌 바름	브러시 170	24H~15D
			제8층	염화고무계 도료 정벌 바름	브러시 130	

L-3	L-2	공장
		도장
			제1층	첨접판(이음 표면)
				두꺼운 막형 무기 아연여과 페인트
				  표준 사용량 스프레이 700 g/m²
				  도장 간격 12M 이내
					볼트 · 너트 · 평와셔	

		현장 도장	바탕 다듬질	첨접판에 붉은 녹이 발생된 부분은 수·동력공구를 사용하여 바탕 다듬질(방청도-3)을 하고 그날 안에 제2층을 도장할 것	볼트·너트·평와셔는 조임에 의해 홈이 생겨 녹이 발생된 부분은 충분히 녹을 떨어내고 그날 안에 제2층을 도장할 것.	
			제2층	두꺼운 막형 변성에폭시수지계 도료	브러시 200	24H~7D
			제3층	두꺼운 막형 변성에폭시수지계 도료	브러시 200	24H~15D
			제4층	두꺼운 막형 변성에폭시수지계 도료	브러시 200	24H~15D
			제5층	두꺼운 막형 변성에폭시수지계 도료	스프레이 200	

항 목	기 술 상 의 착 안 점
	표 13.18 첨접판(이음 표면·바깥면)

도장계	신설시의 도장계	공 정		도 료 명		표준 사용량 (g/m²)	도장 간격 (20℃)
M-3	M-2	공장 도장	제1층	첨접판(이음 표면)	볼트·너트·평와셔		
				두꺼운 막형 무기 아연여과 페인트 　표준 사용량 스프레이 700 g/m² 　도장 간격 12 M 이내			
		현장 도장	바탕 다듬질	첨접판에 붉은 녹이 발생된 부분은 수·동력공구를 사용하여 바탕 다듬질(방청도-3)을 하고 그날 안에 제2층을 도장할 것.	볼트·너트·평와셔는 조임에 의해 홈이 생겨 녹이 발생된 부분은 충분히 녹을 떨어내고 그날 안에 제2층을 도장할 것.		
			제2층	타르에폭시수지계 도료　흑색		브러시 190	24H~7D
			제3층	타르에폭시수지계 도료　브라운색		브러시 190	24H~7D
			제4층	타르에폭시수지계 도료　흑색		브러시 190	24H~7D
			제5층	타르에폭시수지계 도료　브라운색		브러시 190	

주) (1) 두꺼운 막형 에폭시수지계 도료 초벌 바름, 폴리우레탄수지계 도료용 재벌 바름, 두꺼운 막형 변성에폭시수지계 도료 및 타르에폭시수지계 도료에 대해서는 기온 10℃ 이하에서 도장하는 경우는 同·저온용을 사용한다. 단, 타르에폭시수지계 도료, 저온용의 표준 사용량은 210 g/m²로 한다.
(2) 동일 도료를 겹쳐 칠하는 경우는 다소 색을 바꿀 것.
(3) 도장 간격의 수치는 20℃에서의 수치(저온용은 5℃)를 나타내고 H는 시간, D는 일, M은 월을 나타낸다.

표 13.19 박스형 단면인 경우의 거더 안쪽면의 도장계

도장계	공 정		도 료 명		표준 사용량 (g/m²)	도장 간격 (20℃)
FF-3	공장 도장	제1층	첨접판(이음 표면)	볼트·너트·평와셔		
			두꺼운 막형 무기 아연여과 페인트 　표준 사용량 스프레이 700 g/m² 　도장 간격 12 M 이내			
	현장 도장	바탕 다듬질	첨접판에 붉은 녹이 발생된 부분은 수·동력공구를 사용하여 바탕 다듬질(방청도-3)을 하고 그날 안에 제2층을 도장할 것.	볼트·너트·평와셔는 조임에 의해 홈이 생겨 녹이 발생한 부분은 충분히 녹을 떨어내고 그날 안에 제2층을 도장할 것.		
		제2층	무용제형 타르에폭시수지계 도료　흑색		브러시 300	2~7D
		제3층	무용제형 타르에폭시수지계 도료　브라운색		브러시 300	

주) (1) 도장 공사 기간 : 무용제형 타르에폭시수지계 도료는 저온(10℃ 이하)으로 되면 건조성과 작업성이 현저하게 나빠지고 또한 고온(30℃ 이상)으로 되면 사용 시간이 현저하게 짧아지므로 도장 작업시의 기온이 10~30℃일 때에 실시할 것.
(2) D는 일을 나타낸다.

항 목	기 술 상 의 착 안 점
	표 13.20 트러스의 박스형 부재 첨접부 안쪽면의 도장계

도장계	공 정		도 료 명		표준 사용량 (g/m²)	도장 간격 (20℃)
FF-3	공장 도장	제1층	첨접판(이음 표면)	볼트·너트·평와셔		
			두꺼운 막형 무기 아연여과 페인트 표준 사용량 스프레이 700 g/m² 도장 간격 12m 이내			
	현장 도장	바탕 다듬질	첨접판에 빨간 녹이 발생된 부분은 수·동력공구를 사용하여 바탕 다듬질(방청도-3)을 하고 그날 안에 제2층을 도장할 것	볼트·너트·평와셔는 조임에 의해 흠이 생겨 녹이 발생된 부분은 충분히 녹을 떨어내고 그날 안에 제2층을 도장할 것.		
		제2층	타르에폭시수지계 도료 흑색		브러시 190	24H~7D
		제3층	타르에폭시수지계 도료 브라운색		브러시 190	24H~7D
		제4층	타르에폭시수지계 도료 흑색		브러시 190	24H~7D
		제5층	타르에폭시수지계 도료 브라운색		브러시 190	

주) (1) 타르에폭시수지계 도료를 기온 10℃ 이하에서 도장하는 경우는 同·저온용을 사용하고 표준 사용량은 210 g/m²로 한다. 또한 저온용을 사용하는 경우의 도장 간격은 5℃ 일 때를 나타낸다.
(2) H는 시간, D는 일, M은 월을 나타낸다.

2) 도료

① 도료의 규격

KS의 품질에 대해서는 원칙적으로 제조회사 발행의 시험성적서를, 상당품인 경우는 공공기관의 시험성적서.

② 도료의 색

일본의 경우 「교량 도장 컬러 디자인 지침」에 따라 일반 교량은 원칙적으로 별도 표준색 8색에서 선정하고, 색의 지정은 「JR 동일본 철 거더색 견본장」으로 지시한다.

3) 공장 도장

A. 바탕 다듬질

① 1차 바탕 다듬질

ㄱ. 특수 환경용 도장을 하는 경우의 강재는 1차 바탕 다듬질로서 원판 블라스트 처리를 하고 무기(無機) 아연여과 프라이머 도장($15 \mu m$)을 한다.

ㄴ. 강재의 표면은 충분히 녹을 제거하고 표면거칠기는 KS B 0161 표면거칠기 10점 평균거칠기 표시법에 따른 $80 \mu Rz$ 이하로 한다.

특수 환경용 도장의 제1층은 전부 아연여과를 사용하므로 고도한 바탕 다듬질 정도가 요구된다. 따라서 사용하는 강재에 대해서는 가공 공정 후의 제품 블라스트의 시공성, 품질 유지 등을 고려하면 밀스케일 강판이 아닌 1차 바탕 다듬

항　　목	기　술　상　의　착　안　점
	질로서 원판 블라스트 처리된 강판을 사용하고 있다. ② 2차 바탕 다듬질 　임시 조립 후 도장에 앞서 2차 바탕 다듬질로서 제품 블라스트 처리를 한다. 강재 표면의 무기 아연여과 프라이머, 녹, 기타 도장에 유해한 물질을 제거하고 철 바탕이 드러날 때까지 바탕 다듬질(방청도-1)을 해야 한다. 이 경우 표면거칠기는 KS B 0161 표면거칠기의 10점 평균거칠기 표시법에 따라 $70\,\mu Rz$ 이하로 한다. B.　도장 ① 공장 도장은 원칙적으로 에어리스 스프레이 도장으로 한다. 단, 강재 끝부분, 볼트머리 등은 솔 바름으로 선행 도장을 한다. ② 고장력 볼트로 조여지는 재편 상호의 접촉면은 블라스트 처리를 하고 두꺼운 막형 무기 아연여과 페인트 $75\,\mu(700\,g/m^2)$을 도포한다. ③ 콘크리트에 묻히는 면은 원칙적으로 도장을 하지 않는다. 또한 원판 블라스트를 사용하는 경우에는 무기 아연여과 프라이머의 도막은 제거하지 않아도 된다.
4) 보수 도장	일반 환경용을 참조.
5) 현장 도장	① 현장 도장은 원칙적으로 솔 바름으로 한다. 단, 충분한 방호 조치에 의해 도료 비산의 방지 대책을 실시할 수 있는 경우는 에어리스 스프레이 도장을 해도 된다. ② 도막 표면의 모래먼지, 티끌 등을 헝겊 등으로 충분히 닦아내고 필요한 경우는 동력공구 등으로 면거칠기를 한 후 도장을 한다.
6) 관리와 검사	A.　도막 관리 　도막에 주름, 부풀음, 균열, 부착 불량, 박리 등 외관상 현저한 결함이 없도록 할 것(결함과 그 원인에 대해서는 일반 환경용을 참조). B.　도막두께 　도장 종료 후 최종 도막이 경화, 건조한 상태에 이르렀을 때 도막두께(표 13.21)를 판정하고 그 측정값은 다음의 기준값으로 되도록 한다.

표 13.21 표준 도막두께, 하한 합격 판정값과 측정 최소값　　(계속)

도장계	각 층의 도막두께(μm)							표준 도막의 두께	하한 합격 판정값	측정 최소값
	제1층	제2층	제3층	제4층	제5층	제6층	제7층			
H-1	75	약 10	60	60	50	—	—	245	184	147
J-1	75	60	60	50	—	—	—	245	184	147

항 목	기 술 상 의 착 안 점
	표 13.21 표준 도막두께, 하한 합격 판정값과 측정 최소값

도장계	각 층의 도막두께(μm)							표준 도막의 두께	하한 합격 판정값	측정 최소값
	제1층	제2층	제3층	제4층	제5층	제6층	제7층			
K-1	75	약 5	30	50	50	–	–	205	154	123
H-2	75	약 10	60	60	30	30	–	255	191	153
J-2	75	60	60	30	30	–	–	255	191	153
K-2	75	약 5	30	50	50	35	25	265	199	159
L-2	20	90	90	90	–	–	–	290	218	174
M-2	20	90	90	90	–	–	–	290	218	174
MN-2	90	90	90	–	–	–	–	270	203	162

① 측정 결과의 평균값이 표준 도막두께의 75%(하한 합격 판정값) 이상일 것.
② 1개의 측정값이 표준 도막두께의 60% 이상(측정 최소값)일 것.

7) 표시사항

표시사항은 일반 환경용을 참조한다. 단, 도장 종별과 도료명 난(欄)은 다음의 표시 방법으로 하고 표시에 사용하는 도료는 본체에 사용한 정벌 바름 도료와 같은 계통의 백색 도료를 사용한다.

  H-1(7회) 두꺼운 막 무기 아연-에폭시-MIO-우레탄
  H-2(6회) 두꺼운 막 무기 아연-에폭시-우레탄
  J-1(6회) 두꺼운 막 에폭시 아연-에폭시-MIO-우레탄
  J-2(5회) 두꺼운 막 에폭시 아연-에폭시-우레탄
  K-1(7회) 두꺼운 막 무기 아연-아연황-MIO-염화고무
  K-2(7회) 두꺼운 막 무기 아연-아연황-MIO-염화고무
  L-2(4회) 무기 아연-두꺼운 막 변성에폭시
  M-2(4회) 무기 아연-타르에폭시
  MN-2(3회) 타르에폭시

(2) 재도장 거더의 도장

1) 도료

① 도료의 규격
  KS의 품질에 대해서는 원칙적으로 제조회사 발행의 시험성적서를, 상당품인 경우는 공공기관의 시험성적서.
② 도료의 색

항 목	기 술 상 의 착 안 점
2) 바탕 다듬질	일본의 경우「교량 도장 컬러 디자인 지침」에 따라 일반 교량은 원칙적으로 환경별 표준색 8색에서 선정하고, 색의 지정은「JR 동일본 철 거더색 견본장」으로 지시한다. 재도장시의 도막은 그 열화도에 따라서 표 13.22에 따른다. 표 13.22 바탕 다듬질의 종별과 시공법 {table1}
2. 시공 (1) 도장	① 피도면은 모래먼지, 유분 기타 유해한 물질의 부착이 없도록 충분히 청소한다. ② 도장을 해서는 안되는 부분은 충분한 양생을 하여 도료가 부착되지 않도록 한다. ③ 바탕 다듬질이 완료된 부분은 그날 중에 제1층을 도장해야만 한다. 바탕 다듬질 완료 후 그날 중에 제1층 도장을 할 수 없었던 부분에 대해서는 다시 한번 바탕 다듬질을 하고 난 후 도장을 한다. ④ 각 도료간의 도장 간격은 충분히 지켜 바탕 도막을 겹쳐 칠해도 좋은지의 상태를 확인한 후 겹쳐 칠한다. ⑤ 솔 바름에서는 현저한 솔자국과 얼룩이 생기지 않도록 균일하게 도포한다.

table1:

바탕 다듬질의 종별	도막 열화도	시 공 법	바탕 다듬질의 정도
스케일링-1	열화도 P-I	디스크샌더 등의 동력공구와 스크레이퍼, 정, 압정, 해머 등의 수공구를 병용한다.	전면에 철 표면이 드러나게 할 것(단, 움푹 패인 곳에는 녹과 구 도막이 잔존하는 경우가 있다). (방청도-3)
스케일링-2 및 스케일링-3	열화도 Q-I 열화도 Q-II 열화도 Q-III 열화도 P-II 열화도 P-III	디스크샌더 등의 동력공구와 스크레이퍼, 정, 압정, 해머 등의 수공구를 겸용한다.	활막(活膜)은 남기고 녹 부분과 바탕에 이르는 균열 부분은 철 표면을 드러나게 하고 바탕에 이르지 않는 균열, 박리, 부풀음 등의 이상을 일으킨 도막부분을 제거한다. (방청도-3)
스케일링-4	열화도 Q-IV 열화도 P-IV	와이어 브러시와 샌드페이퍼를 사용한다. 필요에 따라 수·동력공구를 사용한다.	분화물, 오염을 제거한다. 약간 생기고 있는 녹 부분과 바탕에 이르는 균열 부분은 철 표면을 드러나게 하고 바탕에 이르지 않는 균열, 박리, 부풀음 등의 이상을 일으킨 도막 부분을 제거한다.

14. 주입공(지반 주입)

항 목	기 술 상 의 착 안 점

1. 시공 계획서

(1) 시공 체제

각종 작업의 작업 체제, 안전, 위생 등의 관리 조직과 비상시의 연락 체제.

지반 주입은 도급회사(원도급)와 약액 주입회사(하도급)와의 관련, 그 역할 분담(관리 항목)을 명확하게 한다. 관리 항목을 표 14.1에 나타낸다.

표 14.1 역할 분담

관리 항목	도급회사	약액 주입회사
재료 입하시의 수량, 품질 확인, 사진	○	
겔화 시간, 액온(液溫), 비중		○
천공 심도, 사진기록	○	
차트지(유량, 압력)	○	○

(2) 작업 공정

공사 기간, 현장 조건, 계절 등의 조건을 고려한 각 공종의 작업 일수, 작업 순서, 시공 시기와 각 공종간의 관련.

(3) 사용 재료

주입재의 선정은 주입 목적에 따라 지반의 간극률과 투수성, 지하수의 상황, 재료의 침투성, 강도와 내구성 등을 고려한다.

아래에 주입재의 분류(그림 14.1)와 일반적 성상(표 14.2)을 나타낸다.

```
            ┌─ 현탁액형 ┬─ 점토, 시멘트계
            │          └─ 물유리계 ┬─ 알칼리성
주입재 ─┤                        └─ 중성
            │          ┌─ 물유리계 ┬─ 무기계 ┬─ 알칼리성
            │          │                    └─ 중성
            └─ 용액형 ┤          └─ 유기계 ── 알칼리성
                       └─ 고분자계(긴급시 이외에는 사용 금지)
```

주) 알칼리성, 중성의 분류는 고결물(固結物)의 pH에 따른다.
알칼리성 : pH=8~9 이상, 중성 : pH=6~8

그림 14.1 주입재의 분류

표 14.2 주입재의 일반적 성상(性狀)   (계속)

주입재의 종류			주 성 분	주입 방식 (shot)	겔화 시간	주입 목적		
						止水	強化	充塡
현탁액형	시멘트계		시멘트, 벤토나이트, 점토 등	1.5, 1	M, L	×	○	○
	물유리계	알칼리성	물유리 : 시멘트, 슬래그, 석고, 석회 등	2, 1.5, 1	S, M, L	△	○	×
		중성	실리카졸 : 시멘트 등	2, 1.5	S, M	△	○	×

항 목	기 술 상 의 착 안 점
	표 14.2 주입재의 일반적 성상(性狀)

주입재의 종류			주 성 분	주입 방식 (shot)	겔화 시간	주입 목적		
						止水	強化	充填
물유리계 용액형	무기계	알칼리성	물유리 : 중조(重曹), 중황산 소다, 중탄산칼륨 알루민산 소다, 염류, 중성염 등	2, 1.5	S, M	○	○	×
		중성	물유리 : 산성염류 등 실리카졸 : 알칼리염류, 알칼리 반응제	2, 1.5, 1	S, M, L	○	○	×
	유기계	알칼리성	물유리 : 크리옥살, 트리아세틴, 인산, 탄산에틸렌, 탄산프로필렌, 중탄산염, 에틸렌, 리콜아세테이트 등	2, 1.5, 1	S, M, L	○	○	×

기호 ○ : 적용해도 좋다.
△ : 검토한 후 적용한다.
× : 적용하지 않는다.

겔화 시간 ┬ S : 겔화 시간이 짧다(수초~수십초).
├ M : 겔화 시간이 비교적 짧다(수분).
└ L : 겔화 시간이 길다(수십분).

약액 주입 공법은 현장에서 발생하는 여러 문제의 해결 또는 적용 범위의 확대 등의 목적으로 전문기술자 또는 전문기업에 의해 연구 개발되어 왔기 때문에 각 회사가 독자적으로 약액을 연구하여 그 장점을 살려 결점을 보완하기 위한 독자적인 주입 방법을 개발한 것이 많다. 따라서 현재의 각종 주입 공법은 개량 효과, 사용 약액과 주입 방법을 체계화하였다. 일종의 종합 기술이라고 생각한다.

즉 약액의 선택에는 약액의 특성만으로 판단하는 것에는 문제가 많고 특히 환경공해의 면에서 사용하는 약액이 거의 물유리계 약액으로 한정되기 때문에 양호하고 균일한 개량 효과를 얻기 위해서는 시공 방법과의 관련성이 점점 중요시되고 있다.

약액의 선정에 있어서는 다음 각 항에 대해서 검토할 필요가 있다.
① 주입 목적, 개량 효과와 약액의 특성
② 기타 조건
    공법 적정, 작업성, 환경공해, 경제성

주입재에 대해서는 각 제조회사에 따라서 표준적인 배합이 정해져 있으며 또한 표준적인 겔화 시간, 샌드겔의 압축 강도, 투수계수 등이 측정되어 있다.

(4) 기계기구류

주입 기재와 설비는 주입재의 종류, 주입 방식 등 외에 작업 환경 조건과 시공 규모를 고려하여 선정한다.
일반적인 기계 설비의 예를 그림 14.2에 나타낸다.

(5) 시공 방법

주입의 시공은 주입 방식, 주입 순서, 주입 구멍의 배치, 단계(step) 간격 등에 대해서 검토한다.

항 목	기 술 상 의 착 안 점
	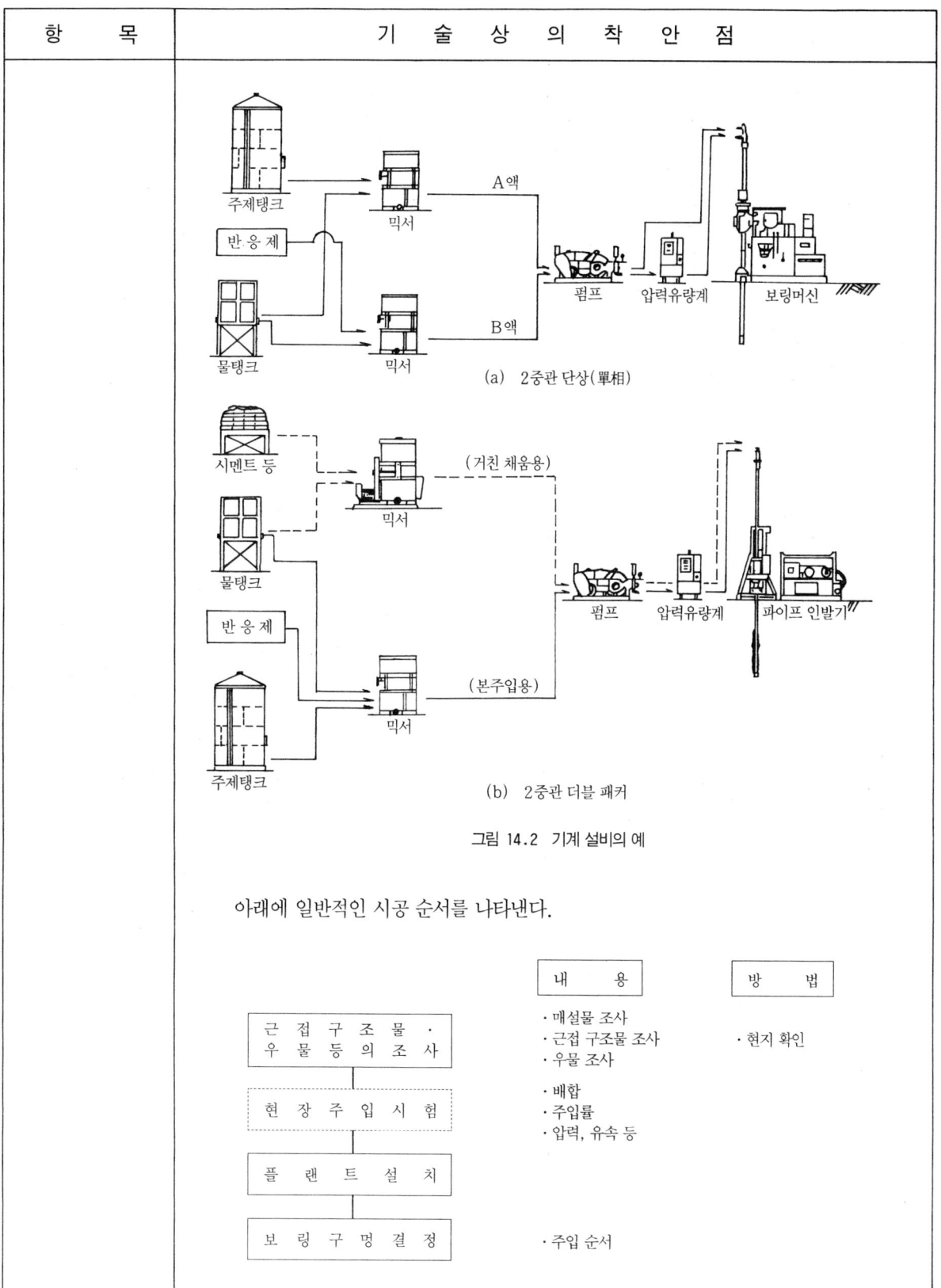

그림 14.2 기계 설비의 예

아래에 일반적인 시공 순서를 나타낸다. |

항 목	기 술 상 의 착 안 점
	시 험 주 입 → ・압력, 유속 ・겔화 시간 ・유량계 본 주 입 → ・주입량, 압력, 유속 ・겔화 시간 ・수질 검사 ・유량계 ・pH ・표준 관입 시험 효 과 확 인 → ・지반 강화 ・지수 ・(1축 압축 시험) ・(투수 시험)
1) 근접 구조물과 매설물 조사	근접 구조물, 매설물, 주변 환경 조건에 대해서는 시공에 앞서 주입 범위, 주입관 매설 위치 등과의 위치 관계를 파악하여 영향이 미친다고 생각되는 범위의 조사를 한다.
2) 현장 주입 시험	① 시험 일반 주입의 중요도가 높은 경우, 주입 규모가 큰 경우와 주입 장소의 토질 시험 데이터가 없는 경우에 주입 시험을 실시한다. ② 시험 방법 현장 주입 시험은 본시공과 같은 조건으로 실시하는 것을 원칙으로 하고 군(群) 구멍의 주입을 실시한다. 시험 방법은 2개 이상의 주입 구멍에서 주입을 하고 중간 중복부(重複部)에서 투수성 또는 강도 시험을 실시한다(그림 14.3). ○ : 주입 구멍 ● : 시험 구멍(강도 측정 구멍) ■ : 시험 구멍(투수 시험 구멍) 그림 14.2 투수 시험, 강도 측정을 하는 경우의 예 ③ 시험 결과의 확인 실험 주입 장소에서 주입재에 의한 침투 범위와 주입 형태(파내는 것에 의한 확인), 투수성(현장 투수 시험), 개량토의 강도(1축 압축 강도) 등 주입 목적에 따른 시험을 한다.

항 목	기 술 상 의 착 안 점
3) 주입 방식	① 주입재의 혼합 방법으로는 1숏 방식, 1.5숏 방식, 2숏 방식이 있으며 주로 사용하는 주입재의 겔화 시간에 따라 결정된다. ② 주입관의 구조에 따라 주입 방식은 단관(單管)과 다중관(多重管)으로 나눌 수 있다. 각 제조회사에 의해 개발된 공법명을 그림 14.4에 나타낸다. 주입 공법 ├─ 단관 로드 주입 공법 ─┬─ 로드 공법 │　　　　　　　　　　　└─ 스트레이너 공법 ├─ 2중관 로드 주입 공법 ─┬─ 순결(瞬結) 주입 공법 ─┬─ MT 공법 │　　　　　　　　　　　│　　　　　　　　　　　├─ LAG 공법 │　　　　　　　　　　　│　　　　　　　　　　　└─ DDS 공법 │　　　　　　　　　　　└─ 복합 주입 공법 ─┬─ 바이모드 공법 │　　　　　　　　　　　　　　　　　　　　├─ MT-PGD 공법 │　　　　　　　　　　　　　　　　　　　　├─ 유니팩 공법 │　　　　　　　　　　　　　　　　　　　　├─ 멀티라이저 공법 │　　　　　　　　　　　　　　　　　　　　├─ 스페이스 그라우트 공법 │　　　　　　　　　　　　　　　　　　　　└─ DCC 공법 ├─ 2중간 더블 패커 공법 ─┬─ 솔레탕쉬 공법 │　　　　　　　　　　　├─ 슬리브 공법 │　　　　　　　　　　　└─ 더블 스트레이너 공법 ├─ 다류로관(多流路管) 로드 복합 주입 공법 ─┬─ 사이멀젼 공법 │　　　　　　　　　　　　　　　　　　　└─ ADG 공법 └─ 3중관 로드 주입 공법 - 패커 슬리브 주입 ── CGS 공법 그림 14.4 주입 공법
4) 주입량	단위 토량당 주입량은 주입 목적에 따라 토질 종별, 간극률 등을 고려하여 결정한다. 일반적으로 주입량(Q)은 다음 식으로 산출한다. $Q = A \cdot \lambda / 100 = A \cdot n \cdot \alpha / 10,000$ 여기서 　　A : 설계 주입 범위(m^3)　　λ : 주입률(%) 　　n : 간극률(%)　　　　　　α : 충전율(%)
5) 보링 구멍 결정	① 주입 구멍의 배치 간격은 주입 구멍이 많을수록 1구멍당의 주입량은 적어지며 신뢰성은 증가하지만 천공 개수가 늘어나 천공비가 증대한다. 이 때문에 지수(止水)의 경우에는 0.8~1.2m, 지반 강화의 경우에는 1.0~1.5m를 경험적으로 사용하는데 주입 방식과 설계상의 중요도 등을 고려하여 결정하는 것이 바람직하다. ② 주입 구멍의 배치(그림 14.5)는 기본적으로는 단열 배치와 복렬 배치로 구분된다. 일반적으로 복렬 배치는 직사각형 배치로 하는 경우가 많은데 지수를 목적으로 하는 경우와 특히 균질성을 요구하는 지반 강화의 경우에는 고결(固結) 범위가 충분히 겹쳐지도록 삼각형 배치로 하는 것이 있다. ③ 주입관의 배치가 부채 모양으로 전개되어 있는 경우는 주입관 선단에 있어서 기본으로 하는 주입 구멍 간격(그림 14.6)을 유지할 수 있는 배치로 한다.

표 14.3

공법 분류	착공법 및 주입관 형상	주입관 실(seal)법	주입법	주입약액 및 겔화 시간	주입유량	표준 단계 길이	적용	장점	단점	주요 적용 범위
로드 주입 공법 — 단관 로드 주입법	보링 천공 보링 로드 사용	단결성(1~3분)의 주입약액	·1.5숏(shot) ·상-하 ·주입관 입구 합류(合流), 선단 주입	각종 약액 (1~3분)	20~30l/min	0.5~1.0m	상승식	·작업은 가장 간편하고 고능률	·주입관을 고정 인상(引上)해도 얕은 주입으로만 ·깊은 주입, 붕괴성이 큰 지반에서 회전 인상(引上)할 경우 패커(packer) 효과 불량 ·시공 관리가 어려우며 특히 경험적 판단을 요한다	조립도의 맥상(脈狀) 침투 자갈층 등의 간극 충전
							하강식	·작업 간편, 고능률 (상승식보다는 낮다)	·착공 주입은 교대 작업으로 된다. ·하부 착공시 슬라임 폐색때 문에 작업이 곤란 ·하부 착공시 착공수가 상부 주입부에 악영향을 준다	
2중관 로드 순결(瞬結) 주입 공법 LAG 공법 DDS 공법 MT 공법 등	보링 천공 2중관 로드 선단(先端)의 주입법 2중관 로드 선단(先端) 주입부 부착	순결성(5~30초)의 주입약액	·2숏 ·하-상, 상-하 ·주입관 선단 합류, 선단 또는 가로 방향 주입	순결약액 5~30초	12~20l/min	0.2~0.3m	상승식 하강식 MT 공법 멀티라이저 공법	(상승식, 하강식의 장단점은 단관 로드 주입과 같음) ·주입관 주변의 패커 효과가 양호하고 확실한 주입, 균일한 주입 가능	·단계(step) 길이가 작아 작업이 약간 복잡 ·순결성이기 때문에 주입 약간 곤란, 주입유량이 작은 경우 능률 저하	점성토의 맥상 침투 모래층의 고결화 실트분 함유율 15% 이하 침투고결, 표층이 완만한 층은 요주의
2중관 로드 순결 팩(pack) 주입법 멀티라이저 공법 스페이스 그라우트 유니팩 공법 등	보링 천공 2중관 로드 선단 주입부 부착	순결성(5~20초)의 주입약액	·2숏 ·하-상, 상-하 ·주입관 선단 합류, 선단 또는 가로 방향 주입	(실용) 순결약액 5~30초 (주입용) 각종 약액 3~20분	12~20l/min		상승식 LAG 공법 DDS 공법 스페이스 그라우트 공법			모래층의 고결화 실트분 함유율 15% 이하 침투 고결 실드분 함유율 15% 이상 맥상을 포함
다류로관 로드 복합 주입 공법 사이멀견 공법 ADG 공법	보링 천공 다류로관 로드 선단 주입부 부착	순결성(5초 이내)의 주입약액을 상부 토출구(선단에서 1m 이상)에서 분사	·1.5, 2숏 ·하-상	(실용) 5초 이내 (주입용) 3초~10분 사이멀 1호 사이멀 2호	20l/min	회전에 의한 후진식의 경우 8 rpm 단계에 의한 후진식의 경우 0.25~0.50m	상승식	순결, 완결성 약액의 동시 주입 때문에 고능률		모래층의 고결화 피트(peat)층, 실라스토, 마사토 등의 특수토는 시험주입이 필요
스트레이너 주입 공법 — 싱글 스트레이너 (single strainer) 주입법	보링 천공 또는 회전 타격식 전길이 스트레이너 관 삽입	연질(軟質) 약액의 충전 실(seal) 또는 모래 충전	·1 또는 1.5숏 ·상-하 ·스트레이너 가로 방향 주입	각종 약액 3~20분	15~30l/min	1.0~1.5m	하강식	·주입관을 움직이지 않으므로 패커 효과가 크다 ·세정 작업을 해야 하기 때문에 각 단계 주입에 시간적 간격이 있어 상부의 누름 효과가 있다 ·적당한 주입관 군(君)에 대해서는 스테이지 주입 가능 ·주입 작업은 분리되어 있어서 관리는 치밀화	·주입관 회수 불가능 ·보링 착공, 주입관을 세우는 경우 주입관 주변 실(seal)에 기술을 요한다 ·관내 세정 작업이 복잡한 긴 주입은 능률 저하 ·상부 단계에 주입 압력이 반작용하여 불균일화의 우려가 있어 긴 주입은 부적합	모래층의 고결화 단, 불균일 토층, 깊은 주입에 있어서 불균일
2중관 더블 패커 주입법 솔레탕쉬 공법 더블 패커 공법 슬리브 공법	보링 천공 또는 회전 타격식 칼라(collar) 달린 파이프 삽입	시멘트 벤토나이트 액의 충전 실	·1숏 ·임의의 심도에서(더블 패커) ·주입 구멍, 가로 방향 주입	각종 약액 8~60초 (有機系가 많다)	8~20l/min	0.3~0.5m	상승식 하강식 또는 임의 심도	·주입관을 움직이지 않으므로 패커 효과가 크다 ·적당한 주입관 군에 대해서 스테이지 주입 가능 ·주입 작업은 분리되어 있어서 관리는 치밀화 ·반복 주입, 체크 주입 가능하므로 효과 확실성, 균일성 큼	·주입관 회수 불가능 ·공사비도 비싸다	모래층의 고결화 실트분 함유율 약 15% 이하 침투고결 실트 15~50% 맥상을 포함한다
3중관 로드 주입 공법 패커 슬리브 주입 CGS 공법	보링 천공 3중관 로드 선단은 선단 장치(메커니컬 패커, 멀티 슬리브 부착)	순결~완결까지 자동 배합	·2숏	초기 침투 60초 이내 2차 침투 2~20분 할렬 침투 10~30초	각 단계별 2~24 l/min 의 시험 주입 평균 토출량 6~14l/min	0.5m	상승식	메커니컬 패커 작동 후 주수 시험을 하여 지반의 주입 특성을 확인할 수 있다. 주입 후에도 하는 것에 따라 효과 확인이 가능		모래층의 고결화 조립토의 맥상 침투

·316·

항 목	기 술 상 의 착 안 점
	(a) 단열(單列) 배치 (b) 복렬(複列) 배치 (직사각형 배치) (c) 복렬(複列) 배치 (정삼각형 배치) 그림 14.5 주입 구멍의 배치 그림 14.6 주입 구멍 간격
6) 시험 주입	① 지반 속에서의 주입재의 변동은 복잡하고 사전에 완전히 파악하는 것은 어려우므로 시공 맨 처음에 시험 주입을 하여 설계와 현장이 합치되어 있는지 체크를 한다. 단, 현장 주입 시험을 하는 경우는 생략해도 좋다. ② 시험 주입으로 확인하는 사항은 다음과 같다. 　ㄱ. 주입 압력 　ㄴ. 주입 속도 　ㄷ. 겔화 시간 　ㄹ. 주변에의 영향 　ㅁ. 주입재의 배합 ③ 주입 속도 　주입 속도는 지반과 근접 구조물에 유해한 영향을 주지 않는 범위의 주입 압력으로 또한 주입재의 특징을 살려 경제적으로 주입의 목적을 달성할 수 있는 속도를 설정한다.

항 목	기 술 상 의 착 안 점
	일반적으로 용액형에서 8~20 l/min, 현탁형에서 20~30 l/min의 주입 속도가 사용되고 있다. 주입 속도를 결정하는 데 있어서 가장 중요한 것은 주입을 대략 침투 주입의 범위에서 하는 것이다. 시공성만을 고려하여 주입 속도를 올리면 할렬(割裂) 주입으로 되어 소정의 주입 효과를 얻을 수 없게 된다. 주입 속도를 결정하는 데 있어서 약액 주입하는 소정의 깊이에 물을 사용해 주입하여 주입이 침투 주입되는 기준(한계 주입 속도 qcr)을 검토하는 방법이 있다. 아래에 그 방법을 나타낸다. 한계 주입 속도 qcr의 현장 측정 시험 매뉴얼 (토질공학회 자료에서) ㄱ. 시험 목적 　침투 주입의 기준이 되는 한계 주입 속도 qcr을 측정한다. ㄴ. 시험 조건 　a. 토질 ························· 사질토와 역질토 　b. 토피(土被) 깊이 ············ 5~30 m(10 m 정도가 바람직하다) 　c. 주입 방식 ·················· 2중관 단상 또는 2중관 복상식 주입 방식 ㄷ. 시험 방법

(1) 관내 저항 파악	실제로 사용하는 주입 장치를 사용해서 주입 속도 6l/min, 12l/min, 18l/min으로 수압(水壓) 테스트를 대기 중에서 하여 주입 속도와 관내 저항의 관계를 구한다.
(2) 천공	소정의 방법에 따라 2중관 로드로 소정의 깊이까지 천공한다. 이때 송수량(送水量)은 가능한 한 적게 하여 송수에 의한 지반의 교란(흐트러짐)을 최대한 방지한다.

항　목	기　술　상　의　착　안　점
(3) 패커 형성	시험 중 로드 주위로부터 시험수의 누전(leak)을 막기 위해 순결성(瞬結性)의 약액을 소량으로 천천히 총량 30~50 l, 주입 속도를 5 l/min 정도로 주입하여 패커(packer)를 형성한다.
(4) 주입 시험	로드 주위에 패커가 형성되면 물을 펌프로 주입하여 주입 시험을 한다. 시험은 주수 속도를 바꾸어 각 단계의 주입 압력의 변화를 감시·측정한다. 시험은 단로식(單路式)의 배관으로 하고 리턴 밸브(return valve)를 사용해서 주수(注水) 속도의 제어를 한다. 리턴 밸브는 펌프와 유량계의 중간에 설치하여 주수 속도의 억제를 유량계의 게이지를 보면서 밸브의 개폐로 한다.

ㄹ. 측정 시방
　a. 주수 속도 ·························· 2~20 l/min 사이에 측정한다.
　b. 주수와 측정 시간 ················ 각 단계 모두 5분간으로 한다.
　c. 주수 속도의 증감 ················ 1단계를 수초에서 1분간 사이로 한다.
　d. 주수 속도, 주수 압력의 측정 ····· 기록은 전자식 자기 유량 압력 측정 장치를 사용한다. 기록용지(차트)의 속도는 2 cm/min으로 한다.

ㅁ. 시험 결과
　일반적으로 침투 주입을 할 수 있는 상태에서는 주입 압력은 주입 속도에 비례하고 토출 구멍 부근에 형성된 침투 면적에 반비례한다. 주입 속도가 충분히 느리고 침투 주입으로 되어 있는 상황하에서는 침투 면적이 변화하지 않는 한 주입 압력은 주입 속도에 거의 비례하여 증가하게 된다. 그후 주입 속도가 더욱 증가하면 주입 압력에 의해 지반 중에 미소한 균열이 발생하여 침투 면적이 서서히 증가한다. 침투 면적이 증가하면 주입 압력은 작아지므로 주입 속도의 증가에 의한 주입 압력의 증가분은 점차로 작아진다. 주입 속도가 더욱 증가하여 주입 압력이 지반의 할렬(割裂) 저항압을 초과하면 지반이 주입 압력으로 균열하여 지

항 목	기 술 상 의 착 안 점
	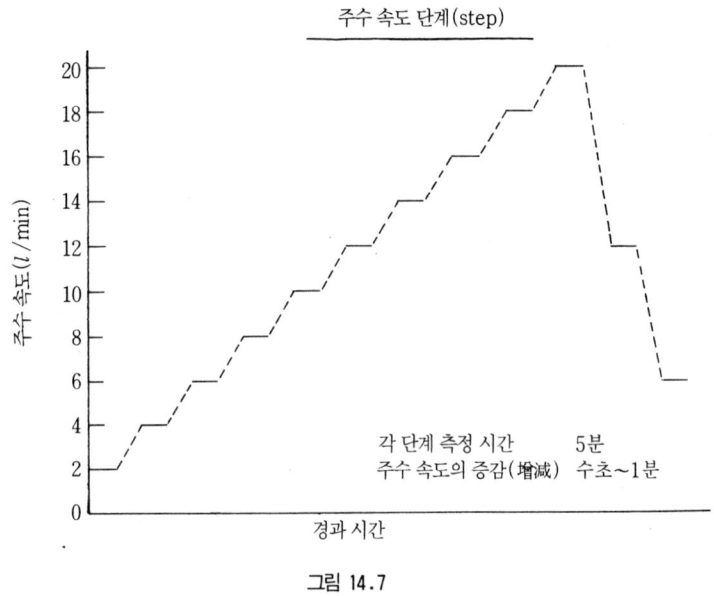 그림 14.7 반 중에 큰 할렬맥(割裂脈)이 발생한다. 할렬이 생기면 침투 면적이 급격히 증가하므로 할렬이 발생한 후의 주입 압력은 주입 속도를 올려도 그 이전의 주입 압력보다 작아진다. 주입압의 저하는 할렬 발생을 의미하므로 최대 주입압을 나타내는 주입 속도를 한계 주입 속도로 한다. 그림 14.8에는 주입 압력과 주입 속도의 일반적인 관계를 나타내고 있다. 그림 중에서 제1단계란 이상적인 침투 주입을 얻을 수 있는 상태이다. 제2단계는 토출 구멍 부근에서 미소한 균열이 발생하여 침투 면적이 확대되어 가고 있으나 전체적으로 보면 거의 침투 주입을 할 수 있는 상태이다. 제3단계는 할렬 주 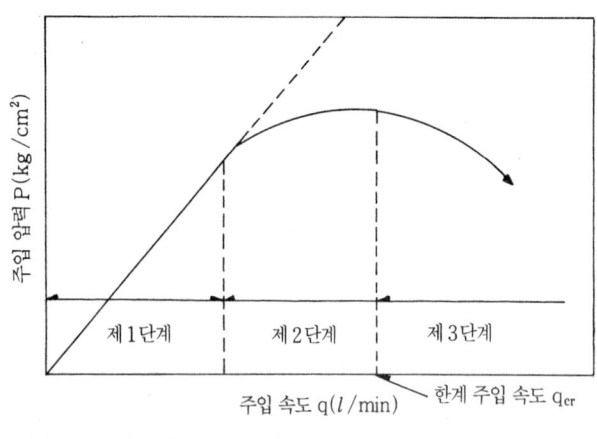 그림 14.8 주입 압력과 주입 속도의 관계

항 목	기 술 상 의 착 안 점

	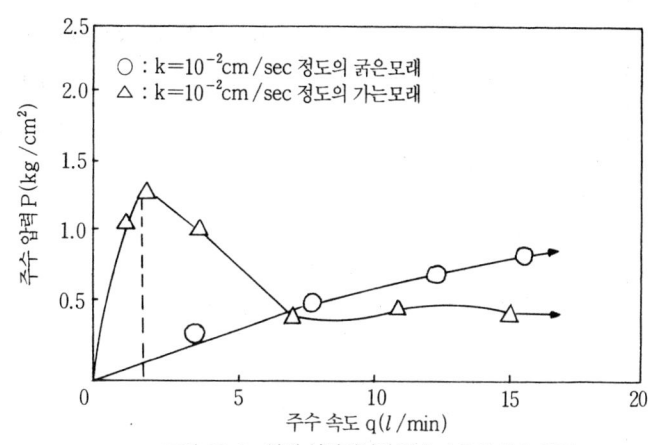
	그림 14.9 실내 실험에서의 주수 속도와 주수 압력
	
	입이 발생되어 있는 상태이다. 그림 14.9에는 침투계수가 10^{-2}cm/sec 정도의 굵은모래와 10^{-4}cm/sec 정도의 가는모래에 대한 실내 주수 시험의 결과를 나타내고 있다. 침투성이 큰 굵은모래인 경우에는 qcr은 5l/min 이상이며 15 l/min 까지의 주입 속도는 그림 14.8에 나타낸 제1단계에 해당한다. 한편 침투성이 작은 가는모래는 qcr이 불과 수 l/min이며 주입 속도가 매우 작은 시점을 제외하면 제3단계의 주입으로 되어 있다.
	④ 주입 압력
	    지표의 융기와 지하 매설물, 근접 구조물의 변위, 변상 등의 악영향을 일으킬 우려가 있는 경우는 최대 압력을 설정해 둔다.
	    주입 압력은 일반적으로 간극 수압보다 높게 하고 그 3~5배까지로 억제하는 것이 좋다고 한다. 즉,
	        $P' < P < (3~5) P'$
	여기서
	        P : 주입 압력(kg/cm²)
	        P': 간극 수압(kg/cm²)
	    그리고 주변 구조물이 있는 경우는 주입 압력은 가능한 한 상재(上載) 하중 이하로 하는 것이 중요하다.
	⑤ 수질 검사
	    배출수에 대해서는 법령 등으로 규정된 배출기준을 만족시킨다.
	    일본의 경우로 「건설성관기발 제160호 건설사무차관통달」에 표시되어 있는 수질 검사 항목과 배출기준을 표 14.4에 나타낸다.

2. 시공 (1) 주입재의 관	① 주입재는 그 품질을 확인함과 동시에 그 수량도 관리한다.

항　　목	기　술　상　의　착　안　점

표 14.4 수질 검사 항목과 배출기준

주입재의 종류		검사 항목	검사 방법	허용한도
약액	유기물을 포함하지 않는 것	수소이온 농도(pH)	KS F 2103의 8에 규정된 방법	해역(海域) 이외의 공공 용수역(用水域)으로 배출 5.8~8.6 해역으로 배출 5.0~9.0
	유기물을 포함하는 것	수소이온 농도	上同	上同
		생물화학적 산소요구량(BOD) 또는 화학적 산소요구량(COD) (단위 1 l에 대해 mg)	KS F 2103의 16 또는 13에 규정된 방법	160 ppm (일간 평균 120)

비고　(1)「일간 평균」에 의한 허용한도는 1일 배출수의 평균적인 오염 상태에 대해서 규정한 것이다.
　　　(2) 생물화학적 산소요구량에 대한 배출기준은 해역과 호수·늪 이외의 공공 용수역으로 배출되는 배출수에 한해서 적용하고 화학적 산소요구량에 대한 배출기준은 해역과 호수·늪으로 배출되는 배출수에 한해서 적용한다.

표 14.5 주입재의 관리 항목

	관리 항목	재료 입하시	주입 착수 전	주입 시공시	주입 완료 후	비　　고
양(量)관리	납입전표와 계량 확인	○	-	○	○	공장의 출하전표, 계량증명서, 누계 납입 수량 관리
	자기(自記) 유량계기 록에 의한 확인	-	-	○	○	차트지 주입 관리도
	주입재의 나머지 수량	-	-	△	○	물유리, 시멘트 등의 나머지 수량, 주입량
품질관리	풍화, 변질 등	○	○	○	-	시멘트 등의 풍화 변질
	약액, 비중	○	-	○	-	
	겔화 시간 측정	-	○	○	-	
	배합 시험	-	○	△	-	주제, 반응제 등

주) ○ : 반드시 실시하는 항목
　　△ : 필요에 따라 실시하는 항목

리	② 주입재의 관리 항목을 표 14.5에 나타낸다.
(2) 천공 길이의 확인	천공 길이는 사용 로드에 No, 또는 색 구분을 하여 천공 길이에 따라 나머지 로드 개수에 의해 확인한다.
(3) 주입	① 주입 속도와 압력 등의 변화는 지반 중에서의 주입재의 변동을 연속적으로 나타내는 것이며 주입 중에는 자기기록계에 의해 관리한다. ② 차트지는 작업 착수 전에 검인을 하고 작업 중은 차트지를 절단하지 않는다.

항 목	기 술 상 의 착 안 점

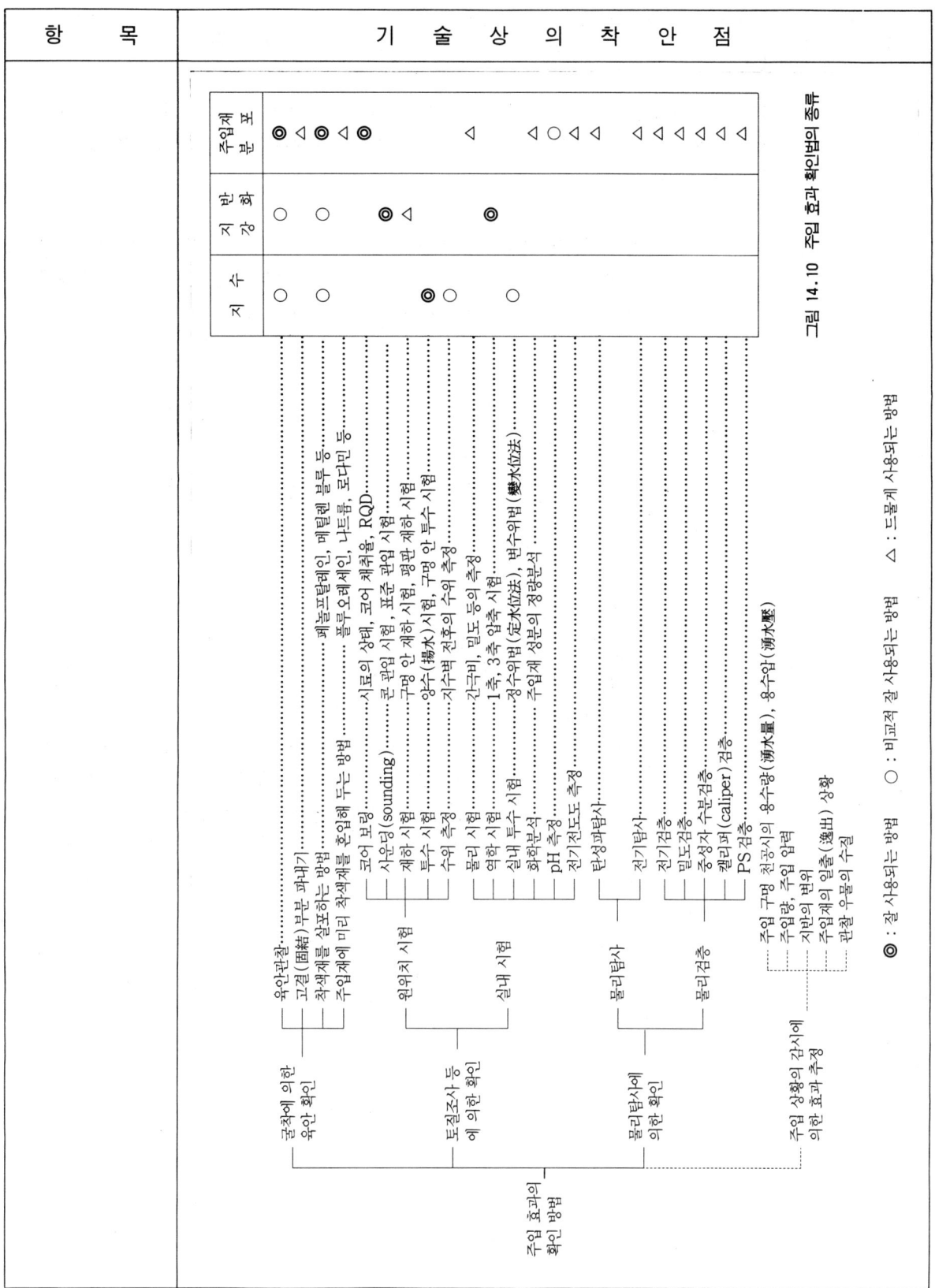

그림 14.10 주입 효과 확인법의 종류

항 목	기 술 상 의 착 안 점
	③ 자기기록계는 토출량의 맥동(脈動)과 주입 압력 등의 변동이 실제와 같도록 차트지에 표시되도록 하는 덤핑 조정(時定數를 곱하지 않는다)을 하지 않는 것이 좋다. ④ 자기기록계는 인자식(印字式)이 바람직하다.
(4) 지반과 근접 구조물의 감시	주입 작업 중에 지반과 근접 구조물에 유해한 변위 등을 줄 우려가 있는 경우는 필요한 감시와 측정을 하여 충분히 주의하여 시공한다. 변위의 측정에는 트랜싯과 레벨에 의한 수동 측정과 침하계, 경사계 등의 자동기록계를 사용한 연속 측정 방법이 있다.
(5) 효과 확인	① 주입 효과의 확인은 주입 목적과 설계상의 중요도를 고려하여 적절한 판단을 한다. ② 주입 효과의 확인 방법은 크게 구분하면 다음과 같다(그림 14.10 참조). 　ㄱ. 주입 시공 상황의 감시에 의해 추정 　ㄴ. 토질 조사에 의한 방법 　ㄷ. 굴착 후의 육안에 의한 방법 　ㄹ. 물리 탐사에 의한 방법 주입 효과의 확인은 목적별로 다음과 같이 2가지로 나눌 수 있다. 　┌ 개량 효과의 확인 ················· 지반 강도, 지수 등 　└ 시공 수량의 확인 ················· 주입량 　주입된 지반이 초기의 목적(지반 강화, 지수성 향상 등)을 달성하고 있으면 설계 시공상의 문제는 없으나 주입을 눈으로 볼 수 없는 땅 속에서 실시되기 때문에 소정의 주입량이 실시되었는지 어떤지를 확인하는 것도 발주자로서 중요하다. 　주입 효과의 확인은 여러 종류의 확인 방법을 병용하여 설계 시공상의 효과 확인, 시공 관리에서의 주입량의 확인 등을 측정하도록 그 측정 방법을 선정하는 것이 필요하다. 　주입량의 확인은 시공 관리(주입재 입하, 차트지 등)상에서 가능하지만 주입 후의 지반에 있어서는 주입 지반 채취 시료의 화학분석에 의해 가능하다. 아래에 그 작업 순서를 나타낸다.

```
┌─────────────────────────────────────┐
│ 시료를 비닐포대에(40×40 cm) 정도 넣어 손 또는 │
│        쇠망치로 두드려 시료를 잘 부순다       │
└─────────────────────────────────────┘
                    │
┌─────────────────────────────────────┐
│        습윤 토양(土壤) 20.00 g을          │
│    TPX 비커 300 mℓ에 계량하여 취한다.     │
└─────────────────────────────────────┘
```

항 목	기 술 상 의 착 안 점
	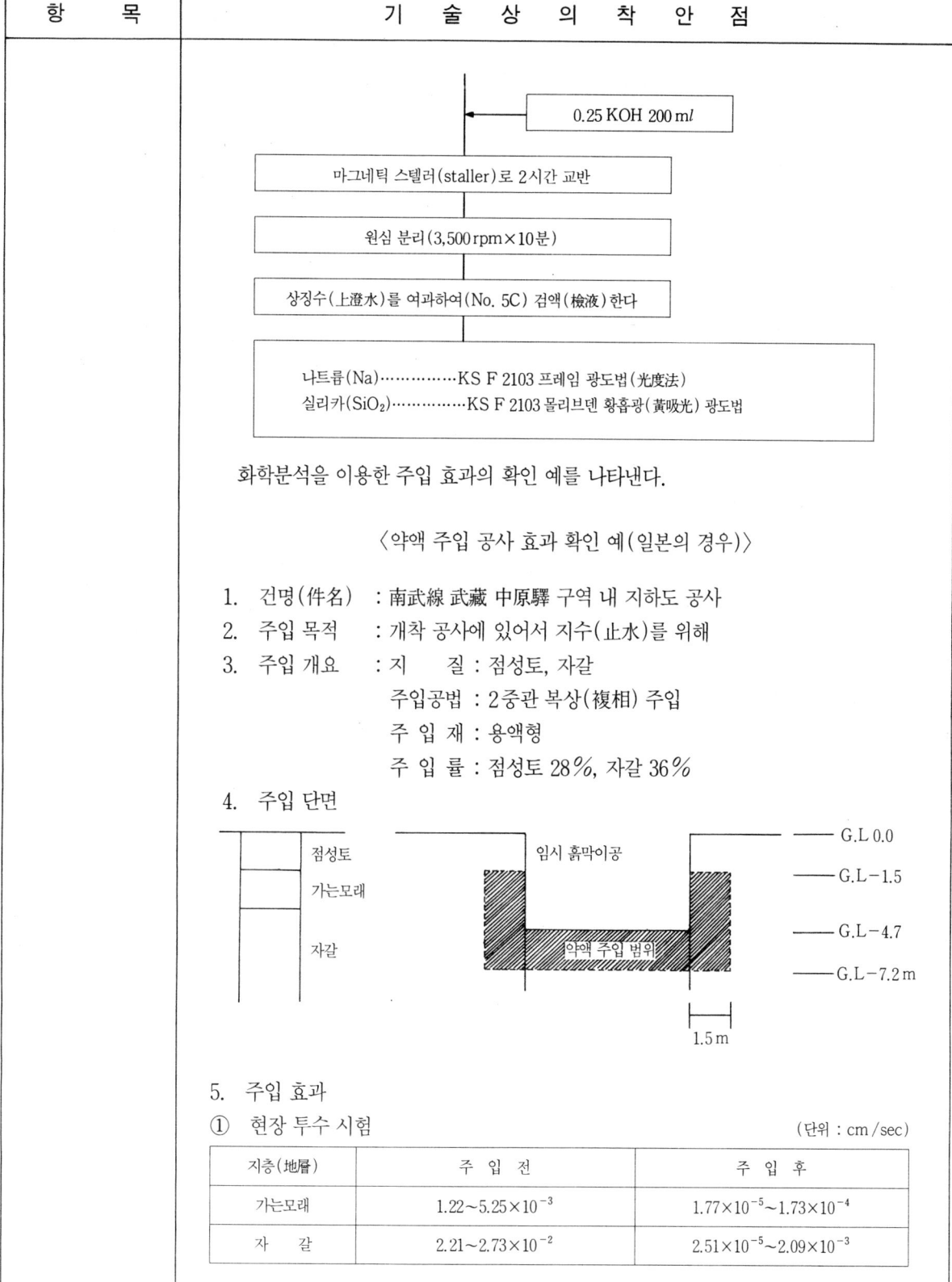

화학분석을 이용한 주입 효과의 확인 예를 나타낸다.

〈약액 주입 공사 효과 확인 예(일본의 경우)〉

1. 건명(件名) : 南武線 武藏 中原驛 구역 내 지하도 공사
2. 주입 목적 : 개착 공사에 있어서 지수(止水)를 위해
3. 주입 개요 : 지   질 : 점성토, 자갈
   주입공법 : 2중관 복상(複相) 주입
   주 입 재 : 용액형
   주 입 률 : 점성토 28%, 자갈 36%
4. 주입 단면

5. 주입 효과
   ① 현장 투수 시험   (단위 : cm/sec)

지층(地層)	주 입 전	주 입 후
가는모래	$1.22 \sim 5.25 \times 10^{-3}$	$1.77 \times 10^{-5} \sim 1.73 \times 10^{-4}$
자 갈	$2.21 \sim 2.73 \times 10^{-2}$	$2.51 \times 10^{-5} \sim 2.09 \times 10^{-3}$

항　　목	기　술　상　의　착　안　점
	② 약액 주입률-주입재 성분(실리카)의 화학분석으로 계산 설계 주입률 =36.0% 분석 주입률(평균)=38.6% 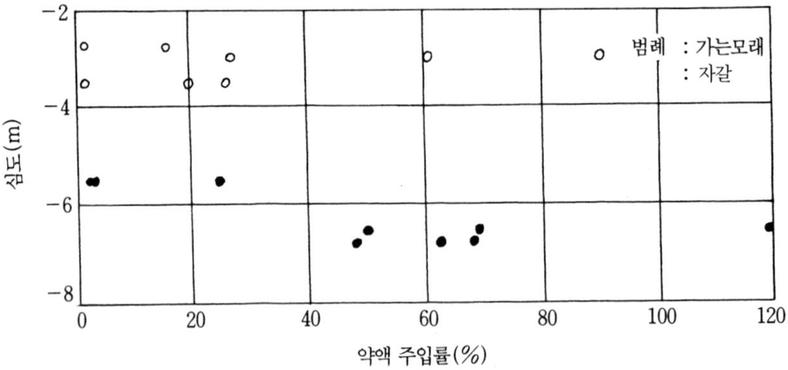 ③ 샘플링 코어의 관찰 · 상부 점성토층에서 맥(脈) 모양으로 주입되어 있었다. · 모래층, 자갈층의 주입 범위 밖에도 약간의 페놀프탈레인 반응이 있었다. · 모래층, 자갈층의 주입 범위 내는 짙은 적색 페놀프탈레인 반응이 있었다.

-2
-4
-6
-8
심도(m)
0
20
40
60
80
100
120
약액 주입률(%)
범례 : 가는모래
: 자갈

용 어	의 의
3. 참고 자료 (1) 주입재에 관한 용어	
주입재	주입에 사용하는 재료를 말한다.
약액(藥液)	주된 재료로서 약재(화학 재료)를 사용하는 주입재를 말한다.
주제(主劑)	약액의 주된 성분이 되는 약재를 말한다.
반응제	약액 중의 주제와 반응하여 겔화합물을 생성하는 재료를 말한다. 경화제, 조제(助劑) 등을 포함한다.
물유리	물유리는 규산나트륨(규산소다)이라고도 하며 Na_2O(산화소다)와 SiO_2(규산)이 여러 가지 비율로 결합한 것이며 분자식으로는 mNa_2O_2(n/m은 몰비)로 표시된다. 물유리는 KS M 1415에 규정되어 있으며 몰비에 따라서 1호($n/m=2$), 2호($n/m=2.5$), 3호($n/m=3$), 메타규산나트륨($n/m=0.5k\sim1$)이 있으며 규격품으로서 특수 물유리($n/m=1.7\sim4$)가 있다. 주입재로서 일반적으로는 3호 물유리를 사용하는데 2호 특수 물유리를 사용하는 경우도 있다. 메타규산나트륨은 주입재로서는 사용되고 있지 않다. 그리고 몰비란 물유리 속에 함유되어 있는 Na_2O와 SiO_2의 분자수의 비를 말한다.
물유리계 주입재	물유리를 주제로 하는 주입재를 말한다.
현탁액형 주입재	점토, 시멘트 등의 미립자가 액체 속에 분산되어 있는 주입재를 말한다.
용액형 주입재	균질하고 미립자를 포함하지 않은 주입재를 말한다.
알칼리성 주입재	물유리계 주입재를 알칼리 영역에서 겔화시키는 주입재를 말한다.
중성 주입재	물유리계 주입재를 중성 영역에서 겔화시키는 주입재를 말한다. 중성 주입재에는 물유리를 산성제에 의해 직접 중성 영역에서 겔화시키는 방법(직접법)과 물유리에 과잉으로 산을 첨가하여 $pH=1\sim2$ 전후의 실리카졸용액을 만들고 또 여기에 알칼리 반응제를 첨가하여 중성 영역에서 겔화시키는 방법(간접법 또는 실리카졸법)이 있다.
무기계 주입재	반응제에 무기화합물(무기산, 탄산염, 중탄산염 등)을 사용한 주입재를 말한다.
유기계 주입재	반응제에 유기화합물(유기산, 에스테르류, 지알데히드류 등)을 사용한 주입재를 말한다.
호모겔(homogel)	주입재만으로 겔화 또는 경화시킨 고결물을 말한다.
샌드겔(sandgel)	주입재에 토립자를 혼합 또는 주입재를 토립자에 침투시켜서 겔화 또는 경화시킨 고결물을 말한다.
(2) 주입재의 성질에 관한 용어	
경화 시간	주입재가 유동성을 잃기까지의 시간을 말한다. 약액에서는 겔화 시간이라고도 한

용 어	의 의
점토(粘土)	다. 겔화 시간이 10수초 이하를 짧다고 하고 수분을 비교적 짧다고 하며 수 10분 이상을 길다고 한다. 액체의 전단응력과 속도 경사와의 비를 말한다. 　주입재의 침투성을 평가하는 지표로서 초기 점토가 낮고 겔화 직전까지 저점토(低粘土)를 유지하며 겔화 시점에서 급격히 점토가 상승하는 것일수록 침투성이 좋다고 한다.
점성(粘性)	유체(流體)가 어느 면을 경계로 하여 상대적으로 운동할 때 그 면에서 접선 방향으로 응력이 작용하는 성질을 말한다.
용탈(溶脫)	주입재의 일부가 지하수 등의 작용으로 용해 유출하는 현상을 말한다.
(3) 설계·계획에 관한 용어	
투수계수	단위 동수(動水) 경도와 표준 온도 아래에서 지반의 단위 단면적을 통과하는 층류(層流) 상태의 물의 유출 속도를 말한다. 통상 단위는 cm/s 이다.
설계 주입 범위	주입에 의한 개량 목적(지수, 지반 강화 등)에 따라서 설계상 필요하다고 판단되는 범위를 말한다.
주입 구멍	주입관을 설치하기 위해 지반에 뚫은 구멍을 말한다.
주입 유효 지름	1주입 구멍에 대해서 유효한 주입이 기대되는 범위(지름)를 말한다.
주입 속도	단위 시간당의 1주입 구멍에 대한 주입량을 말한다.
침투 주입	주입재를 토립자의 간격에 균등하게 침투 고결시켜 일체화한 샌드겔을 형성시키는 주입을 말한다.
할렬(割裂) 주입	주입재에 의해서 토립자가 이동하여 토립자는 토립자끼리 모이고 남겨진 간극에는 주입재가 단체(單體)로 고결하는 주입을 말한다. 맥상(脈狀) 주입이라고도 한다.
주입 형태	지반에의 주입 상황으로 침투 주입, 할렬 주입 등을 총칭하여 주입 형태라고 한다.
간극	지반 속에서 토립자로 채워지지 않은 부분이며 물과 공기 등으로 채워져 있는 공간을 말한다.
공동(空洞)	간극이 큰 것을 말한다.
간극률	흙 속의 간극 체적과 흙의 전체 체적의 비를 백분율로 나타낸 것을 말한다.
충전율	설계 주입 범위 내 지반의 간극에 대한 주입재 충전량의 비율을 백분율로 나타낸 것을 말한다.
주입률	설계 주입 범위 내 지반의 전체 체적에 대한 주입재 체적의 비율을 말한다.
주입 단계 길이	1주입 구멍 내에서 깊이 방향으로 여러 단계로 나누어 주입하는 경우의 분할 길이를 말한다.
보족(補足) 주입	설계된 주입이 종료된 후에 필요성이 있다고 생각되어 동일 설계 주입 범위로 보충적으로 실시하는 주입을 말한다.
현장 주입 시험	시공에 앞서 필요한 자료를 얻기 위해서 현장의 지반을 대상으로 하여 행하는 주입

용　　　어	의　　　　　　　　　의
시험 주입	시험을 말한다. 　주입 개시시에 적정한 시공을 하는 것을 목적으로 맨 처음 여러 구멍에 대해서 시험적으로 실시하는 주입을 말한다.
주수(注水) 시험	지반에 물을 주입하여 물이 들어가는 정도를 살펴봄으로써 주입에 관한 자료를 얻기 위해 실시하는 시험을 말한다.
R. Q. D	코어의 채취율을 나타내는 지수로 기준 길이당에 포함되어 있는 10 cm 이상의 봉상(棒狀) 코어의 비율을 백분율로 나타낸 것을 말한다.
루전(lugeon) 값	통상 암반의 투수성을 구하는 시험(루전 테스트)에 의해 얻어지는 값을 말하며 보링 구멍 내에서의 정수위(定水位)의 유지에 필요한 보급 수량을 측정하는 것으로 압력 $10\,kg/cm^2$, 구멍 길이 $1\,m$, 1분당의 보급 수량(l)으로 표시하고 $1\,l/min/m$의 물이 들어갔을 경우를 1루전이라고 한다.
커버록(cover rock)	막장 주입에서 소정의 주입 압력으로 주입을 하는 데 필요한 막장과 주입 범위 사이의 원지반을 말한다. 　그리고 커버 록의 일종으로 막장 방호, 지보공 등의 변상 방지를 위해서 막장 부근에 설치하는 콘크리트벽을 격벽(隔壁)이라고 한다.
한계 압력	주입 압력과 주입 속도는 일반적으로 비례 관계에 있으며 이 비례 관계를 무너뜨리는 압력을 한계 압력이라고 하고 이 압력 이상으로 되면 지반 내에 파괴 현상이 발생하여 급격히 투수량이 커지게 된다.
배합 시험	사용하는 주입재의 배합(주제와 반응제의 혼합비)의 적부를 확인하는 시험을 말한다.
(4) 주입 방식에 관한 용어	
1 숏 방식	주제(A액)와 반응제(B액)를 소정의 배합 비율로 믹서에 투입하여 사전에 충분히 혼합한 후 1액의 상태로 주입하는 방식을 말한다.
1.5 숏 방식	A액, B액이 각각 별도의 경로로 주입관 머리 부분으로 보내어져서 그곳에서 두 액은 합류하여 주입관을 유하(流下)하는 사이에 혼합되어서 주입관 선단부로부터 지반 속으로 주입되는 방식을 말한다.
2 숏 방식	A액, B액을 각각 별도로 주입관의 선단까지 보내어져 합류 혼합시켜 지반 속으로 주입하는 방식을 말한다.
패커(packer)	주입재의 일출(逸出)을 막기 위해서 또는 한정된 범위로 주입할 목적으로 주입 구멍벽과 주입관 사이 또는 외관과 내관 사이를 국부적으로 밀봉하는 것을 말한다.
단관 로드	주입용 로드(단관)로 소정의 심도(深度)까지 착공한 후 그 로드관을 통해서 주입재를 땅 속으로 송액(送液)하는 방식을 말한다.
단관 스트레이너	착공 후 주입용 스트레이너관을 삽입하여 그 속에 모래를 채우고 지반과의 사이에

용 어	의 의
2중관 더블 패커	생긴 공간을 패커 등(점성토와 주입재 등)으로 폐색하여 주입재가 지표로 일출되지 않도록 해서 각 단계 주입 완료할 때마다 다음 단계분만큼 물로 모래를 씻어낸 다음 주입을 반복하는 방식을 말한다. 　소정의 심도까지 착공하고 케이싱을 세워 그 속에 외관을 삽입하고 외관과 케이싱 사이에 실재를 주입하여 케이싱을 인발하고, 그 후 더블 패커를 장착한 내관(주입관)을 외관 내의 소정의 심도로 삽입하고 지상에서 혼합 또는 합류한 1액을 압송하여 주입하는 방식을 말한다.
2중관 단상	주입용 로드(2중관)로 소정의 심도까지 착공한 후 외관, 내관으로 나누어 2액을 압송하고 토출 구멍 부근에서 합류 혼합하여 주입하는 방식을 말한다. 종래부터 2중관 로드, 2중관 순결 공법 등으로 불리고 있다.
다중관 복상	주입관 로드(다중관)로 소정의 심도까지 착공한 후 우선 겔화 시간이 짧은 주입재를 1차 주입하여 패커를 형성하고 나서 2차 주입으로서 침투형의 주입재로 패커를 파괴하여 대상 지반으로 주입하는 방식을 말한다. 2중관 복합 주입, 다중관 복합 주입 공법 등으로 불리고 있다.
단열 주입	주입 구멍을 단열로 설치하여 주입하는 방식을 말한다.
복렬 주입	주입 구멍을 2열 이상 나란히 설치하여 주입하는 방식을 말한다.
전진식 주입 방식	주입 구멍의 입구 쪽에서부터 주입을 개시하여 주입관을 이어나가면서 가장 깊은 쪽 방향으로 차례대로 주입하는 방식을 말한다.
후퇴식 주입 방식	전진식(前進式)과는 반대로 가장 깊은 곳부터 주입을 개시하여 주입관을 인발하면서 주입 구멍의 입구 쪽으로 향해 차례대로 주입하는 방식을 말한다.
(5) 기타	
주입 관리도	주입 시공시의 주입 상태에 대해서 주입 시간(t), 주입 압력(p), 주입 속도(q), 주입량(Q) 등의 관계를 나타낸 것을 말한다.
천공 속도	단위 시간당의 착공 깊이를 말한다.
슬라임	보링의 파낸 부스러기를 말한다.
pH 값	용액 속의 수소이온 (H) 농도지수를 말한다. pH 값은 $1l$ 속 수소 그램이온수의 역수(逆數)의 상용로그를 취한 수치이며 pH<7는 산성, pH=7은 중성, pH>7은 알칼리성이다. pH를 측정하는 방법은 전위차 측정법과 비색법(比色法)이 있다. pH의 시험 방법은 KS F 2103을 참조.

4. 참고 자료(시판되고 있는 주입재의 주된 것) (일본의 경우)

용액형(물유리계) (계속)

분류	주입재의 명칭		분류	주입재의 명칭		분류	주입재의 명칭	
有機 無機	명 칭	제조회사 또는 시공업자	有機 無機	명 칭	제조회사 또는 시공업자	有機 無機	명 칭	제조회사 또는 시공업자
無機	아디카록 1호	旭電化공업	有機	mLW-3	強化土 엔지니어링	無機	CW-1D	三信건설공업
無機	파마록 1호	永久 그라우트 연구회	有機	mLW-4		有機	CW-2A	
無機	파마록 1호(S)		無機	CAW-U	그라우트공학 연구소	有機	CW-3	
無機	파마록 2호		無機	클린록 1호	클린록회	有機	고강도 CW-3	
無機	파마록 2호(S)		無機	클린록 2호		無機	CW-1U	
無機	에파록	에파록연구회	有機	케미 3호	케미컬 그라우트	無機	CW-HL1호	
無機	에룬 γ_1-I	에룬	無機	케미 4호		無機	CW-HL1호(S)	
無機	에룬 γ_1-II		有機	케미 5호		無機	CW-HL2호	
無機	에룬 γ_1-III		有機	KW-3	켈빈	無機	CW-HL2호(S)	
無機	LAG-3호	LAG협회 日東화학	有機	KW-4		有機	산솔트 ES-2	三洋화성공업
無機	다이소우 세타-300	大阪曹達	無機	SK-1	三基기초공업	無機	산솔트 ES-3	
無機	하드라이저 L_1	強化土 엔지니어링	無機	산코폴 US	三興콜로이드	無機	산솔트 ES-3M	
無機	하드라이저 L_1		無機	산코폴 US-2		無機	산솔트 ES-9M	
有機	GSG-3	強化土그룹	無機	산코폴 US-3		無機	산솔트 ES-32	
有機	GSG-5		無機	산코폴 AS-3		無機	산솔트 ES-7	
有機	GSG-5B		有機	산코폴 OSB		有機	산솔트 TN-600	
有機	GSG-5A		有機	산코폴 OSB-2		無機	산솔트 Z	
無機	mLW-2	強化土 엔지니어링	有機	산코폴 OSB-3		無機	산솔트 ES-9	
無機	하드라이저-M		無機	산코폴 SW-3		無機	산솔트 SL-1	
無機	하드라이저-S3		有機	산코폴 OSB-3		無機	산솔트 ES-32	
無機	하드라이저-L3					有機	산솔트 BM-100	
無機	하드라이저-S1					有機	산솔트 SL-2 SL-3	
無機	하드라이저-S2							

용액형(물유리계) (계속)

분류	주입재의 명칭		분류	주입재의 명칭		분류	주입재의 명칭	
有機無機	명 칭	제조회사 또는 시공업자	有機無機	명 칭	제조회사 또는 시공업자	有機無機	명 칭	제조회사 또는 시공업자
無機	섹스이 LG-3	積水화학	無機	SGR-1호	東亞합성화학공업	無機	TN-록 1호	東南개발공업
無機	섹스이 LG-4W		無機	SGR-2호		無機	TN-록 2호	
無機	섹스이 LG-5S		有機	SGR-3호		無機	에스타이트 1호	日東화학공업
無機	섹스이 LG-3S		有機	SGR-4호		無機	에스타이트 3호	
無機	섹스이 LG-4W		有機	SGR-5호		無機	에스타이트 3S	
無機	섹스이 LG-BM-50		有機	SGR-6호		無機	에스타이트 3S (超瞬結)	
有機	섹스이 LG-5Y		有機	아론바이모S		無機	에스타이트 5S-I	
有機	섹스이 LG-7Y		有機	아론바이모L		無機	에스타이트 5S-II	
有機	섹스이 LG-7YL		有機	아론 SR 緩結		無機	에스타이트세븐-L	
無機	네오록 L	大丸흥업	有機	파코 5호	東京지하공업	有機	에스타이트 10호	
無機	TW-1	太陽기공	無機	파코 6호		有機	에스타이트 10H	
無機	TW-2		無機	TKG	東興건설	有機	에스타이트스파 10호	
無機	에리톤	地巧社	無機	TGK-1		無機	LC-그라우트 1500	
無機	CSG-6	中開기초흥업	無機	TGK-2		無機	에스타이트 5SL	
無機	D.C.C-M	D&S 협회	無機	한디운	東陽상사	無機	에스타이트 6S	
有機	D.C.C-1		無機	TS-1	도시마건설공업	無機	에스타이트 8호	
有機	D.C.C-2		無機	TS-1R		無機	L시프로-1	
有機	D.C.C-4		有機	TS-3I		無機	LC-그라우트 1500b	
有機	D.C.C-6		有機	TS-3II		有機	에누타이트 10Hb	
有機	아론 SR-Hi	東亞합성화학	有機	TS-2I			NCW	日特건설
有機	아론 SR-瞬		有機	TS-2II		有機	니카하드 2	日本화학공업
無機	아론 SRR US		有機	TS-2IV		有機	니카하드 4	
無機	아론 SRR US.II		有機	TS-3-IV		有機	니카하드 6	
無機	아론 G-7		有機	TS-2IV		有機	니카하드 30	

용액형(물유리계)

분류	주입재의 명칭		분류	주입재의 명칭		분류	주입재의 명칭	
有機無機	명 칭	제조회사 또는 시공업자	有機無機	명 칭	제조회사 또는 시공업자	有機無機	명 칭	제조회사 또는 시공업자
無機	니트록세븐	日本化學工業	有機	사이멀 2호緩	日本綜合防水	無機	MG록 3호 Ⅱ	三井東壓화학
無機	니카젝트 1호		無機	사이멀 2호瞬		無機	PGD 1호	
無機	NBC		無機	MI-3		無機	PDG 3호	
有機	GSG-1	强化土그룹	無機	MI-4		有機	PDG 3호	
有機	GSG-2		無機	LB-1		無機	PGD 4호	
有機	GSG-2A		無機	LB-3		有機	MG록 5호	
無機	NS-1	日本소일공업	無機	뉴트럴 1		有機	RSG-Ⅱα	라이트공업
無機	PG-3		無機	뉴팩 1호		有機	PSG-Ⅱβ	
無機	NS-1		有機	뉴팩 2호		有機	RSG-Ⅲ (RMG-L₂)	
無機	MI-1	日本綜合防水	有機	뉴팩 3호	三井東壓화학	有機	RSG-Ⅳ (RMG-L₁)	
無機	MI-2		無機	MG록 1호		無機	RMG-S₁	
無機	MI-3S		無機	MG록 2호		無機	RMG-S₂	
無機	MI-4S		無機	MG록 3호		無機	실리카라이저 (RMG-L₃)	
有機	사이멀 1호緩		無機	MG록 7호 Ⅰ		無機	시라크소리	
有機	사이멀 1호瞬		無機	MG록 7호 Ⅱ		無機	RT-1호	富士特殊토목

반현탁형(시멘트·물유리) | 현탁형 주입재(시멘트계)

주입재의 명칭		주입재의 명칭		주입재의 명칭	
명 칭	제조회사 또는 시공업자	명 칭	제조회사 또는 시공업자	명 칭	제조회사 또는 시공업자
SGR-7호	SGR 협회	MS-3	新日鐵화학	MC-1호	小野田시멘트
LAG-1	LAG 협회	SD 그라우트	積水화학	MC-2호	
MC-3호	小野田시멘트	섹스이 LG-2P		MC-5호	
MC-4호		섹스이 LG-1P		아로휠스-DS	
암수 3호	岩水협회	네오록 S	大丸흥업	아로휠스-AQ	
암수 6호		에리톤	地巧社	스톱크리트	케미컬그라우트
GS-7	强化土엔지니어링	아론 SR-KS	東亞합성화학	덴카 ES	電氣화학공업
하드라이저-SS	케미컬그라우트	TGK-3	東興건설	슈퍼파인	日鐵시멘트
크레이겔세븐(CG-7)		파코 3호	東京지하공사		
케미 6호		고로콜로이드 LW	日鐵시멘트		
산코폴-L	三興콜로이드화학	에누타이트 SG-1	日東화학		
산코폴-L-2		에누타이트-SG-II			
산코폴-L-3		에누타이트-SG			
산코폴 OSL-1		니카록 1호	日本클린약재		
산코폴 OSL-2		니카록 2호			
산코폴 10L		니카록 3호			
산코폴 L-2S		니카록 S			
산코폴 SAM-2		클린폼			
산코폴 SAM-3		클린폼(瞬)			
산솔트 JET	三洋화성공업	LW-1	日本약액주입협회		
산솔트 JET-2		LW-2			
MS-1	新日鐵화학	MG 6호	三井東壓화학		
MS-2		실리카라이저-SS	라이트공업		

15. 주입공
(터널 뒤채움 주입)

항 목	기 술 상 의 착 안 점
1. 시공 계획서 (1) 사용 재료	① 주입재는 공극의 상태, 용수(湧水) 상황, 지질과 시공성 등을 고려하여 선정한다. 표 15.1에 주입재의 종류를 나타낸다. 표 15.1 주입재의 종류 | 일반적인 주입재 | (1) 에어 모르타르 (2) 에어 밀크 (3) 모르타르 (4) 점토 모르타르 | |---|---| | 기 타 | (5) 물유리계 주입재 (6) 시멘트 밀크 (7) 팽창 모르타르 (8) 기타 | ② 주입재의 선정에 있어서는 다음과 같은 점에 유의한다. ㄱ. 재료 분리, 블리딩이 적고 또한 주입 후의 체적 수축이 적은 것을 선정한다. ㄴ. 주입재는 작용 토압과 지반 반력을 균등하게 전달할 필요가 있으며 이를 위한 강도로서는 통상 암석 원지반의 경우에 압축 강도가 $10\,kg/cm^2$ 정도인 것이 사용되고 있다. 단, 토사 원지반 등에서는 이것보다 작은 강도인 것을 사용하는 경우도 있다. ㄷ. 용수(湧水)가 있는 경우에는 비중이 작은 재료는 흘러내려갈 우려와 수면 아래에서는 충전 부족으로 되기 쉽기 때문에 비중이 큰 것을 선정한다. ㄹ. 주입 예정 구간과 그 부근에 배수 설비가 있는 경우는 주입 효과를 저해하지 않는 재료를 선정한다.
(2) 기계기구류	주입 기계는 주입재, 주입 압력과 압송 거리 등에 적합한 기종을 선정하고 주입 위치와 시공 조건에 따라 배치한다. 그림 15.1에 주입 기계의 배치 예를 나타낸다(신설 터널). 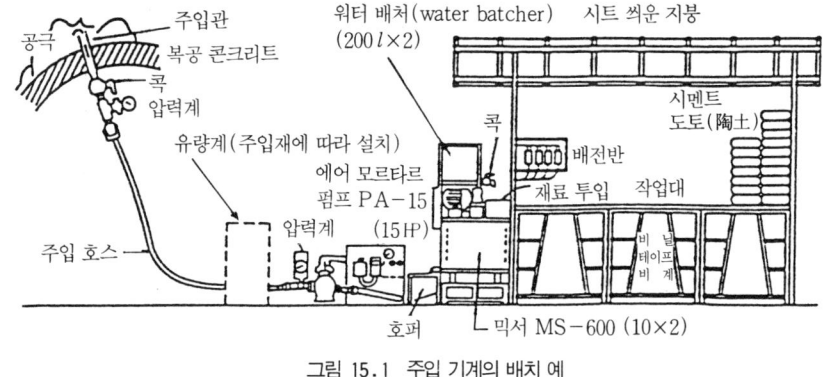 그림 15.1 주입 기계의 배치 예

항 목	기 술 상 의 착 안 점
(3) 시공 방법 　1) 주입관	① 주입관은 신설 터널에 있어서 사전에 매입하는 경우는 복공 콘크리트를 타설할 때에 이동한다든지 파손되지 않을 것. ② 주입관은 통상 30~50 mm 정도의 관 지름으로 현장 가공이 용이하고 취급이 간단한 것이 좋으며 일반적으로는 강관과 경질 염화비닐관(그림 15.2)이 사용된다. 길이는 신설 터널에서 사전에 매입하는 경우는 널말뚝면 또는 원지반에 이르는 길이가 필요하다. 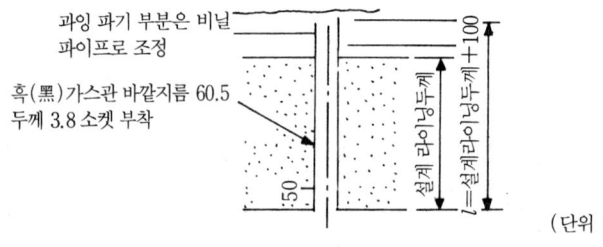 그림 15.2 주입관의 구조 예 ③ 주입관의 배치는 배면 원지반의 상태에 따라 다르므로 한마디로 말할 수 없으나 아래에 나타내는 일반적인 배치 예(그림 15.3)를 참고로 하여 현장에 맞는 것으로 한다. 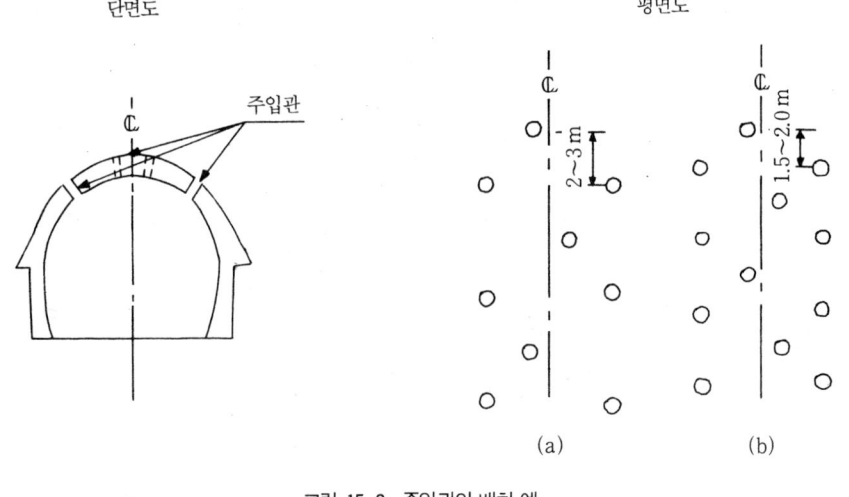 그림 15.3 주입관의 배치 예
2) 배합	① 유동성 　　주입재는 공극을 충분히 충전할 수 있는 유동성이 필요하다. 일반적으로 모르타르 등에 대해서는 흐름값으로 유동성을 관리하고 있다. 일례로서 일반적인 사용 범

항　　　목	기　술　상　의　착　안　점
	위에서의 에어 모르타르, 에어 밀크의 흐름값을 아래에 나타낸다. 　ㄱ. 에어 모르타르 　　　흐름값(P 로트법) ·········· 25±5초 　ㄴ. 에어 밀크 　　　흐름값(실린더법) ·········· 200±20 mm ② 블리딩 　주입재의 블리딩이 크면 용적 변화에 따른 충전 부족이 되므로 블리딩이 작은 것을 선정한다.
3) 주입 압력	주입 압력은 주입재의 종류와 시공 방법을 고려하여 터널 복공과 근접 구조물 등으로의 영향이 없는 주입이 가능한 범위로 작게 한다.
4) 주입 작업	① 주입의 시공 순서(그림 15.4)는 하부의 주입관에서 시작되어 상부의 주입관과 검사용 주입관에서 주입재가 유출되면서 차례대로 상부의 주입관으로 이행한다. ② 주입 작업 중은 항상 주입 압력과 주입량에 대해서 감시한다. ③ 지형, 지질에 따라서 지반과 주변 구조물 등에 변상(變狀)을 일으킬 우려가 있으므로 필요에 따라 변상의 측정 방법과 대책을 검토한다. 그림 15.4 주입의 시공 순서
2. 시공 (1) 주입 목적	터널의 굴착·복공 콘크리트를 아무리 주의깊게 하여도 복공 배면과 원지반 사이에 공극이 남는 일이 많으며 특히 아치부에 공극이 많다. 이 공극을 가능한 한 적게 하는 것이 필요하며 이를 위해서 대부분의 경우 뒤채움 주입이 실시된다.
(2) 주입재의 준비와 현장배합	① 모르타르 등은 사용하는 모래의 입경과 조립률(粗粒率)에 따라 유동성 등이 다르므로 사전에 규정된 것으로 현장배합 시험을 실시하고 시공 중에 대해서도 같은 것을 사용한다.

항 목	기 술 상 의 착 안 점

	(a) 혼합(mixing) 방식
	
	· 믹서에 소정량의 청수(淸水)와 기포제를 넣어 기포가 발생할 때까지 약 1분간 회전한다.
	· 다음에 골재를 투입한다.
	  투입 순서 -동물단백계 : 시멘트-도토(陶土)-모래
	             -계면활성제계 : 도토(陶土)-시멘트-모래
	· 혼합 완료 후 호퍼로 이동하면서 펌프로 압송 주입한다.
	
	(b) pre-forming 방식
	
	· 믹서에 소정량의 청수(淸水)와 골재(시멘트, 도토(陶土), 모래)를 투입하여 교반한다.
	  (이때 물의 투입량은 발포시에 필요한 수량을 뺀 양)
	· 다음에 희석된 기포제를 압력탱크에 넣고 압축공기를 발포 노즐로 발포시켜 이것을 모르타르에 투입하여 혼합한다.
	· 혼합 완료 후 호퍼로 이동하면서 펌프로 압송 주입한다.
	
	그림 15.5 에어 모르타르의 혼합 순서
	
	② 시멘트와 모래 등의 계량은 소량의 경우를 제외하고 중량 계량을 원칙으로 한다.
	③ 주입재는 사용하는 재료의 투입 순서에 따라 성질이 변화하므로 사전에 가장 유효한 투입 순서를 정해 둔다.
	
	그림 15.5에 기포제를 사용한 에어 모르타르의 혼합 순서를 나타낸다.

(3) 주입 작업	① 신설 터널의 경우 주입에 앞서 주입관 내의 부착물과 주입관의 콘크리트 유입 방지공을 제거함과 동시에 복공 배면의 널말뚝 등에 의해 주입이 저해되지 않도록 해 둔다. ② 주입 개시 맨 처음 여러 구멍은 상당히 광범위하고 예정 주입량에 도달해도 주입 압력이 올라가지 않는 경우가 많다. 이와 같은 경우는 일단 중지하고 인접 주입 구멍과 검사 구멍 등을 이용하여 주입 상황을 점검, 관찰하면서 한 구멍씩 걸러서 번갈아 이동하여 재주입하는 것이 좋다.

항 목	기 술 상 의 착 안 점
	③ 용수(湧水)가 있는 경우에 물길을 폐색하면 생각치 않던 장소에서 물이 분출한 다든지 복공에 여분의 수압이 작용한다든지 하는 경우도 있다. 이와 같은 경우는 물 빼기 구멍을 천공하는 등 적절한 방법으로 배수를 고려할 필요가 있다. ④ 주입 종료 후는 신속하게 나무마개나 스톱 밸브 등으로 주입재가 역류, 유출하지 않도록 폐쇄한다. ⑤ 복공면 등에 부착된 주입재는 박리하여 낙하할 우려가 있으므로 완전히 제거한다.

부록

토목 공사 감독 지침
토목 공사 준공 검사 지침

토목 공사 감독 지침

1. 총칙
   (1) 목적
       이 지침은 토목 도급 공사에 있어서 감독 업무의 일조(一助)를 하기 위한 처리 방법을 나타낸 것이다.
   (2) 내용
       이 지침은 토목 공사 표준시방서에 기초를 두고 있다.
   (3) 용어 설명
       [감독자등] 계약책임자로부터 해당 공사의 감독에 대해서 지정된 사원과 보조자.
       [지   시] 감독자 등이 도급업자에게 공사 시공상 필요한 실시사항을 가르키는 것.
       [승   낙] 도급업자로부터 서면으로서 신고가 있었던 사항에 대해서 감독자가 동의하는 것.
       [수   리] 감독자 등이 제출한 도서에 대해서 필요에 따라 내용을 확인한 후에 보관하는 것.
       [입   회] 감독자 등이 현장 상황과 사고 방지에 관한 것을 확인하기 위해 도급업자와 그 밖의 관계업자와 입회(立會)하는 것.
       [진   달] 감독자가 계약서를 바탕으로 직무 권한 외의 도서를 수리(受理)한 경우 계약책임자에게 중개하는 것.
   (4) 공통

(계속)

종 별	항 목	감독자 등	내 용
A. 계약 관계	a : 계약책임자에게 제출하는 것	진달(進達)	• 계약서에서 규정하는 자격경력서 등 (제출서류) • 현장대리인届 • 주임기술자届 • 공정표 • 현장대리인과 주임기술자의 겸임願 • 용지(用地) 사용願 • 공사 기간 연장願 • 완성형 부분 검사願 • 준공届 등
	b. 감독자에게 제출하는 것	승낙(承諾)	• 설계도서에서 규정하는 자격, 경력서 등의 검토 (제출서류) • 공사 관리자 • 공사 관리자 보(保) • 시공 관리자 • 보안요원届
	c. 현지 상황 파악	수리(受理)	• 설계도서와 현장 상태의 정합(整合)
B. 시공 계획서	시공 계획서	승낙	• 시공 계획서의 시공 관리 체제, 시공 방법, 공사 공정, 임시설비 (기재사항) • 현장 조직표 시공 관리 구분을 명확히 기재 • 실시 공정표

(4) 공통

종 별	항 목	감독자 등	내 용

B. 시공 계획서	시공 계획서	승낙	● 관련 공사와의 정합성
			● 시공 방법
			  시공 순서, 시공 방법(구체적으로 기재)
			  품질 관리 항목, 보고서양식 등
			● 주요 기계기구류
			  기종, 성능, 대수 등
			● 공사 용지(用地), 공사용 도로 등
			● 토취(土取), 토사(土捨)
			● 안전 대책
			● 환경 대책
			● 기타

C. 지급재(支給材)	지급 재료와 대여품	입회(立會)	● 인도(返却을 포함)의 수량
D. 측량	기본 측량	수리	● 기본이 되는 선로 중심선, 수준점 ● 기준선과 수준(水準)에 대해서는 전후와의 관계
D. 보안 관계	a : 사고 방지 대책 계획	승낙	● 열차의 운행, 도로교통, 여객 공중(公衆)·사고 방지 대책의 실시 계획 검토 ● 구체적인 사고 방지 대책을 기재한 「보안확인서」 ● 방호 설비, 작업통로, 사용 기계, 요주의 장소의 시공법, 보안요원의 배치, 기계, 재료두는 곳, 화기위험품의 취급 ● 방호와 방재훈련의 실시 시기, 긴급연락표, 화재정비 체제 등
	b : 보안 타합표(打合票)	승낙	● 열차의 운전 보안과 여객 공중 등의 안전에 관계되는 작업과 사고 방지상 특별 지시사항 ● 입회 등의 필요가 있는 작업
F. 지장물 관계	지하 매설물 확인	입회	● 시설물 관리자 또는 소유자의 입회를 구한 환경조사 (필요에 의해 시굴) ● 확인서 등의 교환
G. 사전조사		수리	● 조사기록
H. 변상 측정		수리	● 주변 구조물 ● 지하 수위 ● 변상기록 등
I. 공사기록		수리	● 품질증명서 ● 시공기록 ● 완성형 그림 등
J. 공사사진		수리	● 시공 전 ● 시공 중 ● 시공 후
K. 기타		지시	● 필요한 경우

2. 토공
(계속)

종 별	항 목	감독자 등	내 용
A. 시공 계획서	a : 성토(盛土)	승낙	• 시공 체제 • 작업 공정 • 토공 계획 • 기계기구류 • 성토 재료 　어프로치 블록 　배수 블랭킷 　층두께 관리재 • 시공 지반의 처리 방법 • 시험 시공 방법 • 성토 시공 방법(작업기준) • 비탈면 부근의 시공 방법 • 다짐도 시험(위치, 방법) • 노상면의 마무리 상태 검사와 강도 시험(위치, 방법) 【필요에 따라 추가되는 사항】 • 노반 시공할 때까지 장시간 방치되는 경우의 조치 • 체수(滯水), 용수(湧水)가 있는 경우의 조치 • 시공 지반이 연약하여 보통 공법으로는 어려운 경우의 조치 • 어프로치 블록 시공을 성토 본체와 동시 시공할 수 없는 경우의 다짐 방법
	b : 절토(切土)	승낙	• 시공 체제 • 작업 공정 • 토공 계획 • 기계기구류 • 절토 시공 방법 • 절토 하부 굴착 등을 하는 경우의 시공 방법 • 절토가 노반면에 근접한 경우의 방법 • 노상면의 마무리 상태 검사와 강도 시험(위치, 방법) 【필요에 따라 추가되는 사항】 • 비탈면에 용수(湧水)가 있는 경우의 조치 • 토질의 변화에 의해 비탈면 경사의 변경을 요한다고 생각되는 경우의 조치
	c : 노반	승낙	• 시공 체제 • 작업 공정 • 토공 계획 • 기계기구류 • 노반 재료 • 성토에 있어서 강화 노반의 시공 개시 시기 • 포설두께, 전압, 함수비 관리 방법 • 노반 배수층 • 다짐도 시험(위치, 방법) • 노반의 마무리 상태 검사와 강도 시험(위치, 방법) 【필요에 따라 추가되는 사항】 [강화 노반의 시공] • 수경성 입도 조정 슬래그를 한랭지에서 시공하는 경우의 동결 대책 • 아스팔트 콘크리트를 5℃ 이하에서 시공하는 경우의 조치
	d : 흙막이벽	승낙	• 시공 체제 • 작업 공정

2. 토공

(계속)

종 별	항 목	감독자 등	내 용
A. 시공 계획서	d : 흙막이벽	승낙	• 토공 계획 • 기계기구류 • 사용 재료(콘크리트배합 등) • 절토와 터파기의 시공 방법 • 뒤채움 잡석의 시공 방법 • 거푸집의 시공 방법 • 콘크리트의 시공 방법 • 배수공, 줄눈, 시공 이음 방법 • 각종 시험 방법 【필요에 따라 추가되는 사항】 • 절토부의 흙막이 배면에 용수(湧水)가 있는 경우의 조치 • 지지 지반이 연약한 경우
	e : 비탈면공	승낙	• 시공 체제 • 작업 공정 • 토공 계획 • 기계기구류 • 사용 재료(뿜칠, 떼붙이기, 블록붙임, 돌붙임, 숏크리트) [식생공] 　• 시공 개시 시기 　• 비탈면 처리 　• 양생과 출입 제한 [돌붙임, 격자틀, 블록붙임] 　• 시공 순서와 방법 　• 비탈면 처리 [숏크리트] 　• 비탈면의 처리 방법 　• 숏크리트 방법 　• 숏크리트두께의 관리 방법, 양생과 배수공 【필요에 따라 추가되는 사항】 [모르타르 및 숏크리트공] 　• 용수(湧水)가 있는 경우의 조치
	f : 보강토벽	승낙	• 시공 체제 • 작업 공정 • 토공 계획 • 기계기구류 • 사용 재료(스킨(skin)과 스트립(strip)의 재질, 형상) • 시공 지반의 처리 방법 • 시험 시공 방법 • 기초공의 시공 방법 • 재료의 조립과 부설 방법 • 성토 재료의 포설, 펴고르기, 다짐 방법 • 성토의 다짐도 시험(위치, 방법) 【필요에 따라 추가되는 사항】 　• 지지 지반이 국부적으로 연약한 경우의 조치 　• 스킨이 변상을 일으킨 경우의 조치

2. 토공
(계속)

종 별	항 목	감독자 등	내 용
B. 공사기록 등	a : 성토	수리	• 성토 재료의 토질분류 　토질 시험성적서 • 어프로치 블록 　재질, 입도 분포 품질증명서 • 배수 블랭킷 　투수 시험 또는 입도 시험성적서 • 층두께 관리재 시험성적서 • 다짐도 시험 　현장의 밀도 시험기록, 흙의 다짐 시험기록 • 노상면의 마무리 상태의 검사기록 • 노상면의 강도 시험기록
	b : 절토와 바탕	수리	• 노반면이 근접한 경우의 시험기록 • 노상면의 마무리 상태의 검사기록 • 노상면의 강도 시험기록(평판 재하 시험성적서)
	c : 노반	수리	• 강화 노반 재료 　아스팔트 콘크리트 시험성적서 　입도 조정 쇄석, 입도 조정 슬래그, 수경성 입도 조정 슬래그의 품질증명서 • 흙 노반 재료 　토질분류 시험성적서 　크러셔 런의 시험성적서 • 노반 배수층 　모래의 입도 시험성적서 • 노반면의 다짐도 시험 　현장의 밀도 시험기록, 흙의 다짐 시험기록, 평판 재하 시험성적서 • 노반면의 마무리 상태의 검사기록
	d : 흙막이벽	수리	• 콘크리트의 품질 관리기록 • 마무리 상태 검사기록
	e : 비탈면공	수리	• 격자틀, 블록붙임의 재질, 형상의 기록 • 비탈면공 검사기록
	f : 관과 U형구	수리	• 복설(伏設)기록 • 2차 제품 규격
	g : 보강토벽	수리	• 스킨, 스트립 시험성적서 • 토질 시험성적서 • 마무리 상태의 검사기록 • 다짐도 시험 　현장의 밀도 시험기록 　흙의 다짐 시험기록
C. 공사사진	a : 성토	수리	• 시공 지반의 처리 　만수(滿水), 용수(湧水)의 조치 　연약 지반의 조치 　배붙임 성토, 층단깎기 　설빙(雪水) 등의 제거 • 전압 방법, 1층별 마무리 상태 • 어프로치 블록의 시공 • 층두께 관리재의 부설 • 비탈면 부근의 전압 상태 • 다짐도의 시험 상황 • 노상면의 강도 시험 상황

2. 토공

종 별	항 목	감독자 등	내 용
C. 공사사진	b : 절토	수리	●배수 처리, 배수공 ●비탈면에 용수(湧水)가 있는 경우의 조치 ●절토 하부 굴착 등을 하는 경우의 시공 ●시공 기면(基面) 부근의 절토 시공 ●노반면이 근접한 경우의 각종 시험 상황 ●노상면의 강도 시험 상황
	c : 노반	수리	●강화 노반의 시공 　포설두께, 전압 상태, 구조물의 설치부, 갓길의 다짐 ●흙 노반의 시공 　1층의 마무리두께, 전압 상태, 구조물의 설치부, 갓길의 다짐 ●노반의 다짐도 시험 상황
	d : 흙막이벽	수리	●지지 지반이 연약한 경우의 조치 ●굴착, 되메우기, 전압 시공 ●줄눈, 배수공 시공 ●거푸집, 뒤채움 잡석 시공
	e : 비탈면공	수리	●식생공 　대꼬챙이, 채움 흙 시공 ●돌붙임 　끝부분 맞추기, 틈막이 시공 ●격자틀 　되메우기, 전압의 상태 　기제(旣製) 격자틀의 조립 ●블록붙임 　줄눈, 배수공 시공 ●블록붙임 시공 ●숏크리트(모르타르와 콘크리트)공 　철망, 검측 핀의 시공
	f : 관과 U형구	수리	●복설면(伏設面)의 시공 ●이음, 줄눈, 되메우기 시공
	g : 보강토벽	수리	●지지 지반이 국부적으로 연약한 경우의 조치 ●스킨이 변상을 일으킨 경우의 조치 ●기초 콘크리트의 시공 ●스킨 배면의 다짐 상태 ●다짐도의 시험 상황

3. 굴착 흙막이공

(계속)

종 별	항 목	감독자 등	내 용
A. 시공 계획서	a : 엄지말뚝 가로널말뚝, 강널말뚝	승낙	●시공 체제 ●작업 공정 ●기계기구류 ●사용 재료 ●타설 방법 ●가로널말뚝의 시공 방법 ●인발(引拔) 방법(주변 지반을 이완되지 않게 하는 조치)
	b : 오거 굴착 모르타르 주열벽	승낙	●시공 체제 ●작업 공정 ●기계기구류 ●사용 재료 ●천공 방법 ●구멍 충전재 주입 방법 ●심재의 제작 세우기 방법 ●심재의 이음 위치 ●품질 관리 방법
	c : 지하 연속벽	승낙	●시공 체제 ●작업 공정 ●기계기구류 ●사용 재료 ●안내벽(guide wall) 시공 방법 ●굴착 방법 ●철근망의 제작 세우기 방법 ●철근망의 이음 위치 ●콘크리트 타설 방법 ●안정액의 관리 방법(배합 등의 관리기준) ●콘크리트의 품질 관리 방법
	d : 소일 시멘트 주열벽	승낙	●시공 체제 ●작업 공정 ●기계기구류 ●사용 재료 ●이수구(泥水溝), 가이드 규준틀의 시공 방법 ●천공과 혼합 방법 ●심재의 삽입 방법 ●품질 관리 방법
	e : 현장 타설말뚝식 주열벽	승낙	●시공 체제 ●작업 공정 ●기계기구류 ●사용 재료 ●천공 방법 ●구멍 충전재 주입 방법 ●심재의 제작 세우기 방법 ●심재의 이음 위치 ●안정액의 관리 방법(배합 등의 관리기준) ●구멍 충전재 주입재의 품질 관리 방법
	f : 흙막이 동바리	승낙	●시공 체제 ●작업 공정 ●기계기구류 ●사용 재료 [버팀대, 띠장 등] ●시공 순서와 방법

3. 굴착 흙막이공

(계속)

종 별	항 목	감독자 등	내 용
A. 시공 계획서	f : 흙막이 동바리	승낙	[어스 앵커] • 시험 위치, 방법 등 • 천공 방법 • 앵커 케이블 가공, 삽입 방법 • 주입 방법 • 긴장 방법 • 시멘트 페이스트 등의 품질 관리 방법 • 긴장 관리 방법 [중간말뚝] • 시공 순서와 시공 방법
	g : 터파기, 터잡기, 되메우기	승낙	• 시공 체제 • 작업 공정 • 기계기구류 • 사용 재료 • 터파기, 터잡기, 되메우기 방법 • 배수공 시공 방법 • 굴착 배토 방법 • 깔 자갈의 시공 방법 【필요에 따라 추가되는 사항】 [터파기면의 안정] • 히빙, 보일링, 지반 부풀음 등의 염려가 있는 경우의 조치 [터잡기면의 안정] • 히빙, 보일링 등으로 터잡기면이 거칠어진 경우의 조치 • 직접 기초 터잡기면의 토질 성상이 다른 경우의 조치
B. 공사기록 등	a : 오거 굴착 모르타르 주열벽	수리	• 강재의 규격증명서(신품을 示方한 경우) • 구멍의 위치, 간격, 구멍 지름, 깊이의 측정기록
	b : 지하 연속벽 • 굴착 • 철근공 • 콘크리트공	수리	• 강재의 규격증명서(신품을 示方한 경우) • 굴착 깊이, 벽두께, 수직성의 측정기록 • 산업폐기물의 처리기록 • 철근 조립 검사기록 • 콘크리트의 품질 관리기록
	c : 소일 시멘트 주열벽	수리	• 구멍 기둥의 구멍 지름, 깊이의 측정기록 • 소일 시멘트의 품질 관리기록
	d : 현장 타설말뚝식 주열벽	수리	• 강재의 규격증명서(신품을 示方한 경우) • 구멍의 구멍 지름, 경사, 깊이의 측정기록 • 산업폐기물의 처리기록
	e : 흙막이 동바리 • 어스 앵커	수리	• PC 강재의 규격증명서 • 기본 시험, 적성 시험, 확인 시험기록 • 천공의 위치, 방향, 지름, 길이의 측정기록
	f : 터잡기	수리	• 저면의 높이, 말뚝의 개수, 편위량의 측정기록 • 직접 기초인 경우의 지내력의 측정기록
	g : 점검	수리	• 굴착 저면의 용수(湧水), 부풀어 오른 상태 • 임시 흙막이벽의 변형, 흙막이 동바리의 변상 부재간의 이완

3. 굴착 흙막이공
(계속)

종 별	항 목	감독자 등	내 용
B. 공사기록 등	g : 점검	수리	• 임시 흙막이공 배면 지반의 변상(공동, 침하 등), 주변 구조물의 변상(침하, 균열 등) • 임시 흙막이벽으로부터의 누수, 수위, 변위 변화(우물의 수위 등)
C. 공사사진	a : 엄지말뚝 가로널말뚝, 강널말뚝	수리	• H형강, 강널말뚝의 이음 상태 • 구멍의 밑다짐 상태 • 되메우기의 시공 상태(인발 후의 상태)
	b : 오거 굴착 모르타르	수리	• 굴착 구멍의 위치, 구멍 지름, 간격, 깊이의 상태 • 심재의 이음 위치, 조립 상태
	c : 지하 연속벽	수리	• 굴착 깊이, 벽두께, 수직성 측정 • 안정액의 품질 관리 시험 상태 • 철근망의 조립, 이음 위치, 부속품 상태 • 콘크리트 수량과 치올라간 높이, 윗면 높이 측정 • 플런저(plunger)의 시공
	d : 소일 시멘트 주열벽	수리	• 구멍의 구멍 지름, 깊이 측정 • 소일 시멘트의 품질 관리 시험 상태
	e : 현장 타설말뚝식 주열벽	수리	• 구멍의 구멍 지름, 경사, 깊이 측정 • 안정액의 관리 상태 • 윗면 높이의 측정 • 심재의 조립, 이음 위치 • 플런저의 시공
	f : 흙막이 동바리 • 어스 앵커	수리	• 기본 시험, 적성 시험, 확인 시험 • 천공의 위치, 방향, 지름, 길이 측정 • 앵커 케이블의 가공 상태 • 자유 길이부와 정착 길이부의 절연 상태 • 스페이서, 패커의 설치 • 시멘트 페이스트의 품질 관리 상태 • 긴장 관리 상태
	g : 터파기	수리	• 비탈면의 보호 상태(필요에 따라)
	h : 터잡기	수리	• 히빙, 보일링 등으로 터잡기면이 거칠어진 경우의 조치 • 직접 기초 터잡기면의 토질 성상이 다른 경우의 조치 • 저면의 높이, 말뚝의 편위량 측정 • 직접 기초인 경우의 지내력 측정(필요에 따라)
	i : 되메우기	수리	• 되메운 후의 상태

4. 기초공

(계속)

종 별	항 목	감독자 등	내 용
A. 시공 계획서	a : 케이슨공	승낙	• 시공 체제 • 작업 공정 • 기계기구류 • 콘크리트배합 계획서 • 사용 재료(칼날 입구 제작, 콘크리트 재료) • 가설물(임시 잔교(棧橋), 물막이, 축도(築島) 방법 등) • 로트 분할, 침하 계획 • 케이슨 설치 방법 • 굴착 방법 • 콘크리트 타설 방법 • 지지층의 확인 방법 • 속채움 콘크리트 또는 바닥슬래브의 시공 방법 • 지수벽의 시공 방법 • 콘크리트의 품질 관리 방법 • 안전 관리 방법
	b : 타설말뚝공	승낙	• 시공 체제 • 작업 공정 • 기계기구류 • 사용 재료(KS 제품 이외는 품질 형상 자료 첨부) • 타설 순서 • 말뚝의 운반, 저장, 반입 • 시험말뚝 타설 계획 • 타설 정밀도의 확보 방법 • 타격 중지 관리 방법과 기준 • 현장 이음 용접 • 말뚝머리 처리 방법 【필요에 따라 추가되는 사항】 • 말뚝 길이의 변경을 요하는 경우 • 소정의 깊이까지 타설해도 타설 중지 조건을 만족할 수 없는 경우의 조치
	c : 현장 타설말뚝공	승낙	• 시공 체제 • 작업 공정 • 시공 관리기준 • 기계기구류 • 사용 재료 • 콘크리트배합 계획서 • 시험 굴착 계획 • 굴착 방법 • 안정액의 관리 방법 • 굴착토, 안정액의 처리 방법 • 지지층 확인 방법 • 구멍 바닥 처리 방법 • 철근공의 시공 방법 • 콘크리트 타설 방법 • 콘크리트의 품질 관리 방법 • 말뚝머리 처리 방법 【필요에 따라 추가되는 사항】 • 시험 혼합 결과 말뚝 길이의 변경을 요하는 경우 • 소정의 굴착이 곤란해진 경우의 조치 • 상태가 나쁜 철근을 열 가공하는 경우 • 더돋기가 현저히 작아지는 경우의 조치 • 더돋기 콘크리트의 일부를 경화 전에 처리하는 경우의 처리

4. 기초공

(계속)

종 별	항 목	감독자 등	내 용
A. 시공 계획서	d : 심초(深礎)말뚝공	승낙	• 시공 체제 • 작업 공정 • 기계기구류 • 사용 재료 • 시공 순서 • 흙막이 재료 • 굴착 방법 • 지지층 확인과 구멍 바닥 처리 방법 • 콘크리트 타설 방법 • 배수, 지수 방법, 뒤채움 주입의 시공 관리 • 콘크리트의 품질 관리 방법 【필요에 따라 추가되는 사항】 • 용수(湧水)가 많은 사질토층에서의 필요한 조치 • 연약 점토층에서의 필요한 조치(디프웰, 웰포인트 등) • 소정의 깊이에 도달하기 전에 지지층과 확인할 수 있는 토층이 나타난 경우의 조치 • 지지층의 강도가 부족하다고 생각되는 경우
B. 공사기록 등	a : 케이슨공	수리	• 콘크리트의 품질 관리기록 • 철근, 강재의 규격증명서 • 각 침하별 편위, 경사 측정기록 • 굴착토량과 침하와의 관련기록(오픈 케이슨) • 지지층의 확인과 검척기록 • 지지층의 강도 시험성적서(필요에 따라)
	b : 타설말뚝공	수리	• 재료의 규격증명서 또는 시험성적서 • 타격 중지 관리기준 • 타설기록 • 용접공의 자격, 경력서 • 용접 이음기록
	c : 현장 타설말뚝공 • 시험 굴착 • 지지층의 확인 • 구멍 바닥 처리 • 철근공 • 콘크리트	수리	• 지지층의 확인, 검측기록 • 굴착 중의 토질 변화별 굴착토의 채취 자료 • 슬라임 등의 침전 시험기록 • 시공 정밀도의 기록 • 철근망의 조립, 이음 위치 검사기록 • 굴착토의 채취 자료와 측정기록 • 콘크리트 타설 직전에 있어서 구멍 바닥 처리 후의 심도(深度) 측정기록 • 철근 규격증명서 • 철근망의 조립, 이음 위치 검사기록 • 콘크리트의 품질 관리기록
	d : 심초말뚝공	수리	• 콘크리트의 품질 관리기록 • 철근 규격증명서 • 철근의 조립기록 • 철근의 윗면 높이기록 • 뒤채움 주입재의 품질 관리기록 • 지지층 확인기록 • 주입재, 주입량기록
C. 공사사진	a : 케이슨공	수리	• 임시 잔교(棧橋), 축도(築島), 물막이공의 시공 • 칼날 입구 설치 위치 • 지내력이 없는 경우의 조치 • 자중(自重)에 의해 침하가 곤란한 경우의 조치 • 지지층이 부족한 경우의 조치 • 저면 지반의 정정(整正), 수중인 경우는 바닥 준설 상태

4. 기초공

종 별	항 목	감독자 등	내 용
C. 공사사진	b : 타설말뚝공	수리	● 재료 ● 세우기, 타설 상태 ● 소정의 깊이까지 타설해도 타설 중지 조건을 만족할 수 없는 경우의 조치 ● 용접부의 제1층과 맨 마지막 층의 컬러 체크와 보수 후의 재검사 ● 말뚝머리 처리
	c : 현장 타설말뚝공	수리	● 시험 굴착 시공 ● 지지층의 확인 ● 구멍 바닥 처리 검사 ● 철근 검사 ● 플런저의 설치 상태 ● 말뚝머리 처리의 더돋기가 현저히 작아지는 경우의 조치
	d : 심초말뚝공	수리	● 전기 설비, 배수 설비, 환기 설비 ● 더돋기에 따른 흙막이재 배면 공극(空隙)의 조치 ● 주변 지반 대책 ● 지지층 확인과 구멍 바닥 처리 ● 철근망 조립, 이음 위치 ● 콘크리트 시공

5. 무근(無筋) 및 철근 콘크리트 적용 구조물 – (A)슬래브 거더・T거더・합성 거더・고가교・교대・교각・박스 라멘 등

종 별	항 목	감독자 등	내 용

A. 시공 계획서	시공 계획서	승낙	●시공 체제
			●작업 공정
			●재료
			   시멘트와 철근
			   혼화재와 혼화제
			   물(유해물의 함유량)
			   골재(입도, 강도, 내구성, 유해물 함유량, 알칼리 골재 반응)
			   배합 계획
			●시공 방법
			   거푸집 동바리(설계계산서 포함)
			   철근공
			   타설
			   양생, 이음매
			●가스 압접 계획
			   압접 위치
			   사용기구
			   용접공의 자격
			   검사, 시험 방법
			●방수 계획
			   재료
			   콘크리트면의 앞처리, 적층법
			   이음매와 연단(緣端) 처리법
			●한중(寒中)과 서중(署中) 콘크리트의 시공법
			●기계기구
			●품질 관리 계획

B. 공사기록 등	a. 거푸집 ●조립	수리	●조립 검사기록

	b : 철근공
	  ●조립
	  ●열간 압발(熱間 押拔) 검사
		수리	●철근 규격증명서
			●철근 조립 검사기록
			●압접부 검사보고서

	c : 콘크리트 타설	수리	●형상, 치수의 기록
	d : 품질 관리 ●시험결과	수리	●품질 관리기록
C. 공사사진	a. 거푸집공	수리	●거푸집 조립 검사
	b : 철근공	수리	●철근 조립 검사 ●철근 압접 상황

	c : 콘크리트공	수리	●콘크리트 타설
			   타설 상황
			   양생 상태
			●형상, 치수의 측정
			●콘크리트의 품질 관리 상황

6. 무근(無筋) 및 철근 콘크리트 적용 구조물 – (B) 측구 · 수채통 · 옹벽 · 난간 · 격자틀공 등

종별	항목	감독자 등	내용

A. 시공 계획서	시공 계획서	승낙	• 시공 체제
			• 작업 공정
			• 재료
			    시멘트와 철근
			    혼화재와 혼화제
			    물(유해물의 함유량 등)
			    골재(입도, 강도, 내구성, 유해물 함유량, 알칼리 골재 반응)
			    배합 계획
			• 시공 방법
			    철근공
			    타설
			    양생, 이음매
			• 기계기구
			• 품질 관리 계획

B. 공사기록 등	a : 거푸집공 • 조립	수리	• 조립 검사기록
	b : 철근공 • 조립	수리	• 철근 규격증명서 • 철근 조립 검사기록
	c : 콘크리트 타설	수리	• 형상, 치수의 기록
	d : 품질 관리 • 시험결과	수리	• 품질 관리기록
C. 공사사진	a : 거푸집공	수리	• 거푸집 조립 검사
	b : 철근공	수리	• 철근 조립 검사
	c : 콘크리트공	수리	• 콘크리트 타설 • 형상, 치수 측정 • 콘크리트의 품질 관리 상황

7. 프리스트레스트 콘크리트

종 별	항 목	감독자 등	내 용
A. 시공 계획서	시공 계획서	승낙	• 시공 체제 • 작업 공정 • 주요 재료(품질증명, 저장 방법) • 정착구, 접속 철물 • 거더 제작(거푸집 방법, 동바리, 거더 제작 베이스, 제작 양생 긴장, 계획, PC 그라우트) • 운반, 가설 • 베어링 • 기계기구류 • 품질 관리 계획
B. 공사기록 등	a : 거푸집공 • 조립	수리	• 조립 검사기록
	b : PC 강재공 • PC 강재 시스 정착구의 배치	수리	• 규격증명서 • 조립 검사기록
	c : 콘크리트공	수리	• 콘크리트의 품질 관리기록 • 형상, 치수의 기록
	d : 긴장공 • 긴장 관리	수리	• 긴장 관리기록
	e : 그라우트공 • 품질 관리	수리	• PC 그라우트 품질 관리기록
	f : 운반과 가설	수리	• 거더 아래 공두(空頭)한계 치수의 측정기록 • 슈와 스토퍼의 설치기록
C. 공사사진	a : 거푸집공 • 조립	수리	• 조립 검사 상황
	b : PC 강재공 • PC 강재 시스 정착구의 배치	수리	• 조립 검측 상황
	c : 콘크리트공	수리	• 콘크리트의 품질 관리 상황 • 콘크리트 타설 상황 • 형상, 치수의 기록
	d : 긴장공 • 긴장 관리	수리	• 긴장 상태
	e : 그라우트공 • 품질 관리	수리	• PC 그라우트 시공 상황
	f : 운반과 가설	수리	• 가설 상황 • 슈와 스토퍼의 설치

8. 터널(산악 터널) (계속)

종 별	항 목	감독자 등	내 용

A. 시공 계획서	시공 계획서	승낙	• 시공 체제
			• 작업 공정
			• 시공 방법(굴착 방법, 지보공 계획, 복공 계획, 방수공, 배수공)
			• 사용 기계
			• 사용 재료(기구류 등)
			• 임시 설비
			• 관찰, 계측 계획
			• 안전위생 계획
			• 기타
			
			【필요에 따라 추가되는 사항】
			[지보 패턴의 변경]
			• 굴착 공법(시공 순서, 벤치 길이 등을 포함)
			• 변형 여유량
			• 지보 패턴
			• 굴착 단면 형상
			• 보조 공법
			※주입공을 필요로 하는 경우는 주입공 항 참조
			
			[보조 공법]
			• 막장 안정 대책
			  1) 윗면 안정 대책
			  2) 막장 안정 대책
			• 지하 대책
			  1) 배수 대책
			  2) 지수 대책
			• 지표침하 대책
			
			[록 볼트]
			• 시공 방법, 지질, 정착 방식 등을 고려하여 형상, 치수 등 검토
			• 특히 변형이 큰 지보공에 대해서는 록 볼트 길이, 베어링 플레이트 등 검토
			
			[강제 지보받침대]
			• 강 아치 지보공 형상의 변경이 필요한 경우는 지질, 굴착 방법, 콘크리트 타설 방법 등을 고려하여 형상, 치수 검토
			  (특히 변형 여유량, 여유량, 가축(可縮) 등에 대해서 검토)
			
			[인버트]
			• 굴착공(시공 순서, 토사운반 등)
			• 콘크리트 타설 방법, 시기, 굴착면의 처리

B. 공사기록 등	a : 측량	수리	• 중심 측량, 수준 측량의 기록
	b : 설비 갱내와 갱외	수리	• 탁수(濁水) 처리 데이터
	c : 굴착	수리	• 굴진기록 • 관리기준값과 수정값 기록 • 변형 여유량의 기록
	d : 지보 패턴의 변경	수리	• 변경의 기준이 되는 관찰, 계측기록

8. 터널(산악 터널)

종 별	항 목	감독자 등	내 용
B. 공사기록 등	e : 지보공 • 숏크리트	수리	• 모르타르 또는 콘크리트 등의 배합 시험성적서 • 철망, 강섬유 등의 규격증명 또는 시험성적표 • 숏크리트두께 측정기록
	f : 록 볼트	수리	• 규격증명 또는 시험성적표 • 정착재의 시험성적표 • 록 볼트의 시공기록 • 사전 인발(引拔) 시험기록 • 록 볼트의 품질 관리기록
	g : 강제 지보공	수리	• 강재의 규격증명, 시험성적서 • 지보공의 종류별 세우기기록
	h : 복공 • 재료 • 시공	수리	• 방수 시트, 지수판, 균열 방지 재료 등의 규격증명서 또는 성적표 • 복공두께별 연장(延長) 측정기록 • 내공 단면 측정 • 대피소 그 밖의 설치갱의 위치와 형상, 치수의 기록 • 콘크리트의 품질 관리기록
	i : 인버트 • 라이닝두께, 강도	수리	• 라이닝두께 측정 • 콘크리트의 품질 관리기록
	j : 기타 • 관찰, 계측기록	수리	• 관찰 계측기록
C. 공사사진	a : 측량	수리	• 다월(dowel) 설치 상황
	b : 설비	수리	• 설비 상황
	c : 굴착 • 지보 패턴의 변경	수리	• 굴착 방식 • 지보 패턴 간격과 1굴진 길이 • 지보 패턴의 변경
	d : 지보공 • 숏크리트 • 록 볼트 • 강제 지보공	수리	• 숏크리트 상태 • 록 볼트 시공 상황 • 지보공의 기수(基數), 간격
	e : 복공	수리	• 터널 연장(延長), 내공 단면, 복공두께 • 콘크리트 품질 관리 상황
	f : 인버트	수리	• 라이닝두께 측정 • 콘크리트의 품질 관리 상황
	g : 관찰, 계측	수리	• 측점 위치, 배치 등

9. 터널(실드공)

(계속)

종 별	항 목	감독자 등	내 용
A. 시공 계획서	시공 계획서	승낙	• 시공 체제 • 작업 공정 • 시공 방법 • 지장물, 매설물 조사 • 임시 설비 배치, 입갱 설비, 압기(壓氣) 설비, 공해 방지 설비, 안전 설비, 이수(泥水) 처리 설비 • 실드 기계, 세그먼트의 제작 • 뒤채움 주입(배합, 주입량 등), 2차 복공(배합) • 방수공 사용 재료 • 실드 굴진 관리 방법
B. 공사기록 등	a : 측량	수리	• 중심선, 수준 측량의 기록
	b : 실드 기계	수리	• 형상, 치수의 기록 • 임시 조립 검사기록 • 기계 성능서 • 운반, 조립 순서도
	c : 세그먼트 제작	수리	• 형상, 치수의 기록 • 콘크리트의 품질 관리기록 • 보관 상태기록
	d : 실드 추진 • 추진과 흙막이 • 지표와 근접 구조물의 감시	수리	• 추진 이동량, 변위량, 추력(推力), 사행량(蛇行量) 등의 기록 • 지표와 근접 구조물의 경시(經時) 변화기록
	e : 복공	수리	• 세그먼트 진원도의 측정기록 • 내공 단면 측정기록 • 철근 품질증명서 • 철근 조립기록 • 거푸집 측정기록 • 콘크리트의 품질기록
	f : 뒤채움 주입 • 주입기록	수리	• 주입량기록 • 주입 재료의 품질 관리기록
	g : 2차 복공	수리	• 내공 단면 측정기록 • 복공 라이닝두께 검사기록
C. 공사사진	a : 실드 기계	수리	• 형상, 치수의 측정 • 임시 조립 검사 상황
	b : 세그먼트	수리	• 형상, 치수의 측정 • 콘크리트의 품질 관리 상황 • 보관 상태
	c : 실드 추진	수리	• 발진 설비의 시공 • 굴진과 흙막이 시공 • 지표와 근접 구조물의 감시
	d : 1차 복공	수리	• 세그먼트 조립 상태 • 내공 단면 측정 상황
	e : 뒤채움 주입공	수리	• 시공 상태

9. 터널(실드공)

종 별	항 목	감독자 등	내 용
C. 공사사진	f : 방수공	수리	• 시공 상태
	g : 2차 복공	수리	• 시공 상태 • 내공 단면 측정 상황 • 복공 라이닝두께 검사 상황

10. 강 구조물 제작(열차 하중을 재하(載荷)하는 것)

종 별	항 목	감독자 등	내 용

A. 시공 계획서	시공 계획서
	(제작요령서)
		승낙	●제작 방법
			●제작 공정
			●재료와 부품
			●부분 조립, 역 조립
			●품질 관리 방법
			●수송
			●용접공의 자격
			●기타
			
			【필요에 따라 추가되는 사항】
			[실물 치수와 먹매김]
			●정정(訂正)을 필요로 하는 것
			
			[휨 가공]
			●주요 부재의 강판으로 판두께의 15배 이하인 경우와 한랭지용 강재를 휨 가공하는 경우
			
			[용접 이음]
			●자동 용접, 반자동 아크 용접과 수(手) 용접 이외의 용접을 하는 경우 (일본의 예)
			  1. 토목 공사 표준시방서 8-7-(8)에 규정하는 것 이외의 엔드탭을 사용하는 경우
			  2. 반자동 아크 용접을 토목 공사 표준시방서 표 8-15의 여열(余熱) 조건 이외로 시공하는 경우
			  3. 토목 공사 표준시방서 8-7-(3) 8)에 규정하는 용착 금속의 샤르피 흡수 에너지를 확인하는 경우
			  4. 기타 특별한 경우

B. 공사기록 등	a : 재료	수리	●규격증명서, 시험 또는 검사성적표
	b : 실물 치수와 먹매김	수리	●실물 치수 검사보고서 ●휨 가공, 시공 시험성적표
	c : 볼트 이음 고장력 볼트	수리	●고장력 볼트 조임기록 ●규격증명서 또는 시험성적표
	d : 용접 이음 용접부 시험과 검사	수리	●비파괴 검사보고서
	e : 임시 조립과 부재 검사	수리	●임시 조립 검사보고서
	f : 수송	수리	●조립 부호도
C. 공사사진	a : 가공	수리	●실물 치수 검사 상황 ●휨 가공 상황
	b : 용접 이음	수리	●용접 상황 ●비파괴 검사
	c : 고장력 볼트	수리	●고장력 볼트 조임
	d : 임시 조립	수리	●임시 조립 검사

11. 강 구조물의 현장 조립·가설(열차 하중을 재하(載荷)하는 것)

종 별	항 목	감독자 등	내 용
A. 시공 계획서	시공 계획서	승낙	• 시공 체제 • 공사 공정 • 시공 방법 • 작업 공정 • 사용 기계의 성능, 수량 • 가설물의 구조 • 가설에 따른 응력계산 • 품질 관리 방법 • 용접공의 자격 • 기타
B. 공사기록 등	a : 구조물 조립	수리	• 조립 검사기록
	b : 가설(架設)	수리	• 거더 아래 공두(空頭), 한계 치수 등의 측정기록 • 슈의 위치 등의 측정기록
	c : 고장력 볼트 검사	수리	• 조임 검사기록 • 규격증명서 또는 시험성적서

	d : 현장 용접
	  • 작업 관리
	  • 시공 시험
		수리	• 관리 시트
			• 비파괴 검사보고서
			• 시공 시험성적서

C. 공사사진	a : 조립	수리	• 조립 검사
	b : 가설	수리	• 가설 상황 • 슈 등의 시공
	c : 고장력 볼트	수리	• 조임 상태
	d : 현장 용접	수리	• 용접 상황 • 용접 시공 시험

12. 일반 강 구조물 제작 현장 조립(열차 하중을 재하(載荷)하지 않는 것)

종 별	항 목	감독자 등	내 용
A. 시공 계획서	a : 시공 계획서(제작편) 　　(제작요령서) (주) 경미한 공사에 대해서는 감독자의 양해를 얻어 생략하는 것이 가능하다.	승낙	● 재료와 부품 ● 용접공의 자격 ● 제작 방법 ● 제작 공정 ● 품질 관리 방법 ● 수송 ● 기타 【필요에 따라 추가되는 사항】 [냉간 휨 가공] ● 안쪽 반지름은 판두께의 15배 이하로 휨 가공하는 경우
	b : 시공 계획서(현장 조립편)	승낙	● 시공 방법 ● 작업 공정 ● 사용 기계기구류 ● 가설물의 구조 ● 품질 관리 방법
B. 공사기록 등	a : 재료	수리	● 규격증명서, 시험 또는 검사성적서
	b : 볼트 이음 　● 고장력 볼트 검사	수리	● 고장력 볼트의 시험성적서 ● 볼트의 조임 검사기록
	c : 용접 　● 용접부 검사	수리	● 비파괴 검사보고서
	d : 임시 조립과 부재 검사	수리	● 임시 조립 검사보고서
	e : 표면 처리공	수리	● 조립 부호도 ● 도장 검사보고서 ● 용융 아연 도금 부착기록
	f : 수송	수리	● 포장증명서
C. 공사사진	a : 가공	수리	● 실물 치수 검사 상황 ● 휨 가공 상황
	b : 용접 이음	수리	● 용접 상황 ● 비파괴 검사
	c : 고장력 볼트	수리	● 고장력 볼트의 조임
	d : 임시 조립	수리	● 임시 조립 검사
	e : 조립	수리	● 조립 검사
	f : 가설	수리	● 가설 상황
	g : 고장력 볼트	수리	● 조임 상태
	h : 현장 용접	수리	● 용접 상황 ● 용접 시공 시험

13. 도장공

종 별	항 목	감독자 등	내 용
A. 시공 계획서	시공 계획서	승낙	• 도장의 종류와 품질 • 바탕 다듬질 방법 • 도료의 품질 • 도장 방법 • 시공 관리 방법 • 작업 공정 • 기타
B. 공사기록 등		수리	• 도료의 품질·규격증명서 • 바탕 다듬질과 도장 각 층의 기록 • 도료의 사용량에 관한 기록 • 도장 작업 시공 관리기록 • 도장두께의 측정기록
C. 공사사진		수리	• 바탕 다듬질 상황 • 사용량 확인 • 각 층별의 기록(컬러) • 도장두께의 측정 상황

14. 주입공(지반 주입)

종 별	항 목	감독자 등	내 용
A. 시공 계획서	시공 계획서	승낙	• 시공 체제 • 작업 공정 • 시공 방법 　(주입 방식, 주입 구멍의 배치, 주입 순서, 단계 등) • 기계기구류 　(기계 설비 배치도) • 사용 재료 　(주입재의 성분표와 배합표 등) • 기타
B. 시공	a : 주입재 　• 수량 관리 　• 품질 관리	입회 (임의추출)	• 재료(물유리, 시멘트 등)의 반입량 확인 • 포대용품은 필요에 따라 마킹 • 물유리 반입시에 비중, 액온(液溫) 측정 • 시공 중에는 액온, 겔화 시간 측정
	• 현장배합 시험	입회	• 수질, 수온, 겔화 시간 확인
	b : 현장 주입 시험	입회	• 수온, 수질, 겔화 시간 확인 • 주입률, 주입재, 주입 구멍 간격, 주입 속도, 주입압 확인
	c : 본시공 　• 시험 주입	입회	• 주입 속도, 주입 압력, 겔화 시간, 주변의 영향, 주입재의 배합 등 확인
	• 시공 중	입회 (임의추출)	• 천공 심도, 주입 각도의 측정 • 주입 속도, 주입 압력의 관리(주입 압력의 변동에 주의) • 자기기록지의 속도 확인
C. 공사기록 등	a : 주입재 　• 수량 관리 　• 품질 관리 　• 현장배합 시험	수리	• 납입전표(사인 등의 확인) • 계량표 • 재료의 수납·지불과 재료 관리도 • 자기기록지 • 비중, 액온, 겔화 시간 등의 측정기록 • 배합 시험기록
	b : 현장 주입 시험	수리	• 현장 주입 시험보고서
	c : 본시공 　• 시험 주입 　• 시공결과	수리	• 시험 주입기록 • 주입관 심도, 구멍 각도의 측정기록 • 주입 속도, 주입 압력의 측정기록
	d : 주입 효과	수리	• 주입 효과의 확인기록
	e : 수질 등의 검사	수리	• 수질 검사기록
D. 공사사진	a : 주입재	수리	• 입하사진 • 사용량 확인사진
	b : 시공	수리	• 주입 설비 상황 • 천공 심도기록사진 • 유량계 작동 상태
	c : 주입 효과	수리	• 주입 효과 확인 시험 상황
	d : 수질 등의 검사	수리	• 수질 검사 상황

15. 주입공(터널 뒤채움 주입)

종 별	항 목	감독자 등	내 용
A. 시공 계획서	시공 계획서	승낙	• 시공 체제 　(시공 관리 구분 명시) • 작업 공정 • 시공 방법 • 기계기구류 • 사용 재료 • 배합표 등 • 기타
B. 공사 기록 등	a : 주입재	수리	• 입하전표 • 재료의 수납·지불장부
	b : 현장배합 시험	수리	• 배합 시험기록
	c : 시공	수리	• 주입기록 　(위치, 압력, 주입량)
C. 공사사진	a : 주입재	수리	• 입하 상황 • 사용량 확인
	b : 시공	수리	• 주입 시공 상황

토목 공사 준공 검사 지침

1. 총칙
   (1) 목적
       이 지침은 토목 도급 공사의 준공 검사에 있어서 표준적인 처리 방법을 나타낸 것이다.
   (2) 검사자가 작성한 자료 등

자료 등	근 거 규 정
준공 조서(調書) 검사보고	계약 사무 규정 공사 감독 · 준공 검사기준(규정)

   (3) 공통

종 별	항 목	검 사 방 법	
		현지 확인(임의추출)	자료에 의한 확인(임의추출)
전반(全般)	• 준공 수량계산서 (수량 대조표 포함)		수량 · 금액
	• 지급(支給) 재료의 사용 상태		지급 재료 조서(調書)와 사용 수량
	• 임여품(賃與品)의 반납 상태		관계서류
	• 발생품의 처리 상태		발생품 조서와 발생 수량
	• 재산(財産)의 제거와 이동에 관한 서류		관계서류
	• 시공기록		각종 시험, 검사 등의 실시기록, 시공 중의 검측, 사진 등의 기록
	• 변상(變狀) 기록		변상 등이 있는 경우는 그 변상도, 발생 시기, 원인, 처리 방법 등의 기록
	• 공사사진		시공 전 · 시공 중 · 시공 후
	• 준공도 또는 최종 설계도와 목적물과의 대조	위치, 형상, 치수 및 건축한계 등의 실측	준공도 또는 최종 설계도 건축한계의 확인기록
	• 공사의 완성도	외관 검사, 임의추출 검사, 비파괴 검사 등	
	• 시공 종료 후의 상태	원상복구, 가설물 철거, 적편부(跡片付)	
	• 기타		도상(道床) 블라스트 검수일표 등

2. 토공(土工)

(계속)

종별	항목	검사 방법	
		현지 확인(임의추출)	자료에 의한 확인(임의추출)
A. 공사기록 등	a. 성토 • 다짐도 시험 • 노상면의 마무리 상태 검사 • 노상면의 강도 시험	• 주요 치수의 실측	• 현장의 밀도 시험기록, 흙의 다짐 시험기록, 시험사진 • 검사기록 • 평판 재하 시험성적서, 시험사진
	b. 절토와 바탕 • 노반면이 근접한 경우의 시행(施行) • 노상면의 마무리 상태 검사 • 노상면의 강도 시험	• 주요 치수의 실측	• 각종 시험성적서, 시험사진 • 검사기록 • 평판 재하 시험성적서, 시험사진
	c. 노반 • 노반의 다짐도 시험 • 노반의 마무리 상태 검사		• 현장의 밀도 시험기록, 흙의 다짐 시험기록, 평판 재하 시험성적서, 시험사진 • 검사기록
	d. 흙막이벽 • 마무리 상태 검사	• 주요 치수의 실측	• 검사기록
	e. 비탈면공 • 마무리 상태 검사	• 주요 치수의 실측	• 검사기록
	f. 관(管)과 U형구 • 마무리 상태 검사	• 주요 치수의 실측	• 검사기록
	g. 보강토벽 • 다짐도 시험 • 마무리 상태 검사	• 주요 치수의 실측	• 현장의 밀도 시험기록, 흙의 다짐 시험기록 • 검사기록
B. 공사사진	a. 성토		• 시공 지반의 처리 체수(滯水), 용수(湧水)의 조치 연약 지반의 조치 배붙임 성토, 층단깎기 설빙(雪氷) 등의 제거 • 전압 방법, 1층별 마무리 상태 • 어프로치 블록의 시공 • 층두께 관리재의 부설(敷設) • 비탈면 부근의 전압 상태 • 다짐도의 시험 상황 • 노상면의 강도 시험 상황
	b. 절토와 바탕		• 배수 처리, 배수공 • 비탈면에 용수(湧水)가 있는 경우의 조치 • 절토 하부 굴착 등을 하는 경우의 시공 • 시공 기면(基面) 부근의 절토 시공 • 노반면이 근접한 경우의 각종 시험 상황 • 노반면의 강도 시험 상황
	c. 노반		• 강화 노반의 시공 포설두께, 전압 상태, 구조물 설치부, 갓길의 다짐

2. 토공(土工)

종 별	항 목	검 사 방 법	
		현지 확인(임의추출)	자료에 의한 확인(임의추출)
B. 공사 사진	c : 노반		• 흙 노반의 시공 1층의 마무리두께, 전압 상태, 구조물 설치부, 갓길의 다짐 • 노반 다짐도의 시험 상황
	d. 흙막이벽		• 지지 지반이 연약한 경우의 조치 • 굴착, 되메우기, 전압 시공 • 줄눈, 배수공 시공 • 거푸집, 뒤채움 잡석 시공

	e. 비탈면공		• 식생공(植生工) 시공
			  대꼬챙이, 채움 흙의 시공
			• 돌붙임공 시공
			  끝부분 맞추기, 틈막이 시공
			• 격자틀공 시공
			  되메우기, 전압 상태
			  기제(旣製) 격자틀의 조립
			• 블록붙임 시공
			  줄눈, 배수공 시공
			• 숏크리트(모르타르와 콘크리트)공 시공
			  철망, 검측 핀의 시공

	f. 관과 U형구		• 복설면(伏設面)의 시공 • 이음, 줄눈, 되메우기 시공
	g. 보강토벽		• 지지 지반이 국부적으로 연약한 경우의 조치 • 스킨(skin)이 변상을 일으킨 경우의 조치 • 기초 콘크리트의 시공 • 스킨 배면의 다짐 상태 • 다짐도의 시험 상황

3. 굴착 흙막이공

(계속)

종 별	항 목	검 사 방 법	
		현지 확인(임의추출)	자료에 의한 확인(임의추출)
A. 공사 기록	a. 오거 굴착 모르타르 주열벽 • 모르타르의 품질 관리 • 구명의 위치, 간격, 구명 지름, 깊이 측정	• 주요 치수의 실측	• 품질 관리기록 • 검사기록
	b. 지하 연속벽 • 굴착 • 철근공 • 콘크리트공		• 측정기록 • 산업폐기물의 처리기록 • 조립 검사기록 • 품질 관리기록
	c. 소일 시멘트 주열벽 • 구명 기둥의 구명 지름, 깊이 측정 • 소일 시멘트의 품질 관리		• 측정기록 • 품질 관리기록, 시험사진
	d. 현장 타설말뚝식 주열벽 • 구명 기둥의 구명 지름, 경사, 깊이 측정 • 산업폐기물의 처리		• 측정기록 • 처리기록
	e. 흙막이 동바리·어스 앵커 • 기본 시험, 적성 시험, 확인 시험 • 천공의 위치, 방향, 지름, 길이 측정		• 각종 시험기록, 시험사진 • 측정기록
	f. 터잡기 • 저면의 높이, 말뚝의 개수, 편위량 측정 • 직접 기초인 경우의 지내력 측정(필요에 따라)		• 측정기록 • 지지층의 강도 시험기록
	g. 점검 • 굴착 저면의 용수, 부풀어 오른 상태 • 임시 흙막이벽의 변형, 흙막이 동바리의 변상 부재간의 이완(헐거움) • 임시 흙막이공 배면 지반의 변상(공동, 침하 등), 주변 구조물의 변상(침하, 균열 등) • 임시 흙막이벽으로부터의 누수, 수위, 변위 변화(우물의 수위 등)		• 점검기록 • 점검기록 • 점검기록 • 점검기록
B. 공사 사진	a. 엄지말뚝 가로널말뚝, 강널말뚝		• H형강, 강널말뚝의 이음 상태 • 구명의 밑다짐 상태 • 되메우기의 시공 상태(인발 후의 상태)
	b. 오거 굴착 모르타르		• 굴착 구명의 위치, 간격, 구명 지름, 깊이 상태 • 심재의 이음 위치, 조립 상태
	c. 지하 연속벽		• 굴착 깊이, 벽두께, 수직성 측정 • 안정액의 품질 관리 시험 상태 • 철근망의 조립, 이음 위치, 부속품 상태 • 콘크리트 수량과 치올라간 높이, 윗면 높이의 측정 • 플런저의 시공
	d. 소일 시멘트 주열벽		• 구명의 구명 지름, 깊이 측정 • 소일 시멘트의 품질 관리 시험 상태

3. 굴착 흙막이공

종 별	항 목	검 사 방 법	
		현지 확인(임의추출)	자료에 의한 확인(임의추출)
B. 공사 사진	e. 현장 타설말뚝식 주열벽		• 구멍의 구멍 지름, 경사, 깊이 측정 • 안정액의 관리 상태 • 구멍 충전재 수량과 치올라간 높이, 윗면 높이의 측정 • 심재의 조립, 이음 위치 • 플런저(plunger)의 시공
	f. 흙막이 동바리 어스 앵커		• 기본 시험, 적성 시험, 확인 시험 • 천공의 위치, 방향, 지름, 길이 측정 • 앵커 케이블의 가공 상태 • 자유 길이부와 정착 길이부의 절연 상태 • 스페이서, 패커의 설치 • 시멘트 페이스트의 품질 관리 상황 • 긴장 관리 상황
	g. 터파기		• 비탈면의 보호 상태(필요에 따라)
	h. 터잡기		• 히빙, 보일링 등으로 터잡기면이 거칠어진 경우의 조치 상황 (필요에 따라) • 직접 기초 터잡기면의 토질 성상이 다른 경우의 조치 상황 • 저면의 높이, 말뚝의 편위량 측정 • 직접 기초인 경우의 지내력 측정 (필요에 따라)
	i. 되메우기		• 되메우기 상태

4. 기초공

종 별	항 목	검 사 방 법	
		현지 확인(임의추출)	자료에 의한 확인(임의추출)
A. 공사 기록	a. 케이슨공 • 각 침하별 편위, 경사 측정 • 굴착토량과 침하와의 관련 　(오픈 케이슨) • 지지층의 확인 • 지지층의 강도 시험 　(필요에 따라)		• 검사기록 • 관리기록 • 지지층의 확인과 검척기록 • 지지층의 강도 시험성적서
	b. 타설말뚝공 • 시험말뚝 타설 • 본(本)말뚝		• 타격 중지 관리기준 • 타설기록 • 용접 이음기록
	c. 현장 타설말뚝공 • 시험 굴착 • 본말뚝 • 지지층의 확인 • 철근망의 조립 • 구멍 바닥 처리		• 지지층의 확인기록 • 시공 정밀도의 검사기록 • 조립 검사기록 • 지지층의 확인기록 • 조립 검사기록 • 확인기록 • 검사기록 • 처리 후의 측정기록
	d. 심초(深礎)말뚝공 • 지지층의 확인 • 철근의 조립 • 뒤채움 주입		• 확인기록 • 검사기록 • 주입재, 주입량기록
B. 공사 사진	a. 케이슨공		• 임시 잔교(棧橋), 축도(築島), 물막이 　공의 시공 • 칼날 입구 설치 위치 • 저면 지반의 정정(整正), 수중의 경우 　는 바닥 준설 상태
	b. 타설말뚝공		• 재료의 치수 검사 • 세우기, 타설 상태 • 용접부의 제1층과 맨 마지막 층의 컬러 　체크와 보수 후의 재검사 상황 • 말뚝머리 처리 상황
	c. 현장 타설말뚝공		• 시험 굴착 시공 • 용접부의 제1층과 맨 마지막 층의 컬러 　체크와 보수 후의 재검사 상황 • 말뚝머리 처리 상황 • 지지층 확인 • 구멍 바닥 처리 검사 • 철근 검사 • 플런저 설치
	d. 심초말뚝공		• 지지층 확인과 구멍 바닥 처리 • 철근망 조립, 이음 위치 • 콘크리트 시공 • 주변 지반 대책

5. 무근(無筋) 및 철근 콘크리트 적용 구조물 – (A)슬래브 거더 · T거더 · 합성 거더 · 고가교 · 교대 · 교각 · 박스 라멘 등

종 별	항 목	검 사 방 법	
		현지 확인(임의추출)	자료에 의한 확인(임의추출)
A. 공사 기록	a. 거푸집공 • 조립		• 검사기록
	b. 철근공 • 조립 • 압접(熱間 押拔)		• 검사기록 • 검사보고서
	c. 콘크리트 타설 • 형상, 치수	• 주요 치수의 실측 • 시공 이음, 신축 줄눈의 시공 상태	• 검사기록
	d. 품질 관리		• 관리기록
B. 공사 사진	a. 거푸집공		• 조립 상태
	b. 철근공		• 조립 상태
	c. 콘크리트공		• 콘크리트 타설 상황

6. 무근(無筋) 및 철근 콘크리트   적용 구조물－(B) 측구·수채통·옹벽·난간·격자틀공 등

종 별	항 목	검 사 방 법	
		현지 확인(임의추출)	자료에 의한 확인(임의추출)
A. 공사 기록	a. 거푸집공 • 조립		• 검사기록
	b. 철근공 • 조립		• 검사기록
	c. 콘크리트 타설 • 형상, 치수	• 주요 치수의 실측 • 시공 이음, 신축 줄눈의 시공 상태	• 검사기록
	d. 품질 관리		• 관리기록
B. 공사 사진	a. 거푸집공		• 조립 상태
	b. 철근공		• 조립 상태
	c. 콘크리트공		• 콘크리트 타설 상황

7. 프리스트레스트 콘크리트

종 별	항 목	검 사 방 법	
		현지 확인(임의추출)	자료에 의한 확인(임의추출)
A. 공사 기록	a. 거푸집공 • 조립		• 검사기록
	b. PC 강재공 • PC 강재 시스 정착구의 배치		• 검사기록
	c. 콘크리트공 • 품질 관리 • 형상, 치수	• 주요 치수의 실측	• 관리기록 • 검사기록
	d. 긴장공 • 긴장 관리		• 관리기록
	e. 그라우트공 • 품질 관리		• 관리기록
	f. 운반과 가설 • 거더 아래 공두(空頭) 한계 치수 • 슈(shoe)와 스토퍼(stopper)의 설치		• 검사기록 • 검사기록
B. 공사 사진	a. 거푸집공		• 조립 상태
	b. PC 강재공		• PC 강재 시스 정착구의 배치 상태
	c. 콘크리트공		• 콘크리트 품질 관리 • 콘크리트 타설 상황
	d. 긴장공		• 긴장 상태
	e. 그라우트공		• PC 그라우트 시공 상황
	f. 운반과 가설		• 가설 상황 • 슈와 스토퍼의 설치 상황

8. 터널(산악 터널)

종 별	항 목	검 사 방 법	
		현지 확인(임의추출)	자료에 의한 확인(임의추출)
A. 공사 기록	a. 지보공 • 숏크리트		• 숏크리트두께 검사기록
	b. 록 볼트 • 록 볼트의 시공 • 사전 인발 시험 • 록 볼트의 품질 관리		• 시공기록 • 시험기록 • 관리기록
	c. 강제 지보공 • 지보공 세우기		• 세우기기록
	d. 복공 • 복공두께별 연장(延長) • 내공 단면 • 대피소 그 밖의 설치말뚝의 위치와 형상, 치수 • 콘크리트 품질	• 주요 치수의 실측	• 검사기록 • 검사기록 • 검사기록 • 품질 관리기록
	e. 인버트 • 라이닝두께 • 콘크리트의 품질		• 검사기록 • 품질 관리기록
B. 공사 사진	a. 측량		• 다월(dowel) 설치 상황
	b. 설비		• 설비 상황
	c. 굴착		• 굴착 방식 • 지보 패턴 간격과 1굴진 길이 • 지보 패턴의 변경
	d. 지보공 • 숏크리트 • 록 볼트 • 강제 지보공		• 숏크리트 상태 • 록 볼트 시공 상황 • 지보공의 기수(基數), 간격
	e. 복공		• 터널 연장(延長), 내공 단면, 복공두께 • 콘크리트 품질 관리 상황
	f. 인버트		• 라이닝두께

9. 터널(실드)

종 별	항 목	검 사 방 법	
		현지 확인(임의추출)	자료에 의한 확인(임의추출)
A. 공사 기록	a. 실드 굴진 • 지표와 근접 구조물의 감시		• 경시(經時) 변화기록
	b. 복공 • 세그먼트의 진원도 • 내공 단면		• 검사기록 • 검사기록
	c. 뒤채움 주입 • 주입량 • 주입 재료 품질 관리		• 관리기록 • 관리기록
	d. 2차 복공 • 내공 단면 • 복공 라이닝두께		• 검사기록 • 검사기록
B. 공사 사진	a. 실드 기계		• 형상, 치수 검사 • 임시 조립 검사 상황
	b. 세그먼트		• 형상, 치수 검사 • 콘크리트 품질 관리 상황 • 보관 상태
	c. 실드 추진		• 발진 설비의 시공 • 굴진과 흙막이 시공 • 지표와 근접 구조물의 감시
	d. 1차 복공		• 세그먼트 조립 상태 • 내공 단면 측정 상황
	e. 뒤채움 주입공		• 시공 상태
	f. 방수공		• 시공 상태
	g. 2차 복공		• 시공 상태 • 내공 단면 측정 상황 • 복공 라이닝두께 검사 상황

10. 강 구조물 제작(열차 하중을 재하(載荷)하는 것)

종 별	항 목	검 사 방 법	
		현지 확인(임의추출)	자료에 의한 확인(임의추출)
A. 공사 기록	a. 재료		● 규격증명서 ● 시험 또는 검사성적표
	b. 볼트 이음 ● 고장력 볼트 조임	● 조임력 검사	● 검사기록
	c. 용접 이음 ● 용접부 시험과 검사		● 비파괴 검사보고서
	d. 임시 조립과 부재 검사 ● 임시 조립 검사		● 검사보고서
B. 공사 사진	a. 가공		● 실물 치수 검사 상황 ● 휨 가공 상황
	b. 용접 이음		● 용접 상황 ● 비파괴 검사
	c. 고장력 볼트		● 고장력 볼트 조임
	d. 임시 조립		● 임시 조립 검사

11. 강 구조물의 현장 조립·가설(열차 하중을 재하(載荷)하는 것)

종 별	항 목	검 사 방 법	
		현지 확인(임의추출)	자료에 의한 확인(임의추출)
A. 공사 기록	a. 구조물의 조립 • 조립	• 주요 치수의 실측	• 검사기록
	b. 가설(架設) • 거더 아래 공두(孔頭), 한계 치수 등 슈의 위치 등 • 고장력 볼트의 검사	• 주요 치수의 실측	• 검사기록 • 규격증명서 또는 시험성적표
	c. 고장력 볼트	• 조임력 검사	• 조임 검사기록
	d. 현장 용접 • 작업 관리 • 시공 시험		• 관리 시트 • 시공 시험성적서
B. 공사 사진	a. 조립		• 조립 검사
	b. 가설		• 가설 상황 • 슈 등의 시공
	c. 고장력 볼트		• 조임 상태
	d. 현장 용접		• 용접 상황 • 용접 시공 시험

12. 일반 강 구조물 제작 현장 조립 (열차 하중을 재하(載荷)하지 않는 것)

종 별	항 목	검 사 방 법	
		현지 확인(임의추출)	자료에 의한 확인(임의추출)
A. 공사 기록	a. 재료		• 규격증명서 • 시험 또는 검사성적서
	b. 볼트 이음 • 고장력 볼트 조임	• 조임력 검사	• 검사기록
	c. 용접 이음 • 용접부 시험과 검사		• 비파괴 검사보고서
	d. 임시 조립과 부재 검사 • 임시 조립 검사		• 검사보고서
	e. 표면 처리공 • 도장 검사		• 검사보고서 • 용융 아연 도금 부착기록
B. 공사 사진	a. 가공		• 실물 치수 검사 상황 • 휨 가공 상황
	b. 용접 이음		• 용접 상황 • 비파괴 검사
	c. 고장력 볼트		• 고장력 볼트 조임
	d. 임시 조립		• 임시 조립 검사
	e. 조립		• 조립 검사
	f. 가설		• 가설 상황
	g. 고장력 볼트		• 조임 상태
	h. 현장 용접		• 용접 상황 • 용접 시공 시험

13. 도장공

종 별	항 목	검 사 방 법	
		현지 확인(임의추출)	자료에 의한 확인(임의추출)
A. 공사 기록	a. 바탕 다듬질과 도장 각 층의 기록		• 관리기록
	b. 도장 작업 시공 관리기록		• 관리기록
	c. 도장두께		• 검사기록
B. 공사 사진	a. 바탕 다듬질		• 바탕 다듬질 상황
	b. 사용량 확인		• 사용량 확인 상황(호缶)
	c. 각 층별 시공		• 각 층별 시공 상황(컬러)
	d. 도장두께		• 도장두께의 검사 상황

14. 주입공(지반 주입)

종 별	항 목	검 사 방 법	
		현지 확인(임의추출)	자료에 의한 확인(임의추출)
A. 공사 기록	a. 주입재 • 수량 관리		• 납입전표(사인 등의 확인) • 계량표 • 재료 수납·지불과 재료 관리도 • 자기기록지
	b. 품질 관리		• 비중, 액온, 겔화 시간 등 측정기록
	c. 현장배합 시험		• 배합 시험기록
	d. 현장 주입 시험		• 시험보고서
	e. 본시공 • 시험 주입 • 시공결과 (주입관 심도, 구멍 각도의 검사) (주입 속도, 주입 압력의 검사)		• 시험 주입기록 • 검사기록
	f. 주입 효과 • 확인		• 확인기록
	g. 수질 등 • 확인		• 확인기록
B. 공사 사진	a. 주입재		• 입하 상황 • 사용량 확인 상황
	b. 시공		• 주입 설비 상황 • 천공 심도기록 • 유량계 작동 상태
	c. 주입 효과		• 주입 효과 확인 시험 상황
	d. 수질 등의 검사		• 주입 효과 확인 시험 상황 • 수질 검사 상황

15. 주입공(터널 뒤채움 주입)

종 별	항 목	검 사 방 법	
		현지 확인(임의추출)	자료에 의한 확인(임의추출)
A. 공사 기록	a. 시공 • 사용량		• 주입기록
B. 공사 사진	a. 주입재		• 입하 상황
	b. 시공		• 사용량 확인 상황 • 주입 시공 상황

16. 교량 관계 수선 공사 (1) 교량 거더 수선(강 거더)

종 별	항 목	검 사 방 법	
		현지 확인(임의추출)	자료에 의한 확인(임의추출)
A. 공사 기록	a. 재료		• 규격증명서 • 시험 또는 검사성적서
	b. 볼트 이음 • 고장력 볼트 조임	• 조임력 검사 • 교체 위치 검사	• 검사기록 (조임력, 교체 위치)
	c. 부재의 교체	• 주요 치수의 실측 • 교체 위치 검사	• 검사기록 (치수, 교체 위치)
B. 공사 사진	a. 고장력 볼트		• 조임 상태
	b. 현장 용접		• 용접 상황
	c. 교체 부재의 도장		• 도장 상황

16. 교량 관계 수선 공사 　 (2) 교량 거더 수선(콘크리트 거더)

종 별	항　　목	검　사　방　법	
		현지 확인(임의추출)	자료에 의한 확인(임의추출)
A. 공사 기록	a. 철근과 거푸집공		● 검사기록
	b. 콘크리트 타설	● 보강 범위 검사 ● 시공 이음	● 검사기록
	c. 주입재	● 보강 범위 검사	● 재료, 품질 관리기록 ● 검사기록
B. 공사 사진	a. 철근과 거푸집공		● 조립 상태
	b. 콘크리트공		● 콘크리트 타설 상황
	c. 주입공		● 주입 시공 상황

16. 교량 관계 수선 공사 　 (3) 슈 자리 수선

종 별	항　　목	검　사　방　법	
		현지 확인(임의추출)	자료에 의한 확인(임의추출)
A. 공사 기록	a. 철근과 거푸집공		● 검사기록
	b. 콘크리트 타설	● 주요 치수의 실측	● 검사기록
	c. 주입재	● 주요 치수의 실측	● 재료, 품질 관리기록 ● 검사기록
	d. 품질 관리		● 관리기록
B. 공사 사진	a. 철근과 거푸집공		● 조립 상태
	b. 콘크리트공		● 콘크리트 타설 상황
	c. 주입공		● 주입 시공 상황
	d. 슈(shoe)의 시공		● 슈의 시공 상황

16. 교량 관계 수선 공사 (4) 교대, 교각 수선

종 별	항 목	검 사 방 법	
		현지 확인(임의추출)	자료에 의한 확인(임의추출)
A. 공사 기록	a. 철근과 거푸집공		●검사기록
	b. 콘크리트 타설	●주요 치수의 실측	●검사기록
	c. 주입재	●주요 치수의 실측	●검사기록
	d. 품질 관리		●관리기록
B. 공사 사진	a. 철근과 거푸집공		●조립 상태
	b. 콘크리트공		●콘크리트 타설 상황
	c. 주입공		●주입 상황

16. 교량 관계 수선 공사 (5) 교각 밑다짐공

종 별	항 목	검 사 방 법	
		현지 확인(임의추출)	자료에 의한 확인(임의추출)
A. 공사 기록	a. 밑다짐 블록 제작		●품질 관리기록 (콘크리트)
	b. 밑다짐 블록 시공	●설치 위치	●검사기록 (설치 위치)
B. 공사 사진	a. 밑다짐 블록 제작		●블록 제작 상황
	b. 밑다짐 블록 시공		●블록 시공 상황

17. 터널 관계 수선 공사 (1) 복공 수선(숏크리트 관계)

종 별	항 목	검 사 방 법	
		현지 확인(임의추출)	자료에 의한 확인(임의추출)
A. 공사 기록	a. 재료		●품질 관리기록 ●시험 또는 검사성적서
	b. 숏크리트 시공 관리	●주요 치수의 실측 ●시공 위치와 마무리 상황	●검사기록 ●시공기록
B. 공사 사진	a. 숏크리트 시공		●숏크리트 시공 상황
	b. 가설 설비		●가설 설비 상황

17. 터널 관계 수선 공사 (2) 복공 수선(복공의 일부 교체 등)

종 별	항 목	검 사 방 법	
		현지 확인(임의추출)	자료에 의한 확인(임의추출)
A. 공사 기록	a. 철근과 거푸집공		●검사기록
	b. 콘크리트 타설 ●형상, 치수	●주요 치수의 실측	●검사기록
	c. 블록 시공 ●형상, 치수	●주요 치수의 실측	●검사기록
B. 공사 사진	a. 철근과 거푸집공		●조립 상태
	b. 콘크리트공		●콘크리트 타설 상황
	c. 블록 시공		●블록 시공 상황

17. 터널 관계 수선 공사 (3) 누수 방지공

종 별	항 목	검 사 방 법	
		현지 확인(임의추출)	자료에 의한 확인(임의추출)
A. 공사 기록	a. 재료 (누수 방지 홈통(물받이), 누수 방지판) (앵커 볼트)		●규격증명서 ●시험 또는 검사성적서
	b. 누수 방지공 시공	●시공 위치와 주요 치수의 실측 ●마무리 상황	●관리기록
B. 공사 사진	a. 누수 방지공 시공		●시공 상황

18. 정거장 관계 수선 공사 　(1) 플랫폼 갓돌 등에 관계되는 공사(플랫폼 연신(延伸), 扛上(jacking, lifting), 플랫폼 갓돌 수선 등)

종 별	항 목	검 사 방 법	
		현지 확인(임의추출)	자료에 의한 확인(임의추출)
A. 공사 기록	a. 플랫폼의 건축한계	● 건축한계 치수의 실측	● 건축한계 치수의 검사기록
	b. 재료 　(갓돌, 옹벽 블록 등)		● 규격증명서 　시험 또는 검사성적서
	c. 콘크리트 타설 　● 형상, 치수	● 주요 치수의 실측 ● 신축 줄눈의 시공 상태	● 검사기록
	d. 갓돌, 옹벽 블록 등의 시공 　● 형상, 치수	● 주요 치수의 실측 ● 신축 줄눈의 시공 상태	● 검사기록
B. 공사 사진	a. 콘크리트공		● 콘크리트 타설 상황
	b. 갓돌, 옹벽 블록 등의 시공		● 갓돌, 옹벽 블록 등의 시공 상황

18. 정거장 관계 수선 공사 　(2) 플랫폼의 포장 공사(아스팔트 포장, 콘크리트 포장 등)

종 별	항 목	검 사 방 법	
		현지 확인(임의추출)	자료에 의한 확인(임의추출)
A. 공사 기록	a. 포장면 　● 아스팔트와 콘크리트 포장	● 시공 범위의 실측 ● 포장면 높이의 실측 ● 포장 이음매(콘크리트 포장) ● 마무리 상태	● 검사기록
	b. 노상(路床)	● 포장두께(코어 보링에 의한다)	● 검사기록
	c. 기층(基層)과 표층	● 포장두께(코어 보링에 의한다)	● 검사기록
B. 공사 사진	a. 포장면 　● 아스팔트와 콘크리트 포장		● 시공 상황
	b. 노상		● 시공 상태
	c. 기층과 표층		● 시공 상태

18. 정거장 관계 수선 공사 (3) 유도 경계 블록 등

종 별	항 목	검 사 방 법	
		현지 확인(임의추출)	자료에 의한 확인(임의추출)
A. 공사 기록	a. 재료		● 규격증명서
	b. 블록공	● 설치 범위, 위치의 실측 ● 마무리 상태	● 검사기록
B. 공사 사진	a. 블록공		● 시공 상황
	b. 줄눈공		● 시공 상황

18. 정거장 관계 수선 공사 (4) crossing線 교량, 자유통로 등(강 구조, 콘크리트 구조부를 제외한다)

종 별	항 목	검 사 방 법	
		현지 확인(임의추출)	자료에 의한 확인(임의추출)
A. 공사 기록	a. 재료		● 규격증명서
	b. 지붕, 징두리판, 홈통 등의 교체	● 교체 범위, 위치의 실측 ● 마무리 상태	● 검사기록
B. 공사 사진	a. 지붕, 징두리판, 홈통 등의 시공		● 시공 상황

18. 정거장 관계 수선 공사 (5) 역표지판, 안내표지판 등의 교체

종 별	항 목	검 사 방 법	
		현지 확인(임의추출)	자료에 의한 확인(임의추출)
A. 공사 기록	a. 재료		● 품질증명서
	b. 역표지판, 안내표지판 등의 교체	● 교체 위치, 시공 상태	● 시공기록
B. 공사 사진	a. 역표지판, 안내표지판 등의 교체		● 시공 상황

18. 정거장 관계 수선 공사   (6) 운전 설비(강 구조, 콘크리트 구조부를 제외한다)

종 별	항 목	검 사 방 법	
		현지 확인(임의추출)	자료에 의한 확인(임의추출)
A. 공사 기록	a. 재료		• 규격증명서
	b. 급배수관 등의 교체	• 교체 범위, 위치의 실측	• 검사기록
B. 공사 사진	a. 급배수관 등의 교체		• 시공 상황

19. 영림(營林) 관계 공사

종 별	항 목	검 사 방 법	
		현지 확인(임의추출)	자료에 의한 확인(임의추출)
A. 공사 기록	a. 식재(植栽) 공사	• 식재 면적 및 범위와 장소 • 식재 간격의 측정 (식재 개수의 확인) • 이식 구명의 측정 • 묘목의 품질 확인	• 시공기록 • 묘목의 품질증명 (생산지, 자리옮김 횟수) • 반입기록
	b. 벌초 공사	• 벌초 범위와 장소 • 벌초 종류 (全刈, 坪刈, 筋刈)	• 시공기록
	c. 제벌(除伐) 공사	• 제벌 범위와 장소	• 시공기록
	d. 간벌(間伐) 공사	• 간벌 범위와 장소 • 극인(極印)의 확인	• 시공기록
	e. 주벌(主伐) 공사	• 주벌 범위와 장소 • 극인(極印)의 확인 • 집적 상황, 조재 상황 • 품질 구분 • 가지의 정리 상황	• 시공기록
B. 공사 사진	a. 식재(植栽)		• 묘목의 크기를 알 수 있는 사진 (뿌리펴기, 가지펴기, 크기) • 이식 구명의 크기, 식재 간격을 알 수 있는 사진
	b. 간벌(間伐) 공사		• 사용기종 (체인 소(chain saw)・집재기(集材機))
	c. 주벌(主伐) 공사		• 사용기종 (체인 소・집재기)

20. 제조회사 발주에 있어서 기기의 설치와 점검 수선 공사

종 별	항 목	검 사 방 법	
		현지 확인(임의추출)	자료에 의한 확인(임의추출)
A. 공사 기록	a. 기기		● 규격증명서
	b. 기기 설치, 수선	● 설치, 수선 상태	● 검사기록
B. 공사 사진	a. 기기 설치, 수선		● 설치, 수선 상황

토목 공사 기술 관리 요령

첫판 1쇄 펴낸 날·1995년 10월 14일
중판 1쇄 펴낸 날·2003년 2월 20일

역자·편집부
펴낸이·전조연

펴낸곳·도서출판 건설도서
출판등록·1988년 1월 25일, 제 3-165호
주소·서울시 용산구 원효로 1가 46-5호
전화·*(02)711-9990*(대)
팩시밀리·*(02)711-9987*
http://www.gsds.co.kr
e-mail·gsds@gsds.co.kr

ⓒ1995 by Gun Sul Do Seo Publishing Co. Printed in Korea

값 **23,000**원
ISBN 89-7706-157-1 93530

☞파본 및 낙장은 교환하여 드립니다.